Kultur und Jagd.

Kultur und Jagd.

Ein Birschgang durch die Geschichte

von

Ulrich Wendt.

II. Band: Die neuere Zeit.

Berlin
Druck und Verlag von Georg Reimer
1908.

Inhalt.

1. Kapitel.

Das Vordringen der Territorialwirtschaft.

1500—1700.

Die Jäger und ihr Recht.

Seite

Das Aufkommen des Beamtenstaates 1
Die Entwicklung der Regalien 8
Die Regalität der Jagd 12
Das Jagdrecht 15
Gnaden-, Koppel-, Mit- und Lustjagd 18
Freie Pürsch 18
Jagdordnungen 20
Das Übermaß des Jagens 21
Die Wildhege 24
Der Wildfrevel 32
Die Jagddienste 43
Hundelege und Jägeratzung 45
Weidgerechtes Jagen 48
Schonzeit 49
Folge 50
Soziale Ausblicke 52

Die Technik der Jagd.

a) Das 16. Jahrhundert.
Hetz- und Netzjagden 64
Der Hirsch:
Deutsches Jagen 66
Französisches Jagen 78
Die Sau:
Deutsches Jagen 88
Französisches Jagen 92
Der Wolf 94
Der Hase 96

Seite
Die Schießjagd ... 101
Das eßbare Wildbret ... 106

b) Das 17. Jahrhundert.
Der Jägerhof ... 107
Das Jagdzeug ... 111
Fangvorrichtungen ... 114
Täntzers Jagdphantasie ... 115
Der Hase ... 116
Die Baujagd ... 118
Der Auerhahn ... 119
Das Lauf- und Flugschießen ... 120
Der Fang des Flugwildes ... 122
Die Falkenjagd ... 128

Weidesprüche und Jägerschreie ... 132

Rückblick ... 151

2. Kapitel.

Die unbeschränkte Macht des großen Grundbesitzes.

1700—1800.

Die Jäger und ihr Recht.

Der Zerfall des Hofrechtes ... 174
Der Adel und die Bauern ... 175
Rückständigkeit gegen England und Frankreich ... 184
Die Städte ... 186
Die Höfe und das Volk ... 187
Gesellschaftliche Höhe des Landadels ... 190
Das Jagdgebiet ... 193
Das Jagdrecht ... 196
Angriffe auf das Jagdregal ... 198
Kriecherei der Jägerwelt ... 202
Der Wildstand und seine Folgen ... 204
Der Wildfrevel ... 217
Die Jagdfronen ... 223
Die Pflicht der Herberge und die Hundelege ... 225
Die Jagdfolge ... 227
Die Schonzeit ... 229
Die weidgerechte Jagdausübung ... 229
Das Verbot der Hetzjagd ... 230

Seite
Jagdliche Vorschriften 235
Unweidmännisches Jagen 235

Die Jagdbedienten.

Die Lehrzeit der hirschgerechten Jägerei 236
Die Reisejäger 240
Die Laufbahn der Hirschgerechten 241
Die Jägerlaufbahn für den Adel 243
Verachtung des Schutzpersonals 246
Unredlichkeit 247
Verfall der Jägerei 249
Die Uniform 250
Verschmelzung von Forst- und Jagdverwaltung 255
Der Assessorismus 256

Jagdliche Bräuche.

Das Prellen 257
Das Weidblatt oder Pfundegeben 259
Das Ordenswesen 260
Der Aberglaube 263

Die Technik der Jagd.

Das Haupthängen 271
Die Jagdfeste (Festinjagden) 286
Hauptjagen auf Sauen 290
Kontrajagen, Wasserjagen 292
Die Bestätigungsjagen 292
Die eingestellten Jagen oder Kesseljagen 293
Die Netzjagen 293
Tierkämpfe oder Kampfjagen 294
Das Streifjagen oder die Streifhatze 295
Die Treibjagd oder das Klopfjagen 295
Birsch und Anstand 296
Die Parforcejagd 298
Die Jagd einiger Wildarten: Der Bär. — Der Wolf. — Das Reh. — Der Hase. — Der Luchs. — Der Biber. — Der Dachs. — Der Fuchs 306
Das Flugschießen 312
Der Habicht und der Falke 313
Der Hühnerhund 316
Die wenig weidgerechte Niederjagd 323
Der Wildpark oder Tiergarten 330

Rückblick 332

3. Kapitel.

Übergang zum Industrialismus.

1800 bis rd. 1850.

Die Jäger und ihr Recht.

Seite
Die große Revolution und ihre Folgen 343
Die Auflösung des römischen (deutschen) Reiches 347
Die Reformen in Preußen 348
Die Erhebung des Volkes 350
Repräsentative Anläufe 352
Die Romantik 353
Die Zollpolitik 354
Die Aufhebung des Jagdregals 355
Die Rückgabe der Jagd an den Grundbesitzer 357
Die Ausschaltung der Bauern von der Jagd 358
Die Jagdfolge 361
Das Verbot der Sonntagsjagd 361
Die Schonzeit 362
Der Wildschade 362
Das Töten der Hunde und Katzen 362

Die Technik der Jagd.

Der Sieg der Schieß- und Niederjagd 364
Der Hühnerhund 368
Der Reiz der Jagd 369
Grausamkeiten beim Unterrichten des Hundes 371
Die Anforderungen an den Hund 372
Die wenig weidgerechte Jagdausübung 374
Die Hasenschlächtereien 376
Die Fronen bei der Jagd 377
Das verfeinerte Gefühl der bürgerlichen Jägerei veredelt die Jagd .. 378

Schluß 379

Literatur.

Wie im ersten Bande gebe ich auch hier eine Anzahl Bücher an, aus denen ich Belehrung schöpfen konnte.

J. J. Agricola, Der fürsichtig Weydmann, Nördlingen 1678.
J. C. Aitinger, Vom Vogelstellen, Cassel 1653.
E. M. Arndt, Meine Wanderungen mit dem Freiherrn von Stein, Reclam.
J. Bauer, Die Jagdgesetze Preußens, Neudamm 1896.
J. M. Bechstein, Gemeinnützige Naturgeschichte Deutschlands, Leipzig 1801.
S. Behlen, Lehrbuch der Jagdwissenschaft, Frankfurt a. M. 1835.
A. Bernhardt, Geschichte des Waldeigentums, Berlin 1872.
C. A. H. Bose, Die große und die kleine Jagd, Leipzig 1799.
Boyen, Generalfeldmarschall, Erinnerungen. Herausg. von Nippold, Leipzig 1889—90.
L. de Brezé, Les chasses de François Ier par Ferrière, Paris 1869.
Budé, Traitte de la vénerie, publié par Chevreuil. Paris 1861.
Buffon, Allgemeine Historie der Natur. Hamburg und Leipzig 1756. III.
Charles IX., La chasse royale, publiée 1625. Nouvelle édition par Chevreuil, Paris, 1858.
J. de Clamorgan, La chasse du loup, réimprimée sur l'édition de 1583 par E. Jullien. Paris, 1881.
J. Colerus, Calendarium perpetuum et viginti libri oeconomici. Wittenberg 1632.
P. Dalcke, Das preußische Jagdrecht. Breslau 1903.
C. E. Diezel, Erfahrungen aus dem Gebiete der Niederjagd. Offenbach 1849.
H. W. Döbel, Jäger-Praktika. Leipzig 1746.
F. P. Florinus, Oeconomus prudens, Nürnberg, 1751.
J. Feierabend, Neu Jag- und Weidwerkbuch. Frankfurt a. M., 1582.
H. de la Ferrière, La chasse sous les Valois. Paris 1869.
H. F. v. Fleming, Der vollkommene teutsche Jäger. Leipzig 1719.
J. de Fouilloux, La vénerie. Paris 1573.
A. Fritschius, Corpus juris venatorio forestalis. Lipsiae 1702.
v. Fromberg, Die niedere Jagd. Glogau 1836.
Göchhausen, Notabilia venatoris. Nordhausen 1710.
v. d. Goltz, Geschichte der deutschen Landwirtschaft. Stuttgart 1902/3.

Grimm Gebrüder, Altdeutsche Wälder, III. Frankfurt 1816.
J. T. Grunert, Die Jagdgesetzgebung Preußens. Trier 1885.
G. L. Hartig, Lesebuch für Jäger. Stuttgart 1832.
K. Hegel, Städte und Gilden im Mittelalter. Leipzig 1891.
C. v. Heppe, Vom Leithund. Augspurg 1751.
C. v. Hohberg, Adliches Land- u. Feldleben (Georgica curiosa), Band I-II, 1682, Band III 1715.
A. L. Hohnau, Zucht und Dressur der Jagdhunde. Quedlinburg 1846.
Jägerkunst, D. i. wie man weydmännisch werden soll u. s. w. Nürnberg 1611.
G. R. Jesse, Researches into the history of the british dog. London 1866.
F. E. Jester, Über die kleine Jagd. Koenigsberg 1793.
S. Isaacsohn, Geschichte d. preußischen Beamtentums. Berlin.
F. Kapp, Der Soldatenhandel deutscher Fürsten. Berlin 1874.
G. Landau, Beiträge zur Geschichte der Jagd u. Falknerei in Deutschland. Kassel 1849.
J. de Ligniville, Les meuttes et les véneries, par Jullien et Gallice, Paris 1892.
T. B. Macaulay, Geschichte von England I. Braunschweig 1868.
v. Maurer, Geschichte der Städteverfassung. Erlangen 1870.
Derselbe, Geschichte der Fronhöfe, der Bauernhöfe usw. Erlangen 1862.
Derselbe, Einleitung zur Geschichte der Mark-, Hof- und Dorfverfassung.
A. W. Graf v. Mellin, Anlegung von Wildbahnen. Berlin 1779.
N. Meurer, Jag- und Forstrecht. Frankfurt a. M. 1582.
W. G. Moser, Forstarchiv. Ulm 1788 u. f.
O. v. Münchhausen, Der Hausvater, II. Hannover 1766.
F. Oswald, Der Vorstehhund. Leipzig 1855 u. 1873.
W. Pfeil, Die Forstgeschichte Preußens bis zum Jahre 1806. Leipzig 1839.
Pütter, Literatur des deutschen Staatsrechts. Göttingen 1776.
M. N. Rebhan, Esau venator, Sechzehn christliche Jäger-Predigten. Wittenbergk 1621.
L. v. Rönne, Das Staatsrecht der preuß. Monarchie. Leipzig 1882.
K. Roth, Geschichte des Forst- und Jagdwesens in Deutschalnd. Berlin 1879.
Salnove, La vénerie royale. Paris 1665.
Schädlichkeit der Jagd, von einem Sachsen. Dresden und Leipzig 1799.
Schön, Studienreisen. Leipzig 1879.
G. Schmoller, Umrisse und Untersuchungen. Leipzig 1898.
A. Schwappach, Handbuch der Forst- und Jagdgeschichte Deutschlands. Berlin 1886.
H. v. Schweinichen, Denkwürdigkeiten, herausg. von H. Oesterley, Breslau 1878.
L. v. Sekkendorff, Teutscher Fürstenstaat. Frankfurt a. M. 1656.
H. Siegel, Deutsche Rechtsgeschichte. Berlin 1889.
M. C. Spangenberg, Der Jagteuffel. 1561.
G. Steinhausen, Deutsche Privatbriefe des Mittelalters. Berlin 1899.

Stephanus und Libaltus, Aus dem Französischen von Sebizius und Fischart, Vom Feldbau. 1572.

C. L. Stieglitz, Geschichtliche Darstellung der Eigentumsverhältnisse an Wald und Jagd in Deutschland. Leipzig 1832.

J. Täntzer, Der Dianen hohe und niedere Jagtgeheimbniß. Kopenhagen 1682.

H. Taine, Die Entstehung des modernen Frankreich. Deutsch von Katscher. Leipzig 1878—94.

Traitte de taute sorte de chasse et de pêche. Amsterdam 1714 u. 1743.

Voltaire, Sämtliche Schriften. Berlin 1786.

v. Wagner, Über die Jagd des großen Wildes im Mittelalter. Germania, Wien 1884.

Derselbe, Das Jagdwesen in Württemberg, Tübingen 1876.

Aus dem Winckell, Handbuch für Jäger, Ausgabe von Tschudi. Leipzig 1865. (1. Ausgabe 1804.)

J. Wimmer, Geschichte des deutschen Bodens, Halle 1905.

H. v. Zwiedeneck-Südenhorst, Deutsche Geschichte von der Auflösung des alten bis zur Errichtung des neuen Kaiserreichs. Stuttgart 1897—1903.

Erstes Kapitel.

Das Vordringen der Territorialwirtschaft.

1500—1700.

Die Jäger und ihr Recht.

In den Kämpfen der Reformation und des dreißigjährigen Krieges war der Rest der alten Volksfreiheit begraben worden, die markgenossenschaftliche Verwaltungsform der Zentallmenden war geschwunden. Der Hauptgrund lag in der Verarmung des Bauernstandes, in der Verödung der Felder durch den Krieg und in der wirtschaftlichen Überlegenheit des großen Grundbesitzes in einem Lande, in welchem nur der Egoismus herrschte. Wenn der Bauer nicht mehr die Mittel hatte, die abgebrannte Hofstätte wieder aufzubauen und das zur Wirtschaft erforderliche Inventar sich anzuschaffen, so war der große Grundbesitzer noch immer in der Lage, ihm die Mittel vorzustrecken, und dieser Liebesdienst geschah unter der Bedingung einer verstärkten Abhängigkeit. Die Königskrone hatte ursprünglich die grundherrliche Macht erhalten durch Eroberung und diese Macht auf ihre Diener, Krieger und Priester übertragen. Diese Vasallen hatten sich zu Landesfürsten erhoben, ihr Landesfürstentum war also keine aus dem Willen und der Macht des Volkes hervorgegangene Einrichtung, sondern das Ergebnis der Gewalt, und die Fürsten hatten das verlehnte Volk in Untertanen, in Hörige und Leibeigene gewandelt. Fürst und Volk standen sich feindlich gegenüber, und kein sittliches Band umschlang die feindlichen Gewalten.

Allmählich trat Gewöhnung ein, und die alte Feindschaft ward gemildert durch die Zeit. Die beständige Ausübung der Herrenrechte schloß naturgemäß den Schutz in sich, und wie der Herr das Vieh auf seinen Meiereien vor räuberischen Angriffen beschützte, so stellte er auch die Untertanen sicher, die er für seine egoistischen Zwecke ebenso nötig brauchte; aus diesem Wechsel von roher Willkür und gelegentlichem Schutz mag ja dann unter dem unaufhörlichen Zuspruch der Kirche so ein undefinierbares Gefühl der Untertänigkeit hervorgegangen sein, das gemischt sein sollte aus Furcht und Liebe, wie es der Luthersche

Katechismus so vortrefflich definiert [1]. Die freiheitlichen Regungen der Untertanen starben ab und erloschen in dem beständigen Einerlei der mechanischen Arbeit, sie mußten dem politischen Stumpfsinn weichen, weil kein Ausweg zu erblicken war aus diesem Labyrinth der Knechtschaft; die Untertanen lebten von Geschlecht zu Geschlecht sich in den leidenden Gehorsam ein und verwandelten sich nach und nach in eine willenlose Herde, über die man ungeniert verfügen konnte, wie über den Boden, mit welchem sie verbunden war. Gegen diese Stumpfheit des politischen Empfindens hatte Dante angekämpft, als er beim Eintritt in die Hölle das Geschrei der Klagenden ertönen ließ und dem Virgil die vernichtenden Worte in den Mund legte:

„Der Klang, der durch die Lüfte bebt,
Kommt von dem Jammervolk, geweiht dem Spotte,
Das ohne Schimpf und ohne Lob gelebt.
Sie sind gemischt mit jener schlechten Rotte
Von Engeln, die für sich nur blieb im Strauß,
Nicht Meuterer und treu nicht ihrem Gotte.
Die Himmel trieben sie als Miszier aus,
Und da durch sie der Sünder Stolz entstünde,
Nimmt sie nicht ein der tiefen Hölle Graus" [2].

Was würde der Sänger der göttlichen Komödie gesagt haben, wenn er aus dem politisch bewegten Italien in die Totenstille eines deutschen Fürstentums gekommen wäre? Und doch regten sich auch hier die Anfänge des politischen Lebens in den Städten, die im Gegensatz zu der brutalen Gewalt der Eroberer der Sitz und der Hort der Freiheit wurden.

Je mehr das materiell und geistig arme Volk der Stammesrechte im Laufe der Jahrhunderte durch seinen Fleiß und seine Regsamkeit an materiellem Kapital erworben hatte, desto mehr trat das Bedürfnis ein, die erzeugten Kapitalien gegen andere aus anderen Ländern aus-

[1]) Man halte mir nicht entgegen, daß diese Erklärung nur für den Gott des Schreckens gelten sollte; auch die Fürsten waren solche Götter, und Luther führt selber aus in der Erklärung des 82. Psalms, daß die Fürsten „billig göttisch, Göttliche oder Götter genannt werden". Er braucht „Götter" und „Obrigkeit" als gleichbedeutend. Vgl. N. Paulus, Luther und die Gewissensfreiheit. 1905, 24.

[2]) Dante, Göttliche Komödie, übers. von Streckfuß. 3. Gesang 34—43. „O daß du doch kalt wärest oder warm! Weil du aber lau bist und weder kalt noch warm, werde ich dich ausspeien aus meinem Munde." (Offenb. 3, 15. 16.)

zutauschen, desto mehr belebte sich der Handel und desto weiter zog er seine Kreise, und jedes lebhafte Tauschgeschäft trägt in sich wieder die Mittel zu erneuter Produktion. Im Dorfe trat eine weitergehende Teilung der Arbeit ein, neue Handwerker siedelten sich an, Kaufleute kamen und gingen, und so erwuchs die Stadt, erblühten die Gewerbe. Sie sonderten sich zuerst nach Straßen, dann nach Städten, dann nach Landschaften, je nachdem die natürlichen Hilfsquellen und der Zug des Handels die Produktion begünstigten. Es gruppierten sich die Leinenindustrie, die Gerberei, die Tuchmacherei, die Eisentechnik, und in den neuen Industriezentren entstand ein lebhafter Bedarf an Lebensmitteln.

Der alte Grundherr des Mittelalters hatte zwar auch die Eigenwirtschaft ausgeübt und das Saalland durch seine Meier selbst bebauen lassen; in den meisten Fällen aber hatte er den Boden ausgeschlachtet, an kleine Hufner hingegeben und von dem Ertrage ihrer Arbeit gut gelebt. Es war die Zeit der Naturalwirtschaft gewesen, die Genüsse des Lebens hatten wenig Abwechslung geboten, und auch der Grundherr konnte mit seinem zahlreichen Gesinde in letzter Linie nichts Besseres tun, als sich satt essen und allabendlich betrinken. Seine sonstigen Bedürfnisse, wie auch die Mittel zu ihrer Befriedigung, waren nur gering, und wenn die Untertanen duckten und mit Respekt die Mützen zogen, und wenn der Herr nicht gerade Mangel litt an Kleidern, Waffen, Pferden, Hunden und Jagdgerätschaften, so war er ohne Sorge, gedankenlos und still vergnügt.

Dieses beschauliche Leben erlitt einen Stoß, als das erblühte Gewerbe neue Waren geschaffen und durch ihren Verbrauch neue Bedürfnisse hervorgerufen hatte. Dazu brachte der Kaufmann aus den neu entdeckten beiden Indien die Früchte der tropischen Sonne an den heimatlichen Strand und half dem Gewerbe, das materielle Leben zu bereichern. Jetzt verlangten die Damen des Grundherrn Tuche aus England, Seide aus Venedig, Felle aus Sibirien, Gewürze aus Indien, Gold aus Peru, und der Herr Gemahl wollte Brabanter Spitzen haben, holländische Leinewand und Klingen aus Damaskus, die Tapeten mußten gewirkt sein, und die Öfen in der guten Stube sollten aus Majolika bestehen; der Grundherr wollte sich nicht mehr in Bier betrinken, sondern in Wein, und wenn ein Vorstehhund eine gute Nase haben sollte, dann mußte er aus Spanien sein, und wenn ein anderer gut packen sollte, mußte er aus England stammen. Längst war als Preismesser das Geld in Aufnahme gekommen, aber wie sollte der Grundherr dieses Zaubermittel sich beschaffen, wenn er nichts zu tauschen hatte? Aus seinen Hufen ließ sich nichts herauswirtschaften als der gewohnte Lebensunterhalt; wollte der Grundherr reich werden, dann mußte er etwas zu verkaufen haben, dann mußte er produzieren, Vieh, Wolle und Getreide schaffen, diese Gegenstände an die Industriezentren verhandeln und von der Grundwirtschaft übergehen zur Gutswirtschaft. Schon im ersten Bande habe ich auf diesen Wandel hingewiesen. Was der Grundherr brauchte, waren nicht Kolonen, sondern Arbeitskräfte, nicht Naturalgefälle, nicht Würste, Schinken, Häute, sondern Herden, freie Weide und weites Ackerland. Neben der städtischen Produktion für den Verkauf entstand jetzt eine ländliche, Bürger und Ritter wollten reich werden, Geld verdienen, und obschon sie sich naturgemäß auch förderten und gegenseitig weiterhalfen, so war die Harmonie der Interessen doch recht unvollkommen und mußte den verschiedensten Konflikten weichen. Da der Bauer nicht Bodenbesitzer war, befand er sich in Abhängigkeit vom Ritter, und bei der neuen wirtschaftlichen Wandlung fuhr er insofern schlecht, als er aus einem Kolonen zum Arbeitsvieh herabgewürdigt wurde. Es lief ein geflügeltes Wort im 16. Jahrhundert um: ein Edelmann solle vor 60 Jahren nicht wissen, daß er eine Seele und ein Gewissen habe, sonst könne er nicht reich werden [1]).

Die Städte waren im Mittelalter eng umschriebene Wirtschaftseinheiten gewesen, deren Bestreben darauf hinausgegangen war, allen Innungsmitgliedern gleichen Anteil an dem gewerblichen Verdienst zu sichern. Wir haben im ersten Bande gesehen, wie das aufstrebende Handwerk neben den Geschlechtern sich zur Mitherrschaft emporgeschwungen hatte. Mit ihrem Gelde hatten die Städte dem flotten Landesherrn gar oft aus seiner Not geholfen, und als Entgelt hatte er mit schwerem Seufzer einen Teil der Herrenrechte an sie abgetreten [2]). Die Einwohner erwarben die persönliche Freiheit durch Ersitzung innerhalb der Stadtmauer, sie erhielten das Recht, Gewerbe und Handel nach eigenem Ermessen zu betreiben, Märkte zu veranstalten, eigenes

[1]) M. Cyriacus Spangenberg, Der Jagteuffel. 1561.

[2]) Die Urkundenbücher Lübecks z. B. sind voll von fürstlichen Schuldscheinen, ganze Städte und Landbezirke wurden verpfändet, so die Stadt und die Vogtei Mölln im Jahre 1359, später Bergedorf, Segeberg, Trittau und Oldesloe. Vgl. A. Holm, Lübeck 1900. 44.

Gericht zu halten, sie durften die Münze, den Zoll, das Gast- und Fremdenrecht verwalten, die Waffen führen und Geld erheben in der Form von Steuern. Durch das Straßen- und das Stapelrecht zwangen sie die Kaufmannszüge, ihren Weg durch die Stadt zu nehmen und den Bürgern ihre Waren anzubieten. Durch das Meilenrecht untersagten sie innerhalb der Bannmeile allen nicht zünftigen Handwerkern den gewerblichen Betrieb, und wenn der Bauer seine Eier und seinen Kohl auf den Markt brachte, dann setzte der Rat die Preise fest.

Der Bauer beklagte sich beim Grundherrn, daß er nichts verdienen könne und nicht imstande sei, den Zins zu zahlen. Der Kaufmann versicherte, daß er dem gnädigen Herrn für den Scheffel Roggen mindestens zehn Weißgroschen mehr bezahlen könne, wenn er nicht den Zwangsweg durch die Stadt benutzen müsse und dem Stapelrecht nicht unterworfen wäre. Ritterschaft und Städte saßen, selbstverständlich auf getrennten Bänken, miteinander auf den Landtagen, und hier ergossen sich die Klagen vor dem Landesherrn. Die Städte beklagten sich, daß der Grundherr Handelsgeschäfte treibe innerhalb der Bannmeile, er kaufe den Bauern die Wolle ab und verschachere sie an Händler, er lasse Bönhasen zu und trage einen Rock, den nicht die Schneiderzunft geliefert habe; der Stapel sei der Stadt verbrieftes Recht und unentbehrlich für das städtische Gewerbe. Der Ritter griff die Städte an wegen Übervorteilung durch Maß und Wage; er klagte, daß die Untertanen Zuflucht fänden in der Stadt, die er zu einer wohltuenden Tracht Prügel verurteilt habe, denn der Rat frage nach keinem Abzugsbrief. Beide Parteien verlangten Abhilfe vom Landesherrn, dem Tertius gaudens, der dann „in Gnaden“ die verlangte Abhilfe gewährte, indem er neue Ordnungen erließ. Zu seiner Überraschung konnte er bemerken, daß er für nützliche Zwecke zu gebrauchen sei, was er bisher noch gar nicht gewußt hatte, da er die Friedebewahrung, die Handhabung des Gerichts und das Einziehen der Zinsen immer nur in seinem eigenen Interesse bewirkt hatte, und nun sollte er für andere sorgen! Seit 1500 tragen die Innungsstatuten die fürstliche Genehmigung, und bald erscheint die Revokationsklausel auch beigefügt. Im Gewerbe, im Gerichtswesen, in der Polizeiverwaltung traten landesherrliche Ordnungen hervor, denen andere über Bergwerke, über Schiffahrt auf den Strömen, über Deichanlagen, über Forstverwaltung, über Jagd und Fischerei sich anschlossen. Der Verkehr verlangte freie Bahn. Posten mußten eingerichtet werden, zunächst als Reitposten, aber durch das ganze Territorium. Die Presse belebte den Austausch der Gedanken und hob sie hinaus über den örtlichen Bezirk. Im geschäftlichen Leben brach sich der Wechsel Bahn, und das Bankwesen trat in Blüte, der Eigenhandel wuchs sich aus zum Spekulations- und Kommissionshandel. Das Umwechseln der Münze von Stadt zu Stadt mit dem ewigen Verlust war nicht mehr durchführbar, im 15.—17. Jahrhundert ging das Münzwesen über auf die Landesherren. Früher hatte jeder Großgrundbesitzer Münzen geschlagen, Voltaire sagt jeder Gutsbesitzer; er hatte sie nach Belieben verfälscht und sich einen dauernden Nachteil zugezogen für eine vorübergehende Annehmlichkeit. Die Städte verloren das Stapelrecht, ihr Cliquenwesen und ihre Mißwirtschaft gaben die erwünschte Veranlassung, landesherrliche Kommissarien einzusetzen und die städtische Verwaltung abzuändern. Dadurch gewann der Landesherr an Boden, er erstarkte und konnte nunmehr in den Kampf eintreten mit den Ständen um die Beschaffung der erforderlichen Geldmittel, die er nötig brauchte, um das stehende Heer und die Beamten zu bezahlen, welche in seinem Namen den gesteigerten Verkehr zu regeln hatten. Immer zahlreicher und vielseitiger stellten Produktion und Handel ihre Forderungen, immer mehr wurde der Landesherr von der kulturellen Seite her in Anspruch genommen, immer dichter zogen sich die geistigen Fäden zwischen dem Fürsten und den Untertanen, immer dichter wob die beiderseitige Arbeit das feste Netz gemeinschaftlicher Interessen, bis der Fürst von allen Seiten so fest eingesponnen war, daß er anfing, als organischen Teil des Ganzen sich zu fühlen und im Laufe der Zeiten aus einem feindlichen Eroberer in einen sittlichen Faktor des Staates umgewandelt wurde.

Freilich ging diese Wandlung nicht an allen Orten und nicht zu gleicher Zeit vor sich, sie war zunächst von vielen Rückschlägen begleitet und konnte überhaupt nur langsam ausreifen. Für eine erfolgreiche Zentralisation war die Macht der Stände schon zu groß geworden, sie mußte erst gebrochen werden, ehe eine territoriale Politik sich durchsetzen konnte, und leider hatten die Stände oftmals guten Grund gehabt, dem unbeschränkten Landesherrn den Geldschrank zu verschließen, weil er bei großen Mitteln nicht zu wirtschaften verstand. In der preußischen Geschichte sah die Zeit der beiden Joachims die ständischen Vorrechte mächtig anschwellen. Beide Joachims verstanden das Schuldenmachen aus dem Grunde, und die Stände übernahmen zwar die Schulden, aber sie nahmen auch die Verwaltung der Steuern selber in die Hand. Im Zurückdrängen dieser ständischen Rechte sah der Große Kurfürst seine Aufgabe, hier liegt auch sein Verdienst. Er hat die Verwaltung wie das Finanzwesen in die Zentralinstanz zurückgeführt, er hat auch unter schweren Opfern die stehende Armee geschaffen, denn der begeisterte brandenburgische Adel unterstützte seinen Kurfürsten nur dann, wenn er Geschäfte dabei machen konnte. Das gleiche unerfreuliche Bild erblicken wir in Frankreich, wo Heinrich IV. die religiösen Wallungen der großen Landjobber nur aus dem schmutzigen Weihkessel des Geldes stillen konnte. Der Weihkessel, aus dem in Brandenburg gesprengt wurde, war die Freiheit des Volkes und das Recht der Bauernschaft [1]. Nicht nur die Kirche hatte den berühmten Magen, hatte

„Ganze Länder aufgefressen,
Und doch noch nie sich übergessen",

sondern der Adel, ihr erhabener Bruder, erfreute sich der gleichen ausgezeichneten Verdauung. Begehrlichkeit war immer eine vornehme Eigenschaft.

Die Macht des ständischen Cliquenwesens konnte nur gebrochen werden durch ein peinliches Eingehen auf alle Einzelheiten des staatlichen Lebens, durch eine Neuregelung der Staatsmaschine bis in alle Hilfsräder hinein, und die unvermeidliche Folge war der absolute Fürsten- oder Beamtenstaat, absolut, weil er nicht bedingt war durch eine ständische oder parlamentarische Vertretung, Beamtenstaat, weil er auf das neue landesherrliche Beamtentum sich stützte. Auf dem Kontinent war durch das allgemeine Räuberwesen die stehende Armee ein notwendiges Übel geworden, und mit ihr war eine neue Quelle der Unfreiheit geschaffen, welche der englische Staat bei seiner insularen Abgeschiedenheit glücklich vermeiden konnte. Nun auf dem Kontinent aber die Armeen bestanden und in der Fürsten Hand gegeben waren, hatten diese ein leichtes Spiel, das Eigenleben der Zünfte, Städte und Stände zu brechen und den Despotismus zu begründen, den wir als die charakteristische Erscheinungsform des Staates im 18. Jahrhundert überall vollendet sehen. Die Existenzmittel des jungen Staates flossen aus den Steuern, den Domänen und Regalien zusammen.

---

[1]) G. Schmoller, Umrisse und Untersuchungen. Leipzig 1898, 259—65.

Aus dem beschränkten Gesichtspunkt der lokalen Gewalten hatte der Gedanke zur Verwirklichung der territorialen Einheit sich erhoben. Die direkten Leistungen der Vasallen und der Städte für den Krieg, oder nach dem alten Recht gesprochen für die Friedebewahrung, wurden durch die Geldwirtschaft in indirekte umgewandelt, und aus der Erhebung und Verwaltung dieser Mittel erwuchs als neuer Faktor die Regierung. Kulturaufgaben tauchten auf an allen Seiten, die jetzt nicht mehr im Interesse einer Grundherrschaft oder einer Stadt, sondern nur noch im Interesse des Landes, d. h. einer Vielheit von Grundherrschaften und Städten, meinetwegen auch im Interesse des Fürsten entschieden werden konnten; das Interesse des Fürsten war beeinflußt durch das Gedeihen des Landes, wenn auch vielfach nach der Art des Raubtiers und der Herde, aber der erste große Schritt zur Vereinheitlichung der neuen staatlichen Gebilde hatte sich doch vollzogen, ein Schritt von eminenter Wichtigkeit! Es war die Geldwirtschaft, welche den absoluten Staat geschaffen hatte, die Arbeit des Volkes und die Wirksamkeit der Technik, sie erzeugen die organische Entwicklung der staatlichen Gebilde neben dem brutalen Gewaltakt der Eroberung. Noch lag das Schwergewicht der Finanzen in der Domänen- und der Forstverwaltung, aber die Steuern nahmen an Bedeutung zu: unter Albrecht Achill, am Ausgang des 15. Jahrhunderts, betrugen sie in Brandenburg den fünften Teil der Landeseinkünfte, im Jahre 1623 schon den dritten [1]).

Der Begriff der Regalien hat mehrfach geschwankt. Man unterschied die Regalia essentialia, die Hoheitsrechte, von den Regalia accidentalia, den nutzbaren, wirtschaftlichen Rechten. Neben dem Regal des Landesherrn standen die Grundrechte der einzelnen. Ursprünglich hatte die Gesamtheit der Markgenossen die grundherrlichen Rechte besessen, d. h. das Recht auf die Nutzung des Bodens, insbesondere auch auf Wasser, Weide, Waldungen, Jagd, Fischerei und Bodenschätze.

Mit der Abmarkung des privaten Eigentums waren diese Rechte übergegangen auf den privaten Eigentümer, sie waren also ein Zubehör des Bodens, des Grundes, des privaten Eigentums [2]). Die gleichen Grundrechte standen dem König zu an dem Krongut und dem eroberten

---

[1]) Schmoller, Umrisse und Untersuchungen, 124—30.

[2]) v. Maurer, Einleitung zur Geschichte der Mark und Hofverfassung. 112.

Lande, und wurden mit dem Benefizium auf die Vasallen übertragen. Damals war von einem Berg- und Jagdregal noch keine Rede [1]). Das fränkische Königtum besaß die Militärhoheit, die Gerichtshoheit, die Anfänge der Amtshoheit (Beamtenernennung) und der Polizeihoheit (Bannrecht); es erwarb mit den großen Eroberungen die Finanzhoheit (Steuern) und die Kirchenhoheit. Die Hoheitsrechte, das Imperium muß von den Grundrechten, dem Dominium unterschieden werden, aber diese Unterscheidung wurde zur Frankenzeit nicht durchgeführt, denn die Natur der rohen Staatsgewalt war noch privatrechtlicher Art [2]). Es war der erste Übergriff der Hoheitsrechte in die Grundrechte gewesen, als der König seine Banngewalt anwandte in seinem privaten Interesse und die Volksgenossen ausschloß von der Jagdberechtigung auf den Domänen, es war der zweite Übergriff, als er die Banngewalt ausdehnte auf den Grund- und Benefizialbesitz begünstigter Vasallen. Mit der Immunität flossen nach und nach die Hoheitsrechte auf sie über, befreiten sie von der Zuchtrute der öffentlichen Gewalt und erhoben sie im Anfang des 13. Jahrhunderts zu Landesherren, die durch Friedrich II. die staatsrechtliche Bestätigung erlangten. Jetzt wurde der Name Regalien angewandt auf die gesamten Rechte der neuen Landesherren; man begriff darunter die Gerichtshoheit, das Recht auf Schatz und Bede, das Aufgebot zur Landfolge, das Recht auf Markt, Zoll und Münze, den Forst- und Wildbann, das Strand-, Fund- und Bergregal, das Heimfallrecht, den Judenschutz und das Befestigungsrecht, sowie den Anspruch auf Baufronen der nicht gefreiten Grundbesitzer [3]). Das Imperium der Landesherren bestand demnach aus einem Gemisch von echten Hoheitsrechten, wie der Hoheit des Gerichts, der Heeresfolge und der Zolleinnahme; aber auch aus Grundrechten, die aus dem Dominium in das Imperium hinübergeglitten waren, wie das Recht auf Schatz und Fundsachen und auf die Ausbeutung der Erde durch den Bergmann. Insofern diese Grundrechte der alten Grundherrschaft entzogen und dem neuen Imperium beigegeben waren, stellten sie eine neue Art von Hoheitsrechten dar, die schon genannten **Regalia accidentalia** oder Regalien im engeren Sinne. In diesem Entwicklungsgang ist wohl eine Folge der Einwirkung des

---

[1]) F. Dahn, Geschichte der deutschen Urzeit, 2. Hälfte bis 814. 486.

[2]) Ebenda, 593. Auch Brunner, Deutsche Rechtsgeschichte, II. 68.

[3]) v. Inama-Sternegg, Deutsche Wirtschaftsgeschichte, II. 117.

römischen Rechts zu sehen. Berg- und Salzregal tauchen auf im 11. Jahrhundert, [1]) und Friedrich I. hat 1158 auf den ronkalischen Feldern von den Juristen der Universität Bologna das Gericht, die Münze, die Zölle, das Wasser, die Fischerei und die Mühlen als Regalien sich zu erkennen lassen.

Je mehr das Landesfürstentum durch die Regelung des Verkehrs zunahm an Gewalt, desto mehr war es bestrebt, die empfangenen Rechte auszubauen und neue zu erwerben. Wir haben im ersten Bande gesehen, wie Maximilian I. fortgesetzt darauf bedacht war, in Tyrol sein Jagdrecht zu erweitern und auszudehnen auf das ganze Land, und ähnliche Vorgänge wiederholten sich in vielen Territorien. Nirgends ist die Regalität der Jagd als fertige Göttin aus dem Haupt eines Regenten hervorgesprungen, sondern sie wurde geboren aus dem Schoß der Diana und durchaus nicht immer ohne Schmerzen. Wo die Gelegenheit sich bot, drängte die steigende Macht der Landesfürsten von Fall zu Fall das Jagdrecht der Vasallen zurück durch Verträge, Verordnungen und faktische Übergriffe, und die beste Gelegenheit, bei welcher die Beraubung sich vollzog, war immer die Neubelehnung einer Liegenschaft. Den Ausdruck der so erlangten faktischen Gewalt hatten die Hofjuristen in neue Rechtsformeln zu kleiden, die dann rückwärts wieder zur Erweiterung der Rechte dienen konnten. In materieller Hinsicht ist das Jagdregal hervorgegangen aus dem Forst- und Wildbannrecht, das zu einem Hoheitsrecht erweitert wurde und durch den Erlaß von Forst- und Jagdordnungen formell in die Erscheinung trat.

Ein eigentliches Staatsrecht war theoretisch noch nicht ausgebaut und konnte auch erst der Entwicklung folgen, wie die logische Abstraktion auf die Erfahrung durch die Sinne. Auf allen Disziplinen beobachten wir den gleichen Gang. Im Anfang herrscht der Aberglaube, ein finsteres Schamanentum, aus dieser Unklarheit des Geistes geht als höheres Licht die Religion hervor und zeigt uns die sittlichen Gesetze als göttliches Gebot. Auf die Religion folgt als Zeichen der höchsten Kultur die freie Sittlichkeit in der Form der ethischen Philosophie. Den drei sittlichen Formen des Schamanentums, der Kirche und der sittlichen Bildung stehen in der Politik die Untertanentreue, die einseitige Vaterlandsliebe und die Liebe zur Freiheit und zur Menschheit gegenüber [2]).

---

[1]) H. Brunner, Deutsche Rechtsgeschichte, II. 73—76.

[2]) Vgl. Lecky, Sittengeschichte Europas, 1904, 123—24.

Wird die natürliche Entwicklung durch Eroberung unterbrochen, wie in unserem Mittelalter, dann kann die Untertänigkeit in der Form eines kranken Staatswesens über die Gebühr verlängert werden. So kam es, daß der Kirche nicht die Vaterlandsliebe zur Seite stand, sondern die Untertänigkeit, und beide Lebensformen hielten den Geist der Bevölkerung in Haft. Wir sehen daher das Staatsrecht aus den Händen talentvoller Priester erst im 17. Jahrhundert allmählich sich befreien. Der Gedanke, daß das Deutsche Reich eine Fortsetzung des römischen Imperiums sei, hatte dem Vordringen des römischen Rechts neben dem Jus canonicum die Bahn bereitet und füllte noch im 16. Jahrhundert den Schädel unserer bibelfesten Staatsrechtslehrer aus. Deutschland zumal stand zurück in der Geistesbildung hinter Italien, Frankreich und England. Bis zur Mitte des 14. Jahrhunderts konnten wir den Hochschulen in Cambridge, Oxford, Paris, Pavia, Montpellier, Neapel, Perusia, Orléans, Pisa, Siena, Turin und Anjou nur die in Wien und Heidelberg entgegenstellen, von denen erstere 1237, letztere 1346 erst begründet war. In dem Streit, den Kaiser Ludwig mit dem Papste hatte, waren es italienische und englische Gelehrte, welche das Recht des Kaisers vertreten mußten. Die Quelle der ersten staatsrechtlichen Arbeiten eines Andlo und Pflug im 15. und 16. Jahrhundert war die Bibel, und in den wichtigsten staatsrechtlichen Fragen wurden Priester zu Rate gezogen, Luther, Melanchthon, Jonas, Bugenhagen. Sleidanus untersuchte die Frage, inwieweit den evangelischen Reichsständen erlaubt sein möchte, wegen der Religion gegen den Kaiser zur Gegenwehr zu schreiten, und natürlich entschied er diese Frage aus der Bibel[1]). Aus Rücksicht auf die Religion war von jeher die revolutionäre Tat erlaubt, in Frankreich ward um diese Zeit der Königsmord gepredigt[2]). Als subsidiäres Recht neben der Bibel mußte den Staatsrechtslehrern

[1]) Ludewig in seinen singularibus juris publici, 1730, 8., p. 18 f. gibt eine besondere Klasse der bibelfesten Staatsrechtslehrer, qui publica Germaniae jura requirunt ex sacro codice, quasi idem, quod regibus Ebraeorum indultum in gentem Judaicam olim, dandum sit quoque imperatoribus nostris etiam nunc in republica Germanica.

[2]) Hauptsächlich von den Jesuiten, so von Mariana; den Dominikaner Jacques Clément, der den Protestanten Heinrich IV. ermordet hatte, nannte er Frankreichs ewigen Ruhm. Das Bild des Mörders stand auf den Altären, und in Rom löste man die Kanonen vor Freude, als die Nachricht von dem Morde kam. Clément soll sogar aufgemuntert und mit den Sakramenten versehen worden sein.

das römische Recht gelten. Selbst die ersten Juristen des Kammergerichts hieben um sich mit dem römischen Kodex und versteckten sich hinter die starken Geister aus Bologna, Bartolus und Baldus. Erst mit dem 17. Jahrhundert schälte ein deutsches Staatsrecht sich heraus, und im Jahre 1640 erschien der erste Vorstoß gegen die Despotie des römischen Rechts unter dem angenommenen Namen eines Hippolith a Lapide. Kaum war das Buch zum Vorschein gekommen, wurde es am Wiener Hof verboten und verbrannt.

In diese bibelfeste Zeit der deutschen Rechts- und Staatsgeschichte fiel nun die Ausbildung der Jagdregals! Weder in dem Naturrecht, noch in der Geschichte und dem deutschen Recht ist ein vernünftiger Grund zu finden, der dafür gesprochen hätte, den Landesfürsten zum alleinigen Jäger zu machen. Aber das erstarkende Fürstentum hatte die Begehrlichkeit und hinreichende Macht bereits erlangt, um seinen Willen durchzusetzen; denn Jagen machte Vergnügen, und das Vergnügen der Fürsten ward im Lande ausschlaggebend. So kann das Jagdregal als ein Kind des fürstlichen Willens und seiner Macht betrachtet werden, und den Hofjuristen fiel die Aufgabe zu, den Wechselbalg aus der Taufe zu heben und ihm einen christlichen Namen zu verleihen. Der Kaiser ward zum Rector orbis, zum Herrn der Welt gemacht, an den das Volk all seine Rechte abgetreten hatte in einer Zeit, über die hinaus man nicht mehr denken konnte. Unter diesen Rechten war auch die Jagd gewesen, also hatte der Kaiser das Recht der Jagd, und die Vasallen waren mit diesem Rechte nur belehnt. So wurde die Jagd zu einem Hoheitsrecht gemacht. Stisser und Konsorten leiteten das Regal in ähnlicher Verwechslung von Grund- und Hoheitsrechten aus dem Wildbann her. Wild- und Forstbann umfaßten schon im Mittelalter eine Mischung von Hoheits- und Grundrechten, galten aber immer nur von Fall zu Fall und nur für eine bestimmte Bodenfläche; jetzt wurden sie erweitert auf das ganze Land. Auch die Salus publica, das öffentliche Wohl, ward gern ins Feld geführt, weil es den Untertanen bekömmlicher sei, ihre Semmeln zu backen und ihren Hobel zu führen, als im Feld umherzulaufen und zum Tagedieb zu werden. Nur der Fürst hatte das Privilegium der Tagedieberei. Immer aber kam man darin überein, daß das Jagdregal einerseits die Jagdhoheit umfasse, das Recht, im Interesse der Gesamtheit auf dem Gebiete der Jagd Verordnungen zu geben, und zweitens das Recht, auf fremdem Boden die Jagd selbst auszuüben, sofern nicht ausdrückliche Verträge oder Immemorialverjährung zugunsten der Untertanen sprachen[1]). Die Juristen brachten es sogar fertig, die Regalität der Jagd aus dem römischen Rechte abzuleiten, trotzdem gerade das römische Recht am freien Tierfang festgehalten hatte; ihm war das Wild Res nullius gewesen, ein herrenloser Gegenstand. Das kehrten nun die Rechtsgelehrten um, gerade weil das Wild Res nullius war, gehörte es dem Fürsten, denn nach dem Fundrecht waren herrenlose Sachen ein Regal. Wenn man es mit der logischen Schärfe nicht allzu genau nimmt, läßt sich im Wege des abstrakten Denkens bekanntlich alles herleiten.

Der Grundbesitz des Landesherrn umfaßte zunächst das Allodium, sein echtes Eigentum; sodann das Benefizium, die Bodenflächen, mit denen der Kaiser ihn belehnt hatte, das ursprüngliche Krongut des Reiches. Außerdem hatte mancher Landesherr Pfandobjekte in der Hand, die er vom Kaiser für klingende Gefälligkeiten sich ausbedungen hatte, und endlich besaß er, wenn er protestantisch war, meist einen hübschen Posten von eingezogenem Kirchengut[2]). Auf diesen Liegenschaften übte der Landesherr die Jagd, doch war sein Jagdrevier damit noch nicht erschöpft; zuweilen war er wohl von alters her noch im Besitz gebannter Waldungen, aber auch von Allmendewäldern, in denen er die Jagd ausübte, und endlich ward der Rest des Landes, der im Besitz des Adels, der Kirche und der Städte war, zum fürstlichen Revier hinzugeschlagen, soweit er irgend zu erreichen war. Nach Kräften wehrte sich der Adel, doch konnte es einem klugen Landesherrn nicht schwer fallen, durch geschicktes Kokettieren mit den städtischen und bäuerlichen Interessen die Nachgiebigkeit des Adels in jagdlichen Fragen zu erlangen, wenn seine wirtschaftliche Kräftigung dafür gefördert wurde. Die Entwicklung des Regals vollzog sich in den verschiedenen Territorien auf verschiedene Weise. In manchen Ländern behielt die Ritterschaft die Jagd, die sie teils durch Erbschaft, teils durch Lehen, teils durch Kauf erworben hatte. In Württemberg und Braunschweig hing das Recht

---

[1]) Vgl. über die Entwicklung des Jagdregals C. L. Stieglitz, Geschichtliche Darstellung der Eigentumsverhältnisse an Wald und Jagd in Deutschland. Leipzig 1832.

[2]) In der Mark Brandenburg speziell ist das Domäneneigentum sehr gewachsen durch Einziehung des im Dreißigjährigen Kriege wüst und herrenlos gewordenen Grundes, auch wohl mancher Lehne, vorzüglich aber auch durch Rodungen und Entwässerungen. Vgl. W. Pfeil, Die Forstgeschichte Preußens. Leipzig 1839. 36.

der hohen Jagd mit dem Malefizgericht zusammen [1]). Wer den Blutbann hatte, dem stand die hohe Jagd auch zu [2]). Im allgemeinen ist die Einteilung der Jagd in hohe und in niedere aus dem Zweck hervorgegangen, eine Scheidung der Jagdobjekte für den Landesherrn und den Grundadel zu schaffen, und der Einführung des Regals durch Eingrenzung auf bestimmte Wildarten den Weg zu bahnen. Schon im 16. Jahrhundert ward die hohe Jagd in Österreich, in Sachsen und in Braunschweig für den Landesherrn in Anspruch genommen, während der Adel die niedere Jagd, das sogenannte Raisgejaid, behalten hatte. Diese Teilung wurde dann ziemlich allgemein und in den meisten Territorien durchgeführt. Beständig aber suchte die fürstliche Jägerei ihre Rechte zu erweitern und auf alle Reviere auszudehnen, in denen wirklich noch ein Trupp von Hirschen stehen konnte, der nicht in ihre Macht gegeben war. Schon im Jahre 1499 beschwert sich die Ritterschaft in Landshut, daß die fürstliche Jägerei auf den Lehen die hohe Jagd ausübe und auch mit der kleinen Jagd sich viel zu schaffen mache. Im Jahre 1516 wird Prälaten, Stiftern, Edelleuten und den Geschlechtern in den Städten „da sy es von alter herbracht haben“, die Jagd auf Rehe, Schweine und Bären eingeräumt, sowie die Niederjagd ausdrücklich zugewiesen. Jedoch das Hochwild behielt sich der Herzog selber vor; er setzte damit den Unterschied zwischen hoher und niederer Jagd gesetzlich fest, der de facto vorher schon bestanden hatte. In Brandenburg traten die Stände 1527 mit ähnlichen Klagen hervor; hier gaben die Landesherren nach, ebenso 1602 und 1653. Hier waren die Stände übermächtig noch aus der Zeit Joachims II., und der Große Kurfürst hatte vor allem die Aufgabe, die Verteilung und Erhebung der Steuer

[1]) v. Wagner, Das Jagdwesen in Württemberg. Tübingen 1876. 5—6. — Stieglitz, Eigentumsverhältnisse an Wald und Jagd, 1832, 255.

[2]) Die Einteilung in hohe und niedere Jagd hat mehrfach geschwankt, namentlich bezüglich der Sauen und Rehe. Ludwig von Seckendorff, Teutscher Fürstenstaat, 1656, 199, gibt folgende Einteilung: Zur hohen Jagd gehörten „Hirsche, Wildeschweine, Bähren, Rehe, Trappen, Aurhanen, Haselhüner, Berckhüner, Schwanen“; zur Niederjagd gehörten „Hasen, Dachsen, wilde Katzen, Feldhüner, Schnepfen, Endten und dergleichen Wasservögel, wilde Tauben, Krammetsvögel, Lerchen und dergleichen“. Raubzeug durfte nicht nur jeder Jagdberechtigte erlegen, sondern es kam nach Seckendorff auch vor, daß hier noch freier Tierfang herrschte. Eine Ausnahme machten, wie wir sehen, die Bären, die sich die Landesherren vorbehielten, „weil sie etwas seltzam in Teutschland seyn“.

aus der Hand des Adels in die seine zu bringen, er mußte in der Jagd dafür gefällig sein. Ähnliche Klagen wie in Bayern und in Brandenburg tauchten auch in anderen Staaten auf, so in Steiermark und Sachsen; sogar die Reichsritterschaft mußte der Übergriffe sich erwehren, wurde aber von Rudolf II. gegen die Landesherren in Schutz genommen [1]).

Auch das Jagdrecht der Städte schwankte von Land zu Land. In Bayern hatten, wie wir sehen, die Geschlechter nur die Jagd. Im Magdeburgischen, überhaupt in Sachsen, stand das Jagdrecht auch dem Bürger zu, während in Halberstadt und Österreich alles was Stadt hieß, gänzlich ausgeschlossen wurde. In der Reichsgejägteordnung für Österreich ob der Ens von 1581 wird sogar den Edelleuten die Jagd entzogen, „die sich in den Städten aufhalten und bürgerlich Gewerbe treiben, also zugleich edel und bürgerlich sein wollen" [2]). Edel sein hieß vom Ausschlachten des Grundbesitzes leben, bürgerlich sein hieß leben von der weiteren Verarbeitung der ländlichen Produkte. Im Jahre 1675 ward die Vorschrift wiederholt und „hetzen und baissen und dergleichen adlige Exercitia allen und jeden, so nicht Landleute (Grundadel), Cammerherren (adlige Bediente), oder von altem gräf- und herrlichem Geschlechte herkommen und bei Hof bedient sind, ... gänzlich inhibiret" [3]). Das war das feudale Österreich, die führende Macht des Deutschen Reiches! Ihm gegenüber war Brandenburgs aufstrebende Größe geradezu liberal zu nennen, hier hatten auch die Städte das volle Recht der Jagd behalten, und erst 1709, als Brandenburg-Preußen Königreich geworden war und nunmehr als souveräner Staat in äußerlichem Vornehmtun sich Österreich gegenüber nichts vergeben durfte, ward die Jagd den Städten zwar nicht gänzlich abgenommen, ihre Ausübung aber denen von der Bürgerschaft verboten, „welche gewisse Gewerbe und Handtierungen" trieben; die Kerls hatten bei der Arbeit ja schmutzige Hände! Grund genug, sie auszuschließen. Besser als die Territorialstädte blieben die Reichsstädte gestellt, die wie jeder freie Reichsstand auch die Jagd ausübten [4]).

---

[1]) C. L. Stieglitz, Eigentumsverhältnisse an Wald und Jagd. Leipzig 1832. 256.

[2]) Ebenda, 278.

[3]) v. Hohberg, Georgica curiosa. Nurnberg 1682. I.

[4]) A. Schwappach, Handbuch der Forst- und Jagdgeschichte Deutschlands. I. 602. Daselbst wird darauf hingewiesen, daß früher auch die Studenten vielfach das Recht gehabt haben, innerhalb der städtischen Bannmeile die Jagd auszuüben, so in

Im allgemeinen ward für die Ansicht Propaganda gemacht, daß die Jagd der hohen Obrigkeit gebühre, die Pfarrer auf den Kanzeln bekannten sich zu dieser Auffassung, und die gelehrten Schreiber der Kompendien pflichteten nach gründlicher und gebührlicher Erörterung des Gegenstandes, bei welcher sie natürlich das Ergebnis vorher wußten, in würdiger und standesgemäßer Weise bei. Wolff Helmhard Freiherr von Hohberg sagt, die Untertanen könnten auf der Jagd ihre Arbeit nicht machen, und Müßiggang bringe nichts Gutes. Durch das Waffentragen auf der Jagd könnten zum Bösen geneigte müßige Leute sich zum Morden verleiten lassen, Schlägerei und Aufruhr seien nicht ausgeschlossen [1]. Dagegen „ist nicht unbillig, daß die Obrigkeit, weil sie ohne diß ein schweres Amt, vor ihrer Unterthanen Wohlergehen sorgen und manche schwere Last ertragen und dulden muß, auch eine wenige Ergetzlichkeit habe, damit sich zu erlustigen und die Bitterkeit des Regierstandes versüßen könne". Ein befangener Geist, etwa ein zugereister Marsbewohner, der so im Rückstand war, daß er die Rechtsverteilung nach sittlichen und praktischen Maximen noch bemessen wollte und die naive Dummheit etwa noch vertrat, daß höhere Rechte auch höhere Pflichten auferlegen müssen, hätte vielleicht zu dem umgekehrten Urteil kommen können, daß der Bürger in erster Linie die Jagd benutzen dürfe, weil der Wirkungskreis, den er daheim verlasse, ein enger war und jeder Bürger die Folgen seines Müßigganges selber tragen müsse, wenn nun einmal die Jagd als Müßiggang beurteilt werden sollte. Dem hohen Adel aber, der zu regieren hatte, und dem die Sorge für die Untertanen keine Ruhe ließ zum Schlafen, hätte ein Befangener eine solche Unterbrechung seiner Pflichten schwerlich ansinnen zu dürfen geglaubt, ohne ihn in seinem Ehrgefühl empfindlich zu verletzen, da er die Folgen „seines Müßigganges" ja nicht nur selber trug, sondern sie vorwiegend auf die Untertanen abwälzte. Dem guten Hohberg stimmte der Superintendent Cyriakus Spangenberg bei, der auf der Kanzel für die hohe Obrigkeit die Jagd in Anspruch nahm, weil sie „offt wachen muß, auff das die Unterthanen schlaffen können, und darneben für wilden Thieren

---

Gießen, Heidelberg, Halle, auch wohl in Jena, doch suchte der Kurfürst von Bayern um 1700 dieses Recht in Ingolstadt schon einzuschränken. 605—6.

[1]) Das traf zu bei dem Herzog Ulrich von Württemberg, der auf der Jagd einen Nebenbuhler beseitigte.

sie beschützet". Der befangene Marsbewohner freilich wäre der Meinung wohl gewesen, daß die hohe Obrigkeit aus eigener Lust und Weiberlaune Kriege anzuzetteln liebte, und daß die Untertanen sie von der schweren Pflicht des Schutzes vor den wilden Tieren gern entbunden hätten. Für durchschlagend hätte aber auch er den zweiten Grund des frommen Seelenhirten gelten lassen, daß nämlich die sorgenvolle hohe Obrigkeit trotz allen Wachens doch Gefahr lief „bei allzu müssigen Tagen zu versauern wie ein stehendes wasser, da sie auch vom übrigen Essen und Trinken viel böser Feuchtigkeit sammelte". Wenn also, wie der Superintendent aus eigener Beobachtung in Gegenwart des Hofes auf der Kanzel äußert, die Gefahr vorhanden war, daß der Leib der hohen Obrigkeit bei aller Sorge für die Untertanen Gefahr lief, die übelriechenden Eigenschaften eines stehenden Gewässers anzunehmen, dann allerdings konnte man ihm nach dem Vorgange von Maximilian I. ja die Jagd als Kur verordnen. Wollten aber diese Gründe alle noch nicht fruchten, dann zogen die Verehrer einer hohen Obrigkeit mit „Gottes Ordnung" auf, denn es floß ja die Belehnung vom Herrgott in Person auf den Kaiser, von diesem auf die Landesfürsten, von diesen auf den Adel. „Ist demnach nicht mit Gewalt genommen, oder wider recht und billigkeit anderen entzogen, sondern die Obrigkeit hat darüber Göttliche Belehnung" [1]). Sie haben recht, Herr Superintendent, die Welt steht still und Gottes Ordnung darf nicht wanken. Sagen Sie mir bitte nur das eine: als Luther, der größte Revolutionär der neuen Zeit, den Papst für einen Feind und Zerstörer der Christenheit erklärte, als er den Vatikan ein Hurenhaus benannte und die Ländereien der Kirche den Landesherren in die Hände spielte, wo war Gottes Ordnung da geblieben? Und als die Landesfürsten Ihres Glaubens gegen den deutschen Oberherrn und Kaiser das Schwert bei Mühlberg zogen, und als Reichsverräter dem Landesfeinde deutschen Boden opferten, wie stand es da um Gottes Ordnung und um die hohe Obrigkeit? Nach meiner Meinung freilich war Gottes Ordnung in dieser Fürstenrevolution, die wir Reformation benennen, so gut vorhanden wie in jeder Revolution eines unterdrückten Volkes; aber das ist doch

[1]) M. N. Rebhan, Esau venator, sechzehn christliche Jägerpredigten. Wittenbergk 1621. 2. Predigt. Vgl. was oben über Luthers Auffassung von der göttlichen Natur der Obrigkeit gesagt ist; der Superintendent konnte sich auf seinen verstorbenen Chef berufen.

nicht Ihre Meinung, denn Sie verstehen unter Gottes Ordnung den Stillstand jenes Zustandes, unter dem Sie Superintendent geworden sind, während ich sie in dem ewigen Umschwung zu erkennen glaube, der Werden und Vergehen aufrecht hält.

Wo der Fürst die Jagd verlieh, unter Vorbehalt des Widerrufs, entstand die Gnadenjagd. Wo die Güter der Jagdberechtigten zerstreut und durcheinander lagen, so daß der einzelne nicht jagen konnte, ohne beständig über die Grenze zu stolpern, vereinigten sich wohl die Interessenten und legten ihre Liegenschaften zu einem gemeinschaftlichen Jagdbezirk zusammen: es entstand die sogenannte Koppeljagd. Jeder Interessent konnte in dem gemeinschaftlichen Bezirk uneingeschränkt die Jagd ausüben. Es kam vor, daß der Landesherr an der Verkopplung beteiligt war, und daß er in solchem Falle sich die Vorjagd ausbedang, das Recht, nach Eröffnung der Jagd dieselbe eine bestimmte Zeit allein ausüben zu dürfen, ehe der Adel und das Profanum vulgus zugelassen wurden. Hatte der Landesherr in der Verkopplung keine Liegenschaft, dann suchte er statt der Vorjagd sich wenigstens die Mitjagd auszuwirken. Auch von einer Lustjagd war in jener Zeit die Rede, sie bestand aus der Befugnis des Landesherrn, für seine Person in einem Revier gelegentlich einmal jagen zu dürfen, in dem er sonst nicht jagdberechtigt war [1]).

Die wichtigste Rechtsform zur Ausübung der Jagd neben dem Regal und den Grundrechten der Vasallen und Städte war jedoch die freie Pirsch, die an einigen Stellen in Oberdeutschland noch bestand und an der Donau sogar bis zur Zeit des Rheinbundes sich gehalten haben soll. Ahasverus Fritschius definiert die freie Pirsch als eine freie Gewalt an solchem Ort, da das Wildbret nicht gebannt ist und deswegen einem jeden zu jagen freisteht [2]). Ganz einwandfrei ist die Erklärung des Rechtsgelehrten nicht, denn jagdberechtigt war nicht jeder, sondern nur der eingesessene Grundbesitzer. Dieser aber konnte innerhalb des Bezirks der freien Pirsch an jedem Ort die Jagd ausüben, einerlei, ob er Landesherr war oder Vasall, Bürger oder Bauer. Wagner sagt, daß die freie Pirschgenossenschaft nicht etwa eine Fortsetzung der alten

---

[1]) K. Roth, Geschichte des Forst- und Jagdwesens in Deutschland. Berlin 1879. 495.

[2]) Corpus juris venatorio-forestalis. Lipsiae 1702. I. 256.

Markgenossenschaft gewesen sei; er vermutet als Entstehungsursache eher einen kaiserlichen Akt aus der Zeit der Hohenstaufen. Ich muß bekennen, daß die grundherrlich-feudalen Neigungen der Hohenstaufen mit einer derartig populären Schöpfung schlecht im Einklang stehen. Konrad III. soll speziell die Rottweilsche freie Pirsch verliehen haben[1]); möglich ist es ja, trotzdem Ranke staatsmännischen Geist ihm aberkennt. Etwas Genaues wissen wir über den Ursprung nicht zu sagen, dagegen sind wir besser unterrichtet über die Organisation.

Freie Pirschgebiete gab es in Schwaben, um Rottweil, Gemünd und Ulm, am oberen Neckar und an der oberen Donau. Im Vorstand waren Adel, Klöster, Abteien und Städte vertreten, sie hielten Pirschtage ab und setzten auf diesen die Ordnung fest, nach welcher die Jagd gehandhabt werden sollte. Der Adel schalt auf die ganze Einrichtung, und es ist ja möglich, daß seine Klagen nicht unberechtigt waren, daß trotz der Ordnung die Art, wie man die Jagd ausübte, keine weidgerechte war, daß keine Schonzeit eingehalten wurde, daß mancher Wilderer hier ein dankbares Revier vorfand, und daß die benachbarten Grundherren durch den bekannten Ansitz an der Grenze ihre eigene Jagd geschädigt sahen. Die Herren vergaßen nur, daß es auf den Revieren, die der Adel allein bejagte, nicht besser aussah, und es ist leicht möglich, daß starke Übertreibungen mit unterliefen, weil im Bezirk der freien Pirsch die Herren vom Adel nicht zu kommandieren hatten. Hier gab es keine Pflicht der Untertanen zum Frönen bei der herrschaftlichen Jagd, keine Pflicht zu Atzung und zu Hundelege, und wenn der passionierte Meister Knieriem dem Grafen Schreckenstein die Böcke wegschoß, die dieser selbst nicht pirschen konnte, oder wenn des Schusters Boncoeur an dem herrschaftlichen Park den angeschweißten Hasen griff, und die aristokratische Gesellschaft dieser Unverfrorenheit vom Fenster aus geduldig zusehen mußte, dann ist es wohl erklährlich, daß ihr der Grimm im Busen schwoll, und sie auf alles wetterte und fluchte, was mit der freien Pirsch zusammenhing. Im Jahre 1697 erklärten die Fürsten und Stände des schwäbischen Kreises, die freie Pirsch sei wert, daß sie zu Grunde gehe, und ein Jahr später wollten Zollern, Hochberg, Rottweil und Villingen ausscheiden mit ihren Waldungen. Württemberg ging 1709 gegen die freie Pirsch tatsächlich vor und hob sie in seinen

[1]) K. Roth, Geschichte des Forst- und Jagdwesens. 285—86.

am Rottenberg gelegenen Orten auf. Andere Orte wurden mit der Aufhebung bedroht, so Balingen, St. Georgen, Ebingen und Rosenfeld; weil sie aber der hohen Obrigkeit ein douceur von 9505 Gulden in die Hand drückten, durften sie die freie Pürsch als „Gnadenjagd" behalten [1]).

Abgesehen von diesen vereinzelten Oasen freier Pirsch kam das Volk nur selten noch zur Jagdausübung. In Bayern und Österreich durften die Bauern Wölfe, Bären, Luchse, Wildkatzen und anderes Raubzeug „fachen und gewinnen", doch waren sie verpflichtet, vorher die Erlaubnis des Grundherrn einzuholen, auf dessen Besitzung sie die Jagd ausüben wollten. Sogar das Schwarzwild war ihnen an einigen Stellen noch freigegeben [2]); indessen konnte hier von keinem Rechte mehr die Rede sein, sondern nur noch von einer widerruflichen Erlaubnis.

Im großen und ganzen lag das Recht zur Weidmannsfreude in der Hand der Fürsten und ihrer Jägerei, und da die Herren auch das nächste Jahr bedenken mußten, wenn sie die nimmersatte Hofküche zufrieden stellen wollten, so waren sie auf Maßhalten im Jagen angewiesen und bekämpften in Mandaten und in Jagdordnungen jede Art von Jagdausübung, die mit ihrer eigenen vorsorglichen Weise nicht im Einklang stand. Namentlich ereiferten sich Fürst und Jägerei, wenn der Adel Vorkehrungen traf, durch welche er das Wild anlocken oder in größerer Menge billig fangen konnte, denn sie betrachteten mehr und mehr das Wild des Landes als ihr Eigentum und sahen das Jagen anderer nur noch an als einen geduldeten Eingriff in ihre Rechte. Bayern und Braunschweig tadelten, daß der Adel in der Schonzeit jage, daß „Prälaten, Adel und Landsassen sich auf den Gnadenjagden unwaidmännisch halten, das Wildpret nicht zur rechten Zeit fahen, gantz unwaidmännisch jagen und noch darzu Hecken, Gruben und Sultzen zurichten". Man beachte wohl, Hecken mit Schlingen und Salzlecken stellten die Herren auf eine Stufe. Ähnlich schilt das Magdeburger Jagdmandat von 1659 auf Adel, Bürger und Bauern. In Österreich war dem Adel streng verboten, fremde Netze, Hunde und Menschen sich zu leihen, nur mit seinen eigenen Mitteln durfte er der Jagd obliegen, und wenn er diese Vorschrift zum dritten Male übertrat, sollte

---

[1]) v. Wagner, Das Jagdwesen in Württemberg. 1876. 50 u. f., 109.

[2]) A. Schwappach, Handbuch der Forst- und Jagdgeschichte. I. 603—4.

er des Raisgejaids verlustig gehen[1]). Alle Fangmethoden wurden untersagt, alles „Abschrecken, Wohnsässen, Selbgeschoß, Fallbäume, Zäune, Schnür, Gattern, Wißbaum“ wurde aufgehoben oder auf das Raubzeug eingeschränkt. Nur die Häute des Wildes durfte der Adel verkaufen, der Handel mit dem Fleisch des Wildes galt für gemein und war Aasjägerei [2]). Österreich untersagte bei hundert Talern Strafe, die Jagd durch Untertanen ausüben zu lassen, nur gelernte Jäger durften schießen. Ähnlich so ging Bayern vor, auch hier wurden die mannigfaltigen Fangarten verboten, nur an den Grenzen blieben sie erlaubt, der beste Beweis, daß es sich nicht gehandelt hat um feinere Regungen in dem Gefühlsleben der hohen Jägerei, daß man nicht weidmännisch jagen wollte, um dem Wild das Sterben zu erleichtern, sondern daß die Vorschriften allein eingegeben waren zur Schonung und Verbesserung der herrschaftlichen Jagd. Daß sie nebenbei die Wirkung hatten, die jagdliche Methode zu verfeinern, soll nicht geleugnet werden; wir sehen auch hier in Wirksamkeit einen Teil von jener Kraft, die stets das Böse will und stets das Gute schafft.

Die unbeschränkte Jagdfreiheit der Fürsten wurde oft mißbraucht. Sie überschritten jedes Maß und hatten für nichts mehr Sinn, als für Wild und Hund. Dabei ging aber der alte Jägergeist verloren, es wurde nicht mehr gejagt um des Jagens willen, sondern um Beute zu machen, und der Jäger ward nicht bewertet nach seiner jagdlichen Kunst, sondern nach der Zahl der erlegten Tiere. Das Fürstenblut hatte sich ausgelebt, die Ahnenreihe war zu lang geworden, die gewohnt gewesen war, in süßem Nichtstun sich zu pflegen, die Herren liebten nicht mehr die herbe Schönheit weidmännischer Kunst, nicht die geistige und körperliche Anstrengung, sondern sie zogen das geistlose Schießen vor und wahrten sich vor allem die Bequemlichkeit. Große Strecken, lange Schußlisten wollte die fürstliche Durchlaucht erzielen, und für diese Zwecke ward ein Apparat ins Werk gesetzt, der mit echtem Jägersinn so gut wie gar keine Bewandtnis hatte. Philipp von Hessen pflegte mit 110, 120, 139, 149, 179 und über 200 Pferden auf die Jagd zu ziehen; mit nicht geringem Stolze sah er auf die zahlreichen Register, in welche die Zahlen des erlegten Wildes eingetragen waren, und am Schluß des Jahres ver-

---

1) v. Hohberg, Georgica curiosa. I. 38, 39.

2) Ebenda, 39.

sandte er diese an den fürstlichen Freundeskreis, um seine Überlegenheit zu zeigen und die Herren zu ärgern, wie eine junge Schöne wohl die lieben Freundinnen zu ärgern sucht durch die lange Liste ihrer glühenden Verehrer.

Der souveräne Graf Georg Ernst von Henneberg ließ seiner Leidenschaft so weit die Zügel schießen, daß seine Räte endlich sich zusammentaten und ihm in mannhaft offener Sprache eine Vorstellung einreichten, in welcher stand, daß durch die Jagd die Staatseinrichtungen verschoben wären, daß Hof- und Haus- und Regiments- und Kirchenordnung nur noch abhingen von den Gewohnheiten des Wildes[1]). Ein ganz ähnlicher Vorgang spielte sich 1590 in Sachsen-Weimar ab, und der Landgraf Wilhelm von Hessen war einsichtsvoll genug, den Unfug selber zu erkennen, den er mit seiner Hofhaltung gestiftet hatte, und schrieb an seinen Bruder: „Zudem so hält jeder von uns so einen Haufen Jäger, Köche und Hausgesinde, daß schier zu jedem Berg ein einzelner Jäger, zu einem jeden Topf ein eigener Koch und zu jedem Faß ein Schenker ist, welches wahrlich in die Länge nicht gut tut." [2])

Humorvoll ist es anzusehen, wie die hohen Jäger von den unglücklichen Folgen ihrer unbeschränkten Eigenliebe und ihrer lustgemäßen Ausdehnung der Jagd nicht etwa Abhilfe zu schaffen suchen durch eine weise Selbstbeschränkung, sondern durch die Testamente und den komisch-rührenden Versuch, auf ihre Erben einzuwirken. Sie selber wollten nicht der Sünde Süßigkeit entsagen, aber sie dachten erhaben genug, um dem Nachfolger ein solches Ziel zu stecken und weises Maßhalten ihm an das landesväterliche Herz zu legen. Philipp von Hessen zwar verteidigt auch in seinem Testament die Jagd und adoptiert die Lehre von der geplagten hohen Obrigkeit: „So ist's auch gut, daß sich die Herren zu Zeiten verlustiren, die sonsten mit schweren Geschäften beladen sind. Die Herren vernehmen auch viel, wenn sie auf der Jagd und den Jagdhäusern sind, können auch dadurch ihre Grenzen selbst wissen, was ihrer ist, kann auch sonst mancher arme Mann vorkommen, der sonst nicht zugelassen wird" [3]). Das ist speziell die Theorie, die Maximilian I. in die Welt gesetzt, aber viel niedlicher ausgedrückt hatte, als er sagte: „Du

---

[1]) Beust, Tractatus de jure venandi et banno ferino. 529—31.

[2]) Landau, Beiträge zur Geschichte der Jagd. Kassel 1849. 12—15.

[3]) Landau, Beiträge 9.

Koenig von Oesterreich sollst Dich freuen der großen Lust der Waidmannschaft zum Troste deiner Untertanen." Über den Wert dieser landesväterlichen Fürsorge, die sicherlich ganz gut und ehrlich gemeint war, habe ich mich im ersten Bande ausgesprochen [1]).

Abgesehen aber von der leidenschaftlichen Natur Philipps sahen die meisten Fürsten auf dem Sterbelager ein, daß sie arge Sünder gewesen waren und die Liebe zur Jagd zu weit getrieben hatten. So schrieb Moritz von Sachsen 1553 in sein Testament: „Seine Liebden wolle das Armuth bedenken und es künftig also anstellen, damit es gegen Gott und dem Gewissen zu verantworten steht." Johann Wilhelm von Sachsen-Weimar schrieb 1573: „Von wegen des übermäßigen Wildprets, welches den armen Unterthanen ..... großen Schaden thut, so sollen unsere lieben Söhne" usw. Ähnlich äußerten sich Ernst von Sachsen-Gotha und Adolph Friedrich von Mecklenburg (Mosers Forstarchiv 16).

---

[1]) Vgl. S. 295 u. f. Philipp ließ sich auf den Jagden von seinem Sekretär begleiten und verfocht die Meinung, daß er durch das Jagen keine Pflicht versäume. Daß diese Auffassung einseitig war, geht hervor aus einem Schreiben Ludwig von Boineburgs aus dem Jahre 1525 an den Kurfürsten Johann von Sachsen, in welchem es heißt, daß Philipp seine Räte frei gewähren lasse und sich selbst um nichts bekümmere, als um die Hirschjagd auf der Zapfenburg. Philipp war eine leidenschaftliche Natur. Nicht nur war er stets bereit, Händel anzufangen, sondern er hatte auch drei Hoden, wie Hans von Schweinichen charakteristisch sagt, die ihn so scharf und ungebärdig machten, daß seine Frau erklärte, sie könne „das allein nicht enden", eine Tatsache, die dann in den Skandal ausartete, daß Philipp mit Luthers Genehmigung die zweite Frau zum Altar führte. Er freilich war ungalant genug, die Schuld auf seine Frau zu schieben, indem er ihr Häßlichkeit und einen übeln Geruch nachsagte, sowie die Neigung, sich zu berauschen, die in fürstlichen Kreisen übrigens gang und gäbe war. Die Ehe Philipps war nach kanonischem Recht geschlossen und konnte nach dem Dekret Gregors II. von 726 nur aufgelöst werden, wenn die Frau kränklich war und die ehelichen Pflichten nicht erfüllen konnte. Luther hatte gar kein Recht, über diese Frage zu befinden, aber der ungestüme Landgraf, in welchem Luther den Vorkämpfer für den Protestantismus sehen mußte, gab deutlich zu verstehen, daß er an den Papst sich wenden würde, wenn nicht Luther und Genossen seiner Leidenschaft den Schein des Rechts verliehen. Es war ein direktes Seitenstück zu dem Vorgehen Heinrichs VIII. wegen Anna Boleyn, nur mit dem Unterschiede, daß der evangelische Papst in der angenehmen Lage war, nachgeben zu können, der katholische dagegen nicht. Philipp ward von Karl V. in einer wenig edlen Weise in die Gefangenschaft gelockt und lange in ihr festgehalten. Auch in dieser Zeit waren seine Gedanken meist auf Wild und Jagd gerichtet. Er gab selber an, wann, wieviel und wo abgeschossen

Je mehr der große Grundbesitz in seiner Eigenschaft der Landesherrlichkeit erstarkte, desto mehr nahm er die Gewohnheit der Despoten an. Die deutschen Kaiser Friedrich I. und Friedrich II. hatten von Justinian schon die Maxime übernommen, daß der Kaiser über dem Gesetz erhaben sei. Dieselbe Auffassung nahm der Papst für sich in Anspruch in seinem Recht, zu binden und zu lösen. Jetzt nun kam nach Luthers Aufmunterung die Gottähnlichkeit schon auf die Landesfürsten runter, die nicht nur selber um die Gesetze sich nicht kümmerten, die sie für Wild und Jagd erlassen hatten, sondern auch ihre obersten Jagdbeamten in die göttliche Region hinüberzogen, denn in Österreich z. B. galten der oberste Jäger und der oberste Falkenmeister nach Hohberg für exempt.

Die nächste Folge des Jagdregals war die Ausdehnung der Wildhege. Da das Wild auf fremdem Acker äste und in fremdem Walde seine Nahrung fand, blieb die fürstliche Jägerei unberührt von dem Schaden, den es stiftete; sie hatte das Verlangen, den Wildstand möglichst auszudehnen, damit die Lust der Fürsten, der Bedarf der Hofküche, das eigene Vergnügen, die amtliche Macht, die persönliche Wichtigkeit und Einnahme gebührende Berücksichtigung finden konnten, denn von

werden sollte, eigentliche Jagden aber ließ er auf keine Weise zu. Das Wild gehörte ihm und durfte nur zur hochfürstlichen Lust getötet werden. Daß wußte auch angeblich das Wild, es dankte ihm für diese Gnade. Der Superintendent Rebhan sagt in seiner Predigt von der hohen Obrigkeit göttlicher Belehnung mit der Jagd: „Daher es auch ohne Zweifel kommt, daß manchmal ein eingepflanzte sonder- und wunderbare erkenntnuß, Zuneigung, Furcht und gehorsam des Wildes gegen große Potentaten gespürt wird, damit sie bezeugen, Gott habe ihnen solche Regenten zu Herren gesetzt. Dergleichen schreibt man von Churfürst Johanne zu Sachsen, als er kurtz vor seinem seligen Abschied das letzte mal zur Schweinitz auff der Jagd gewesen, hab' kein Thier wollen harren noch einlauffen, sondern seyn all geflohen, darauff der fromme Herr gesagt: Nun das soll etwas bedeuten, daß unsere Thierlein also fliehen, wider ihre gewohnheit. Freilich hat es etwas bedeutet, nämlich, daß sie ihn nicht mehr für ihren Herrn anerkenneten, es ist ein Praesagium, Vorboth und verkündigung seines vorhandenen Todes gewesen.“ Wie merkwürdig, Herr Superintendent, denken Sie nur mal!

In welchem Umfange das Wild unter Philipp gehegt wurde, kann man daraus entnehmen, daß er 1559 auf einer Jagd 1120 Sauen fing; damit war indessen noch nicht aufgeräumt. Die übrigen, von denen sich die Untertanen noch manche Freude versprechen durften, waren dem Landgrafen noch nicht feist genug. Im Jahre 1560 fing er 154 Hirsche auf einer Jagd. Mosers Forstarchiv 16, 90.

dem erlegten Wild erhielt die Jägerei ihr Jägerrecht, und je größer die Strecke war, desto größer waren die Einnahmen. Das Wild trat allgemein des Abends auf die Felder aus, äste und zertrat das Getreide und vernichtete oft in einer einzigen Nacht die Früchte von des Bauern Fleiß. War es schon eine starke Zumutung, daß der Bauer seine Felder gegen das herrschaftliche Wild auf eigene Kosten schützen mußte, so stieg das Unrecht auf der herrschaftlichen Seite bis zur Vergewaltigung, als auch dieses letzte Recht ihm noch geschmälert wurde, und die Jägerei nur so niedrige Zäune zuließ, daß sie das Hochwild überfallen konnte, oder schließlich die Zäune ganz verbot. Auch hier wurde dem Bauern die Beweislast zugeschoben; er mußte nachweisen, daß auf seiner Hufe von Urväter Zeiten her die Felder eingezäunt gewesen seien, ansonsten ihm kein Recht mehr zugestanden wurde „aus Rücksicht auf des Jagens Servitut."[1])

Die Menschen jener Zeiten haben ausgelitten, ihre Klagen sind verhallt, ihr armer Leib ist längst zu Staub geworden, und die Atome sind dem Kreislauf der Natur zurückgegeben; aber aus den vergilbten Blättern alter Folianten stehen hohle Geister auf, die auf die Menetekel in den Spalten ihre Finger legen und von dem Leid der Bauern künden, von schwerer Tat des Adels, von Gewalt und Eigenliebe jener Menschenklasse, die sich die edle nannte, von anderen Menschen Treue forderte bis in den Tod, dabei sie ihrer Laune unbedenklich opferte und ihre eigene Lust gewann aus fremdem Leid. Ich führe einige der alten Zeugen vor und lasse sie in ihrer eigenen Sprache reden.

Cyriakus Spangenberg schreibt 1561: „Sie lassen den unterthanen den acker von den unvernünffigen Tieren verderben. Wenn der schade allbereit geschehen und die armen Leute solchs klagen, irer noch dazu lachen, böse wort geben, übel abweisen, und nichts weniger ihren Zehenden, Schos, Zinß, ungelt und andere bisweilen auch gar ungöttliche Schatzung mit zänkischer unerhörter ungüte, gewalt, zwang, drang, Kummer und auferlegtem Gehorsam durch ihre Amtleute und Schösser fordern und erzwingen, den vielfältigen Schaden, durchs Wild verursachet, hierinnen auch im geringsten nicht bedacht, viel weniger abgerechnet, erstattet, oder verglichen." Um dieselbe Zeit schreibt Gerhard Lorichius: „Also hat die Jagdsucht unsere Herrn bestanden, daß sie auch

[1]) Noë Meurer, Jag- und Forstrecht. 1582. 44.

iren Bawern verbieten dürffen, das Wild von iren Eckern, Feldern und wiesen zu scheuchen oder abzutreiben, sondern zwingen die armen Leute, das sie es müssen dulden und geschehen lassen, das inen das wild alles auff dem Felde und in gertten abfreße, und daher wird für einen aufrührigen Buben verdampt, welcher einen Hasen in seinem Krautgarten fehet, oder eine wilde Sawe in der Saat fellet, oder eine Hinde auff seinem stücke scheusset."

Ganz ähnlich äußert sich Hans von Schwarzenberg, und selbst Luther, der doch sicherlich zum Adel hielt, konnte sein abfälliges Urteil nicht verheimlichen; ich gebe den lateinischen Text in einer Übersetzung des 17. Jahrhunderts wieder [1]: „Unsere Fürsten sündigen bei ihren Jagden nicht allein mit Lassen, sondern auch mit Tun auffs allerschwerlichste. Den armen Bawern verwüsten sie ihr getreyde und äcker und dürffen dieselben das Wild weder aus den Gärten, noch von den Äckern hinwegtreiben, sondern das Wild weidet das Feld, so mit großer Mühe und Arbeit bestellet ist, seines gefallens und mutwillens ab. Da gehöret nicht allein Hilf und schutz auff, sondern wird auch Schaden zugefügt, denen man Hilf schuldig ist. Darumb wird endlich der Türck oder ein anderer Nimrodischer Jäger kommen, der den Teutschen Fürsten die Garne und Spieße aus den Händen schlagen wird." Ein furchtbar wahres Wort des zuweilen doch recht weitschauenden Luther: Dieser Jäger kam und hieß Napoleon.

Ein Erkenntnis des Reichskammergerichts vom Jahre 1588 gegen den Markgrafen von Brandenburg sprach sich sehr scharf aus gegen den Versuch, den Bauern im Nürnberger Reichswald das Einzäunen der Felder zu verbieten. Es hieß, „daß das Gebot, dem Wilde seine Felder offen zu lassen ......, damit sein Wild in des armen Mannes Schweiße und Blute ungehindert wühlen möge, sowohl den göttlichen und natürlichen Rechten, als dem kaiserlichen Reskript von 18. Juni 1585 entgegen wäre." Um die gleiche Zeit taten die Bauern aus zwölf Herrschaften sich zusammen, aus Nürnberg, Bamberg, Würzburg, Eichstädt, Deutschmeister, Weinsheim, Rottenburg usw., wählten Abgeordnete und sandten diese an den kaiserlichen Hof; sie hatten die Freude, daß der Kaiser sich ihrer ernstlich annahm und strenge Reskripte ergehen ließ an die

[1] N. Rebhan, Esau venator. 1621. Die Stelle soll bei Luther stehen, Genes. Kap. 25, S. 339.

verklagten Herrschaften[1]). Die bayrischen Stände beschwerten sich über den unglaublichen Wildschaden bei dem bibelfesten Herzog Albrecht V., dessen Wildstand schon so weit gediehen war, daß die Bauern voll Verzweiflung Haus und Hof im Stiche ließen. Die Antwort, die sie erhielten, lautete nach Landau: „Die Jagd und die Kanterei seyen die zwey einzigen Stücke, wobey Seine Fürstliche Gnaden Ergötzlichkeit hätten. Es versähen sich Seine Fürstliche Gnaden, daß ihnen die Stände diese zu entziehen nicht begehren würden, dieweil die Jagd gemeine Landesnotdurft sei, damit das Wild aufgefangen werde, die Kanterei aber werde zum Dienste und zur Ehre Gottes gebraucht [2])."

Seine Fürstliche Gnaden geruhten hier ganz zu verkennen, daß es ja gerade „das Auffangen" des Wildes war, das von Hochderselben mit Submission gefordert wurde, und daß Seine Fürstliche Gnaden es selber waren, die solches Auffangen zu unterlassen aus landesväterlicher Huld für gut befunden hatten. Ähnlich wie in Bayern lagen die Zustände in Hessen, und in Württemberg wurde im Jahre 1569 ein gefährlicher Aufstand kaum verhindert, der wegen des Wildschadens und der großen Zaunkosten auszubrechen drohte. Der Vogt von Urach berichtet amtlich von der Not der Bauern, die nicht die Aussaat mehr bewirken könnten und voll Verzweiflung in die Zukunft sähen [3]). Große Ackerflächen blieben auch hier unangebaut und wüst und öde liegen.

Werfen wir noch einen Blick in das 17. Jahrhundert, und gehen wir zunächst nach Hessen. Nachdem das Land unter der Wildplage schwer gelitten hatte, erließ der neue Landgraf Wilhelm V. von Hessen-Kassel eine Verordnung im Jahre 1629, die gegen die rücksichtslose Hege gerichtet war. Man wird ohne weiteres annehmen können, daß er nicht gewillt war, seine Vorgänger bloßzustellen, daß er den Ton vorsichtig gewählt und die früheren Übelstände eher beschönigt hat als aufgebauscht. Trotzdem äußert sich der Landgraf scharf und sagt, daß es sein „Wille und Meinung aber garnicht ist, daß unseren Unterthanen der mit großer Mühe, Arbeit und ihrem sauren Schweiße ausgestellte Same, davon sie mit Weib und Kind das Brod zum Aufenthalt ihres Lebens haben, von Wildpret verderbt und abgefressen werden soll".

---

[1]) Landau 145 u. f.

[2]) Ebenda.

[3]) v. Wagner, Das Jagdwesen in Württemberg, 441.

Der Nachfolger dieses einsichtigen Fürsten war wieder „ein passionierter Jäger", der Wildbestand ward wieder vermehrt und ausgedehnt, die Salzlecken wurden in die Vorhölzer gelegt und so das Wild recht eigentlich auf die Felder hingewiesen. Ein bestechliches Jägerpersonal handelte mit der Vergünstigung, daß hier oder da der Bauer seine Felder bauen und von dem goldenen Segen ein Weniges für sich gewinnen konnte. Erst mit der folgenden Regierung erhielt die Menschlichkeit die Oberhand, als eine Frau die Zügel faßte, die edle Landgräfin Hedwig Sophie. Die Verordnung, die sie im Jahre 1665 erließ, ist besonders wertvoll als die amtliche Kundgebung einer Regentin, die über den Parteien stand, und deren Ziel es war, das Übel einzuschränken[1]).

Ebenso schlimm wie in Hessen-Kassel sah es in Hessen-Darmstadt aus, namentlich unter dem Landgrafen Ernst Ludwig, der 1688 zur

---

[1]) Die Kundgebung schildert die Zustände so anschaulich, daß ich sie hier zum Teil wörtlich folgen lasse: „Nachdem uns über den allgemeinen und immer zunehmenden Wildschaden durchs ganze Land mehr und mehr Klagen aller Orten herkommen, wie auch durch gewisse zum Augenschein selbst ausgeschickte Kommissare und sonst anderwärts glaubwürdig berichtet worden, daß ob wir schon vorigen Jahres zu Abtreibung und Wegschießung des Wildprets aus den Feldern gewisse Verordnung gethan, solches dennoch ganz zahm und ohne Scheu im Felde und bis an die Stadttore herum zu gehen, sein Lager in den besten Fruchtfeldern zu nehmen, die Kälber auch allerdings hinein zu setzen pflege, welche sich dann als im Feld geheckt und erzogen, sogar darin gewöhnet, daß sie auch den Wald nicht kennen, sondern vielmehr scheuen, und weder durch der Feldhüter Abhetzen, Wehren, Schrecken, Trommelschlagen und andere Getöne, Geruf und Geschrei auf keinerlei Weise daraus und in den Wald zu bringen wären, wozu sich dann das Wildpret aus den hohen Gewäldern, bevor es im Frühling häufig herbeizieht, den Saamen bis zum ersten Schossen zwei oder dreimal abäset, nach der Hand sich in die Wiesen begiebt, dieselben gleichfalls rein ausfrißt, und wenn das Heu gemacht und die Frucht einen süßen Kern zu setzen und zu reifen beginne, alsdann wiederkomme, den Rest vollends abäse und verträte . . . und dem armen Mann die Fütterung für seine Pferde, Rind- und Schafvieh also entzogen würde, daß dannenhero und wegen dessen Mangel das Vieh verhungern und wie nun etliche Jahre her geschehen, abgehen, hinsterben und verderben, und demnach die von Frucht, Vieh und Wolle dabevor sonst gehabte gute Nahrung, Handel und Wandel gänzlich verschwinden und je mehr und mehr verloren gehen müsse, und in dem des Ackermanns angewandte Kosten, saure Mühe und Arbeit alle umsonst und vergebens, ... des großen Abgangs an fürstlichen Gewächsen, Renten, Pacht, Zehnten und Zinsen für diesmal nicht zu gedenken" u. s. w. Wir haben hier ein lebendiges Beispiel für einen verhältnismäßig klaren Kanzleistil und bewegen uns noch immer in den Obersätzen. Der Schluß ist weniger wichtig.

Regierung kam und wieder „ein passionierter Jäger" war. Landau schreibt darüber: „Man bannte nicht nur die herrschaftlichen Waldungen, dasselbe geschah auch mit den Privat-Waldungen, indem man deren Benutzung je länger je mehr den Gemeinden entzog. Während man die Gemeinden behinderte, das bedürftige Brennholz zu schlagen, zwang man dieselben, in ihren Waldungen nach allen Richtungen hin Schneisen zu hauen. Die Waldhute war untersagt, die Waldwiesen durften nicht gemäht werden, obgleich die Förster sie für ihr eigenes Vieh gebrauchten, und selbst wer Gras und Leseholz aus den Gemeindewaldungen holte, wurde unbarmherzig gestraft. Sogar die Ablassung von Holz zum Straßenbau, zu Dorffrieden und Hegehalten aus den Gemeindewaldungen wurde von den Förstern verweigert, obwohl die Erhaltung jener Einrichtungen bei 5 Tlr. Strafe geboten war. Der Gemeinde Arheiligen wurde ohne weiteres ein Tannenschlag von 40 Morgen abgetrieben, weil man den Boden zu einer Fasanerie bedurfte. Je nach Gefallen ließen die Förster Holz in den Gemeindewaldungen fällen und verkauften dasselbe; die Gemeinde Treisa, welche es wagte, die Holzhauer zu pfänden, mußte dafür 20 Tlr. Strafe leisten. Auch die Benutzung der Mast im eigenen Walde wurde unter Verbot gelegt [1])." Wiederholt wanderten die Gemeinden aus, oder sie griffen zu den verzweifeltsten Mitteln und zündeten die Waldbestände an; selbst der Oberförster am Vogelsberg klagte 1634 über die weiten Strecken Landes, die wüst und öde lagen und nicht mehr angebaut wurden infolge von Wildschaden.

Zum Schluß gestatte ich einem Jäger das Wort, dem Freiherrn von Hohberg, einem Manne, der in der Anschauung seiner Zeit von Adelsrechten und Untertanenpflichten völlig befangen war und neben Colerus und Täntzer der erste nennenswerte deutsche Jagdschriftsteller ist; er konnte nicht umhin, das schwere Unrecht einzusehen, unter dem die Bauern rings zu leiden hatten, und schrieb im Jahre 1682 in sein „adeliches Land- und Feldleben" S. 36: „Der Wildbahn wird heutiges Tages darum hoch gemißbraucht, daß man durch all zu vieles Verschonen und Überhäuffung des Wildprets der armen Unterthanen Felder, Gründe und Wiesen also verderbet und ringert, daß sie durch unglaubliche große Mühe, hefftigen Verlust, vergebliches Wachen und empfindliche Ver-

---

[1]) Landau, Beiträge, 137. Bezüglich der anderen Angaben über Hessen vgl. ebenda 133—34, 145—49. Der Erlaß der Landgräfin Hedwig Sophie steht S. 150.

wüstung Tag und Nacht gequälet und in Verderbung und Armut gestürzt werden [1])."

Wenn irgendwo ein Wildstand angezüchtet werden sollte, so nannte man das „ins Gehege legen". Die Bezeichnung rührte her von Hag, Häge, Hecke, mit welchen die Bannforsten des Mittelalters eingeschlossen zu werden pflegten, um den Auswechsel des Wildes zu verhüten [2]). Mit dem Erstarken der fürstlichen Macht hielt man die Einhegung nicht mehr für erforderlich, da die Untertanen das hohe Wild nicht erlegen durften, und es dem Landesherrn willkommen war, wenn sein Wild auf den benachbarten Feldern Äsung suchen konnte, dann brauchte er nicht zu füttern und sparte sein Geld. Der Ausdruck ins Gehege legen wurde aber beibehalten [3]) und hatte für die Besitzer der ins Gehege gelegten Felder die zweifelhafte Annehmlichkeit, daß sie in der Benutzung eingeschränkt wurden und zunächst der Vieheintrieb aufhörte [4]). Später ward den Besitzern der Zutritt allgemein erschwert, sie durften ihre Felder nicht bebauen wie sie wollten und ihre Wiesen nicht abmähen, und in der Satzzeit pflegte eine völlige Waldsperre verhängt zu werden [5]). In Hessen-Darmstadt verlor unter Ernst Ludwig die Stadt

---

[1]) Vgl. auch L. v. Sekkendorff, Teutscher Fürstenstaat, 1656, 208.

[2]) v. Maurer, Einleitung zur Geschichte der Mark-, Hof-, Dorf- und Stadt-Verfassung, 116, 229.

[3]) In Brandenburg ernannte 1447 Friedrich II. einen v. Ahlimb zum Erbhegemeister. Nach 1593 und 1611 wurde den Ständen die Zusicherung gegeben, daß die Waldsperre in den Gehegen nur etwa vier Wochen vor der Jagd erfolgen solle; neben diesen Gehegen bestanden aber wahrscheinlich schon andere, die stets geschlossen waren. Vgl. Pfeil, Die Forstgeschichte Preußens, 49, 50.

[4]) In der Brandenburg. Jagdordnung von 1687 wird bestimmt, daß da, wo dem Fürsten ein Jagd- und Mastungsrecht zusteht, niemand die Viehtrift ausüben darf, auch nicht in seinen eigenen Gehölzen. Der Große Kurfürst behält sich vor, neue Gehege anzulegen. Fritschius, 1702, 311—13. „Die ungeheuern Waldservitute" in dem ganzen früher von Slawen und Wenden bewohnten Landstriche rühren davon her, daß die Bauern kein Waldeigentum hatten und als Leibeigene oder Hörige bloß für den Herrn tätig waren. „So mußte man natürlich die Bedürfnisse derselben an Bau- und Brennholz, Weide und Streulaub, aus den Wäldern des Adels oder der Fürsten befriedigen. Wohnen, sich erwärmen, Speisen bereiten, ihr Vieh ernähren, ihren Acker düngen müssen natürlich die Bauern, wenn sie dem Grundherrn oder der Regierung Dienste leisten und Abgaben entrichten sollen." W. Pfeil, Die Forstgeschichte Preußens, 1839, 39. Servitute sind meistens die Begleiterscheinung der Unfreiheit.

[5]) v. Wagner 283.

Darmstadt durch ins Gehegelegen 1300 Morgen; es verloren die Gemeinden Pfungstedt 434 Morgen, Eberstadt 372 Morgen, Wachsenbach $90^3/_4$ Morgen, Griesheim 788 Morgen, Bessungen 250 Morgen, Arheiligen 1250 Morgen, Weiberstadt 648 Morgen usw., in der Art, daß diese Flächen für den Landbau einfach ausgeschaltet wurden[1]). Es kann keinem Zweifel unterliegen, daß im allgemeinen die Regalität der Jagd unter dem unbeschränkten Landesfürstentum zu einer allgemeinen Landplage sich ausgewachsen hatte. Wenn je ein angemaßtes Recht erkennen ließ, daß die unbeschränkte Ausübung der Macht den Mißbrauch in sich trägt als bösen Keim, so war es die Anmaßung des großen Grundbesitzes, das Hochwild allein töten zu dürfen und es zu mästen auf Kosten der Landbevölkerung.

Auch die Entwicklung der Städte ließ in Deutschland nach, wie es die geschwächte Kaufkraft des Bauern mit sich brachte. Allerdings wurde die Entwicklung auch getroffen durch das Aufkommen der Holländer und Engländer, welche die Ostsee schon befuhren und das Handelsmonopol der Hanse brachen, durch den großen Fortschritt in der Technik des Schiffbaues und die Entdeckung des Kompasses, durch welche der Seeweg zwischen den Säulen des Herkules hindurch billiger geworden war, als der alte Saumpaß über die Alpen; die Entwicklung ward gehindert durch die türkische Eroberung von Byzanz, durch den Verlust der Ostseeküsten, durch fehlerhafte Politik der Städte und durch die falsche Zoll- und Monopolwirtschaft; namentlich aber blieb der deutsche Handel deswegen zurück gegen den der auswärtigen Nationen, weil diese sich zu Handelseinheiten erhoben, während in Deutschland der große Grundbesitz, der immer in allem Unglück seine Hand im Spiele hatte und mit der Kirche der Fluch des Volkes war, in vernagelten Selbstherrlichkeitsgelüsten das deutsche Land zerriß und kaum in seinem eigenen Territorium zu einer Handelseinheit fortgeschritten war. Aber die Städte konnten doch in ihren Mauern schalten wie sie wollten, die Brauer konnten doch ihr Bier brauen, die Böttcher ihre Fässer klopfen, die Maurer ihre Steine aufeinander kleistern, die Kaufleute ihre Läden offen halten, wenn auch nur wenige Kunden kamen; es hinderte sie doch niemand an der Arbeit, wenigstens nicht unmittelbar, im Gegenteil, man suchte noch die Arbeit zu befördern, weil der Landesfürst eine gute

[1]) Landau 136.

Einnahme aus der städtischen Akzise zog und die städtischen Produkte brauchen konnte. Anders aber stand es mit der Landwirtschaft; hier kam die Lust und die Begehrlichkeit der Fürsten in Widerstreit mit der Bodenkultur, mit dem Ertrag der Felder und der Wiesen, der nationale Wert der Bodenerzeugnisse wurde nicht dem Arbeiter, nicht dem Bauern und nicht einmal dem Adel zugestanden, sondern willkürlich gemindert, um das Wild zu mästen und einer verschwindend kleinen Menschenzahl das jagdliche Vergnügen zu erhöhen. So lag die Jagd wie ein Verhängnis böser Mächte auf Deutschlands Fluren, lähmend die Landwirtschaft, schwächend ihre Kaufkraft, niederdrückend auch die Städte durch den Mangel an Verkehr, ein Hemmschuh der gewerblichen Blüte und der Entwicklung nationaler Kraft. Hell klang das Hifthorn durch den Forst, und lustig anzuhören war der Meute Laut, aber neben der fröhlichen Jägerschar, hinter und über ihr huschte unsichtbar ein wildes Heer gespenstiger Gestalten mit dürren Gliedern, hohlem Auge und wildem Blick, die unseren Bauern schon so lange vertrauten Kinder der Sorge und der Not[1]).

Hier offenbart sich die volksfeindliche Tendenz des Christentums, das immer zum Gehorsam geraten und den Aufstand bekämpft hat, und doch zeigt die Geschichte, daß der politische Fortschritt selten ohne Anwendung von Widerstand errungen wurde. Wer die Macht hat, hält sie fest und läßt sie nur fahren, wenn er sich gezwungen sieht. Shaftesbury hatte nicht unrecht, als er das Christentum für unvereinbar mit der politischen Freiheit hielt. Der Papst zankte sich mit den Fürsten über das Recht der Absetzung, aber die Rechte der Völker blieben unbeachtet; erst von den oberitalischen Städten strahlte das Licht der Freiheit aus. Was Thomas von Aquino über das Recht der Völker sagte, war vielleicht ganz gut gemeint, blieb aber ohne Wirkung, und auch die Bestrebungen der Jesuiten waren nicht imstande, hier Wandel zu schaffen. Immerhin gebührt ihnen das Verdienst, das Prinzip des Liberalismus vertreten und die Zukunft der Völker erkannt zu haben [2]).

Eine naheliegende Folge der übermäßigen Wildhege war das unerlaubte Töten des Gewilds, naheliegend für den Bauern, der sich auf

[1]) Vgl. zu diesen Ausführungen A. Bernhardt, Gesch. d. Waldeigentums, I. 219, und A. Schwappach, Handbuch der Forst- und Jagdgeschichte, I. 618—23.

[2]) Vgl. Lecky, Gesch. der Aufklärung. 1873. 116 u. f.

diese Art des Feindes zu erwehren suchte, der sein Getreide abäste, umbrach und zertrat, naheliegend für die Leidenschaft in allen Bevölkerungsklassen, denen die Jagd verboten war, naheliegend für den Armen, der von der Gesellschaft ausgestoßen war, weil sie unter der Zeit der Adelsherrschaft keine Arbeit für ihn hatte, und naheliegend endlich für das lichtscheue Verbrechertum, das nicht in Reih' und Glied sich stellen mochte in dem großen Prozeß der nationalen Arbeit und Entwicklung, sondern unter Verachtung des harten Imperativs der Pflicht, und nicht stark genug, um sich als Eroberer zu behaupten, ein leichtes und angenehmes Leben führen wollte auf Kosten seiner Mitmenschen, bis es von der überlegenen Gewalt vernichtet wurde und am Galgen ein verfehltes Leben schloß. In den meisten Fällen waren diese Gruppen wohl nicht scharf geschieden, sie flossen ineinander über, bildeten die mannigfachsten Kombinationen und schufen jene Reihe von Übertretungen und von Verbrechen, die sich wie ein blutigroter Faden und ein ruheloser Kampf zwischen Neigung und Gewalt und Pflicht hinzieht durch die gesamte Geschichte der deutschen Kultur, und die nicht enden wird so lange die Ausübung der Jagd das Vorrecht einer Minderheit verbleibt.

Die erste Gruppe von Wilderern, die im Kampf um die Existenz und von der Not getrieben ein Stück Wild erlegten, verdient ohne Frage unsere ganze Sympathie. Wir schätzen den Mann höher, der in der letzten Not zur Waffe greift, als den, der still ergeben die Hände faltet und in das scheinbar Unvermeidliche sich fügt. Immer ist die praktische Moral des Altertums wertvoller gewesen für die Entwicklung der Kultur, als die passive Tugend des Christentums, die entweder die Menschheit in eine Schaar verzückter Büßer umgewandelt hätte, wenn sie jemals durchgedrungen wäre, oder in eine große Herde Schafe, die um der Wölfe willen geboren und erzogen wurde, ein Zustand des irdischen Vollendungsreiches, dem das 16. und das 17. Jahrhundert mit ihrer Adels- und Pastorenwirtschaft ganz bedenklich nahe kamen. Luther hatte das Übel noch vermehrt, indem er an die Stelle der Werke und der selbstbewußten sittlichen Tat, welche die allgemeine Kirche doch noch gelten ließ, nichts anderes zu setzen wußte, als die Bettelei des Glaubens und der Gnade[1]).

[1]) Es hieß in der Augsburgischen Konfession, „daß uns unsere Werk nicht mögen mit Gott versöhnen und Gnad erwerben, sondern solchs geschicht allein durch den Glauben". An anderer Stelle hieß es: „Das Gewissen kann nicht zu Ruhe und Frieden

Aus der Verordnung der Landgräfin Hedwig Sophie von Hessen-Kassel haben wir gesehen, mit welcher unwiderstehlichen Aufdringlichkeit das im Feld gesetzte und aufgewachsene Wild in den Kornfeldern es sich behaglich machte und dem Wald beharrlich aus dem Wege ging. Alte Eingäuger, hauende Schweine, sogenannte Lagerschweine, ließen sich auf keine Art vertreiben und kamen immer wieder mit einer Anhänglichkeit, die einer besseren Sache würdig war [1]). Die Zäune waren teuer, Herstellung und Unterhalt verursachten viel Arbeit und erforderten vor allem Material. Überflüssige Zeit für die Anfertigung der Zäune hatte der Bauer sicher nicht; denn die Tage, die ihm noch übrig blieben, wenn er alle Fronen auf dem Herrenhof besorgen sollte, hatte er für den Betrieb der eigenen Wirtschaft nötig. Das Material für den Unterhalt der Zäune war zuweilen nicht einmal zu haben, da die Herrschaft dem Bauern den Wald versperrte und Buschwerk nicht entnehmen ließ [2]). Sollte er nun die Nächte über wachen und das Wild abtreiben? Aber es kam am hellen Tage, und wenn der Bauer am Tage arbeiten sollte, konnte er die Nächte nicht durchwachen. Wenn er in solcher Lage ein Stück Wild fing oder niederschoß, um die Felder von dem bösen Feinde zu befreien, so beging er vor Gott und jedem fühlenden Menschen keine Tat, die nicht entschuldigt werden konnte. Mit der Obrigkeit mußte er sich freilich auseinandersetzen, und da kam es auf die Frage an, wie sein Vergehen dort beurteilt wurde. Durfte er vom landesherrlichen Gericht ein Einsehen nach Gefühl und Billigkeit erwarten, wird er gern das Wildbret abgeliefert und sich selbst bezichtigt haben; waren die Herren vom Gerichte aber scharf und in der einseitigen Auffassung befangen, daß sie das Interesse ihres Herrn am besten wahrten durch rücksichtslose Strenge, dann war es naheliegend, daß der Bauer die Tat verheimlichte und das erlegte Wildbret zu verbergen suchte.

Auch die zweite Klasse der Wilderer, die aus jagdlicher Leidenschaft eingriff in die oft sehr fragwürdigen Rechte des hohen Adels, und umgeben von Gefahr und wilder Poesie mit sicherem Schuß den Hirsch sich holte aus Gottes freiem Waldrevier, kann unserer Sympathie

kommen durch Werk, sondern allein durch Glauben", und „daß man allein durch den Glauben, ohn Verdienst (!), Gottes Gnad ergreife". Der Gott der Protestanten war also nicht nur grausam, sondern auch ungerecht.

1) v. Wagner 174—75.

2) Landau 134—36. Wagner 771.

versichert sein, wenngleich ihr Verfahren nicht gebilligt werden konnte. Es liegt einmal im Volke das unbesiegbare, ganz natürliche Gefühl, daß Wald und Feld gemeinsame Güter sind, die jedes Volk mit seinem Schweiß bebaut, mit seinem Blut verteidigt gegen Angriffe, und zu dem Gefühl von der Gemeinsamkeit des Bodens gesellt sich unwillkürlich das Gefühl vom Recht des freien Fangs der Tiere. Zu dem Reiz der Jagd tritt der Reiz der Gefahr hinzu, die auf kühne Naturen mit unwiderstehlichem Zauber wirkt. Solche kühnen frischen Jungen braucht das Leben, und wenn sie hier zu strafen sind, geschieht es doch nicht ohne Unbehagen in dem dämmernden Gefühl, daß menschliche Einrichtungen und menschliches Recht in letzter Linie immer nur der Ausdruck der Stärke sind und relativ berechtigte Bestrebungen vernichten.

Die dritte Klasse, die aus Hunger zum Wildern kam, war im 16. und 17. Jahrhundert keine Seltenheit. Seit dem Bauern die Möglichkeit genommen war, sich in der Ostmark anzusiedeln, seitdem der Ritter die herrschaftlichen Rechte erworben hatte und immer nur darauf bedacht war, alles verfügbare Land zur Vergrößerung seines Gutes zu verwenden, sahen die Kinder der Bauern sich auf die Städte angewiesen, denn die heimatliche Scholle konnte die Eltern kaum ernähren. Es entstand ein reger Zustrom vom Lande aus zur Stadt. Durch die Entwicklung des großen Grundbesitzes aber war die Kaufkraft des Landes geschwunden, und wo früher zwanzig wohlhabende Bauernfamilien gesessen hatten, baute jetzt ein Junker sein Getreide mit zehn Hörigen, die keine Waren kaufen konnten, und notwendig ließ daher die Produktion der Städte nach. Schon am Ausgang des 14. Jahrhunderts schlossen sich die Zünfte ab gegen den Zustrom vom Lande. An ungelernten Arbeitskräften hatte die Stadt keinen Bedarf in einer Zeit, in welcher neben den Meistern erst ein Gesellenstand im Werden war. Der Ausgang des 14. Jahrhunderts zeigt in den Zunftartikeln die Gesellen oder Knechte des Handwerks zum ersten Male erwähnt, und erst in den folgenden Jahrhunderten schlossen diese gelernten Elemente zu Bruderschaften sich zusammen [1]. Diese Bruderschaften aber suchten fremde Elemente auf alle Weise fernzuhalten, da durch den Zustrom für sie selbst immer mehr die Aussicht schwinden mußte, den Meistertitel zu erwerben. Die vom Lande Zugewanderten fanden also in der Stadt nur schlechtes

[1] L. Brentano, Die Arbeitergilden der Gegenwart, 1900, 62, 76.

Unterkommen, oft strömten sie zurück, zogen wild im Land umher, ernährten sich vom Betteln, Stehlen, Rauben und wilderten natürlich, wo es möglich war. Um 1600 zeigte sich im Elsaß die Armut sogar in der städtischen Bevölkerung in schaudervoller Weise[1]). Wenn irgendwo ein Krieg ausbrach und die Werbetrommel in den Städten und den Dörfern rollte, dann eilten diese Armen zu den Fähnlein und traten in die Schwurgenossenschaften der „frommen Landsknechte", oder schlossen sich den endlosen Zügen der Marodebrüder an, die den Heeren folgten und von den Brosamen lebten, die von der Soldateska reich gedecktem Tische fielen. War der Krieg vorüber, ward die teuere Truppe aufgelöst: der Landsknecht, der oft Weib und Kinder hatte, ward wie ein entlassener Sträfling ausgestoßen und ward zum Räuber und zum Wilderer[2]). Die Schuld trugen die Eltern, die das Dasein ihm gegeben hatten, obwohl sie ihm nicht die Mittel vorstrecken konnten zu seinem Unterhalt; die Schuld trug das Regiment des Landesherrn, das mit der einseitigen Idee von der „Peuplierung" das Kinderzeugen alleweil begünstigte, ohne ein Recht auf Arbeit zu gewähren; die Schuld trug endlich nicht zum wenigsten die schrankenlose Eigenliebe des Adels, die das Land entvölkerte, Volk und Erde auseinander riß, Tausende von Menschen recht- und friedlos machte und ihnen die Möglichkeit eines friedlichen Lebens in Zucht und Ordnung raubte. Während der geistliche Herr auf der Kanzel voller Milde die Legende vom reichen Mann und armen Lazarus erzählte, machte er die frommen Augen zu, wenn der Junker mit zynischem Gleichmut die Fahne des nacktesten Egoismus wehen ließ und Hufe für Hufe dem Bauernstande nahm und sie zu seinem Rittergute legte. Kein lebendiger sozialer Gedanke ward aus dem Christentum geboren, das statt der Würde der nationalen Arbeit nur den Opiumrausch des Himmels bieten konnte.

Wir können dieser ausgestoßenen Menschenklasse unser Mitleid nicht versagen, die in solchen Scharen das Land durchzog, daß sie aus sich selbst heraus eine feste Organisation annahm, ihre Verbände, Sprache, Moral und Gesetze schuf, jene Menschenklasse, die wir in pharisäischem Tugenddünkel als Gesindel zu bezeichnen pflegen. Der praktische Richter

[1]) G. Schmoller, Tucher und Weber, 541.
[2]) Derselbe, Umrisse und Untersuchungen, 256.

wird zwischen der dritten und der vierten Klasse von Gesindel kaum viel unterschieden haben.

Diese vierte Klasse endlich erfordert eine andere Beurteilung und andere Maximen. Jedes Volk hat einen bestimmten Bodensatz von sittlich perversen und arbeitsscheuen Individuen, die, wenn sie nicht als Grundherren auf die Welt gekommen sind, an dem Vorwärtsdrängen der Kultur notwendig scheitern müssen. Im 16. und 17. Jahrhundert war diese Menschenart wohl ohne Frage häufiger als heute. Hier fanden sich die rückfälligen und die gewohnheitsmäßigen Verbrecher, die ohne Lust zur Arbeit waren und das Rauben und das Wildern aus keinem anderen Grunde trieben, als weil bei ihrer eigenartigen Gemütsbeschaffenheit das wüste Leben größeren Reiz besaß. Hier war eine prompte Justiz das beste Mittel, weil der Schrecken und die Furcht die einzigen Motive waren, die auf die Seele dieser Menschensorte einigen Einfluß üben konnten in erzieherischem Sinne.

Es fragt sich aber, wie eingehend die heilige Justitia, die ja bekanntlich damals blind war, wenigstens eine Binde vor den Augen trug, damit sie nicht den Ausschlag ihrer eigenen Wage sehen konnte, zwischen den vier Klassen unterschieden haben wird. Für das 18. Jahrhundert läßt sich wohl erweisen, daß die erste Klasse der Wilderer wirklich mild behandelt wurde[1]); für die früheren Jahrhunderte dagegen ist m. W. ein solcher Nachweis nicht erbracht. Zunächst war es ein Übelstand, daß die Forstbeamten selbst die Untersuchung hatten und sogar befugt waren, beim Leugnen der Beschuldigten die Folter anzuwenden. Sie untersuchten und folterten also in einer Sache, in der sie selbst nicht unbefangen waren, und zwar um so weniger, als sie einen Teil der Bußen, die der Verurteilte zu leisten hatte, nach altem Recht in ihre Tasche steckten. Bei den Malefizverbrechen ward der Inkulpant nach der Untersuchung an die Landgerichte abgegeben, die natürlich nach der Jagdordnung erkennen mußten, d. h. nach den blutigen Gesetzen, die der Landesvater als „gnädigste Verordnung" über seiner Sklaven Haupt verhängte[2]).

---

[1]) v. Wagner 457.

[2]) Blutige Gesetze! Blutig war das Peitschen der Verurteilten, über das uns jetzt die eigenen Kolonien in Afrika anschauliche Belehrung geben; blutig waren Schwert und Rad und Zange, aber weniger grausam waren auch die unblutigen Gesetze nicht. Die Kirche, die es liebte, unter scheinheiliger Milde ihre grausamen In-

Die Strafen waren roh und grausam; aber die Menschen jener Zeit waren an solche Strafen vielleicht gewöhnt, man braucht ja nur die Carolina oder die Theresiana zu durchblättern, um auf jeder Seite Brand und Rad und Galgen zu begegnen. Es muß hervorgehoben werden, daß die Strafen, welche die Weistümer verhängten, nicht mild gewesen sind, und doch als maßgebend gepriesen wurden aus dem Sinn und Herzen des Volkes von den freien Schöffen der Gemeinde. In einer Zeit, in welcher die Verkehrsverhältnisse noch unentwickelt sind, kann die Justiz so prompt nicht arbeiten, da muß die Strafe strenger sein, weil viele Fälle nicht zur Untersuchung kommen. Es fragt sich also, ob die Wildererstrafen aus der Zeit des Jagdregals dem Rechtsgefühle und dem Sinn des Volks entsprochen haben. Es ist doch denkbar, daß es sich ereignen konnte, wenn der würdige Bäckermeister mit dem Nachbar Gerbermeister vor dem Vespertrunke den altgewohnten Ausgang machte vor das Tor und an dem Galgenberg vorüberkam und dort den Schwarm der Raben sah, der wie ein riesenhafter Trauerschleier hin und wider flatterte, sich um den Galgen zog und auf die Leiber der gehenkten Wilderer niederließ, die im Abendwinde pendelten, daß dann der erste sagte zu dem anderen: „Gevatter schau', den Lumpen da ist Recht geschehen, ich wünsch' den Raben guten Appetit!"

Nach allem was man liest, war das nicht der Fall; das Volk war im Gegenteil empört über die Grausamkeit der Justiz und empfand die Bestrafung der Wilderer als einen Akt brutaler Gewalt. Es hatte das richtige Gefühl, daß die Fürsten hier besonders scharf verfuhren, weil es sich um einen Eingriff handelte in den Bereich des fürstlichen Vergnügens, und daß die Strafe in keinem angemessenen Verhältnis stand zur Tat. Noë Meurer, pfalzgräflicher Rat, tadelt 1582 in der

stinkte zu verbergen, bevorzugte die unblutigen Todesarten. Sie vergoß dann doch kein Blut! — Im Jahre 1600, ungefähr zur gleichen Zeit, als die reformierten Lutheraner den Kopf des sächsischen Kanzlers Crell vom Rumpfe trennten, weil er, man bedenke nur dies Staatsverbrechen, calvinistische Gedanken hatte, starb in Rom unter den Händen roher, fanatischer, bornierter Dominikaner Giordano Bruno, der große Pantheist. Als Ketzer ward er der weltlichen Obrigkeit übergeben mit der frommen Bitte, „ihn so gelinde als möglich und ohne Blutvergießen zu bestrafen", d. h. ihn zu verbrennen. „Ihr fällt vielleicht mit größerer Furcht das Urteil, als ich es empfange", sagte er zu den Dominikanern, die ihm das Todesurteil brachten, jenem tugendreichen Orden, der vom Papste mit dem Recht begnadet war, Ketzer und Hexen zu foltern und verbrennen zu lassen.

Widmung seines Werkes über das Jagd- und Forstrecht an den Pfalzgrafen bei Rhein, daß „solche Leut zu Ämtern gebraucht werden, welche von Jugend auf bei den wilden Tieren in Wäldern erzogen sind; daß die armen Unterthanen offtermale umb solcher Sachen willen peinlich gemartert, gefragt, in langer Gefängniß erhalten, an Leib, Leben und Gut gestraft werden. Es ist mißlich, da jetzt diesen Emptern (Forstämtern) zugelassen, ohne Wissen der Herrschaft oder der Amtleute die peinliche Frage gegen die Wildprethdiebe zu gebrauchen [1]." Cyriakus Spangenberg, der seinen Beruf nicht angibt, in dem ganzen Inhalt und der Form seiner Schrift aber den Geistlichen verrät, schreibt 1561: „Hie solt man nu gedenken, wie etliche umb eines Hasens willen den unterthanen die Augen ausgestochen, hende oder füsse abgehawen, nasen und ohren abgeschnitten und dergleichen unmenschlichkeiten an inen begangen. Aber es wolt lang werden, solch's alles zu erzehlen." M. N. Rebhan, der strebsame Konsistorialrat und Superintendent zu Eisenach, der die Welt stillstehen lassen wollte als Gottes Ordnung, hat doch hier ein Einsehen und mahnt 1621 auf der Kanzel, daß die Regierung sich hüten möge vor zu großer Strenge, „wie mancher Fürst oder Edelmann denjenigen härter straffet, der ein Wild umbbracht, als der einen Menschen ermordet hat [2])."

---

1) Nos Meurer, Jag- und Forstrecht. Frankfurt 1582. 1—3.

2) Er erzählt dann einige Beispiele besonderer Roheit, die so schlagend sind, daß ich zur Beleuchtung der ganzen Stimmung sie hier folgen lasse. „Anno 1537 ist durch offnen Druck und Gemälde ausgangen ein erbärmliche und schreckliche Geschicht von ein Erzbischoffe, oder vielmehr grewlichen unmenschen, Wüterichen und Tyrannen Michael genannt, zu Salzpurgk, der ist sonderlich erbicht und gleichsam thöricht aufs Jagen gewesen." (Es war dem Bischof aus den Tüchern ein angeschossener Hirsch entkommen, in das Korn eines Bauern geflüchtet und dort verendet. Der Bauer hatte den Hirsch behalten, da er viele Kinder hatte. Diese Tat erfuhr der Bischof.) Er „hat den armen Mann nicht allein einziehen und in ein sehr böß Gefängnuß setzen lassen, sondern auch seinem Richter befohlen, Gericht über ihn zu halten und ihn zum Tode zu verurteilen. Da aber der Richter, so gewissenhafter und frömmer als sein Herr gewesen, solches verweigert und sich entschuldiget, hat der gottlose Bischof sich selbst auf den Richtstuhl gesetzt und über den armen Mann ein solch mehr denn Barbarisch Urteil gefället, man solle ihn stracks in des gefundenen Hirsches Haut einnähen und mit Hunden hetzen, doch mit der angehengten bedingung, oder vielmehr gifftigem gespött, wenn er den Hunden entrinnen könnte, wie der Hirsch, so sollt' er frei sein. Darauf ist er zur execution geschritten, hat auf offnem Marktplatz ein Jagt angestellet, den armen in die Hirschhaut geneheten Menschen, der seine Seele dem lieben

Kurfürst Moritz von Sachsen, der später erst in seinem Testamente Einkehr hielt, ließ einen Wilderer auf einen Hirsch binden und hetzte diesen mit Hunden in den Wald. Philipp von Hessen, der Bigamist strafte mit der Wippe und dem Strang. Ein Bauer aus Helsa hatte im Jahre 1562 drei Hirsche geschossen, er war beim Zerwirken ergriffen worden und wurde ohne weiteres an einer Eiche aufgehängt. Moritz und Philipp waren die Häupter der Reformation und zeigen, daß man gottbegeistert sein kann und doch ein gefühlloses Herz haben. Landgraf Wilhelm IV. von Hessen verordnete im Jahre 1567, daß die Wilderer gefangen werden sollten „wie die wilden Säue und an den Galgen gehenkt, so auf der hohen Warte steht, damit des Abführens halber nicht wieder eine Disputation einfalle wie zuvor". In der sächsischen Konstitution von 1572 heißt es, daß die Wilderer mit Staupenschlag oder sechsjähriger Galeerenstrafe oder zur Wippen neben ewiger Landesverweisung verurteilt werden sollen. Was die Strafen besagen wollten, erfahren wir erst da, wo sich das weiche Herz des Landesvaters offenbart und die „gnädigste Verordnung" tut, daß der Staupenschlag nicht zum Tode gereichen, auch nach der Wippe die Glieder wieder eingerichtet werden sollten, damit dauernde Lähmung so viel wie möglich verhütet werde; auch sollten die zum Gefängnis Verurteilten mit „Leibes-Notdurft" versehen werden und ihnen am Leben „nicht verkürtzigung" geschehen [1]). Herzog Ulrich von Württemberg gab im Jahre 1517, um die gleiche Zeit, als Luther seine Thesen an die Wittenberger Kirche heftete und die Glocken die neue Zeit einläuteten, folgende Erleichterung bekannt: „Jedem, wer der sei, der mit Büchsen, Armbrust oder dergleichen Geschoß in des Herzogs Gejägde und Wildbännen, in Hölzern oder sonst zu Feld, an Orten, zum Waidwerk geschickt, außerhalb rechter Straße, oder

---

Gott befohlen, auch ihm seine sache und rache in gedult anheimgestellet, fürfüren lassen, selbst ins Jägerhorn gestoßen, die Englischen Hunde (Doggen) angehetzt und lauffen lassen, welche den jammerseligen Mann für ein wild Thier erbärmlich zerfleischet und zerrissen haben, welches alles der Tyrann mit lust angeschawet." Esau venator, sechzehn christliche Jägerpredigten, 1621, 32, 33. Ich bemerke, daß auch Spangenberg das Beispiel von dem Salzburger Bischof bringt, und zwar schon 1561, an der Wahrheit dieser Untat ist sonach wohl nicht zu zweifeln. Eine andere Erzählung, die mehrfach wiederkehrt, und die auch Rebhan bringt, ist die von dem kaiserlichen Statthalter Galeatio Sfortia in Mailand, der einen Bauern zwang, einen von ihm gefangenen Hasen mit Haut und Haaren aufzufressen. Der arme Teufel starb daran.

[1]) A. Fritschius, Corpus juris. 1702. III. 13.

sonst verdächtig gehen oder wandeln würde, ob er gleich nicht schieße, dem sollen beide Augen ausgestochen werden". Diese Strafe erlitt also nicht der Wilderer, sondern jeder, der zum Jagen ausgerüstet war. Der Herzog Ulrich wäre selbst unter dem Rade oder am Galgen gestorben, wenn er nicht als gefreiter Großgrundbesitzer, alias Landesherr das Licht der Welt erblickt hätte. Er ließ den ältesten seiner Räte, einen Mann von achtzig Jahren, enthaupten und dann vierteilen, einen andern, den alten Breuning, mit Branntwein begießen und anzünden. Daß er seine Frau öffentlich bloßstellte, ebenso ungeniert, wie die religiöse Säule Philipp von Hessen bald darauf die ihre, ist im Angesicht der Grausamkeiten nur als verzeihlicher Irrtum anzusehen. Er sagte, sie habe ein loses Maul und habe aus dem Bett ihn oft vertrieben; zum Dank dafür war sie wiederholt von ihm geprügelt worden, und der Ritter Hans von Hutten, mit dessen Frau Ulrich heimlich Buhlschaft trieb, ward auf der Jagd von ihm ermordet. An vielen Orten war der Galgen der Lohn der Wilderer[1]), und unter den frommen Landsknechten ging der verheißungsvolle Gruß, wenn sie zum Abschied sich die Hände reichten: „In des Raben Magen kommen wir wieder zusammen". Das bayrische Mandat von 1663 bestrafte jeden, der aus Armut wilderte, beim dritten Mal, jeden, der gewohnheitsmäßig wilderte, beim zweiten Mal, und jeden, der gewohnheitsmäßig wilderte und Widerstand geleistet hatte, beim ersten Male mit dem Galgen[2]). In Brandenburg ward 1582 allgemein der Galgen festgesetzt als Strafe für alle Wilderer und Hehler. Es war der Herr Johann Georg, der diese Tat sich leistete, derselbe, der von seinem Kanzler Diestelmeyer ein Landrecht ausarbeiten ließ, in welchem der Bauer dem Ritter zu willkürlicher Ausbeutung überlassen wurde. Dieses Landrecht wurde zwar nicht formell angenommen, hat aber Jahrhunderte lang die Grundlage der Rechtsprechung gebildet[3]).

Das war die gute alte Zeit, die eine gefälschte Geschichtschreibung als romantisch und als rosig schildern möchte, das war die Zeit der Adels- und der Kirchenherrschaft, die Zeit der Verirrung des Menschengeistes zu wütenden Glaubenskämpfen, die glorreiche Zeit der Reformation, des absoluten Fürstenregiments, der Legitimität und des Patriarchentums der Landesväter, und selbstverständlich auch die Zeit der hirschge-

[1]) Landau, 183—196 gibt aus Hessen reiches Material.
[2]) Das Mandat ist abgedruckt bei Schwappach, Forst- und Jagdgeschichte, I. 643.
[3]) S. Isaacsohn, Geschichte des preußischen Beamtentums, II. 5—9.

rechten Jägerei. Die Folge all der schweren Strafen war, daß die Wilderer sich dem Ergreifen dadurch zu entziehen suchten, daß sie zu ganzen Banden sich zusammenzogen und dem Aufsichtspersonal richtige Gefechte lieferten[1]). Es war ein permanenter Kriegszustand, und wer den anderen sah, schoß einfach aus dem Hinterhalt. Das Gesetz gab den Beamten eine weitgehende Freiheit im Gebrauch der Waffe, und für die Einlieferung eines Wilderers ward eine Prämie bezahlt, welche für den lebenden meist höher war als für den toten[2]). Der kleine Umfang der deutschen Raubstaaten ermöglichte den Wilderern in ausgiebigem Maße, im Nachbarrevier die Grenzen zu bejagen und bei Verfolgung sich in das heimatliche Territorium zu retten.

Zu den oben angeführten vier Klassen von Wilderern müssen wir noch eine fünfte und eine sechste fügen, die Beamten und den Adel; sie bilden deswegen besondere Klassen, weil für sie ein besonderes Recht galt, und sie milder bestraft wurden, und zwar meistens nur mit Geld. Über die Beamten wurde viel geklagt, teils daß sie unweidmännisch jagten, teils daß sie wilderten[3]). Die bestellten Wächter sündigten also selbst. Eine weit verbreitete Gruppe von Wilderern stellte der Adel, der als Gerichtsherr selber jeden bestrafte, den er auf seinem Lehen beim Wildern überraschen konnte; er wilderte nicht nur, sondern jagte auch unweidmännisch. In den Jagdordnungen tadeln Bayern und Brandenburg-Magdeburg den unweidmännischen Sinn des Adels, ebenso äußerte sich Braunschweig; es heißt sogar, daß der Adel in der Schonzeit jage, „wenn das Wildbret setze", auch Brandenburg droht 1622 dem wildernden Adel. Damals gab es zweierlei Recht, was ja heute nicht mehr vorkommt, und der Adel wurde nicht geprügelt wie der Bürgerliche, sondern mit Geldbußen belegt, die allerdings zum Teil empfindlich hoch waren. Brandenburg-Magdeburg setzte Geldstrafen fest für adlige Wilderer, 500 Taler für einen Hirsch, 400 für ein hauendes Schwein und 50 für einen Hasen[4]). Kurt von

---

[1]) Landau 185, 192—95. Im Jahre 1543 und 1550 fielen Gefechte vor im Reinhardtswalde; der Kurfürst von Mainz klagt 1617, daß die Wildschützen zuweilen in Haufen von 60 Mann seinen Wald durchstreifen. Vgl. auch Wagner, Jagdwesen in Württemberg 463, ferner Fritschius III, 13.

[2]) Vgl. Schwappach I. 645.

[3]) Gothaische Jagd- und Forstordnung von 1646; magdeburgische von 1659, österreichische von 1675, bayrische, brandenburgische von 1687; ferner Wagner 461; Landau 187, 195.

[4]) Fritschius, Corpus juris 313.

Eschwege wurde wegen Wilderns in Hessen um 1600 mit 100 fl. bestraft, Heinrich von Boineburg mit 500 fl[1]). Auch Hans von Stockhausen ward zu einer Geldstrafe von 30 Talern verurteilt, gleichzeitig ward ihm aber angedroht, daß im Wiederholungsfalle der Landgraf ihn beim Halse nehmen, sein Haus im Grund abbrechen und abbrennen lassen werde! Auch das grimmige bairische Mandat von 1663, das so gern mit Rad und Galgen droht, sieht Geldstrafe vor für diejenigen, die, natürlich ohne jagdberechtigt zu sein, auf ihrem Felde fangen oder schießen.

Um das Bild des jagdlichen Lebens in der guten alten Zeit nach Gesetz und Recht ein wenig abzurunden, müssen wir kurz der Dienste noch gedenken, welche der Bauer für die Jagd zu leisten hatte. In erster Linie sind hier die eigentlichen Jagdfronen zu nennen, Zwangsdienste, die je nach Erfordernis und meistens ohne Einschränkung zu leisten waren, wenn die Herrschaft jagen wollte, und die darin bestanden, daß das Zeug an- und abgefahren, aufgestellt und bedient, das Wild getrieben, die Hunde geführt, die erzielte Strecke nach Hause geschafft, der Wildzaun und die Wege unterhalten, Schneisen gehauen und Futterstellen angelegt werden mußten[2]). Es kann hier außer Frage bleiben, ob die Jagdfronen ein Ausfluß des gutsherrlichen oder des landesherrlichen Rechtes waren, meistens waren sie ungemessen und mußten ausgeübt werden, solange es die herrschaftliche Lust erforderte. Da die Hirschjagd gerade in der Feistzeit in großem Maßstabe betrieben wurde, mußten die Untertanen oft den Rest des goldenen Segens auf den Feldern stehen lassen, den ihnen die Natur so reich beschert hatte, und von dem sie doch so wenig nur gerettet hatten vor dem immer regen Appetit dero Edlen von Schwein und Hirsch. Die Zeit der Ernte fiel mit der Feistzeit oft zusammen. Die großen Jagden auf die Borstenträger fanden dagegen im Herbst und Winter statt und hielten das arme Volk wieder Wochen lang im Wald fest, das zu arm war, um durch warme Kleider die Glieder vor dem Frost zu schützen. M. Johannes Colerus, der im Jahre 1632 in seinem Opus oeconomicum mit großer Liebe auch die Jagd behandelt und sicherlich kein Feind derselben war, stellt dieses Elend außer Zweifel: „die

---

[1]) Landau 192.

[2]) Schwappach 609—11. In Hessen hatten die Leineweber das Jagdzeug für einen billigen Preis zu liefern; die Juden waren verpflichtet, zu den Federlappen die Federn zu besorgen. Jeder Jude hatte 1000 Stück pro Jahr zu liefern. Die Abdecker oder Wasenmeister mußten die Luderstätten beschicken mit gefallenem Vieh.

Jäger tun den Leuten großen Schaden mit wilden Tieren im Getreide sowie mit ihren Rossen und Hunden. Wil geschweigen, daß offt die arme blosse unbekleidete Leute im harten kalten Winter mit hinaus auff die Jagt müssen, und draussen für dem Netze so erfrieren, daß man ihnen darnach die Schenckel ablösen muß, oder daß man sie todt oder erfroren hinter den Bäumen findet" [1]. Der mehrgenannte Superintendent Rebhan in Eisenach tadelt 1621, daß die Untertanen „Jagens halben mit allzuvielen schweren, unzeitigen Frondiensten, Fuhren usw. beleget werden, so mit Frönen und Diensten so zugelegt werden, daß sie es nicht mögen zukommen, den wird ihre Nahrung verkürzt und ist ebensoviel, als würden sie sonst von Reubern also beschediget" [2]. Hohberg sagt 1682 in seiner Abhandlung über das adlige Landleben von den Fronen: „Wenn nur das ne quid nimis mit Christlicher Lieb und Bescheidenheit beobachtet, der arme Untertan nicht übertrieben, viel weniger seine eigene Grund und Felder zu beschicken verhindert und dadurch der Obrigkeit Segen in einen Fluch verwandlet wird" [3]. Ich habe oben schon bemerkt, daß Hohberg selber Jäger war. Die Spannung, die zwischen dem Junker und den dummen Bauern zu bestehen pflegte, brachte ein Herr von Hatzfeld dadurch mal zum Platzen, daß er das Bauernvolk anschrie mit zornesrotem Angesicht: „Ihr sollt so gehorsam sein, daß ihr niederfallen und mich als einen Gott anbeten sollt" [4]! Es gab aber auch Ausnahmen unter den Fürsten, wie denn Friedrich der Weise gern mit vollen Händen gab, wenn seine Jagdlust mal das Volk geschädigt hatte; er war der große Fürst, der kein Geld angenommen hatte, als der Franzose und der Spanier um die Kaiserkrone mit den deutschen Landesfürsten handelten. Auch Philipp von Hessen zahlte Entschädigung an die Bauern, und Kurfürst August von Sachsen sprach 1555 geradezu den Grundsatz aus, daß der Schade aus der Jagd den Untertanen zu vergüten sei. Ebenso finden wir unter den Grund- und Gerichtsherren weiße Raben, wie Otto von Malsberg, der 1644 an seine edle Fürstin schrieb: „So dann ich Gewissens halber unangedeutet nicht lassen kann, daß um eines Hasen oder Fuchses willen ein

---

[1] Ausgabe von 1632, 577.

[2] Rebhan, Esau venator, 1621.

[3] v. Hohberg, Georgica curiosa, 1682, 53. — Hierzu stimmen die Angaben von L. v. Seckendorff, Teutscher Fürstenstaat 1656, 205. 208.

[4] Landau 166—67. Vielleicht hatte Hatzfeld die Schriften Luthers gelesen, insbesondere die Erklärung des 82. Psalms von 1530.

ganțen Tag etzliche Hundert Menschen in der großen Kälte und tieffsten Schnee dermaßen ja wohl 4, 5 und 6 Wochen, continuirlich travallirt und anstatt der Hunde gebraucht werden, daß es einen Stein erbarmen möchte, wie viel alten Leuten und Kindern ihre Glieder verfroren, daß sie ihr Lebelang damit zu thun haben" [1]).

Die Pflicht die herrschaftlichen Jagdhunde zu futtern ward Bäckern, Wasenmeistern, aber auch Bauern auferlegt. Forstmeister, Jägermeister, Windmeister, Amtleute und Richter sollten dafür sorgen, daß die jungen Hunde in jedem Flecken zur Aufzucht gleichmäßig verteilt, und die Leute nicht beschwert würden[2]). Tatsächlich aber wurde viel Mißbrauch mit dieser Einrichtung getrieben, die an sich schon ein naives Zeitalter voraussetzte.

Man unterschied die Hundeaufstockung von der Hundelege. Die erstere umfaßte die Pflicht, die herrschaftlichen Hunde aufzuziehen, die andere die Pflicht, die aufgewachsenen Hunde zu ernähren. Eine Kommission von Jägern zog von Ort zu Ort, um die Pfleglinge zu besichtigen und neue Pensionäre zu verteilen. Aus dieser Amtsgewalt erwuchs der Unfug, daß die Untertanen neben den herrschaftlichen Hunden nun auch die dienerschaftlichen ins Nest gelegt bekamen, und wenn die Untertanen im stillen auch alle Segnungen des Himmels auf diesen grünen Kuckuck niederwünschten, so duckten sie sich doch und machten ihren Kratzfuß vor dem Herrn Jäger, weil dieser mit seinen Kameraden in gutem Einvernehmen stand und durch Jagddienste und Wildhege mißliebigen Leuten seine Macht so fühlbar machen konnte, daß der vierbeinige Fresser immer noch das kleinere Übel war.

Neben der Pflicht die Hunde zu versorgen, bestand auch die Pflicht, das Jägerpersonal zu atzen und zu pflegen, wenn dasselbe vom Hofe abwesend war. Nach Wagner war in Württemberg die Jägerei die Hälfte des Jahres unterwegs in einer Zahl von 30 bis 40 Mann mit ebensoviel Pferden und einem Heer von Hunden, das sich auf 6—800 Stück belaufen konnte. Dieser Schwarm legte sich mit Vorliebe in die Klöster und auf die großen Gutshöfe, aus dem sehr verständigen Grunde, weil er da sich besser aufgehoben wußte als bei den Bauern, die selber nichts zu beißen hatten und eben gut genug geachtet werden konnten, um die Hunde aufzuziehen. Manchen Klöstern gab die Jägerei so ausreichende Gelegen-

---

[1]) Landau 166—67.

[2]) Noë Meurer, Jag- und Forstrecht, 1582, 35.

heit, die Hungernden zu speisen und die Dürstenden zu tränken, daß sie das ganze Jahr nicht aus der Übung kamen; und damit die frommen Väter in ihrem Drang nach Wohltun das herkömmliche Maß von Speise und von Trank nicht zu des Klosters Schaden überschritten, setzte die Jagdordnung von 1556 fest, was Recht und Ordnung sei. Danach erhielten die Jäger des Morgens eine Suppe und Brot, und des Mittags wie des Abends vier Gerichte, dazu an Wein 5/4 bis 2 Maß pro Mann, ein Quantum, das für den Herrn Windmeister, dem durch das schnelle Reiten die Kehle trocken ward, wie billig, auf 5 Maß gesteigert wurde. War der leibliche Genuß der Jägerei durch diese landesväterlichen Vorschriften nun nahezu auf eine spartanische Suppe eingeschränkt, so gebot ihr andererseits die Pflicht der Selbsterhaltung, sorgsam darauf zu achten, daß der Bruder Klosterkoch über dem Mettesingen und Psalmieren nicht die vornehmste der Pflichten übersah, die edle Jägerei in ihrer Kraft und Frische zu erhalten, da ja das Bestreben in letzter Linie hinauskam auf den großen und einheitlichen Zweck aller staatlichen Betätigung, dem Landesvater das Vergnügen zu vermehren. So kam es im Jahre 1607 im Kloster Bebenhausen mit Fug und Recht bis zur Beanstandung eines Mittagessens, das jeder Hofmann allerdings als kümmerlich bezeichnen mußte. Was hatte der Klosterkoch da vorgesetzt? Zunächst ein Vorgericht, dann Suppe mit Fleisch, dürren Kirschen und Äpfelschnitten, im Anschluß daran als Pièce de résistance gesalzenes Fleisch und Bratwurst, und zum Nachtisch Käse aus Münster, Lebkuchen aus Nürnberg, sowie frisches Obst, wie es die Jahreszeit ergab, also Äpfel und Birnen [1]. Man wird zugeben müssen, daß die Jagdordnung von 1556 dringend der Revision bedurfte, wenn nicht die edle Jägerei auf Bauernfraß heruntersinken sollte. Derartige lieblose Abfütterungen waren den Herren Jägerknechten ganz besonders peinlich und fatal, wenn sie Gäste mitgebracht hatten, was im Vertrauen auf die gute Sache gern und ausgiebig geschah. Namentlich stellte das Forstpersonal allzeit freundwillige Abnehmer für das klösterliche Essen und liebte es, bei den Mahlzeiten sich einzufinden und das Kloster von dem Bestand an alten Weinen zu befreien, und alles, was die grüne Farbe trug, vereinigte im Kloster sich zu fröhlichen Gelagen, war auch nicht leicht fortzubringen und saß am liebsten fest das ganze Jahr:

---

[1]) v. Wagner 37—39.

„O könnt' es Herbst im ganzen Jahre bleiben,
Dann hätt' ich alles, was mein Herz begehrt!"

Ob nicht Wildungen, als er diese Verse schrieb, im Geiste der verklungenen Herrlichkeit gedachte, der Klosterküche und des kühlen Weins?

Der Königsdienst hatte ursprünglich die Pflicht der Herberge und Atzung mit umfaßt, weil keine Gasthäuser vorhanden waren. Wo sollte der König auf der Reise nächtigen, wenn er von einer Pfalz zur andern zog, wo sein Gefolge, wenn ihm nicht die Bewohner des Bezirks Verpflegung und Herberge gewährten? Diese Königsrechte gingen über auf die Stellvertreter, auf die Grafen, dann auf die Landesherren, die nun das Recht sich vindizierten, die Leistungen der Untertanen selbst zu regeln. Alle Steuern sind aus dem alten Königsdienst hervorgewachsen [1]) und haben ursprünglich gehaftet auf dem Boden, nicht auf der Person, erst im 15. Jahrhundert fing man an die Steuer auf die fahrende Habe umzulegen. Mit dem Recht der Steuer haben die Landesherren das am Boden haftende Recht der Herberge und Atzung übernommen, das sie dann übertrugen auf ihr Jagdbedientenpersonal. In Hessen-Kassel ward 1681 noch bestimmt, daß die Städte und die Dörfer, welche durch die Jagden berührt wurden, für die Pferde sorgen sollten, sowohl der Oberförster als auch der zahlreichen reitenden Jägerei. In Österreich waren die Klöster im Inn- und Etschtal verpflichtet, das ganze Jahr hindurch die Jägerei zu futtern. Was mag so eine hungrige Gesellschaft wohl verzehrt haben, die allzeit einen wunderbaren Appetit aus dem Revier nach Hause brachte und Bescheidenheit dem Wirte gegenüber für eine subalterne Tugend hielt!

Vom nationalen Standpunkt aus war es wohl ziemlich gleich, ob die Mönche die fetten Braten allein aßen oder mit den Jägern teilen mußten; beide Klassen waren unproduktiv und entzogen dem Volke einen Teil des nationalen Kapitals, ohne dafür etwas Ersprießliches zu leisten. Immerhin wurde durch die Aufdringlichkeit der Jägerei eine beständige Quelle von Untugend hervorgerufen, diese wurde zum nationalen Laster, wenn sie übergriff auf die produktive und ärmere Bevölkerung. Dann mußte das Volk zum zweiten Male die fürstliche Bedientenschar ernähren, die es einmal schon bezahlt hatte in der Abgabe für den Landesherrn. Ganz allgemein wurde durch die Aufdringlich-

---

[1]) v. Maurer, Geschichte der Fronhöfe, III. 527—30.

keit der Jägerei die Gastlichkeit zu einer solchen Landplage, daß man im 17. Jahrhundert sich zur Ablösung entschloß. In einzelnen Ländern zahlten die Klöster fortan pro Jäger eine tägliche Entschädigung von 40 Kreuzern bis zu einem Gulden, dazu 5 Kreuzer Stallmiete[1]), in andern Ländern wurde die Abfindung in einer runden Summe vorgezogen. Das Stift Kaufungen zahlte seit 1629 eine jährliche Rente von 500 Talern [2]).

Die weidgerechte Handhabung der Jagd war schon im Mittelalter aus der Nützlichkeitsmoral hervorgegangen, hatte zur Einstellung des Jagens in der Satzzeit beigetragen und die Hauptjagd in die Jahreszeit verlegt, in welcher die wirtschaftliche Ausbeute des Wildbrets und der Häute den größten Nutzen gab. Schon Hohberg nennt die Anwendung von Selbstgeschossen, Schlingen und anderen Fangvorrichtungen Aasjägerei; er verwirft aber diese Mittel nur, „damit das kleine Wildbret nicht zu sehr ausgerödet werde", und erklärt den Begriff der Aasjägerei noch einmal ganz präzis als ein Jagen, das nicht in der erlaubten Zeit und in der erlaubten Weise geschähe. Der Begriff des weidgerechten Jagens fällt bei ihm zusammen mit dem gesetzlichen Jagen; er bleibt noch an der Oberfläche haften. Das Leiden des Wildes einzuschränken liegt ihm fern, darin erkennt er nicht das oberste Kriterium des weidgerechten Jagens. Er ist der rechte Philister, der äußerlich korrekt dasteht, der nie in Widerstreit gekommen ist mit den Stürmen der Leidenschaft, für den die Sittlichkeit sich deckt mit dem Gesetz, und die Weidgerechtigkeit mit der Jagdordnung. Zur Aasjägerei rechnet er auch das Hetzen der Hasen im tiefen Schnee, das Behetzen der Hasen und Füchse mit zuviel Windhunden, das Ausräuchern der gehetzten Hasen aus Fluchtröhren, alles Maßregeln, die auf Jagdordnungen zurückzuführen sind, eine Schonung des Wildstandes bezweckten und als solche sehr berechtigt waren, aber menschliches Gefühl sucht man vergebens [3]). Von einer

---

[1]) v. Wagner 39.

[2]) Landau 176.

[3]) v. Hohberg, Georgica curiosa, 1682. II. 595. Er nennt es Aasjägerei, wenn man „Füchse und Dächse in ihren Geschleifen verschlägt"; es ist mir nicht unzweifelhaft, was er damit sagen will. Das Zuschlagen oder Verstopfen der Röhren kann damit allein wohl nicht gemeint sein, weil Fuchs und Dachs sich ausgraben. Verbote im Sinne der Hohbergschen Ausführungen enthielten z. B. die Jagdordnungen von Bayern (1608) und Altenburg und Ronnenburg (1653). — Mit der Hohberg-

geregelten Nachsuche auf kleines Wild weiß Hohberg nichts, weil die Schießjagd auf kleines Wild in seiner Zeit erst ihren Aufschwung nahm; auch der Schweißhund ist ihm nicht bekannt, er weiß nur den Bluthund zu hetzen.

Hessen und Henneberg kamen 1521 überein, die Jagd auf Rotwild „in der Kalbung" ruhen zu lassen, und diese Einschränkung wurde zehn Jahre später erweitert auf die Zeit von März bis Anfang Juli. Philipp von Hessen bestimmte 1541, daß im Winter nur ausnahmsweise ein Stück Rotwild gefällt werden solle, die eigentliche Jagd läßt er um Pfingsten ihren Anfang nehmen. Als der Graf Ludwig von Wittgenstein im Dezember einen Hirsch gejagt hatte, schrieb ihm Philipp, das sei nicht weidmännisch und eine große Schande. Den Herren von Löwenstein, die sich an keine Schonzeit kehrten, drohte der Landgraf für jedes Stück Wild etliche Stück Vieh fortnehmen zu lassen, sofern sie fortführen in einer Zeit zu jagen, in welcher das Wild wertlos sei[1]). Man sieht, die Küche ward zur Quelle der Moral.

Für Mecklenburg ward 1562 eine geschlossene Jagdzeit festgesetzt, bald folgten andere Staaten. Colerus schrieb 1608 in Mecklenburg; er sagt, von Pfingsten bis Johanni junge das Wild, da müsse man's zufrieden lassen; die Hirsche sahe man am besten vom Juni an bis nach der Brunst; im Juni seien zwar die Häute minderwertig, aber um Michaelis seien sie dick und stark. Die Mast der Schweine gehe zu Ende um Martini, von da an nähmen sie allmählich wieder ab[2]). Kraisserus gibt genaue Daten an für die Schonzeit der verschiedenen Wildarten, macht aber keinen Unterschied zwischen Nutzwild und Raubwild, auch das letztere will er schonen mit Rücksicht auf den Pelz.

Im allgemeinen kam es zu gesetzlichen Feststellungen über die Schonzeit erst im 17. Jahrhundert; unter allen Jagdordnungen ist wohl die österreichische von 1675 nach dieser Richtung hin eine der ausführlichsten. Das Edelwild soll von St. Johanni bis zum 15. September gejagt werden, Hirsche unter zehn Enden werden ganz geschont. Auf Schwarzwild war die Jagdzeit offen von St. Gallen bis zum Fest der

---

schen Auffassung des weidgerechten Jagens als des besten Mittels zur Erzielung des größten Nutzens stimmt überein, was L. v. Seckendorff sagt, Teutscher Fürstenstaat 1656, 199—200.

[1]) Landau 176.

[2]) Colerus, libri oeconomici, 1632. 590—91. 610. 617.

heiligen drei Könige. Raubwild war frei das ganze Jahr hindurch, doch nur auf eigenem Grund und Boden. Der Fang der Rebhühner ward in die Zeit von Michaeli bis Mitte Februar eingegrenzt, sonst war die Jagd nur mit dem Beizvogel erlaubt, und jede andere Fangart bei 50 Talern Strafe untersagt. Das Hasenhetzen war gestattet von der Zeit an, da der Hafer aus der Erde kam, bis zu Ende des April; in dieser Zeit war das Hetzen frei für die Berechtigten im ganzen Lande, ohne Rücksicht auf die Grenzen des Reviers. Die ganze andere Jahreszeit durfte der Jäger nur hetzen auf seinem eigenen Reviere, auch sollte er „des Hetzens mit solcher Diskretion sich gebrauchen, daß den Feldfrüchten .... kein Schaden zugefügt werde" [1]).

In ähnlicher Weise regelten auch andere Jagdordnungen die Schonzeit, aber es hat keinen Zweck, sich in Einzelheiten zu verlieren [2]). Festzuhalten ist als Hauptergebnis, daß man im 17. Jahrhundert allgemein zu festen Vorschriften über die Schonzeit gelangte, und der Begriff des weidgerechten Jagens sowohl durch die zeitliche Einschränkung der Jagd, als auch durch das Verbot von mörderischen Fangmethoden um ein Erhebliches gefördert wurde.

Mit der Schonzeit ward die Folge neu geregelt, über die seit der Niederschrift des Lehn- und Sachsenrechts allgemeine Bestimmungen wohl nicht ergangen waren, sie war immer nur von Fall zu Fall vereinbart worden. Dieser Gewohnheit entsprechend war der Gebrauch ein schwankender. Als Landgraf Wilhelm von Hessen 1591 in Sachsen und in Brandenburg anfragte, wie es mit der Folge dort gehalten werde, gab Brandenburg zur Antwort, daß den Landsassen die Folge in die herrschaftlichen Reviere nicht gestattet sei, die Folge zwischen den Landsassen selbst indessen nicht gehindert werde. Ebenso hielten die Landgrafen in Marburg und in Darmstadt von ihren Revieren die anderen Jäger fern, nahmen aber umgekehrt das Recht in Anspruch, in deren Revier die Folge auszuüben [3]). In erster Linie kam immer die Hetzjagd noch in Frage, und in ihrem Sinne setzte Magdeburg 1649 fest, daß das angehetzte, und gefangene Wild vermöge des alten Jägerrechts dem gehören solle, „des Hunde es zuerst gehetzet" [4]). Daneben aber wurde

[1]) v. Hohberg, Georgica curiosa.

[2]) Genauere Angaben gibt Schwappach, 615.

[3]) Landau 121.

[4]) Fritschius 63.

in anderen Ländern wieder angeordnet, daß jeder nur auf seinem eigenen Grund und Boden jagen dürfe.

Die Jagdfolge zerfiel in die wunde und die gesunde Folge; erstere bezog sich auf das Verfolgen des verwundeten Wildes, während die letztere das Recht umfaßte, auch dem angejagten Wild zu folgen, das die Hunde über die Grenze getrieben hatten. Nur die wunde Folge ward von den Fürsten von Fall zu Fall noch zugestanden, wie denn in Hessen der Landgraf Wilhelm VI. 1656 sich ganz entrüstet äußerte über einige vom Adel, die sich unterstehen wollten, die gesunde Folge wahrzunehmen, „welches doch niemals erhört worden, daß einigen vom Adel solches wäre zugelassen worden" [1]). Der Landesherr wird umgekehrt auch die gesunde Folge wohl geübt haben, wie denn mit der Ausbildung des Jagdregals das Schwergewicht der Rechte auch in der Folge mehr und mehr zugunsten des Landesherrn verschoben ward, der selbst in Anspruch nahm, was er anderen untersagte [2]). Der Schmerz des kranken Wildes war dabei gleichgiltig, es handelte sich nicht um die sittliche Aufgabe, dem Wild das Leiden zu verkürzen, sondern um die allerhöchsten Vorrechte, die in jeder Folge einen dreisten Eingriff sahen in die Immunität des fürstlichen Regals.

Eine rühmenswerte Ausnahme macht Österreich, die um so freudiger zu konstatieren ist, als die alte österreichische Herrlichkeit sonst des Erfreulichen nur wenig bietet. Sowohl in der Jagdordnung von 1575 als auch noch hundert Jahre später in der von 1675 stand dem Schützen die Folge offen, auch in die kaiserliche Wildbahn; er brauchte nur dem Forstbeamten Mitteilung zu machen und ihm Schweiß zu zeigen. Alsdann hatte er das Recht, einen ganzen Tag dem kranken Wild zu folgen, für die Privatreviere war die Folge sogar auf zwei ganze Tage ausgedehnt [3]). Württemberg stellte sich dagegen zu der großen Masse und duldete nicht die Folge in den herzoglichen Wald; dagegen war sie zwischen den Landsassen üblich und althergebracht und galt für eine Frist von 24 Stunden. Innerhalb dieser Frist war die Folge nicht nur hinter dem verwun-

[1]) Landau, 119.

[2]) Vgl. L. v. Seckendorff, Teutscher Fürstenstaat, 1656, 203.

[3]) Vgl. v. Hohberg, Georgica curiosa II. 595.

beten, sondern auch hinter dem mit der Schlinge flüchtig gewordenen Wild gestattet, und wenn es erlegt wurde, gehört es dem Jäger, der die Folge übte [1]).

Die Jägerei, die sich im 16. und 17. Jahrhundert in erster Linie aus den Landesherren, den weltlichen wie geistlichen zusammensetzte, in zweiter aber aus dem Grundbesitzerstand, war in geistiger, gemütlicher und sittlicher Bildung auf einer tiefen Stufe stehen geblieben; dabei sehe ich einstweilen ab von der Bedientenschaft, den Jagdbedienten, der zünftigen, gelernten Jägerei. Der Adel war nur groß im Trinken, hier lag seine Domäne, hier leistete er wirklich etwas Tüchtiges. Als der lustige Herzog Heinrich XI. von Liegnitz im Jahre 1575 im Deutschen Reich auf Reisen ging, mußte sein Hofmeister, der trunk- und ehrenfeste Hans von Schweinichen an jedem Orte, wo der Herzog Einkehr hielt, nicht nur Ihren Fürstlichen Gnaden vor dem Trunke stehen, sondern ex officio mit dem Hofgesind des gütigen Wirtes selber trinken, zum mindesten sich einen Rausch anzechen, oftmals aber um die Wette seinen Mund in einen Saugheber verwandeln und möglichst große Quanta von gegohrener Flüssigkeit, und zwar möglichst schnell, aus dem Pokal herüberleiten in den dehnbaren Schlauch des wohlgepflegten Leibes. Immer war es für Ihre Fürstliche Gnaden eine große Freude, wenn ihr Hofmeister die anderen unter hatte, und dieser schildert selbst uns einen Trunk, den er am Hof des Grafen Nassau getan hatte, wie folgt: „Auf den Morgen gab der Graf mir den Willkommen. Wann ich aber den ersten Abend das Lob hatte bekommen, daß ich des Herrn Grafen Diener alle vom Tisch hätte weggesoffen, wollt' sich der Graf (jedoch heimlich) an mir rächen mit dem Willkommen, welcher von drei Quarten Wein war." Hans trinkt den Willkomm erst probeweise aus und trinkt alsdann das gleiche Quantum dem Marschall des Grafen zu. „Ob er sich wohl davor wehrt, ward ihm doch vom Grafen geschafft, daß er ihn annehmen mußte. Wie ich nun den Becher zum andern Male austrank, verwunderten sich die Herren alle, der Marschall aber konnte mir in einem Trunk nicht Bescheid tun, darum er denselbigen zur Strafe auch zweimal austrinken mußte, jedoch mit vielen Trünken. Darüber ward der Marschall berauscht, daß man ihn wegführen mußte, ich aber wartete bei der Mahlzeit auf; hernach hatte ich da wohl Ruh vorm Trunk, denn

[1]) v. Wagner, 297.

sich Niemand an mich machen wollte." [1]) So geht es von Hof zu Hof, von Stadt zu Stadt. Überall muß Hans um einen Pump anhalten. Die Väter der Stadt empfangen ihn dann in großer Sitzung, hören ihn an mit feierlichem Ernst, wie er unter Wahrung aller Kurialien in zierlicher Dauerrede die Lage des Herzogs schildert und dann auf das Punctum saliens hinübergleitet. „Derwegen versähne Ihre Fürstliche Gnaden sich, es werde das löbliche Regiment Ihrer Fürstlichen Gnaden Zuneigung und getreuen Herzens Gemüte und Erbietens beherzigen, bewegen und bedenken, und Ihrer Fürstlichen Gnaden in ihrer vorstehenden Noth anitzo nicht lassen, sondern mit den begehrten 10 000 Thalern zu Hilfe kommen und derselbigen Bitte auf vorgeschlagene Mittel gezweigen". „Auf solches ist ein alter grauer Mann, ein Syndikus, aufgestanden und seinen Herren, dem Rath, ihren gebührenden Titel ge-

[1]) Denkwürdigkeiten von Hans von Schweinichen, herausgeg. von Oesterley. Breslau 1878. 103—4. Die Meisterschaft im Trinken ward dem deutschen Adel auch vom Ausland neidlos zugestanden. Alba sagte: „Die tollen und vollen Deutschen haben zu Ränken kein Geschick", und Tavannes nannte den Kurfürsten von Sachsen „grossier Allemand". Der Marschall von Vicilleville erzählt von einer deutschen Gesandtschaft, die 1551 nach Frankreich kam, es sei gegen deutsche Sitte, täglich mehr als fünf oder sechs Stunden zu reisen, und hierzu hätten die Gesandten nur den Vormittag benutzt; nach dem Mittagessen seien sie bis 9 Uhr sitzen geblieben, und man habe ihnen von Geschäften dann nicht reden dürfen, weil sie gefürchtet hätten, daß man ihren Rausch benutzen möchte. Der Pfalzgraf Johann Casimir schrieb an den Landgrafen von Hessen: „„Der Duc d'Alba hat der Chur und Fürsten Teutscher Nation Gelegenheit zu seiner Zeit wohl gewußt, da er sich verlauten lassen, die Teutsche Fürsten waren große Herren, die in ihren schildern und wappen füreten viel große thier, als lewen, greiffen, adler und andere, hätten auch große zehen und klauwen, bissen aber und kratzeten nicht. — Den Spaniern, Franzosen und andern frembden nationen ist leider wohlbekannt, daß unsere, der Teutschen, handlungen mehr auf dem schreiben, papier, vergebentlichen zusammenkünften und tagleistungen bestehen und beruhen, darnach sie ihre Anschläg richten und rechnungen machen, welches zwar der Teutschen Nation zu höchster Verkleinerung reichen thut." — Als der König Heinrich II. von Frankreich mit 39 Herren in Metz einziehen wollte, riet ihm der Connetable ab: Man könne den Deutschen nicht trauen, wenn sie eine Weinflasche sähen, änderten sie ihren Sinn. Vgl. dazu Schlossers Weltgeschichte, Berlin 1898. X. 199. 221. 414. 224. Ulrich von Hutten äußert sich in seinem Dialog „Die Anschauenden": „Ich habe noch weniger von den Deutschen gehalten, denn mich dünkt, sie können nichts ausrichten, außer wenn sie trunken und voll sind. So sehe ich anfangs bei ihnen viel Ungestüm und Hitze, sobald aber diese erkaltet, werden sie unbrauchbar . . . . . Wär diese Unart (des Trinkens) nicht in dem fürstlichen Stande, die ganze Gesellschaft der Trinker wäre längst vergangen." Ausgabe von Karl Müller, Reclam 138. 146.

geben, hernach darauf Herzog Heinrichs Titel, und dann uns, als den Abgesandten mit Wohlgebornen Herren, Gestrengen u. s. w. angezogen und gebeten, daß wir was entweichen wollten, welches auch beschahe". Das Ergebnis ist dann regelmäßig, daß der Pump zwar gänzlich abgeschlagen, dagegen Ihrer Fürstlichen Gnaden ein Präsent, d. h. ein Trinkgeld von hundert, auch wohl zweihundert Gulden überreicht wird, welches Ihre Fürstliche Gnaden anzunehmen durchaus kein Bedenken trugen. Es war die Zeit der Perücken und des Kurialstils. Man muß die Beharrlichkeit dieser Menschen oft bewundern, wenn man sieht, wie sie durch die Häufung und durch die Schachtelung von Titeln und von Nebensätzen doch immer wieder durchzufinden sich bemühten und den Faden festzuhalten wußten, obschon er ihnen manchmal auch verloren ging, sogar in der Stilblüte der Juristen, deren Gedankenfelder von dialektischem Unkraut und von Schlingpflanzen derartig überwuchert waren, daß sie an Üppigkeit alles andere übertrafen. Haben wir im vorigen Kapitel die Anrede Ew. Liebden im Briefwechsel der Fürsten vorgefunden, so finden wir sie jetzt zwischen fürstlichen Eheleuten sogar im mündlichen Verkehr, was dann aber nicht verhinderte, daß Ihre Fürstliche Gnaden, der Herzog von Liegnitz Ihrer Fürstlichen Gnaden der Frau Herzogin eine gute Maulschelle hauten, daß die Herzogin taumelte. Auch wollten Ihre Fürstliche Gnaden sich nicht abhalten lassen, Ihrer Fürstlichen Gnaden nachzueilen und sie gründlich zu verhauen, „es wer sein Weib, er möchte machen, was er wolle" [1]).

Das geistige Leben dieser Menschenklasse war so arm und leer, wie der Beutel unseres Herzogs: trinken, tanzen, lieben, essen, Mummerei und Jagd, das war der Inbegriff des fürstlichen Verlangens. Der Prinz van Condé, der in Heidelberg auf Besuch war, hatte als heftiger Kalvinist die Gedanken auf das Himmlische gerichtet und aß stets allein mit seiner Frau, um ungestört seine Psalmen abzusingen. Das war der ganze Unterschied. Im Winter wohnte der Adel meistens in den Städten, weil er mit dem Hof, den Gerichten und der Landschaft zu tun hatte und das öde Leben seiner Scholle durch Geselligkeit zu heben liebte. Die Genüsse gingen mehr ins Massenhafte, als ins Feine, und selbst die Ernährung war meistens einförmig und ohne Kunst. Unter Heinrich VII.

---

[1]) H. v. Schweinichen, 60.

hatte der englische Adel in der Umgebung eines Grafen frisches Fleisch nur in der Zeit zwischen Johannis und Michaelis zu essen, in der Zeit der großen Jagden, und noch zu Karls II. Zeit spielte das gesalzene Fleisch eine große Rolle. Wir haben oben gesehen, daß die Jagdbedienten in den Klöstern es allerdings beanstandeten, am Hofe aber lernten sie den Genuß wohl schätzen. Die Erziehung unterschied den Grundherrn wenig von dem Hausgesinde, seine Schreibkunst reichte notdürftig so weit, daß er unter einen Verhaftbefehl seinen Namen setzen konnte [1]). In der Ausdrucksweise seiner Scherze, in der Bekräftigung seiner Aussagen und in der Wahl der Worte war er roh und abstoßend, und namentlich zeichneten die Jäger sich durch gotteslästerliches Fluchen aus, eine Begleiterscheinung religiöser Zeiten, da gotterfüllte Vorstellungen und heilige Worte in aller Munde sind und die Gottheit gern zum Zeugen der Wahrheit angerufen wird, um die allgemeinen Lügen zu verdecken. Offenherzigkeit und Wahrheit sind nicht die Kinder religiöser, sondern industrieller Zeitalter.

Mit den geistlichen Herren stand es nicht viel besser. Luther hatte einen Wortschatz, wie ihn die Wittenberger Gasse kannte. Als der Herzog von Liegnitz nach Köln kam, um den Erzbischof anzupumpen, war derselbe abwesend auf einem Dorfe, allwo er einen Lustgarten besaß, und als Hans ihm nachgesandt wurde, fand er ihn auf der Jagd. Ihre Kurfürstliche Gnaden zogen ihn zur Tafel. „Da waren Ihre Kurfürstliche Gnaden lustig, hatten die schönsten Jungfrauen zum Tanz dahin bestellt .... blieb also da, war vollend den Abend lustig und guter Dinge, tanzet und ließ mich nichts anfechten. Letzlichen ersehe ich, daß sich der Kurfürst mit einer hübschen Jungfer in ein Gezelt verliert, daucht mich länger allda meines Thuns nicht zu sein und ging davon" [2]).

Noch immer nahm der Adel Falken und Hunde in die Kirche mit zur Messe, aber ein Gleiches tat die hohe Geistlichkeit, so daß der Gang der heiligen Handlung und der raunende Gesang der Priester vom Bellen der Hunde unterbrochen wurde [3]). Auch die Geistlichkeit brachte

---

[1]) Macaulay, Gesch. von England, Deutsche Ausgabe, I. 310—11.

[2]) H. v. Schweinichen, 106.

[3]) „Man darf nicht fragen, wer die seien,
Bei denen die Hund' in der Kirche schreien,
Während man Mess' hält, predigt und singt,

die Feiertage mit Jagen zu und hatte oft mehr Jagdhunde als die weltlichen Landesherren [1]). Das kam vor nach der Reformation und nach dem Konzile von Trient. Auf besagtem Concilio waren die größten Schwierigkeiten aus der Rangordnung entstanden [2]) und aus der wichtigen Frage, ob die Jungfrau Maria unter dem Einfluß der Erbsünde geboren sei oder nicht. Wie immer gerieten Dominikaner und Franziskaner aneinander; der fromme Dominikaner Dominik Soto brachte drei von ihm geschriebene Bände vor, welche die Meinung seines Ordens stützen sollten, aber der fromme Franziskaner Andreas Vega legte fünfzehn Bände auf den Tisch des hohen geistlichen Hauses, die zugunsten der Franziskaner handelten.

Der Adel lebte in seiner eigenen Welt als abgeschlossene Herrenkaste, der Bauer war für ihn kein Mensch und konnte auf sittliche und politische Rücksicht keinen Anspruch machen. Als der Pfalzgraf bei Rhein 1576 den Protestanten in Frankreich zu Hilfe zog, war er und seine Begleitung vom Grafen von Salm geärgert worden durch eine spitze Redensart. Um ihrem Ärger Luft zu machen, brannten die protestantischen Herren dem Grafen ein Dorf ab, „und hätte dieser große Schaden mit einem guten Wort oder Roß gar wohl verhütet werden können". Der Gedanke, daß in erster Linie die unschuldigen Bauern doch betroffen würden, die armen Frauen und die nackten Kinder, kam den hohen Herren gar nicht in den Sinn. In Lothringen fuhren dieselben Herren fort, in gleicher Art zu hausen; jeden Morgen konnte man 10—12 Dörfer brennen sehen, in denen die Soldateska die Nacht verbracht hatte, und

---

Oder bei denen der Habicht schwingt,
Und läßt sein Schellen so laut erklingen,
Daß man nicht beten kann, noch singen."

Sebastian Brand, Narrenschiff, XLIV, um 1500.

[1]) M. C. Spangenberg, Der Jagteuffel, 1561.

[2]) Hiervon gibt Voltaire folgendes hübsche Beispiel: „Der Graf von Luna, Gesandter des Königs Philipps II. von Spanien, will in der Messe vor dem Gesandten Ferrier von Frankreich beräuchert sein und den Hostienteller küssen. Da er diese Ehrenbezeugung nicht erhalten kann, will er zugeben, daß man sich zweier Hostienteller und zweier Rauchfässer zu gleicher Zeit bediene. Ferrier ist unerweichlich. Man bedroht sich von beiden Seiten; der Gottesdienst wird unterbrochen und die Kirche ist voller Tumult. Man legt endlich diese Streitigkeiten dadurch bei, daß man die Zeremonie des Beräucherns und des Tellerküssens gänzlich abschafft." Voltaire, sämtl. Schriften, Berlin, 1786. VIII. 424.

das geschah von deutschen Fürsten im Deutschen Reich bis an die französische Grenze „außer der Mühlen und Herren Höfe, die waren verschonet", denn Bauer, Herrenhöfe, das war etwas anderes [1])! Wenn die gedrückten Bauern sich erhoben und ein paar Dutzend Ritterhöfe in Rauch aufgehen ließen, dann zeterte der Geschichtschreiber über Aufruhr; wenn aber ein Heer adliger Gesellen die Dörfer niederbrannten aus reinem Übermut, dann erläuterte der Geschichtschreiber den Krieg und suchte so lange nach hohen politischen Gesichtspunkten, bis es ihm gelang, den Vandalismus mit dem Patriotismus sanft und gläubig zu verschmelzen.

Eine tiefe Kluft hatte das Leben gerissen zwischen den fürstlichen Jagdbedienten und dem Landvolk, da der Bauer immer weiter unter die Gewalt der Dienerschaft geriet, die allerdings, das muß man zugestehen, gar oft in übler Lage war, weil auf der einen Seite der Bauer jammerte und schrie und auf der anderen Seite der Landesherr zwar gute Jagden haben wollte, aber keine Klagen hören über Wildschaden. Selbstverständlich hielt die Dienerschaft zu ihrem Herrn, sie konnte seiner Unterstützung sicher sein, offen und geheim, sie handelte in seinem Auftrage, in letzter Linie war es doch sein Vergnügen, das sie fördern wollte, und wie so leicht bei Menschen ohne tiefere Geistesbildung wuchs auch hier die Macht sich aus zu schrankenlosem Übermut. Was wußte so ein Jägerknecht, wie es dem Bauern zumute war! Als halbes Kind war er in die Lehre eingetreten und aufgewachsen in engbeschränkter subaltern-feudaler Anschauung, nie hatte er die Not gekannt, sein Brot mit Tränen nie gegessen. Wer nicht am eigenen Leibe Schmerz empfunden hat, wes Seele selber nicht das Leid gefühlt, in dem kann auch kein echtes Mitleid widerklingen, wenn er auf fremde Schmerzen sieht. Es gibt ja feinbesaitete Naturen, die eine lebhafte Vorstellungskraft besitzen und fremdes Leid wie eigenes empfinden, in erster Linie tut das die edle Frau; unter Männern finden derartige Naturen sich selten, und in jener Zeit konnte man innerhalb der Jagdbedienten nach ihnen länger suchen, als Diogenes nach Männern suchte im griechischen Mäßigkeitsverein. Wer unter den Jägern sentimental tun wollte, wurde ausgelacht. Worte wie Gefühlsduselei sind wohl nicht heute erst erfunden worden. Das gute Klosteressen stachelte den Jäger wie der Hafer den Gaul, und die Folge war, daß das Bedientenvolk den Bauern

[1]) H. v. Schweinichen 85. 86.

schalt und anbrüllte, ihn sogar schlug und überritt, ihn, auf dessen, wie auf des Bürgers Fleiß und Arbeit, die ganze Herrlichkeit gegründet war bis in die höchsten Spitzen hinauf. Der Adel stand mit der Jägerei sittlich wie intellektuell auf gleicher Stufe. Es kam vor, daß auf der Hetzjagd seine Hunde Hühner, Gänse, Kälber, Ziegen, Großvieh, sogar Kinder und Erwachsene anfielen und beschädigten: von einem Ersatz des Schadens oder von Schmerzensgeldern war natürlich keine Rede. Der Adel jagte, wenn er den Hasen auf den Feldern hetzte, mit seinen Pferden über die nasse Saat des Bauern hin und zerstampfte und vernichtete in seinem Übermute mehr, als zwanzig Hasen wert waren [1]). Sogar über die Pfaffen ward die Klage laut, daß sie bei ihrem Hetzen Zäune und Hecken niederbrächen, Saatfelder, Gärten und Weinberge durchritten und jedem Widerstande mit Gewalt entgegenträten [2]). Das junkerliche Treiben schildert Spangenberg wie folgt: „Wie man sich in Jagden gegen die arme Leute und Bawren verhelt, wissen unsere Jünkerlein zu guter masse selber wohl, wie sie aus lauter gutdünckel und stinckender Hoffart sich lassen düncken, sie sein viel besser denn gemeine leute. Darumb sie dieselben nicht allein verachten und irer armut, blösse, einfalt und elend's spotten, sondern sie auch auffs eusserst versprechen, schelten, schmehen und lestern, und zu irem schaden verlachen, offtmals übel handeln und greulich schlagen und als wollten sie dieselbigen zureissen, wüten und wie die wilden Thiere gebaren, auch oftmals an ihrer gesundheit verletzen, oder da sie ohn gefehr von einem Wild beschädiget werden, gleich ihre Freude daran haben und sie also geringer achten, denn die stinckenden Hunde" [3]).

Es sind nicht nur Bauern und Bürger, deren Klagen bis auf uns gekommen sind, nicht nur eifernde Priester, sondern auch unter den Jägern selbst und unter dem Adel gab es einsichtsvolle Leute, die das Elend des Landvolkes erkannten und bestätigten. Als Bernhard Jobin 1590 die Übersetzung des Jagdbuches von Fouilloux seinem Landesherrn überreichte, dem Grafen zu Württemberg, der damals noch kein Herzog war, sprach er die Widmung aus in einer Vorrede und sagt da-

---

[1]) Magdeburgisches Jagdmandat von 1659. Fritschius, 66. Vgl. auch Rebhan, Esau venator, 1621, 62—66.

[2]) Beschwerde des Dorfes Geismar bei Fritzlar, 1584. S. Landau 91. Auch die Stadt Fritzlar führte Beschwerde in dem gleichen Sinne.

[3]) Cyriacus Spangenberg, Der Jagteuffel. 1561.

selbst, daß die Jäger ohne Wissen ihrer Herrschaft viele Gräuel auf der Jagd sich gegen den armen Mann zuschulden kommen ließen, über und durch Saaten führen, ritten, liefen, das Zeug aufrichteten, das Wild die Samen und die Früchte äsen, den bedrängten Mann mit Weib und Kindern aber Hunger leiden ließen und dennoch die Gülten von ihm eintrieben [1]). Ähnliche Klagen finden sich in der Übersetzung des Stephano und Libalto vom Jahre 1572 in der Anweisung zum „Weidwerk, Hetzen und Jagen" [2]). Sehr unzweideutig spricht sich Hohberg aus. Er nennt es einen Mißbrauch, wenn die Herrschaft die Untertanen mit Jagdfronen allzusehr plage, ihre Felder, Wiesen und Gärten durch das Wild abäsen und die Felder nicht verzäunen lasse und die armen Untertanen durch die Hundelege zu sehr aussauge und belaste. Vielleicht hat jener Graf nicht unrecht, sagt er, der geäußert hat, er wolle lieber mit einer Leibeskrankheit behaftet sein, als mit der Jagdsucht, da einer sein Leben lang ein Hetznarr bleiben müsse [3]). Der Freiherr Hans von Schwarzenberg kennzeichnet einen Jäger im 16. Jahrhundert durch folgende Verse:

Das ist der will des Herren mein
Das ich ihm heg viel hirsch und schwein
Den Hirten ich der Hund nicht gan [4])
Er heng ihm denn gros Brügel an
Und für das Wild leid ich kein Zaun
Zeuch mir die Jagdhund schwartz und braun
Zu frönen schickt euch wenn ich jag
Und schonet nicht den Feiertag
Kein holtz hawt ab es sey den sach
Das es dem Wild kein schaden mach
Dein Rüdden schickt wir an die sew [5])
Ehe das ich dir den balg erblew [6])
Zalt was wir bei euch han verzert
Das euch nicht böses wird beschert [7]).

---

[1]) New Jägerbuch von Jacoben von Fouilloux, verteutscht von Bernhard Jobin. Straßburg 1590. Vorrede.

[2]) Vom Feldbaw, aus dem Französischen des Carolo Stephanus und Joh. Libaltus verteutscht durch Sebizius u. Fischart. 1572. 661—62.

[3]) v. Hohberg, Georgica curiosa, 1682.

[4]) gönne.

[5]) Säue, Sauen.

[6]) verbläue.

[7]) Die Verse stehen bei M. C. Spangenberg, Der Jagteuffel, 1561.

Als Hans Michael Moscherosch, ebenfalls ritterlicher Herkunft, in seinen Visionen durch die Hölle wandelte, traf er einen Grundbesitzer, dessen Seele sich in folgendem Notschrei selber ihrer Sünden schuldig sprach: „Wehe mir und ewig wehe, daß ich meine armen Bürger und Bauern mit unerträglichen Frondiensten bei dem tyrannischen und mehr denn teuflischen Jagen und bei dem unnötigen Bauen beschwert habe! Wehe mir und ewig wehe, daß ich meinen henkerischen, teuflischen Jägern gestattet, meine armen, hungrigen, nackten, kranken, gebrechlichen Bauern im heißen Sommer und eiskalten Winter auf die Berge, in die Täler und Felder zu zwingen, und wenn sie langsam kamen, die Alten wie Schulkinder mit Dornen zu streichen, die Haut mit Peitschen zu zerschlagen, wie Frösche mit Füßen zu zertreten, wie Bären mit Spießen zu zerstechen, die Mädchen zu beschlafen, die Eheweiber zu verunreinigen, die Knaben zu lähmen, die Dürftigen mit Geldstrafen zu verderben — und zwar solchen Jägern, gegen welche der Nimrod ein Engel zu achten ist!" [1])

Landgraf Wilhelm IV. von Hessen sagte 1576 zu seiner Ritterschaft, daß sie ihre Hintersassen behandelte, als ob sie Sklaven wären und ihr die Gewalt zustände über Leben und Tod. Er erinnert daran, daß mehrere Herren aus der Ritterschaft vor wenig Jahren achtzigjährige Greise um kleiner Ursache willen in Turm und Stock geworfen, sogar im kalten Winter sie mit Wasser hätten begießen lassen, so, daß diesen armen Menschen Zehen und Füße erfroren seien [2]). Wie weit ein Jäger den Mißbrauch seines Amtes treiben konnte, zeigt die Erzählung Wilhelm Buchs von dem Darmstädter Oberjägermeister Bernhard von Hertinghausen; wehe dem Dorfe, das ihm nicht zu Willen war [3])!

Es war für Deutschland eine traurige Zeit, das 16. und 17. Jahrhundert. Die Entwicklung eines Volkes zum staatlichen Verbande, zur organischen Einheit muß stets von unten ausgehen, wenn sie Bestand

---

[1]) H. M. Moscherosch, Philander von Sittewald wunderliche und wahrhaftige Gesichte. Herausgeg. von Karl Müller, Reclam I 322, auch 323. Moscherosch † 1669.

[2]) v. Rommel, Hessische Geschichten, V. 256.

[3]) Abfällig über die übertriebene Jagdlust der Fürsten, die ihre Zeit im Interesse ihrer Untertanen besser anwenden könnten, äußert sich Ludwig von Seckendorff, Teutscher Fürstenstaat, 1656. 208. Er tadelt den übermäßigen Kostenaufwand, den Mißbrauch der Untertanen zu den Fronen, die schlechte Behandlung derselben, die Ablenkung von den Erntearbeiten und die übertriebene Hege des Wildes. Vgl. auch S. 205.

haben soll, von der lebendigen Arbeit der Hände und des Geistes; der Grundadel konnte nur das Glück ausnutzen, das ihm den Boden gab und eben dadurch zum Adel machte, daß er nicht schöpferisch, nicht gottähnlich, nicht adlig sein durfte. Der Adel galt für edel, weil er nicht edel war, im Werdegange der Kultur stets ausgeschaltet von der erfinderischen Kraft, konnte er nur fördern oder hemmen. Wir sahen in den Dörfern aus der Arbeit das Handwerk und den Handel aufwachsen, die Stadt erstehen und Stadt und Land erblühen durch den Tausch. Wir sahen den Verkehr die Geldwirtschaft erzeugen, die Städte weiter streben, die Bauern aber jetzt zusammensinken unter dem Mehltau des Adels, der als Grundbesitzer nunmehr Geld verdienen wollte. Des Bauern Kaufkraft war erloschen mit seiner Freiheit, bald sanken auch die Städte nieder, und das deutsche Vaterland betrat in den religiösen Kämpfen den schlimmsten Zeitabschnitt in der Geschichte.

Die soziale Geschichte eines Volkes vollzieht sich meist in zwei Entwicklungsreihen; einmal in einer organischen Reihe, welche das moderne, das natürliche Recht vertritt, daneben aber in einer unorganischen, welche aus dem Rechte des Eroberers erwächst, der seinerzeit das alte Recht mit Füßen trat. Die erste Reihe ist organisch, weil sie beständig Unterschiede und Zusammenhänge schafft, die aus dem Geist geboren werden; die andere ist unorganisch, weil sie kein Leben hat, und an dem abgestorbenen Gewaltakt festzuhalten sucht, der früher einmal Leben hatte [1]). Die erste wird getrieben von der Arbeit, Technik, Wissenschaft; die zweite hält zurück vermöge des Beharrungsvermögens in der menschlichen Natur, der angeerbten Eigenschaften und der Schwerfälligkeit des Geistes. Man könnte sich mit diesem Dualismus abfinden durch den Hinweis, daß die Stabilität in der Entwicklung des Staates bedingt werde durch das langsame und organische Wachsen seiner Glieder, daß die abstrakte Herrschaft der Vernunft und des Naturrechts nur ein

---

[1]) „Der erlauchte Beherrscher von Guignes, wiewohl er der Diener des Königs von Frankreich war, gab seinen Untertanen Gesetze; diese Gesetze hingen von der Willkür seines Haushofmeisters ab, der nicht lesen konnte. Diese respektable Tradition ist bei den Guignesern von Vater auf Sohn fortgeerbt worden, so daß, als zum Unglück des ganzen menschlichen Geschlechts der Stamm der Barone von Guignes ausgegangen war, die Denkart ihrer oberen Bedienten noch vorhanden ist und die Stelle eines Fundamentalgesetzes vertritt." Voltaire, Sämtliche Schriften. Berlin 1786, III. 284.

labiles Gleichgewicht erzeugen könne und im Übermaß zu Schwankungen und Änderungen neige. Philosophische Gemüter könnten sich mit dem alten Gegensatz zufrieden geben von Geist und der Materie, von Gott und Teufel, von guter und von böser Macht, von Ideal und Wirklichkeit, und die Linie zwischen den beiden Klippen der Vernunft und der gewachsenen Rechte wäre dann vielleicht der richtige Weg, der ebenso dem Fortschritt dienen, wie vor übereilten Handlungen bewahren könnte. Wenn aber die Politik in der Diagonale zwischen beiden Komponenten sich bewegen soll, dann ist die unerläßliche Voraussetzung doch die, daß beide Komponenten in sittlicher Beziehung gleichberechtigt sind, daß der alte Zustand, dessen Rechte weiterwirken sollen, selber sittlich war, und daß die persönlichen Rechte vor der Entstehung des Staates ebenso gleichmäßig im Stamm verteilt gewesen sind, wie nach der Theorie der Weltenbildung die Materie im Raume schwebte, ehe die Wirbel ihren Anfang nahmen. An der Stelle eines solchen Zustandes aber finden wir im Mittelalter das direkte Gegenteil. Der alte Zustand war aus Eroberung, aus Gewalt hervorgegangen, er war ein Zustand von Herren und von Sklaven, ein Zustand des Bodenraubs, der geistigen Knechtschaft, der Ungleichheit und Unfreiheit; der Geist war dumpf, Gemüt und Sitte waren roh, und an der Stelle von sittlichen und politischen Gedanken herrschte der nackte irdische oder himmlische Egoismus, und jede Form von Herrschaft wurde ausgeübt im Interesse der eigenen Person, des Adels und der Kirche. Die Herrenrechte, die aus diesem Zustande erwachsen sind, sollen trotzdem weiterwirken, die Gewalt soll verewigt, soll in Recht gewandelt werden, überall eindringen in den lebendigen Werdegang des Volkes, das durch die Arbeit langsam sich befreit, soll unter dem beschönigenden Namen der erworbenen Rechte heute noch die Entschließung vernunftbegabter Menschen hemmen. Weil der Grundadel vor tausend Jahren durch das Glück emporgehoben wurde, weil er damals mächtig war, soll er auch heute mächtig bleiben, wo alles sich gewandelt hat, in erster Linie das Volk, denn nur der Boden ist sich gleich geblieben, den der Grundadel dem Volk entrissen hat und den er ihm vermöge des privaten Eigentums noch heute vorenthält. Die dreifache Verdummungsanstalt der Kirche, der Schule und der Presse legt dem Volk die Binde vor die Augen und trübt ihm das gesunde Urteil, die angeborene Fähigkeit zu denken, damit es nicht genießen soll vom Baume der Erkenntnis, dessen verbotener Frucht wir danken, was wir sind. So ist unsere Entwicklung keine natürliche, sie wird künstlich im alten Geleise festgehalten durch eine Scheinaufklärung, tatsächlich durch eine fortgesetzte und planmäßige Verdummung des Volkes, die wir Erziehung nennen, und wir tragen heute noch an den Folgen der Gewalt, die wir im Mittelalter, wie im 16. und 17. Jahrhundert zur Sitte, zu Ordnungen und zu Gesetzen werden sahen. Es war die Zeit, da der Prinzenlehrer Hobbes in seinem Leviathan Macht und Recht für gleich erklärte, und das egoistische Menschengesindel durch den Absolutismus nur zu lenken wußte.

Bis zur Ausbildung der absoluten Staatsgewalt hatte der Gutsbesitzer wie ein König auf einer kleinen Insel mit seinen Untertanen geschaltet. Den besten Teil von ihren Früchten hatte er aufgegessen, und im Anschluß an die ursprüngliche Eroberung hatte er die Friedebewahrung für sich in Anspruch genommen nach außen wie nach innen, wodurch er unter dem Vorgeben, das Volk zu schützen, ihm die beste Handhabe des eigenen Glückes und der eigenen Kraft entzogen hatte. Die erste Wirkung des absoluten Staates war verschieden; der kleine Grundbesitzer ward herabgedrückt zum Namensadel. Von seinen Rechten behielt er nur die ersten und ursprünglichsten, das Eigentum am Boden und am Bauern, der mit dem Boden fest verbundenen Arbeitskraft. Der große Grundbesitzer aber, der Schutzherr eines Territoriums, erweiterte erheblich seine Macht, weil Arbeit und Verkehr nach Umsatz drängten und ihm die grundherrlichen Rechte in die Hände fielen, und ein Stätchen oder Staat entstand mit einem Verwaltungsorganismus an der Spitze. Da gegen den allerhöchsten Willen zunächst kein Gegengewicht vorhanden war, so ging gar oft die menschliche Natur mit dem Regenten durch, er übte dann die neuen Rechte nicht zum Wohl des Volkes, sondern zum Wohl der eigenen Person und seiner Familie. Vor allem hielt er an den erworbenen Rechten fest und an der Vorstellung von zweierlei Menschenart, von Adel und von Untertänigkeit, Fiktionen, die durch langsame Anhäufung in den voraufgegangenen Geschlechtern sich gesteigert hatten bis zur Unerschütterlichkeit eines über allen Zweifel erhabenen Axioms[1]).

[1]) So sehen wir den fröhlichen Erzherzog von Liegnitz in Prag am kaiserlichen Hofe buhlen um die Wiedereinsetzung in sein verlorenes Herzogtum, daraus der Kaiser ob seines liederlichen Lebens ihn enthoben hatte. Obschon er keinen Heller in der Tasche trug und überall zu pumpen suchte, trat er nach außen fürstlich auf, solange

Der Mangel an Abstraktionsvermögen im geistig ungeschulten Volke begünstigt die despotische Herrschaftsform; unfähig, die verwickelten sozialen Vorgänge und das Entstehen einer öffentlichen Meinung zu begreifen, schwört das Volk auf die sichtbare Erscheinung des Eroberers, und dieser Neigung entspricht die Untertanentreue, die den niedrigsten Standpunkt in der politischen Entwicklung kennzeichnet. Die nächste Durchgangsstufe ist der Patriotismus, und das ideale Ziel liegt in einer Verbrüderung der Völker, wie ja auch die allgemeinen sittlichen Ideen vom einzelnen und von der Blutsverwandtschaft zur Nation, zur Mehrheit der Nationen und zur Menschheit weiterschreiten.

Das deutsche Kaisertum des Mittelalters war keine sittliche Einrichtung im Sinne der Nation, keine ordnende Verwaltungsform gewesen, die aus dem Volk hervorgewachsen war, sondern es war der Ausdruck gewesen für die Herrschaft einer Erobererkaste, die sich über das Volk ergossen hatte und es beherrschte vermöge ihrer Organisation und des Eigentums am Boden. Nirgends zeigten sich die Folgen dieser Herrschaft deutlicher als bei der Jagd, weil hier das Triebleben der Adelskaste uneingeschränkt zur Geltung kam, und das eigensüchtige Bestreben, die Langeweile zu ersticken und die Vorratskammern anzufüllen, die Lust zum Maßstab machte für das Recht, und die sittliche Schwäche der herrschenden Klassen sich in ihrer ganzen unverhüllten Nacktheit offenbarte.

Die Technik der Jagd.

a) Das 16. Jahrhundert.

Hetz- und Netz-Jagden.

Die Jagd des Mittelalters war, soweit sie Lust und Leben atmete und nicht allein der Küche dienen sollte, neben der Falkenbeize in erster Linie eine freie Hetzjagd gewesen; aber mit der Verselbständigung des

nur die Leute borgen wollten. War kein Geld aufzutreiben, setzte er sich an die kaiserliche Tafel und überließ es Frau und Kindern dafür zu sorgen, wie sie satt wurden. Nicht einmal seines Viehes erbarmte sich die Fürstlichkeit; die Pferde standen ohne Futter im Stalle angebunden und fraßen vor Hunger ihre Krippen an; drei von ihnen starben am Hungertod und ein viertes verendete bald darauf an allgemeiner Körperschwäche. Dennoch konnte Heinrich sich von dem Sparren nicht befreien, daß er ein Herzog sei, fürstlichen Geblüts und anderer Art als die gemeine Menschlichkeit.

großen Grundbesitzes und der Ausbildung des Regals trat diese Form des Jagdwesens mehr zurück vor dem mühelosen Fang des Wildes in Hecken und in Netzen. Eine Ausnahme machte Frankreich, das die eigentliche Heimat der Hetzjagd war und blieb, und sie zur höchsten Blüte gehoben hatte. In zweiter Linie ist England hier zu nennen, wohin die ausgebildete Hetzjagd durch die Normannen übertragen worden war. Der französische Geist verzichtete dem Wilde gegenüber auf eine Anwendung der Waffen, welche die Kultur ihm bot; er liebte die freie Entfaltung persönlicher Kraft in Hirsch und Hund, in Roß und Jäger, den Kampf um die Schnelligkeit, Ausdauer und Findigkeit, er sagte zum Hirsch: „Lauf hinaus in die freie Natur und such' dich zu retten! Mein Hund und ich auf meinem Gaul verfolgen dich, wir wollen sehen, wer Sieger bleibt!" Anders der trunkfeste Deutsche! Er liebte nicht die körperliche Anstrengung und trat dem Wild mit allen Mitteln gegenüber, welche die Kunst des Seilers und des Webers fertig brachten. Ihm war es weniger um den Kampf zu tun, als um den Fang, und jedes Mittel war ihm recht, der diesen leichter machte. Diese Neigung des deutschen Geistes war im Mittelalter weniger hervorgetreten; damals hatte der kleine Adel noch die hohe Jagd, und dieser neigte dem französischen Geiste zu, er teilte die Neigung zum Jagen um des Jagens willen, zum Einsatz persönlicher Ausdauer und Sinnesschärfe; Gottfried von Straßburg, die Jagd der Minne, Hadamar von Laber wollten jagen und nicht Beute machen. In dem Maße aber wie das große Grundeigentum die Übermacht erlangte in den Territorien, schwand der jägerische Geist dahin, und die Jagd wandelte sich aus einer ritterlichen Übung in einen wohlorganisierten Fang des Wildes. Dem Franzosen war die Küchenjagd ein Nebensächliches, von dem man nicht gerne sprach; sie blieb mehr die Aufgabe des subalternen Personals. In Deutschland aber fand der Landesherr in der Küchenjagd sein Hauptvergnügen, körperlicher Anstrengung war er weniger geneigt, und den Glorienschein, der aus persönlicher Tüchtigkeit und ritterlichem Können für die Mitwelt sich ergab, suchte er zu entflammen durch den langen Waschzettel einer erzielten Strecke. Über das getötete Wild führte der Landesherr ebenso genau Buch, wie Leporello über die Liebschaften seines Herrn, nur schade, daß sich weniger Erinnerungen an die einzelnen Opfer knüpften, da sie meistens in größerer Zahl zugleich getötet wurden, und die Einzelheiten sich im Gedächtnis bald verwischten. Eine solche weitgehende Scheidung zwischen Jagen und Fangen ward natürlich nicht mit einem Male und nicht in allen Teilen glatt und gänzlich durchgeführt; auch in Frankreich jagte der König gelegentlich in Netzen, und auch in Deutschland kam die freie Hetzjagd vor: Ludwig V. von Hessen-Darmstadt übertrieb das Jagen ebenso wie der Ritter Blaubart Heinrich VIII., beide sollen viele Pferde totgeritten haben. Im großen und ganzen aber waren die angegogenen Richtungen vorhanden, sie hoben sich deutlich voneinander ab.

Über die Technik der deutschen Jagd sind wir nur kümmerlich unterrichtet, auch im 16. Jahrhundert noch. Während in Frankreich schon im 14. Jahrhundert der Verfasser von Roy Modus und Foix ihre klassischen Werke geschrieben hatten und im 16. Jahrhundert über die Jagd eine Literatur erblühte, für welche du Bec, Karl IX., Clamorgan und Fouilloux, Passerat, Gaucher, Baif und Ronsard schrieben, war man in Deutschland über einige Traktätlein „von der hirß wandlung" nicht hinausgekommen, abgesehen von den selbstgefälligen Ergüssen Maximilians und den wunderbaren Leistungen seiner seligen Hofschreiber Treitzsauerwein, Melchior Pfintzing und Genossen. In der Tat, sauer war der Wein, den die Hofkanzlei in Wien dem deutschen Geiste zu verzapfen liebte, er verzieht uns heut noch das Gesicht und ist durch Ablagern nicht besser geworden[1]). Was uns die Weistümer vermelden, reicht wohl aus zu einem allgemeinen Bilde, aber das Besondere fehlt. Die Archive sind zum kleinen Teil erst durchgeforscht, in Kassel, Würzburg, Gotha, Stuttgart sind die Akten durchgesehen, und so wertvoll das beschaffte Material in allgemeiner Hinsicht auch ist, das Besondere fehlt auch hier! Niemand sagt uns, wie der Jäger seinen Leithund, seinen Schweißhund gearbeitet, wie er die Meute gelenkt, die Jagd geleitet hat; alles, was wir in dieser Richtung haben, sind Bruchstücke, zusammengetragene Findlinge, die für einen organischen Aufbau der Technik deutscher Jagd nicht ausreichen.

---

[1]) In der Ausgabe des Teuerdank, welche die Holbein-Society in London drucken ließ, bemerkt George Bullen in der Einleitung sehr treffend von dem mutmaßlichen Verfasser: „Die moralische Richtung und die Weitschweifigkeit haben den ganzen Duft, der erwartet werden konnte von einem faulenzenden Priester jener Zeit, der beauftragt war von seinem kaiserlichen Herrn, in seiner Faselei etwas zusammen zu reimen, welches dem Prosawerk des Treitzsauerwein gleichen konnte".

Die ersten Preßerzeugnisse, die wir in deutscher Zunge haben, sind Kinder des französischen Geistes, teils Übersetzungen, teils Plagiate. Das schlimmste Buch von allen ist der oft genannte Feyerabend[1]), auf den sich die Schriftsteller gern berufen, wenn von alter deutscher Jagd die Rede ist. Im Feyerabend sind nur ganz geringe Teile deutschen Ursprungs, insbesondere sind es die untertänigen Betrachtungen am Eingang, mit welchen Herr Feyerabend sein Buch in den Schutz seiner Gnaden des Grafen zu Nassau befiehlt, damit dieser es verteidigen und beschützen möge, „so es von dem Neidhart oder Meister Klügling angefochten würde". Nun, der Graf ist tot, da kann man sich am Ende eine bescheidene Kritik erlauben. Feyerabend leitet das Jagdrecht großer Herren her aus göttlicher Übergabe und nennt das Jagen nach dem bekannten Schema eine Vorschule für den Krieg und die Regierung, da „auß dem Jagen frische, lebendige hochverständige Köpfe" kommen, „welche zu gemeiner Regierung fast nutzlich und heylsam". Gewiß, die Minister mußten aus dem Jägerstande kommen. Zum Schlusse legt Herr Feyerabend seine Hand aufs Herz und nennt die Jägerlust eine Arzenei, die notwendig sei, um Fürsten und Herren zu erquicken „wann sie mit großen sorgen und arbeit uberladen" seien. Feyerabend gibt einige Mitteilungen aus Meurer und Gesnerus; alles andere ist, wie er selber sagt, „zusammengebracht" aus ausländischen Werken, und insbesondere stammen die Kapitel über den Wolf, den Hirsch, die Sau, den Hasen, den Fuchs und den Dachs von Clamorgan und Fouilloux her. Das Buch ist nahezu wertlos für die deutsche Jagd.

Der erste Schriftsteller, der die deutsche Weise eingehend behandelt, ist ein Nichtjäger, ein Geistlicher, M. Johannes Colerus, der oben mehrfach schon genannt wurde; auch bei ihm liegt der Verdacht vor, daß französischer Brauch in seine Schilderungen eingeflossen ist; weil er aber wiederholt betont, daß in Frankreich andere Sitten herrschten, kann man ihm vielleicht vertrauen. Sein Werk erschien um das Jahr 1600[2]) und kann als Anhalt für die Technik deutscher Jagd im 16. Jahrhundert

---

[1]) New Jag und Weydwerck buch „aus allen hiebevor außgegangenen frantzösischen, Italiänischen und Teutschen Jagbüchern in diese Ordnung zusammengebracht". Franckfurt am Mayn bei Johann Feyerabend. 1582.

[2]) M. Johannis Coleri Calendarium perpetuum et viginti libri oeconomici familiari, hortensi, de re rustica, pecuaria, venatoria, medicamentaria. In der mir vorliegenden Ausgabe von 1632 wird auf eine frühere hingewiesen von 1608. Nach

gelten. Außer im Colerus sind nach Angaben im Meurer, Sebizius, Forerus bezw. Gesnerus, Jobin u. a. enthalten, die zusammen mit den Urkunden so viel Material ergeben, daß man eine Schilderung der deutschen Jagd versuchen kann. Freilich, genaue Angaben lassen sich nur wenig machen[1]).

Die Kunst des Hetzens wurde in Deutschland meistens in einem Bezirk zur Ausführung gebracht, der teils durch lebendige oder tote Hecken, teils durch Netze und enggestellte Treiber umgrenzt und abgeschlossen war. Diese Art des Hetzens wurde das „Jagen am Zeug" genannt, auch „Fang im Zeug" und ging später in das „eingestellte Jagen oder Kesseljagen" über, als man die Netze verlängerte und den ganzen Kreis durch sie allein umschloß. Dem Jagen am Zeug gegenüber stand noch das Überlandjagen, das eigentlich ohne Netze vor sich gehen sollte, in dieser Eigenart wohl auch noch vorkam, aber doch recht selten geworden war und im ersten Bande eingehend erörtert ist.

Das Jagen am Zeug ist aus den vorliegenden Mitteilungen mit leidlicher Sicherheit zu konstruieren, wir wollen daher diese Jagdart zuerst vor dem innern Sinn lebendig werden lassen und uns dabei beschränken auf den Hirsch.

Zum Fang des Wildes bei den Jagen im Zeug, richtiger am Zeug, hatten im Mittelalter vorzugsweise lebende Hecken gedient mit Schlingen und beutelförmigen Netzen in den Durchgangsöffnungen[2]); mit der

---

Roth, Geschichte des Forst- und Jagdwesens 561 f. erschien das Werk von 1595—1602. Colerus gab über den Waldbau deutschen Brauch, man wird ihm daher auch in der Jagd vertrauen dürfen.

[1]) Die allgemeine Art des deutschen Jagens war ein Treiben mit vorgestellten Netzen, wie wir im 3. Kapitel des ersten Bandes in Frankreich bei den Sauen es gefunden haben. Sicher hat man im Mittelalter auch in Deutschland auf diese Art gejagt, da aber keine Beschreibung vorliegt, mußte ich mir die Schilderung dieser Jagdart bis zum 16. Jahrhundert vorbehalten. Wollte ich konsequent sein, müßte ich das Treiben zu den Netzen auch hier als besonderen Jagdbetrieb behandeln im Unterschied vom Hetzen, wie ich im ersten Band getan habe. Andererseits aber spielt die Hetzjagd doch in diese Jagd hinein, da man innerhalb des umstellten Kreises, wenigstens auf den Hirsch, die französische Art nachzuahmen suchte mit Lancieren und Anlegen der Meute. Wollte man dieses Hetzen in den Netzen und der Treiberwehr nicht als Hetzen gelten lassen, dann würde, da das Überlandjagen immer seltener geworden war, eine deutsche Hetzjagd überhaupt kaum noch zu finden sein, was doch sicher nicht der allgemeinen Auffassung entspräche. Ich ziehe also vor, das Jagen am Zeug hier zusammen mit der Hetzjagd zu behandeln.

[2]) Über die Natur der Hecken vgl. Band I, 189 u. f.

Entwicklung der Industrie wurden die Hecken durch Fallnetze verdrängt, die den großen Vorzug hatten, daß sie beweglich waren und nach Bedarf an verschiedenen Orten aufgestellt werden konnten. Trotzdem waren die Hecken auch im 17. Jahrhundert noch allgemein im Gebrauch[1]), und der Ersatz durch Netze ging nur langsam vor sich, in erster Linie natürlich an den reichen Höfen. Die Anlage zu einem Jagen am Zeug kann der Leser sich als einen Kreis vorstellen, dessen Peripherie an einer Stelle durch Hecken oder Netze, im übrigen aber durch eine Treiberwehr gebildet war. Die Treiber rückten langsam vor und trieben das eingeschlossene Wild den Hecken und Netzen zu. Letztere waren als Fallnetze eingerichtet, schlugen über dem flüchtigen Wild zusammen und hielten es fest, bis das tötende Eisen kam. Diese Jagdart wurde zur Hetzjagd dadurch, daß innerhalb der Treiberwehr eine losgelassene Meute jagte.

In den meisten Fällen wird die Vorsuche mit dem Leithund wohl der Jagd voraufgegangen sein. Wagner ist der Ansicht, daß sie stets und regelmäßig stattgefunden habe, aber Colerus will am Tage vor der Jagd vermöge einer „Wildbahn" den Einwechsel beobachten; er hat wohl eine Wildfuhr im Sinne, einen umgegrabenen und geharkten Bodenstreifen, in dessen weicher Erde sich die Schalen des Wildes klar abdrückten. Am nächsten Tage in der Frühe will er dann den Ort umstellen. So genau und sicher wie das Bestätigen mit dem Hund am Morgen vor der Jagd war dies Verfahren nicht; bei größeren Jagden aber ließ sich eine regelrechte Vorsuche schwer durchführen, denn es kam vor, daß das Aufstellen der Netze schon drei oder vier Tage vor der Jagd erfolgte[2]). In solchen Fällen konnte auch der Wind nicht mehr beachtet werden, und man wird wohl schwerlich fehlgehen in der Annahme, daß mit einer ausgedehnten Netzstellung immer ein Zusammentreiben des Wildes aus weitem Umkreise verbunden war.

Sehen wir aber vom Zusammentreiben ab und nehmen wir an, daß eine Vorsuche stattgefunden habe, daß die Netze unter Berücksichtigung des Windes am Morgen vor der Jagd in aller Stille aufgestellt, die Treiber eingerückt sind und den Kreis geschlossen haben, dann konnte die Jagd nach einer Vorbereitung von einigen Stunden ihren Anfang nehmen. Die Vorsuche war nicht nur erwünscht, um festzustellen, ob

---

[1]) L. v. Seckendorff, Teutscher Fürstenstaat, 1656, 200.

[2]) Colerus, 585—87.

Wild vorhanden war, sondern auch die Stärke und Beschaffenheit des Wildes zu ermitteln, denn hohe Herren wollten starke Hirsche jagen. So war die ganze Jagd zuweilen nur auf einen einzigen guten Hirsch gerichtet und dabei wurde, was zufällig im Jagen steckte, natürlich mitgenommen. Es galt als Regel, daß beim Beginn der Jagd der Besuchknecht, der in der Frühe vorgesucht und die Fährte verbrochen hatte, diese wieder aufnahm und den Hirsch zu sprengen suchte[1]). Dann wurde die Meute auf die Fährte gesetzt, und die Jagd ging los. Wagner sagt, daß der Jäger seinen Leithund gelöst und den Hirsch durch den lautjagenden Hund habe verfolgen lassen, daß nachträglich dann die Meute zur Fährte gelegt und der Leithund bei nächster Gelegenheit wieder eingefangen worden sei[2]). Sogar beim Überlandjagen will er diesen Brauch gehalten wissen. Ich weiß nicht, aus welcher Quelle Wagner seinen Brauch entnimmt, gestehe aber, daß ich an diese Art des Anjagens nicht glaube, wenigstens nicht im allgemeinen, weil sie ein Fehler wäre, den ich der deutschen Jägerei nicht zutraue. Wenn der Jäger den Hund aus der Hand gibt, verliert er die Kontrolle. Wie will er wissen, ob der Leithund nicht hundert Schritte von ihm schon gewechselt hat und vergnügt auf falscher Fährte jagt? Sowohl „die Jagd der Minne" als auch Hadamar von Laber halten den Leithund fest und setzen einzelne sichere Meutehunde auf die Fährte, ebenso ist das Verfahren im Roy Modus und im Fouilloux vorgeschrieben, und auch Meurer hält an dieser Sitte fest. Die englische Jägerei behalf sich ohne Leithund bis zum Anfang des 17. Jahrhunderts, jagte aber nur in Parks. Den Leithund braucht der Jäger, um der Jagd zu folgen und zu prüfen, ob die Fährte, welche die Meutehunde angenommen haben, auch die richtige ist. Mancher Hirsch macht bei der Anjagd so viel Widergänge, er vermengt und verflicht seine Fährte so geschickt mit denen seiner jüngeren Begleiter, daß ein Wechsel für die Hunde sehr leicht möglich wird.

Wenn auch der Bezirk der Jagd umstellt und eingegrenzt war, so war doch seine Fläche nicht so klein, daß alte schlaue Hirsche sich nicht decken und verbergen konnten. Nehmen wir an, daß dreihundert Treiber zur Stelle

---

[1]) Über die Vorsuche vgl. Bd. I. 216 u. f.

[2]) v. Wagner, Über die Jagd des großen Wildes im Mittelalter, abgedruckt in der Germania, Zeitschrift für deutsche Altertumskunde. Wien, 1884, 114.

waren[1]), die beim Beginn des Treibens je zehn Meter auseinander standen, und nehmen wir die gesamte Netzlänge zu dreihundert Meter an, so haben wir eine Peripherie von 3 300 und einen Durchmesser von etwa 1000 Metern, die eine Fläche bedingen, in deren Dickungen ein Hirsch sich wohl verbergen konnte. Und wenn auch der Kreis beständig enger wurde, konnte doch die falsche Anjagd ein kunstgerechtes Jagen ganz in Frage stellen, denn wie soll Wagners Jäger die richtige Fährte halten oder wiederfinden ohne Hund? Er muß die Meute von neuem an der verbrochenen alten Stelle anzulegen suchen mit der sicheren Aussicht, daß sie bald von neuem wechseln wird. Gerade weil der Bezirk umgrenzt war, wurde die Arbeit der Meute außerordentlich erschwert, denn die Jagd ging hin und her, und bald waren im kleiner gewordenen Kreise so viel verschlungene Fährten da, daß auch die besten Hunde irrig wurden. Die Folge war, daß sie den Gebrauch der Nase einstellten und nach den Augen jagten; da war ihnen jedes Wild willkommen, und so ging die kunstgerechte Jagd des Spürens über in ein tolles Durcheinander von einzelnen bellenden und jagenden Hunden und flüchtendem Wild. Um das Wild in die Netze zu bringen, drängte die Treiberwehr langsam vor, verengte nach und nach den Kreis und drückte Wild und Hunde nach der scheinbar offenen Seite hin[2]), die als der einzige Ausweg dem geängsteten Wild die Möglichkeit der Rettung zu bieten schien. Man sieht aber, daß von einer Kunst der Hetzjagd in den Jagen am Zeug eigentlich keine Rede mehr sein konnte, und aus dieser Jagdart sind, wie oben schon gesagt, die eingestellten Jagen später in der Weise hervorgegangen, daß die Treiberwehr fortfiel und die Netze verlängert wurden, bis sie die ganze Peripherie umschlossen.

Nicht immer nahm das Wild gutwillig die Netze an, oft scheute es davor zurück und eilte wieder in den Trieb. Aus diesem Grunde waren vor den Netzen kleine Häuschen aufgestellt und mit Laub bekleidet, sogenannte Schirme, in denen sich Jägerknechte mit Windhunden verbergen konnten. Kam ein flüchtiges Wild vorbei in der Richtung auf die Netze zu, dann wurden die Windhunde hinterdrein gehetzt, sobald

[1]) Vgl. H. Heß, Der Thüringer Wald in alten Zeiten. Gotha 1898, 37. Selbst in dem kleinen Territorium Weimar wurden im 16. Jahrhundert bei einer Hofjagd 250—300 Anspänner mit 400—450 Pferden und 400—500 Fußgänger aufgeboten.

[2]) v. Wagner, Über die Jagd des großen Wildes im Mittelalter, Germania 1884, 114.

das Wild sich zwischen Schirm und Netz befand, und im Schrecken vor den Hunden, sowie vor dem Geschrei der Knechte fiel das Wild dann meistens in die Netze. „Wenn nun der Hirsch im Netze ist, so muß man balde zulauffen und ihn stechen, daß er sich nicht wiederumb auswickele. Und sich vorsehen, daß er ihn mit den Füßen nicht schlahe, oder mit dem Geweihe stoße".[1])

Colerus bespricht die Finten und Listen, die der Hirsch anwende, den Wechsel, den er den Hunden biete, die Widergänge und die Absprünge, die er mache, sowie die Flucht ins freie Feld, in Dorf und Hof und Wasser, hat aber diese Weisheit wohl aus dem Fouilloux geschöpft, der einen ergiebigen Quelle, aus welcher die schulmeisterliche Weisheit der meisten deutschen Federn stammt. Es konnte sich beim Jagen am Zeug ereignen, daß der Hirsch die Treiberwehr durchbrach und die Meute auf der Fährte folgte. In solchem Falle verwandelte sich die Jagd in ein Überlandjagen, und meistens war dann wohl der Hirsch gerettet, denn einen Hirsch durch Jagen in freier Wildbahn zu erlegen, war eine Aufgabe, der nur eine für diesen Zweck besonders geschulte Jägerei gewachsen war, und schwerlich hatte die Herrschaft beim Jagen am Zeug so nebenbei auch für diese Eventualität gesorgt, da das freie Jagen ohnehin wenig ihrem Geschmack entsprach.

Es war ein höfischer Brauch, vor dem Netz außer den Schirmen für die Windhunde auch noch Schirme für die Herrschaft zu erbauen, den Grundherrn, die Damen und die Gäste, die dort den kritischen Moment der Jagd beobachteten, auch wohl schießen und am „Stechen" sich beteiligen konnten. Es kam auch vor, daß sich der Hirsch den Hunden stellte, und dann war es eine ebenso ehren- wie gefahrvolle Aufgabe der Jäger, ihm den Fang zu geben. Colerus sagt, daß niemand einem Jäger es verüble, der vor einem zu Stand gejagten Hirsch ausreiße, während es für eine Schande gelte, einem Schwein zu weichen, ganz natürlich, denn dem Schwein konnte der Jäger zu begegnen hoffen mit dem Spieß, während er gegen den gereizten Hirsch ganz machtlos war. Man suchte den gestellten Hirsch zu schießen; andernfalls schlich sich der Jäger leise an, während die Hunde den Hirsch beschäftigten, und suchte ihn ins Herz zu treffen mit dem Schwert oder dem Spieße. Von einem Durchschlagen der Sehnen finde ich nichts erwähnt. Fouilloux rät, im

---

[1]) Colerus, 609.

Augenblick, da der Hirsch den Jäger annehmen wolle, gewaltig einen grünen Zweig zu schwenken, dadurch lasse der Hirsch sich einschüchtern.

Zutreffend macht Wagner die Bemerkung, daß die Vorsuche in der deutschen Jagd für so wichtig erachtet worden sei, daß die ältere deutsche Jagdliteratur sich eben nur mit dieser Vorsuche und nicht mit der eigentlichen Jagd beschäftige[1]). Der Grund liegt zweifellos darin, daß die „Weidbüchlein", deren es eine ganze Anzahl gab, nur das umfaßten, was wichtig war für die zünftige Jägerei, und worin sich ihre Kunst erschöpfte. Die Kunst lag eben in der Vorsuche und allenfalls noch im Lancieren und Anjagen des Hirsches, dann hörte sie auf, und an die Stelle der Kunst trat das wilde Durcheinander des Jagens am Zeug.

War das Wild getötet, dann wurde es auf der Stelle geschlachtet, d. h. zerwirkt und zerlegt. Es kam vor, daß die Fürsten sich selbst dabei beteiligten. Landgraf Philipp von Hessen ließ im Sommer 1537 auf der Karthause bei Felsberg etliche gefangene Hirsche aufbrechen und schickte sich an, den einen in eigener Person zu zerlegen, weil er ihm besonders feist vorkam. „Der Landgraf schnitt den Hirsch hinten über dem Zimmet auf und sagte: „Der hat viel Weiß und ist jagenswert gewesen". „Ja, gnädiger Herr", bemerkte darauf ein alter Bauer, „der kostet uns unser gutes Körnchen, welches sie uns im Felde abfressen". Da rief der Fürst: „es ist zum Erbarmen, daß Ihr Euch weigert, meine Kühe in Euer Feld gehen zu lassen, da ich doch Eure Kühe in meinen Wald lasse!" Der grobe Filz aber schlug dem Fürsten „Knipp" vor die Nase und sagte: „Dafür geben wir Euch auch gute Korngültchen". Alsbald befahl der Landgraf dem Rentmeister von Felsberg, dem Bauer dieses Jahr zwei Viertel Frucht von seinen Zinsen nachzulassen"[2]).

Wie das Zerwirken und Zerlegen auf der deutschen Jagd gehandhabt wurde, kann ich nicht vermelden, da ausreichende Angaben nicht vorhanden sind. Der Pfarrer Colerus sagt, daß nach dem Zerwirken

[1]) v. Wagner, Germania 111—12.

[2]) Landau, Beiträge, 7. Falls es sich bei dem Walde, den der Fürst den seinen nannte, um den alten Allmendewald gehandelt hat, wie zu vermuten ist, sehen wir hier bereits den Wandel im Besitz des Bodeneigentums vollzogen, der oben und im ersten Band geschildert wurde. Interessant ist die einfache Anrede des Fürsten mit gnädiger Herr und Ihr; sie zeigt, daß der ganze Schwall der Kurialien sich erst im 17. und 18. Jahrhundert so recht entwickelt hat.

der Kopf des Hirsches abgelöst und dem Leithund verabfolgt werde, der den Hirsch aus dem Bett hochgemacht habe. Dabei wurde der Hund ermahnt, auch in Zukunft sich gut zu führen und fleißig zu sein, wobei es denn an guten Weidesprüchen sicher nicht gefehlt hat. „Danach gibt man den andern Hunden auch ihre Weidesuppen, dann schneidet man ein haufen stücke Brots und leget die auff die abgezogene Hirschhaut und schneidet ihnen die innerlichen Glieder, als Lunge, Leber Hertz u. dergl. alles zu sonderlichen stücken und geust die Farbe vom Hirschen darunter und menget alles fein durcheinander, das ist den Hunden ein edel gefresse, darzu sie niemands laden. Zuvor muß man unter der Zubereitung diese Gäste mit Knüppeln und Prügeln abtreiben, oder an den Riemen und Koppeln behalten, daß sie auff die Mahlzeit nicht ehe fallen, denn sie gar fertig ist. Zu dieser Mahlzeit pflegen bisweilen die Jäger den Hunden mit ihren Jagthörnlein semptlich ein stücklein zu blasen." [1]) Der Herr Pfarrer sagt, daß in Frankreich, Welschland und anderen Orten andere Zeremonien üblich seien, so daß man ihm wohl zutrauen kann, deutschen Brauch überliefert zu haben.

Das Jägerrecht hat in Deutschland vermutlich sehr geschwankt und ist nach Zeit und Land ein anderes gewesen. Als Landgraf Philipp 1553 einen Jäger für die Grafschaft Katzenellenbogen anstellte, gestand er ihm sein Recht zu in der Weise, daß der Jäger die Haut, den Rücken und das Eisbein (Flanken) haben sollte. Der Bube sollte Hals und Kopf bekommen. „Von Schweinen soll er (der Jäger) die vier Füße und die Ammen haben, von Lehnen (Bachen) und Keilern die vier Füße, die Ammen und die Rücke. Aber die Köpfe von Keilern, Lehnen und Frischlingen, desgleichen auch die Rück von (hauenden) Schweinen soll er einsalzen und uns bleiben lassen. Wenn er Wolf fängt, soll er die Haut behalten." [2]) Mehr und mehr wurde mit der vordringenden Geldwirtschaft das Jägerrecht abgelöst und übergeführt in die Form von festem Gehalt. Landgraf Moritz wollte 1611 schon alle Jägerrechte aufheben und an ihre Stelle die feste Besoldung treten lassen, und Sekkendorff sagt 1656, daß den Jägern entweder ein gewisser Teil des erlegten Wildes zustehe, oder ein bestimmtes Pirsch- oder Fanggeld.[3]).

---

[1]) Colerus, 609.

[2]) Landau, Beiträge 108. Ammen, Wammen, Hamen hießen die Hinterschenkel; stammt angeblich von dem gotischen Vamba, der Bauch, daselbst 229.

[3]) L. v. Sekkendorff, Teutscher Fürstenstaat, 207.

Vom Überlandjagen kann ich aus dem 16. Jahrhundert leider wenig mitteilen. Dasselbe bestand in einer Verfolgung des Hirsches im freien Revier und ist im 1. Bande ausführlich behandelt worden. Wagner behauptet, daß diese Art des Jagens auch im 16. Jahrhundert noch allgemein vorgekommen sei, und zwar ohne Netz und Hecke. Als Quelle hat ihm wohl in erster Linie das Stuttgarter Archiv gedient [1]), und aus ihm geht hervor, daß der Herzog Ulrich drei Arten des Jagens deutlich unterschied: das Jagen am Zeug, das Jagen über Land und das Jagen mit Wehrzeug. Das letztere ist die Art der Jagd, die später als Hauptjagen und Bestätigungsjagen bezeichnet wurde, sie kam bereits im 16. Jahrhundert vor, ihre Besprechung gebe ich im nächsten Kapitel [2]). Wagner sagt, das Überlandjagen mit Jagdhunden sei durchaus das Verfahren der späteren Parforcejagd gewesen, nur seien die deutschen Jagdhunde weniger flüchtig gewesen, und deshalb habe die Jagd länger gedauert [3]). Nicht nur hätten alle Herzöge in Württemberg im 16. Jahrhundert sie geübt, sondern auch der Adel, und vorzugsweise habe sie den Grashirschen gegolten zur Zeit des in die Ähren sprossenden Getreides. Genauere Einzelheiten gibt er nicht.

Daß eine Jagdart ausgeübt worden ist, welche das Überlandjagen hieß, ist sicher, daß aber diese Jagd allgemein in freier Wildbahn stattgefunden habe, wenigstens frei von Hag und Hecke, steht im Widerspruch mit anderen Überlieferungen. Das österreichische Jagdbuch des 16. Jahrhunderts sagt: „Bei der Jagd über Landt findet man zunächst, wie die Warten zu legen, oder an welchen Punkten der Zeug zu richten ist. Sind die Wind- und Jagdhundwarten angelegt, oder der Hirschzeug gerichtet, sollen" usw. [4]). Aus dieser Anweisung geht hervor, daß es ebenso üblich war, die Bahn ds Jagens durch Zeug oder Netze abzugrenzen, als sie offen zu lassen. Wie wir im 1. Bande sahen, war Maximilian I. gewohnt, Netze, Windhundwarten und Schützenketten zu kombinieren, um einen Platz abzugrenzen, auf welchem er das Wild

---

[1]) Vgl. Bd. I, 199 f.

[2]) Ein Beispiel eines Hauptjagens aus dem 16. Jahrhundert gibt H. Heß, Der Thüringer Wald in alten Zeiten. Gotha 1898. 36—40.

[3]) v. Wagner, Das Jagdwesen in Württemberg 1876, 307—10. Ähnlich so in der Germania, 1884.

[4]) M. Mayr in der Einleitung zu „Das Jagdbuch Kaiser Maximilians I.". Innsbruck, 1901.

zu Pferd verfolgte und mit Windhunden hetzte [1]). Wind- und Jagdhundwarten waren Posten, an denen Wind- oder Jagdhunde bereit gehalten wurden, erstere um das Wild im freien Felde einzuholen, letztere um die jagenden Hunde abzulösen, wenn sie müde waren. Außer den Hundewarten gab es auch Menschenwarten; dieselben bestanden aus einem Kreis von Bauern, welche den Platz des Jagens umstellten und den Hirsch zurückscheuchten, wenn er ihre Linie durchbrechen wollte [2]).

Im Mittelalter war beim Überlandjagen das Revier meistens mit Warten abgestellt gewesen, sogar bei der Parforcejagd des 14. Jahrhunderts in Frankreich wurden oft deffences verwendet, um die Bahn des Hirsches zu begrenzen. Die Kunst, einen Hirsch in freier Wildbahn zu Stand zu hetzen, ist nicht so leicht, daß sie von allen Herzögen des 16. Jahrhunderts so ohne weiteres geübt werden konnte, „und auch vom Adel, da sie nur wenig Jaghunde und Pferde verlangte.“ [3]) Das stimmt auf keinen Fall, Pferde und Hunde wurden in ausgiebigem Maße gebraucht und mußten auf den Relais bereit gehalten werden, wenn es die Jagd des freien Hirsches galt, das stellt die Geschichte der Parforcejagd außer Zweifel, und nun gar im Frühjahr, in der Zeit des sprossenden Getreides, da der Hirsch noch gar nicht einmal feist geworden war! Ich will ja Wagners Angaben nicht geradezu bestreiten. Gewiß, es mag ja vorgekommen sein, daß hier und da ein talentierter Jäger durch immerwährende Übung der Meute wie der Knechte das Kunststück fertig brachte, auch ohne den großen langgeschulten Apparat des französischen Adels den freien Hirsch zu Stand zu jagen, sicherlich aber war diese Kunst nicht allgemein, und ob der Jäger ohne Warten ausgekommen ist, erscheint mir dennoch zweifelhaft. Hundewarten gibt auch Wagner zu, die hatte ja die Parforcejagd auch unter dem Namen von Relais, aber ich möchte glauben, daß man auch nicht ohne Menschenwarten fertig wurde, und überhaupt war das ganze Überlandjagen nur noch wenig in Gebrauch. Erinnern wir uns, daß die weitverbreiteten Waidebüchlein alle nur von der Vorsuche handeln; wie wäre das denkbar gewesen, wenn das Hetzen über Land gebräuchlich gewesen und auf die Vorsuche die Hetze gefolgt wäre, die für den zünftigen Jäger doch ohne Frage eine ebenso schwere Aufgabe sein mußte, wie die Vorsuche.

---

[1]) Vgl. Bd. I, 295.

[2]) Über Warten vgl. Bd. I, 204 f.

[3]) v. Wagner, Das Jagdwesen in Württemberg, 307—10.

Auch unter allen Waidgeschreien und Jägersprüchen finden sich nur wenig Verse, die gerade auf das Jagen über Land abzielen. Colerus, der eingehend die deutsche Jagd behandelt, sagt: „Man fahet aber die Hirschen auf mancherlei weise mit Netzen und Tüchern, diese art ist bei uns am bräuchlichsten. In Frankreich hat der König gar geschwinde Jagdtrosse, damit rennet er einem Hirschen so lange nach, bis er müde und von den Hunden gefangen wird." Nichts von einer deutschen Hetzjagd in freier Wildbahn, und neben dem Jagen mit Netzen und Tüchern wird die Birschjagd nur besprochen. Ganz ähnlich läßt Noë Meurer sich vernehmen. Er schildert den Gang der Jagd so, daß der Jäger vorsucht, daß dann Wehrtücher, Lappen, Spennen und Personen aufgestellt werden, der Jäger mit dem Leithund den Hirsch hoch macht, ihn den Jagdhunden übergibt und der Fährte nachhängt, bis der Hirsch gefangen ist, er schildert also das Jagen am Zeug, genau so wie Colerus. Von einem Überlandjagen hat auch Meurer keine Spur [2]).

Das Überlandjagen war also die Ausnahme. Es kam wohl vor, daß der reitende Jäger den Hirsch hetzte, meistens aber unter Anwendung von Warten und Netzen, und wenn er auf diese Hilfsmittel verzichtete dann war die Aussicht auf Erfolg auch nur gering. Sollte es Zufall sein, daß unsere drei größten Jagdallegorien, die Königsberger, die Jagd Labers und die Jagd der Minne alle drei das Wild entkommen lassen? Damals wollte man jagen, man fragte wenig nach der Beute. Im 16. Jahrhundert war das in Deutschland schon anders geworden: die großen Herren waren bequem, sie wollten fangen, schießen, Strecke machen, und das eigentliche Überlandjagen trat zurück in dem Maße, wie der niedere Adel die Jagd verlor und eingeschränkt ward auf das Reisgejaid. Die Franzosen trugen andern Sinn. Im Stephano und Libalto heißt es, daß die Jagd auf Hirsche, Schweine, Gemsen und Hasen meistens mit Jagdhunden und Pferden ausgeübt werde, zuweilen freilich auch mit Garnen und Wehrtüchern. Solche Jagdart sei aber für faule Leute, nicht für einen beherzten tapfern Kerl, der nicht um des Bauches willen jage, sondern um sich zu üben und seine Freude zu haben am Jagen selbst. [3])

[1]) Colerus, 607.
[2]) Noë Meurer, 1582, 64 l.
[3]) Stephanus und Libaltus, Vom Feldbau, deutsch von Sebizius, 1579. 676.

Die französische Hetzjagd habe ich im 1. Bande so eingehend behandelt [1]), daß ich mich hier auf eine kurze Wiedergabe dessen beschränken muß, was seit dem 14. Jahrhundert sich geändert hatte; dabei lege ich in erster Linie die venerie von Fouilloux zugrunde, die als das klassische französische Werk des 16. Jahrhunderts über die Hetzjagd anzusehen ist. Fouilloux rechnet zur venerie, d. h. zur Hetzjagd mit spürenden Hunden, eigentlich nur den Hirsch und den Hasen. Er will das Schwein nicht zur venerie gerechnet wissen, weil es mit Rüden gehetzt werde, die nach dem Auge jagten, während er das Reh stillschweigend bei der venerie mit einbegreift [2]). Fuchs und Dachs bespricht er zwar auch in seiner venerie, aber zum Unterschiede von der chasse mit chients courants als die chasse mit chiens de terre und mehr als Anhang zu dem eigentlichen Werke. Entgegen der Gepflogenheit des Mittelalters sind Bär und Schwein, Wolf und Fuchs also ausgeschieden aus der Zahl des Wildes, das mit spürenden Hunden gejagt zu werden pflegte, und die eigentliche Kunst des Jagens war auf Hirsch und Reh und Hase eingeschränkt.

Gleich seinem Vorgänger Foix behandelt Fouilloux zunächst den Jagdhund und gibt praktische Winke, wie die jungen Hunde zur Jagd anzulernen und folgsam zu machen seien auf Schrei und Horn. Die von ihm angewandte Methode beruht durchaus auf der Utilitätsmoral, indem er dem jungen Hunde die wichtige Einsicht in den eigenen Nutzen beizubringen sucht mit Hilfe von schmackhaften Bissen aus der Jagdtasche. Alte und junge Hunde wurden zusammengekoppelt und von einigen Knechten oder Buben gehalten. Der Jäger entfernte sich eine Strecke, hornte und schrie aus Leibeskräften, und wenn die jungen Hunde durch die alten mitgerissen und zum Jäger hingeschleppt waren, dann tat die Jagdtasche sich auf, und die Lehrlinge wurden für die unverdiente Tugend mit Fleischhäppchen belohnt. Die Hunde lernten diesen Trick natürlich schnell begreifen, und rannten, wenn der Schrei Tya-Hillaud! durch die Luft erklang, wie besessen nach der Jagdtasche. Sie sollten wenigstens zwei Jahre alt sein, ehe sie zur Parforcejagd herangezogen wurden. Niemals durften sie eine Hindin hetzen oder gar von ihr gepfneischt werden, denn die Hindin hat eine andere Witterung als der Hirsch, und es war ein alter Erfahrungssatz, daß die Hunde beim

[1]) Bd. I, 214 f.

[2]) Fouilloux, venerie, 1573. 72 I.

Jagen immer dasjenige Wild bevorzugten, das sie zuerst gejagt hatten, und von dem sie zuerst gepfneischt worden waren. Diese Nachhaltigkeit der ersten Eindrücke ist ja auch der eigentliche Grund, weshalb die Menschheit in der Dressuranstalt der Schule die natürliche Frische und Ursprünglichkeit verliert.

Es galt für einen Fehler, die Hunde im Zeug zu arbeiten, weil sie dadurch unbrauchbar wurden für die freie Wildbahn. Fouilloux sagt, ein Hirsch in Tüchern könne nur hin und wieder flüchten und nicht von den Hunden abkommen, die ihn immer im Gesicht behielten, daher versagten sie, wenn nachher ohne Tücher und vermöge der Nase gejagt werden solle. Ganz so schlimm war es nun wohl nicht, wenn der eingestellte Bezirk nicht gar zu klein bemessen wurde, auch kam es immer darauf an, ob Dickungen vorhanden waren. Aber Fouilloux verwirft das Einjagen in Netzen ganz und gar: sobald ein Hirsch in den Netzen hin und her geflüchtet wäre, verwechselten die Hunde Hin- und Widerfährte, lernten weder spüren noch jagen, sondern nur den Kopf hoch nehmen und mit den Augen suchen, und die Nase ganz und gar nicht anwenden. Damit bricht der Hetzjäger den Stab über das deutsche „Jagen am Zeug", und man kann sich eine Vorstellung davon machen, wie wenig die deutsche Bracke für das freie Überlandjagen zu brauchen war.

Gern brachte man die jungen Hunde in der Feistzeit an, weil der Hirsch dann weniger ausdauernd war und auch nicht so viele Absprünge und Widergänge machte. Dem erlegten Hirsche wurde der Hals geöffnet, und die Hunde wurden an dem warmen Schweiße frisch gepfneischt. Man fing einen Hirsch auch wohl ein und spaltete ihm die Schalen aufwärts bis ans Haar oder schlug ihm die Schalen des einen Laufes ganz entzwei, ließ den armen Kerl dann mit dem kranken Laufe los und folgte nach einer viertel Stunde mit den Hunden. Der Jäger ist um die Wahl der Mittel nie verlegen gewesen, wenn er einen Zweck erreichen wollte. Fouilloux riet, die jungen Hunde zuerst nicht an den Hirsch zu bringen, sondern an den Hasen; sie lassen später gutwillig vom Hasen ab, da die Witterung des Hirsches ihnen lieber ist, und werden durch die vielen Kniffe und Listen der Hasen im Spüren und Ausfinden der Fährte in hohem Maße erfahren und geschickt.

Der Franzose behandelt ziemlich eingehend die Geweihbildung der Hirsche. Das erste Geweih trägt der Hirsch im zweiten Jahr, im dritten Jahre trägt er Stangen mit vier, sechs oder acht Enden, im vierten

Jahr acht bis zehn, im fünften Jahre zehn oder zwölf, im sechsten Jahr zwölf bis sechzehn Enden. Im siebenten Jahr ist das Geweih vollkommen ausgebildet und auf seiner Höhe, wächst dann im allgemeinen nur noch in die Dicke oder bildet sich zurück. Das Geweih des alten Hirsches ist daran zu erkennen, daß die Rosenstöcke breit und dick und rauh sind und dicht am Schädel aufsitzen, die starken Stangen dunkle Farbe zeigen und gute Perlung, die Eissprossen lang und stark entwickelt und dicht über dem Rosenstock gewachsen sind, und auch das nächste Ende dicht über der Eissprosse hervorkommt, rauh ist und gute Perlen zeigt, und das ganze Geweih von großem Umfang ist und oben eine breite Krone trägt. Die Franzosen hatten damals schon für die verschiedenen Enden des Geweihes und für die Form der Kronen eigene Namen, wie denn ihre Weidmannssprache überhaupt reichhaltiger war, als die deutsche.

Fouilloux weiß bereits, daß der Hirsch das Geweih nicht mehr erneuert, wenn er die Hoden verloren hat, und schließt daraus, daß in den Hoden große Kraft und Tugend stecke, da sie denn oftmals die Ursache davon seien, daß auch die Menschen auf dem Kopfe schöne Hörner trügen, und solche wünscht er seinen lieben Lesern allen. Er hält es überhaupt entschieden mit den Damen und gibt dem Jäger auch das Recht, so er auf der Vorsuche ein schönes Mädchen treffe, sie unerfreut nicht zu entlassen, und sein Übersetzer Jobin verdreifacht gar die Forderung:

„Find ich dann schön's Maidlein im fürgriff
Brauch jägers art setz's in Venus schiff,
Dreimal wohlgethan ist Jägers recht."

Die Zeichen des Hirsches teilt Fouilloux in sechs Gruppen ein, in die Fährte, die Losung, das Wenden, den Schritt, das Fegen, und ein Zeichen, das ich sonst nicht angegeben finde, das darauf beruht, daß der Hirsch in den Dickungen mit seinem Bauch die Blätter umbiegt, die ihm zwischen den Läufen durchgegangen sind, und auch seitlich mit dem Bauche Blätter niederstreift. Je nach der Höhe der umgewandten Blätter schloß der Jäger auf die Höhe der Läufe und die Stärke des Hirsches. Fouilloux nennt das Zeichen les abbateures et fouleures, Jobin übersetzt es „das Erwunden" und Feyerabend nennt es „Niederdruck", Sebizius „die Fahrt". Jobin, der sich seiner weidmännischen Sprache rühmt, gibt die Zeichen an unter folgenden Namen:

die Erkanntnuß der fart,
die Erkanntnuß deß geloß,

die Erkanntnuß deß gewands und Himmelsspur,
die Erkanntnuß deß geferdts,
die Erkanntnuß deß fegens,
die Erkanntnuß deß erwundens.

Sebizius unterscheidet den tritt, das gloß, das gewend und widerlaß, den schritt, das geschläg und die fahrt. Auffällig ist, daß Jobin Wenden und Himmelsspur identisch braucht, während später Wenden oder Himmelszeichen gesagt und die Himmelsspur mit dem Schlagen oder Fegen identifiziert wurde.

In dem Zeichen du pied, der fart oder des tritts, werden die Unterzeichen dann erwähnt,

daß der alte Hirsch mit dem hinteren Tritt vier Finger hinter dem vorderen zurückbleibt,

oder den hinteren Tritt allenfalls in den vorderen setzt,

während der junge Hirsch den hinteren Tritt vor den vorderen stellt.

Jobin nennt die beiden ersten Zeichen das Blenden und das Ereilen, während wir das erste Zurückbleiben oder Hinterlassen, das zweite Blenden und das dritte Übereilen nennen. Es wird dann das Zwingen noch erwähnt, das Schränken, der Burgstall, das Fädlein, und „das geäß", welches darauf beruht, daß ein Hirsch von zehn und mehr Enden das Laub und die Zweige beim Äsen scharf abschneidet, während das Tier sie zerkaut. Dann wird die Form des Tritts, der Ballen, des Geäfters besprochen, und endlich finde ich in der Übersetzung des Fouilloux von Jobin noch das Näßen angegeben, das im Original nicht steht, und von ihm in der allgemeinen Regel zusammengefaßt wird: „Alles was gefotzt ist stallet inn die Fahrt." Er sagt, die Jäger wären über den Ausdruck stallen noch nicht einig, einige sagten schmaissen und andere saichen. Wir sehen also die Weidmannssprache nicht erstarrt, sondern grünen und wachsen.

Die Jägerei steckte tief im Aberglauben und legte, wenn es zur Vorsuche ging, auf den glücklichen Angang großen Wert. Hase, Rebhuhn oder sonst ein furchtsames Tier galten für unheilbringend, Fleischfresser dagegen, Fuchs, Wolf und Rabe brachten Glück. Als Götz von Berlichingen wegen eines räuberischen Überfalles sich Sorgen machte, sah er, wie vor ihm Wölfe in eine Schafherde fielen und mehrere Schafe zerrissen. „Glück zu! liebe Gesellen", rief er ihnen zu, denn das war ein glückbringendes Zeichen.

Von der Vorsuche ist viel Neues nicht zu melden; Fouilloux warnt davor, dem Hunde zuviel zu vertrauen; viele Hunde machten dem Jäger etwas vor, namentlich solche, die mit hohen Nasen suchten und namentlich in der Frühe, wenn der Tau noch auf den Feldern läge. Er tadelt es, daß Jäger den Hirsch vor der Dickung einfach verbrächen, unter Wind herumzögen, und sobald der Hund im Riemen reiße, davongingen ohne vorgreifen und bestätigen. Der Jäger soll sich nicht auf einen Hund verlassen, der mit der Nase in dem Wind arbeitet [1]). Zum erstenmal finde ich das Abtragen des Hundes hier erwähnt. Wenn der Hirsch in einer Dickung steht, in welcher er Äsung findet, und die er dann wohl ganze Tage nicht verläßt, so daß der Jäger ihn nicht spüren kann, dann soll er mit dem kurzgehaltenen Hunde unter Wind sich leise vorschleichen. Zieht der Hund dann an, dann soll der Jäger zurückgehen und sich von anderer lichter Stelle allein zu nähern suchen in der Hoffnung, Fährte und Losung zu erspähen und vielleicht den Hirsch im Bette zu erblicken. Dann soll er sich leise wieder rückwärts machen tenant son Chien entre ses bras [2]).

Die sogenannte Versammlung, zu welcher der Jäger sich nach der Vorsuche begab, um zu berichten, die man ebenso gut als das obligate Frühstück im Walde vor der Jagd bezeichnen kann, wird auch von Fouilloux mit Behagen ausgemalt. Die Versammlung soll an einer schönen schattigen Stelle, nah bei einem Bach geschehen, und der Küchenmeister soll drei Packpferde zur Stelle haben mit gutem Essen und Flaschen, die Weine von Arbois, Beaulne, Chalou und Grane enthalten, und der Übersetzer Jobin fügt noch „Elsässer, Rhein- und Bacharacher Wein" hinzu. Der Wein soll in den Bach oder in Kampfer gestellt werden zum Abkühlen. Das Tischtuch soll aufs Gras gebreitet werden, es gibt Schinken und geräucherte Ochsenzunge, Schweinsmaul und Ohren „gut geraicht Ochsenfleisch, Schlachtbraten mit weißem Imber bestrewt, Pasteten und andere gute dergleichen bißlein und schnabelwaid den Bauch zu füllen [3]). Alsdann soll der König, Fürst oder Herr mit den-

[1]) Fouilloux, Venerie, 1573. 38. 39.

[2]) Fouilloux, Venerie, 1573. 42 l.

[3]) Jobin übersetzt nicht genau. Fouilloux will nicht geraicht Ochsenfleisch, sondern beuf de saison, Carbonnades, Jambons de Mageance, Pastez, Longes de Veau froides couvertes de poudre blanche, Rinderbraten, Karbonnaden, Mainzer Schinken, Pasteten und Lendenbraten vom Kalb mit weißem Pulver bestreut.

jenigen „so mit im zu Tisch sitzen werden, ire Mäntel auff das grüne Graß außbreiten und sich darauff lägern, essen, trincken, lachen und allerley freudenspiel anfahen. Unnd da etwan ein schön Weibsbild in derselben Landsart herumb, so guten Gesellen dienstbar und gefällig wer, wohnte, soll von deren geredt auch ihr lieblichkeit unnd holdseligkeit stucksweiß, mit sampt ihr geschwindigkeit von unten an biß oben hinauß beschrieben, angezeigt und das ubrig biß zu seiner zeit eingestellt werden."

Fouilloux drückt sich noch kräftiger aus, und bevor die Gesellschaft aufbricht, sollen alle miteinander noch „ein starcken Trunck thun". Es kann demnach kein Zweifel sein, daß die eigentliche Hetzjagd, das Forcieren des Hirsches in stark angeheitertem Zustand vor sich ging.

Das Lancieren des Hirsches und die Anjagd wurden ziemlich in der gleichen Art bewirkt wie im 14. Jahrhundert, ich muß daher auf die Ausführungen im 1. Band verweisen. Auf die Relais wurden auch Hetzhunde verteilt, die aber, um unliebsame Verwechselungen des Jagdhirsches mit anderen Hirschen zu vermeiden, nicht eher gelöst werden sollten, als bis die Meute zur Stelle war. Fouilloux tadelt wiederholt, daß zu seiner Zeit der Hirsch nicht erlegt werde, wie es ihm gebühre, weil man den Hunden nicht die Zeit zum Jagen lasse, kaum zwei oder drei Hunde seien auf der Fährte zu sehen, dafür aber jagten um so mehr Reiter hinterdrein, die weder zu hornen, noch zu schreien, noch zu hetzen wüßten, sich unter die Hunde mischten, sie kreuzten und überritten und es ihnen ganz unmöglich machten, wie es sich gehöre zu laufen und zu jagen. Die Pferde seien es, die da jagten, nicht die Hunde [1])! An anderer Stelle führt Fouilloux aus, es gebe wenig Menschen, die im Horn zu jagen und zu den Hunden in Schrei und Spruch in gefälliger Weise sich zu äußern wüßten, wie die Alten es getan. Gegenwärtig sähe er, daß die Jäger keine Freude daran hätten, die Hunde laufen, jagen und suchen zu sehen; es sei ihnen nur zu tun um den Tod des Hirsches, um die allerhöchste Anerkennung, und den klingenden Gewinn. Sobald der Hirsch angejagt sei, dächten die Jäger schon an die Curée, während die Alten sich daran ergötzt hätten, den Hunden zuzusprechen und sie zu führen nach Art der berühmten Muster Foix, Hue de Nantes und Mommorancy [2]).

---

[1]) Fouilloux, Venerie, 50.
[2]) Ebenda, 61.

Bei der Erörterung der eigentlichen Jagd am Hirsche tritt Fouilloux mit neuen Klagen hervor; jeder Mitreiter wolle ein Horn führen und wisse nicht es zu gebrauchen, schade den Hunden und hindere die Jagd. Viele Fürsten und Herren hätten kein Interesse mehr, ihr Sinn sei auf weltliche Güter abgelenkt, durch welche sie unsterblich zu werden trachteten, während diese Dinge doch Gift seien für die Seele und eine Verkürzung des Lebens nach sich zögen. Es hätte keinen Zweck über diesen Gegenstand sich auszulassen, wenn es nicht um der Jugend willen wäre, für die er alle Geheimnisse der Jagd hier niederschreibe [1]). Man sehe die Fürsten nicht so lange mehr leben und regieren wie in alten Zeiten, da man im Wald das lustige Knallen der Pfropfen hörte und den Klang der Hörner.

Die Signale, die Weidesprüche und die Jägerschreie waren beim Hirsch andere als beim Schwein und bei den Raubtieren. Beim Hirsch erklangen die Hörner hell und schmetternd, die Schreie laut und fröhlich, beim Schwein dagegen war der Ton mehr dumpf und leidenschaftlich, um das Wild zur Flucht zu bringen, weil es nur zu oft auf die Gewehre sich verließ. Fouilloux will, daß die Jäger von der Meute im Anfang sich 50 Schritt entfernt halten sollen, um die Hunde nicht zu überstürzen, sowohl bei der Anjagd, als auch beim Relais; wenn der Hirsch aber erst eine Stunde gehetzt und im übrigen den Hunden weit voraus geflüchtet ist, und wenn die Hunde gut und geschlossen jagen, dann können die Jäger aufrücken und die Meute anfeuern mit dem Horn. Auch Fouilloux hält an der alten Regel fest, die Hunde einzeln anjagen zu lassen und nach und nach die anderen erst zu lösen, wenn der Jäger merkt, daß die ersten auf der rechten Fährte sind. Er bestätigt den Erfahrungssatz, daß der Hirsch die ersten Finten, die er bei der Anjagd zeige, beständig wiederhole, und wenn er z. B. auf der Landstraße oder im Wasser den ersten Widergang vollführe, dann auch später diese Orte festzuhalten suche [2]).

Deutliche Zeichen der Ermattung gibt der Hirsch in der Art zu erkennen, daß die Sinnestätigkeit erschlafft: der müde Hirsch vernimmt und äugt nicht mehr, er senkt den Kopf zur Erde hin mit dem Geweih, der stolze Nacken beugt sich nieder, die Läufe bewegen sich mechanisch

---

[1]) Fouilloux, Venerie, 54 f.

[2]) Fouilloux, venerie, 59.

fort. Eräugt der matte Hirsch aber wirklich noch den Jäger, dann reißt er sich zusammen, hebt den Kopf und flüchtet mit frischer Schnellkraft und in kühnen Sätzen hin, als ob er Ermüdung gar nicht kenne, um aber gleich darauf wieder in sich zusammenzusinken: der trockne Windfang streicht am Boden hin, ist ohne Schaum, der Lecker ist zurückgegangen, die Fährte zeigt die Schalen bald geöffnet, bald geschlossen, Hindernissen geht der Matte aus dem Wege, er flüchtet einen Zaun entlang oder einen Graben, die er sonst mit Eifer überfallen hätte.

Daß die Parforcejagd an den Jäger Forderungen stellte, kann man daraus entnehmen, daß z. B. Fouilloux sich berühmt, dem ins Wasser geflüchteten Hirsch daselbst den Fang gegeben zu haben, ganz nackt, Mann gegen Hirsch, der erste allerdings bewaffnet mit dem Schwert. Den toten Hirsch schob er schwimmend an das Ufer. Er sagt, man müsse sich nur vorsehen, daß der Hirsch im Wasser nicht Grund fasse, dann sei er gefährlich, schwimmend aber könne der dem Jäger nichts zuleide tun.

Ich lasse die Beschreibung des Zerlegens folgen, weil auch das Jägerrecht dabei erläutert wird und auch der Brauch des Pfneischens für die Hunde, denn die deutsche Jagd hat uns nur wenig Anhaltspunkte bezüglich dieses Brauches mitgeteilt.

Wenn der alte Recke auf der Seite lag, dann schallte das Signal Hirsch tot in langen Tönen, gleichlautend, ernst und feierlich durch den Wald; der Meute Laut erklang nicht mehr, der Schrei der Jäger war verstummt, der Hain dem heiligen Schweigen zurückgegeben und dem geheimnisvollen Rauschen seiner Blätter. Versprengte Jäger und irrende Hunde eilten nach der Stelle hin, von wo aus das Signal erklang. Die Hunde durften eine Zeit am Hirsche zausen, dann wurden sie angeleint. Dem Besuchknecht, der den Hirsch bestätigt hatte, fiel das Amt auch zu, ihn zu zerlegen. Bevor er an die eigentliche Arbeit ging, trennte er den rechten Vorderlauf am Kniegelenke ab und überreichte ihn dem Grundherrn, indem er in die Knie halb zusammenknickte; diese Untertänigkeitssymbole schleppten sich noch lange hin, bis endlich die französische Revolution den alten Plunderkram beiseite warf. Nach dieser feierlichen Zeremonie fing die Arbeit an.

Es wurde ein grünes Lager von Laub und Zweigen auf dem Boden ausgebreitet, der Hirsch darauf gehoben, auf den Rücken gedreht, der Kopf zurückgebogen und das Geweih flach auf den Boden gelegt, so daß Hals und Schultern darin ruhten. Sodann ward eine hölzerne Astgabel zurecht geschnitten, die mit ihrem Stil etwa eine halbe Manneshöhe hatte und dazu bestimmt war, diejenigen Teile des Hirsches aufzunehmen, die dem Grundherrn vorbehalten waren. Vor dem Zerwirken wurden die Geschlechtsteile ausgelöst und als erster Leckerbissen an die Gabel gehängt. Dann wurde die Haut von der Gurgel ausgehend über den Bauch hinweg bis zum After aufgeschnitten, an den Keulen und den Vorderläufen abgetrennt und in der Art abgelöst, daß Geweih, Gehöre, Wedel und Ziemer an ihr sitzen blieben.

Nach diesem ersten Akt der Vorstellung hatte der Jäger einzuhalten und einen starken Trunk zu tun, weil ohne dieses Mittel das Wildbret sich unmöglich halten konnte und unmittelbar zur Fäulnis überging. Man sieht, daß die Priesterschaft der grünen Farbe ebensogut wie die der schwarzen durch Aberglauben sich ihr Recht zu wahren wußte.

Der Grundherr ließ sich gern die besten Bissen frisch auf einer Kohlenpfanne rösten und hatte nach der Vorschrift gleichfalls einen Trunk zu tun, zu essen, zu lachen, fröhlich und guter Dinge zu sein. Die Hunde, welche sich bei der Jagd besonders ausgezeichnet hatten, wurden herbeigeführt und ihm vorgestellt; sie wurden belobt und dadurch ausgezeichnet, daß sie dem Zerlegen des Hirsches beiwohnen und in Muße es sich betrachten durften.

Das wichtige Geschäft ward nun in der Art eingeleitet, daß die Haut zu beiden Seiten niedergeklappt ward und auf das grüne Laub gebreitet. Dann wurde der Lecker für die Gabel ausgeschnitten, zwei Knöpfe (**neuds**, Wirbel?) zwischen Hals und Schultern, sowie zwei andere an den Flanken wurden ausgelöst und fanden gleichfalls ihren Weg zur Gabel. Das rechte Blatt gehörte dem zerlegenden Besuchknecht, das linke der gesamten Jägerei. Die Brust fiel an den Jägermeister, der erste Teil des Halses aber fiel noch dem Besuchknecht zu. Der Hirsch ward ausgeworfen, die Schlagader des Herzens und der Mastdarm wurden ausgelöst; der letztere wurde umgekehrt, gesäubert und mit der Schlagader an die Gabel gehängt. Auch die Keulen und der Ziemer, der inzwischen von der Haut jedenfalls abgelöst worden war, gehörten dem Grundherrn, während aus dem hinteren Rücken noch drei Wirbel an den Jägermeister fielen. Der Hals gehörte dem Jägerburschen, der die Meute unter sich hatte, die Seiten gehörten dem Grundherrn, und das Rückgrat wurde endlich dem Besuchknecht überlassen [1]). Auch Fouilloux spricht noch von dem os corbin, dem Rabenbein, das Jobin mit Ruckbein übersetzt und das wohl zweifellos mit dem Becken identisch war [2]). Es scheint, daß die drei Wirbel, die neben dem Ziemer für den Jägermeister ausgelöst wurden, in dem os corbin gesessen haben.

Wie urwüchsig noch die deutsche Jägersprache war, kann man daraus entnehmen, daß Jobin, der sich berühmt, den Fouilloux „in gut Weidmännisch Teutsch" zu übertragen, bei den Keulen immer den gleichen Ausdruck anwendet, den Götz für den kaiserlichen Hauptmann wählte, und den er aus dem Burgfenster bat, ihm zu bestellen.

Die Leithunde waren beim Zerlegen immer anwesend. Der zerlegende Besuchknecht gab nach getaner Arbeit seinem Hund das Herz des Hirsches, dann nahm er den Kopf mit dem Geweih und trug ihn vor dem Hunde hin und her, wobei er ihm gute Lehren gab und etwas von dem Kopf abnagen ließ, der dann zum anderen Besuchknecht und so weiter wanderte, wobei jeder Knecht vor seinem Hunde den gleichen Birkhahntanz vollführte und ihm die gleiche Reverenz bewies. Dann stärkten sich ex officio die Besuchknechte mit einem guten Trunk und damit waren sie des Amtes ledig.

Das Anrichten der Mahlzeit für die Hunde war die Aufgabe der anderen Jägerknechte. Fouilloux unterscheidet das warme Frühstück und das kalte; das erste ward den Hunden gleich am warmen Hirsch gegeben, brachte aber wenig in den Magen. Der Hals des Hirsches wurde mit dem Weidner sieben oder acht mal aufgeschlagen und dann die Hunde herangelassen, um den warmen Schweiß zu trinken. Das kalte Frühstück war reeller und ward zu Hause angerührt aus Brot, Käse, Schweiß und warmer Milch. Dieses Gericht wurde den Hunden auf der aufgedeckten Haut gegeben. In der Mitte lag der abgenagte Hirschkopf wie ein Siegeszeichen. Bevor die Mahlzeit ihren Anfang nahm, ward das gereinigte Gescheide an einen Stock gebunden und von einem Jägerknecht etwa hundert Schritte abseits weggetragen. Der Grundherr blies nun die Curée, in welche die Jäger einstimmten. Ein Jägerknecht stand drohend mit zwei Ruten vor der Haut, wie der Engel mit dem flammenden Schwerte vor dem Paradies, und hielt die Hunde

---

[1]) Fouilloux, venerie, 1573. 69.

[2]) Über das Rabenbein vgl. Bd. I, 233.

von dem leckern Mahl zurück, bis der Grundherr ihm das Zeichen gab, worauf ein Wettkampf im Schlingen und im Schlucken sich erhob, daß einem angst und bange werden konnte. Ehe aber der Tisch gesäubert war, erschallte von dem Jägerknecht, der abseits stand mit dem Gescheide, das Signal „die Sicht" und mit dem Rufe Ty-ha Hillaud! rief er die Meute hin zu sich, die von den anderen Jägern nun an der Fortsetzung des leckeren Mahls gehindert wurde. Der einzelne Jäger zeigte den Hunden das Gescheide, das Forhu, und wenn die Hunde bellend und springend ihn umgaben, dann warf er das Forhu in weitem Bogen über sie hinaus. Im Anschluß daran ward die Mahlzeit auf der Haut beendet, die Hunde wurden in das Jägerhaus gebracht und die Jägerei noch einmal zusammengerufen zu einem Schlußakkord, dem „guten starcken Gesellentrunck" [1]).

Die deutsche Jagd auf Sauen zerlegt Colerus in den Anstand bei der Suhle, in das Aufjagen mit Hunden (Streifhatze) und in die Jagd mit Netzen (Jagen am Zeug), die bei Hofe üblich war. Bei der zweiten Jagdart äußert Colerus sich wie folgt: „Die zweite Jagd ist etwas gefährlicher; wenn man ein Schwein mit Hunden überholt und erzürnet, so läufft's stracks auf den nehesten Menschen ein, den es nur antrifft". Folgt dann die Beschreibung des Schweinspießes (Schweinfeder), der einen beinernen Knebel haben soll, und der Rat, sich auf den Bauch zu werfen, wenn der Stich mißglücken sollte[2]). Bei der Sau nutzt das nicht, sie „beißt ihn doch" und macht „ihm auff dem Rucken ein Hoffrecht mit den Füßen, das ihm nicht wohl gefällt." Darum sollen stets mehrere Jäger beisammen sein. Hat einer fehlgestochen, wirft er sich auf den Bauch, der andere reizt das Schwein und lenkt es ab, indes der erste wieder auffspringt und dem Schwein nun seinerseits „den stich bietet". Wieviel Hunde und welche Art von Hunden hierbei angehetzt wurden, sagt Colerus nicht; es ist aber klar, daß diese Art von Jagd in eine regelrechte Hetzjagd übergehen konnte. Wagner verweist auf Feyerabend, um darzutun, daß das Schwein über Land gejagt worden sei. Demgegenüber ist zu betonen, daß Feyerabend keine deutsche Jagd beschreibt, was er von der Art das Schwein zu jagen sagt, ist aus dem Fouilloux

---

[1]) Fouilloux, venerie, 1573. 70.

[2]) Bezüglich des Stechens der Schweine und des Auflaufenlassens vgl. Bd. I, 271—72.

übernommen. Etwas Genaueres über diese zweite Art das Schwein zu jagen, gibt auch Colerus nicht. Es scheint ihm eine Jagdart vorzuschweben, bei welcher ein Holz, in welchem Sauen eingekreist waren, mit Hatzrüden umstellt und durch den Finder abgesucht wurde; kamen die Sauen in die Nähe einer Hatze, dann wurden sie gedeckt und abgefangen. Es fällt nicht schwer, unter dieser zweiten Jagdart des Colerus die uralte Streifhatze zu erkennen, die auch im 16. Jahrhundert schon Streif- oder Sprengjagen genannt wurde[1]).

Der eigentliche Unterschied zwischen der zweiten und dritten Art das Schwein zu jagen, die Colerus auseinanderhält, bestand in der Anwendung von Netzen und Treibern. Es handelt sich bei der dritten Art um ein „Jagen am Zeug", um dieselbe Jagdart, die auch im Mittelalter schon geübt wurde und vom Verfasser des Roy Modus im Anfang des 14. Jahrhunderts beschrieben wurde[2]). Nur hatte man damals Hecken statt der Netze. Um das eingekreiste oder bestätigte Schwarzwild wurden in aller Stille Netze aufgestellt, soweit sie reichten, und der Rest des Kreises ward durch eine Treiberwehr geschlossen. Vor dem Netz waren Schirme aufgestellt für den Jagdherrn und einige Hatzen. Colerus will „Spürhunde"[3]) ins Treiben lassen, um die Schweine aufzujagen und ins Netz zu bringen. „Als denn sticht man sie." Wenn ein Schwein im Treiben sich den Hunden stellte, eilten die Jäger herbei mit ihren Spießen. „Auff einer solchen Jagd kommen oft viel Hunde umb, so spinnen die Jäger auch nicht Seide darbei, sie müssen oft große Gefahr ausstehen." Colerus empfiehlt dann gegen den Angriff des Schweins ein Amulet aus den Scheren und Füßen der Krebse!

Waren die Schweine durch die Spürhunde oder Finder rege gemacht, dann pflegte man schwere Hunde anzuhetzen, die sie in die Netze treiben oder derartig decken sollten, daß der Jäger dem Schwein den Fang geben konnte. Beliebt waren sogenannte englische Hunde, namentlich beim Schirm, die Colerus als schnell und stark berühmt und die zweifellos die Vorfahren unserer deutschen Dogge gewesen sind. Diese teueren Hunde, die damals vorwiegend an den Höfen gezüchtet wurden

---

[1]) Über die Streifhatze im Altertum und Mittelalter vgl. Bd. I, 39 f., 272. Vgl. auch im nächsten Kapitel Streifjagen, Streifhatze.

[2]) Vgl. Bd. I, 237—39.

[3]) Unter Spürhunden versteht Colerus jagende Hunde, Bracken, canes vestigatores. 582.

und wohl vom englischen Mastiff stammten, waren aber zu kostbar, um sie in großen Mengen zu verwenden in einem Kampf, bei dem „oft viele Hunde umbkamen"; am Schirm in der Nähe des Landesherrn waren sie zur Hand als seine Leibhunde, um auf seinen Wunsch ein Schwein zu decken, im eigentlichen Jagen aber mußten andere Hunde die Arbeit tun, die Plebs unter den Hunden, die „Schafrüden oder Bawersrehkel, Ketten- oder Forbergshunde", meistens wohl die Vorfahren unserer deutschen Schäferhunde. Aus diesen Hunden waren die meisten Hetzen zusammengestellt. Jede Hetze umfaßte in Württemberg 10—16 Hunde, und die Zahl der für diesen Zweck verfügbar gehaltenen Hunde belief sich auf 6—800 Stück[1]). Herzog Julius von Braunschweig erschien 1592 zur Sauhatz an der Oberweser mit nicht weniger als 600 Hunden, die als Jagdhunde, Saurüden oder Hatzhunde, Saufinder oder Saubeller, auch als Treff- oder Bellrüden bezeichnet sind[2]).

Es war schwer, die vielen Hunde für diese blutige Art von Jagd zusammenzubringen. In der Abtei Hersfeld wurden 1510 die Schäfer verpflichtet, jährlich je einen Hund zu stellen. Philipp der Bigamist verordnete, daß jeder Untertan, „so Schafe und einen Pferch hat", alljährlich einen Rüden vorzuhalten habe. Im Weigerungsfalle sollte ihm das Recht zur Schäferei genommen werden[3]). So wurden Kulturfragen dem fürstlichen Vergnügen untergeordnet. Ein Schäfer in Niederhessen mußte 1567 mit fünf Hammeln büßen, weil er, offenbar nicht in böser Absicht, keinen geeigneten Rüden hatte. Landgraf Moritz schickte einen Jägerknecht alljährlich auf die Suche nach brauchbaren Hunden, der Vollmacht hatte zu nehmen, was ihm gefiel. Was würden heute die Besitzer der Doggen, Bernhardiner, deutschen Schäferhunde und Barsois wohl sagen, wenn ein Schutzmann auf dem Hof erschiene und ihre Hunde ohne weiteres und selbstverständlich ohne Bezahlung abführen ließe zum Fressen für die Schweine[4]) ? Im Jahre 1613 brachte man in Hessen-Kassel nur 160 Hunde zusammen, und diese reichten für

---

[1]) v. Wagner, Jagdwesen in Württemberg 1876, 307—10.

[2]) Landau, Beiträge, 99. Wenn man diese Zahlen liest, dann wird auch die große Zahl von Hunden begreiflich, die im Mittelalter gehalten wurden. Vgl. I, 316.

[3]) Ebenda, 176—77.

[4]) Der jägerische Ausdruck für das Verwunden oder Töten eines Hundes durch den Keiler hieß „fressen".

den Zweck nicht aus. Man konnte den jährlichen Bedarf auf 200 Hunde setzen, und Hessen-Kassel war ein kleines Land, seine Fläche betrug nicht den hundertsten Teil des Deutschen Reiches. Ohne Übertreibung kann die Zahl der Rüden, die im Deutschen Reich alljährlich den Saujagden zum Opfer fielen, auf zwanzig tausend Stück bemessen werden.

Wagner sagt, daß die Treiberwehr bei der Saujagd nicht vorrückte, den Bezirk also nur umschloß und absperrte. Das mag für Württemberg zutreffen, im allgemeinen aber kaum. Roy Modus ließ im 14. Jahrhundert die Treiberwehr vorrücken mit möglichst großem Lärm. Auch sonst ersehen wir, daß die Bauern mitten im Jagen waren. Landgraf Wilhelm schrieb am Ende des 16. Jahrhunderts: „Wir wollen Eure Liebden nicht verhalten, daß wir itzo allhier ein schreinden blutigen Kriegk mit den wilden Sauen führen. Dann wir deren uff dreien Jachtenn 413 erlegt, wiewohl sie sich, das wir ihnen nachgeben müssen, redlich gewähret, haben Fürsten und vom Adel, darundter große Rittmeister, die vor Mastricht ihre Pferde unbeschedigt daruome gepracht, die Pferde auch eglicher vom Adel, Jäger und Bauren selbst geschlagen und mit Geulen und anderenn uberhaufenn gelauffen, auch den Bauern, so uff Beume entfliehen wollen, nachgesprungen, bey den Füßen erwischt und widder herabgezogenn, doch seinde unsere englische Rüdden biß anhero, noch Gottlob zimblich ledig ausgangen." Das war die Hauptsache. „Was nur weiter darauff eruolgtt, sollen Eure Liebden von uns freundlich verstendigt werden, wir haben Eure Liebden offt darbey gewunschett, das sie den Lusten auch mit hetten mögen ansehen"[1]). Man sieht, welche wilden Instinkte damals auf der Jagd sich zu befriedigen begehrten und Lust empfanden an diesem „blutigen Kriegk"; ebenso sieht man, daß die Fürsten und die Herren vom Adel ihren fürstlichen und adligen Leib auf ihren Gäulen sicherten, während Jägerknechte und Bauern ihre Haut zu Markte trugen. Das sittliche Empfinden und die mehr oder weniger feine Reaktionsfähigkeit der kombinierenden Nervenzentren lassen sich immer in den mannigfaltigsten Erscheinungen verfolgen, ihre Unvollkommenheiten zeigen sich in der Wut der Religion, in der Grausamkeit des Rechts, im Zynismus des häuslichen Lebens, in der Roheit des Krieges und in den wilden Instinkten der Jagd. Dieselben Menschen, welche „einen Lusten" empfanden bei der Schläch-

[1]) Landau, Beiträge, 87.

terei treuer Pferde und Hunde und bei der Gefahr der Bauern, töteten und verbrannten Menschen, weil sie nur an die Bibel glauben wollten und nicht auch an die Überlieferung, sie setzten Rad und Galgen auf einen Eingriff in ihre rohen Vergnügungsrechte auf der Jagd, sie vergnügten sich an zotigen Briefen[1]) und brannten im Kriege unschuldige Dörfer nieder aus hochfürstlichem Übermut.

Da das Wild in Unmenge gehegt wurde, um den Lusten nicht ausgehen zu lassen, mußten auch die Strecken recht erklecklich sein. Landgraf Philipp von Hessen erlegte im Jahre 1561 auf den Jagden, auf denen er persönlich anwesend war, 1714 Sauen! Der Reinhardtswald lieferte im Jahre 1563 allein 1072 Sauen, darunter 106 hauende Schweine. Landgraf Wilhelm fing 1584 in einem einzigen Jagen am Knottenberge im Reinhardtswald 133 Sauen! Man denke an „das Stechen" dieser Massen in den Netzen, das in eine Metzelei der schlimmsten Art überging, aber immer unter dem Namen Jagd passierte und den Herren „einen Lusten" machte. Es unterliegt keinem Zweifel, daß auf den Schwarzwildjagden die Jäger persönlichen Mut, auch Kraft und Geschicklichkeit entfalten konnten, wenn sie es nicht vorzogen, ihre Glieder im Schirm zu sichern[2]).

Die französische Jagd vermag uns bezüglich der Sauen viel Neues nicht zu bieten. Fouilloux will das Schwein nicht von spürenden Hunden gejagt wissen, er zählt es nicht zur venerie. Das Schwein ist das eigentliche Wild der Rüden, weil es sich nicht gern hetzen läßt und lieber dem Gewehr vertraut und sich den Hunden stellt. Eine gute Meute ist zu schade für den Keiler. Fouilloux hat es erlebt, daß von einer solchen

---

[1]) Friedländer sagt in seiner Sittengeschichte: „Leibniz sandte ein ekelhaftes Gedicht Hoffmannswaldaus an die verwittwete Kurfürstin Sophie (Mutter des ersten Königs von Preußen); dieselbe ließ es abschreiben für die verwittwete Herzogin von Orléans. Alles war entzückt über die amoureusen Verse." Man vgl. ferner den Briefwechsel zwischen dem Kurfürsten von Brandenburg-Anspach und seiner Frau bei Steinhausen, Deutsche Privatbriefe des Mittelalters 1899. I. 139 f.

[2]) Der Platz vor dem Netz führte den Namen Bockstall; dort pflegten die Württemberger Herzöge mit ihren Leib- und Kammerhatzen Aufstellung zu nehmen. v. Wagner, Jagdwesen in Württemberg, 304 f. Der Landgraf Wilhelm V. von Kassel erzählt nach Landau in seinem Tagebuche, daß er am 12. Mai 1628 mit dem Kaiser auf die Jagd gezogen war; er stieß dabei auf eine Sau. „Das Schwein, meinte ich, wehre nuhr eine zweijährige Sauw, wollte also eine Bravade thuen, und mit dem Degen fangen, lieffen auch etliche Florentiner mit mir hinauß, als ich aber bald bei ihr war, sahe ich erst,

Meute, die aus fünfzig Hunden bestand, an verschiedenen Orten sechs und sieben Hunde kampfunfähig wurden, und daß am Ende nur zehn Hunde gesund ins Jägerhaus zurückkamen. Auch ist eine Meute, die auf Sauen eingejagt ist, für anderes Wild nicht mehr zu brauchen, da sie gewohnt ist, stets am Wild zu jagen und starke Witterung verlangt. Wer also Hirsch und Reh und Hase jagen will, darf seine Hunde nicht an Sauen bringen. Es kann nicht geraten werden, einen Keiler zu hetzen, der erst im dritten Jahre steht, derselbe hält auf der Flucht länger aus als ein Hirsch von sechs Enden. Im vierten Jahre dagegen ist der Keiler jagdbar wie der Hirsch von zehn Enden, obschon er länger ausdauert. Bei einem Schwein, das nicht zu grimmig ist, genügen acht bis zehn Hunde, die anderen können auf die Relais und auf die Wechsel gelegt werden. Stellt sich das Schwein, dann bilden die Jäger einen halben Kreis und rücken geschlossen vor, ein jeder mit dem Spieß in Auslage, zum Stich bereit. Da kann es dann nicht fehlen, daß nicht einem von ihnen der Stich gelingen sollte. Wenn der Keiler vor den Hunden flüchtet, macht er keine Widergänge, auch ist er meist so schwerfällig, daß die Hunde beständig an ihm bleiben. Ist der Jäger beritten, soll er dem Schwein den Stich auf der abgewandten Seite geben, denn das Schwein

---

daß es ein groß Schwein war, konte gleichwohl Schanden halber nicht zurück, sondern mußte stehen, die Florentiner aber rissen wieder aus, liefen gleich hinter mich; also hetzten Ihre Majestät Hund zu, daß ich es fing mit meinem Degen; wie ich nun meinen Degen auszog und sie sahen, daß er voll Schweiß war, merkten sie wohl, sie mußte nicht mehr können und fielen haufenweise mit ihren Wehren zu auf's Schwein." Merkwürdig, diese Falstaffluft, den todten Percy zu kitzeln, berichtet auch Ovid in seiner Erzählung vom kalydonischen Eber! Sie scheint typisch zu sein bei feigen Naturen. Vgl. Bd. I, 40.

Eine andere Episode erzählt de la Ferrière, la chasse sous les Valois, Paris 1869 von Franz I. von Frankreich. Dieser König war scharf auf die Weiber und führte den Spottnamen le roi grand nez. Wenn eine Dame ihm gefiel, ihn aber nicht in das Gemach begleiten wollte, in das er sie hineinzukomplimentieren suchte, dann konnte der arme Ehegatte auf das Schlimmste sich gefaßt machen, er wurde wegen der kleinsten Versehen angeklagt, und die findige Justiz legte ihm auf höheren Befehl den Kopf vor seine Füße. Der König ließ nicht nach in seinem Grimm, sofern die Gattin nicht den Gatten auslöste. Aber der Kerl hatte Courage! Bei einem Tierkampf, den er zur Unterhaltung der Damenwelt in einem Schloßhof ins Werk gesetzt hatte, stürmte ein wütender Keiler die Galerien und nahm direkt den König an. Fünf oder sechs Edelleute wollten sich dazwischen werfen, der König litt es nicht, zog den Degen und ließ den Keiler glücklich auflaufen.

wendet sich dahin, wo es den Schmerz verspürt. Um das Pferd zu schützen, hängt der Jäger seinen Mantel dem Pferde vor die Beine, und dann kann er dreist dem Schwein zu Leibe gehen[1]).

In der Jagd auf die Sau war insofern eine Verfeinerung vom Mittelalter bis zum 16. Jahrhundert eingetreten, als das Mittelalter immer die Bracke anwandte, um das Schwein zu hetzen, wenigstens auf der Parforce- oder regelrechten Hetzjagd, während Fouilloux die Bracke schonen will, weil sie zu edel ist, zweifellos ein sittlicher Fortschritt. Bei der Streifhatze hatte allerdings auch das Mittelalter schon Rüden und Doggen im Gebrauch[2]).

Die Jagd auf Wölfe war, bezeichnend genug, in Frankreich bis auf Karl VII., dem Adel vorbehalten, während Karl sie nicht nur freigab für alle Einwohner, sondern auch auf den Kopf des Wolfes einen Preis setzte von 20 sols. Wie die Krone einen Oberjägermeister und Oberfalkenmeister zu halten pflegte, so wurde auch die Würde eines Oberwolfmeisters geschaffen, des grand louvetier de France, dem die königlichen Wolfsjäger untergeordnet wurden. Franz I. verwandelte diese Kommissarien in königliche Beamte, aber die Preise für die getöteten Wölfe zahlte dann nicht mehr der Fiskus, sondern die ultima ratio aller Steuerpolitik, der Bauer. Clamorgan hat die Wolfsjagd ausführlich beschrieben[3]); sein Buch ward frühzeitig ins Deutsche übersetzt und ist z. B. der deutschen Ausgabe des Feldbaues von Stephano und Libalto von 1579 beigegeben, ebenso der Übersetzung des Fouilloux von Jobin aus dem Jahre 1590.

Clamorgan erzählt, daß in Frankreich 200 000 chiens courants vorhanden seien, die alle nicht einen Wolf aus einer Hölzung bringen könnten, was er mit einem einzigen seiner Hunde zu leisten sich getraue. Die anderen Hunde waren auf den Wolf nicht abgeführt, und ein Hund, der den Wolf nicht kennt, zieht sich zurück, sobald er ihn bemerkt, und kommt mit gesträubter Rückenmähne zum Jäger wieder hin. Oft beißt der Wolf die ungeübten Hunde auch zuschanden, während Clamorgan nicht einen Hund verloren hat in den fünfzig Jahren, da er mit Isegrim

[1]) Über das Stechen des Schweines vgl. Bd. I, 271—72.

[2]) Bd. I, 270 Anm. und 272.

[3]) **La chasse du Loup, nécessaire à la maison rustique par Jean de Clamorgan, réimprimé sur l'édition de 1583 avec une notice et des notes par Ernest Jullien.** Paris 1881.

in Fehde lag. Die Hunde sollen an jungen Wölfen gearbeitet werden, oder an einem alten Wolfe, den man am Luderplatz zuvor verwundet hat.

Clamorgan will den Wolf vorsuchen und bestätigen wie den Hirsch, wenngleich kein Ansprechen nach Alter und nach Stärke stattfand und nur festzustellen war, ob und wieviel Wölfe in einem Waldteil steckten. Wenn er im Kreise des Landadels von der Vorsuche mit einem Leithund sprach, ward er gewöhnlich ausgelacht, man rief ihm zu, es gäbe keinen Leithund für den Wolf. Jeder Hund war dazu auch nicht zu brauchen; es kam auf individuelle Fähigkeiten an, man mußte versuchen, ob der Hund die Fährte des Wolfes annehmen wollte. Zu diesem Zweck wählte der Jäger aus der Meute den kühnsten, muntersten und stärksten der Hunde aus und vermied es sorgfältig, ihn einzuschüchtern. Zog der Hund am Riemen, ward ihm freundlich zugesprochen, geschmeichelt und sogar mit Leckerbissen aufgewartet: „**Ha, ha, tu dis vary, Campagnie. Voile-cy aller!**“, dann ward fortgearbeitet bis zum Lager des Wolfes. Wieder ward dem Hunde dann geschmeichelt und wieder wurde er durch Leckerbissen aufgefrischt. Manche Hunde nahmen allerdings kein Essen an vor Aufregung. Am Lager des Wolfes ward geblasen und gerufen. Solche abgeführten Leithunde hatte Clamorgan immer mehrere zur Hand.

Soll nun eine Vorsuche erfolgen, dann erhebt der Jäger sich so früh, daß er bei Tagesanbruch schon am Luder ist. Weiß er, in welchen Waldteil die Wölfe sich zurückzuziehen pflegen, wenn die Nachtmahlzeit beendet ist, dann umzieht er mit dem Hund den Waldbezirk und hält den Hund kurz im Riemen, falls er vor Lautgeben nicht sicher ist; er spürt die ganze Brahme ab, alle Fußwege und Fahrstraßen und verbricht die Fährte jedesmal, wenn der Hund dem Holz sich nähern will. Sind die Wölfe ausgewechselt, wird vorgegriffen und die Arbeit wiederholt. Andere Besuchknechte haben inzwischen in anderer Gegend abgespürt, und alle treffen dann zusammen bei der bekannten **assemblée**.

Das Holz wird rings umstellt mit Bauern, die teils zu Roß und teils zu Fuß mit Lärm und Trommeln den Wolf zurückzuscheuchen haben, wenn er sich beim Jagen blicken läßt. Auch Windhunde werden 30 bis 40 Schritte vom Holz im Umkreise verteilt, um dem etwa durchbrechenden Wolfe nachgehetzt zu werden. Ist das Holz zu ausgedehnt, wird er sogar mit Netzen eingestellt, wobei teils Fallnetze, teils Prellnetze zur Anwendung gelangen. Die Meute muß aus den besten und schnellsten Hunden bestehen; nach einer Stunde angestrengter Jagd ist es empfehlenswert zu wechseln und frische Hunde ranzulassen, damit die ersten Atem schöpfen können. Ist im Walde nicht zu reiten, dann muß der Jäger absteigen; er muß beständig bei den Hunden sein und diese anzufeuern suchen, denn wenn die Hunde nicht von guter Rasse sind, dann wagen sie es nicht, dem Wolf zu nahen, zumal wenn es ein alter ist. Wenn nun der Wolf ermattet und das eingestellte Jagen von Fährten so durchzogen ist, daß die Hunde diese Runenschrift nicht mehr enträtseln können, dann jagen sie nach dem Auge, und wenn dann frische Relais eingreifen, dann hat man nach Clamorgan eine der prächtigsten Jagden, die man sehen kann. Er hat viele Wölfe par force gejagt, von denen einige acht Stunden erfordert haben; ein Wolf, der öfter trinken konnte, hielt zehn Stunden aus, andere Wölfe hat er verloren, weil die Nacht einbrach. Drei Dinge muß der Krieger lernen: den Angriff von der Dogge, die Flucht vom Wolf und die Verteidigung vom Schwein. Clamorgan behauptet, daß nach einer Fehljagd die Wölfe am andern Morgen in das bejagte Holz zurückkämen, um sich zu sammeln, am Tage darauf aber für lange Zeit verschwunden wären.

Was uns Clamorgan hier bietet, ist eine Wolfsjagd in der gleichen Art, wie sie Foix im Mittelalter schon betrieb und in keiner Weise verschieden von der Art, wie man in Deutschland den Hirsch zu jagen pflegte, ein Hetzen des eingekreisten Wildes in einem eingeschlossenen Bezirk: „die Jagd am Zeug". Fouilloux hatte also recht, wenn er in der venerie die Wolfsjagd nicht beschrieb. Clamorgan widmet sein Buch dem König Karl IX., dem grausigen Helden der Bartholomäusnacht, einem der wütendsten Hetzer seiner Zeit; er schmeichelt ihm, daß er besondere Lust zur Wolfsjagd habe, durch welche fürstliche Personen sich und dero Pferde abrichten könnten, daß sie nachher zu Ritterspielen zu gebrauchen seien, und außerdem die Landschaft von dem bösen Feind gesäubert werde, der dem Jäger wie dem Bauern schade, zu Zeiten sogar Menschen niederreiße, was natürlich alles wegen unserer Sünde sich vollzieht, denn wir halten nicht die göttlichen Gebote.

Die Hetzjagd auf den Hasen wurde vom deutschen Adel mit Windhunden geübt. Der Jäger war beritten und hatte zwei Hunde an der Leine. Er ritt den Acker auf und nieder, um einen Hasen im Lager aufzufinden. „So bald man einen ansichtig wird, so wirft man sich mit dem Klöpper oder Jagdrosse herumb, lest die Winde los und helt ein geschrey, dadurch die Winde an den Hasen gehetzt und gebracht werden"[1]). Zuweilen wurde eine Vorlage eingerichtet, ein Jäger mit zwei Hunden an einem Orte aufgestellt, dem sich die Jagd vermutlich nähern mußte; dieser hetzte dem Hasen dann entgegen und gewöhnlich mit gutem Resultat. Zweckmäßig war es, einen Retter unter den Hunden zu haben, der die anderen abbiß, wenn sie den Hasen nach dem Fangen eiligst auffressen wollten, auch gab es solche unter ihnen, die dem Herrn den Hasen überbrachten[2]). Colerus sagt, im langen Roggen ließen die Hunde wohl den Hasen laufen, aber in der Gerste, wenn sie noch grün war und nicht gar zu lang, erreichten sie ihn ziemlich sicher. Die Jagd ging also durch das grünende Getreide, unbekümmert um des Bauern Fleiß; in der Zeit der Markgenossen war das Betreten des keimenden Getreides streng verpönt gewesen[3]); je mächtiger aber der Grundadel über den Bauer sich erhob, desto rücksichtsloser ward die Jagd getrieben. Es wurden auch die Holzungen mit Netzen abgestellt, „Spürhunde" losgelassen und die Hasen in die Netze reingejagt. Dort standen Posten, sie schlugen in die Hände, wenn der Hase dicht am Netze war, und schreckten ihn auf die Art ins Verderben.

Die französischen Jagdschriftsteller erwähnen die Jagd mit Windhunden fast gar nicht, diese war nicht beliebt, nicht weidmännisch genug; sie bevorzugten die Jagd mit spürenden Hunden, die allerdings entschieden feiner war. Die Anwendung von Netzen war für den echten Hasenjäger ausgeschlossen. Fouilloux gibt eine eingehende Beschreibung der Hasenjagd, aber ich muß darauf verzichten, den Leser mit ihr bekannt zu machen, weil es mir an Raum gebricht. Er lehnt sich an an Foix. Ich möchte aber nicht die Hetzjagd schließen, ohne den Abt von Mortemer noch vorgestellt zu haben, einen Herrn du Bec, der gegen die Hugenotten gefochten hatte und als Sprößling des alten normännischen Adels mit einer Pfründe versorgt wurde, mit der Abtei Mortemer, die in einem engen wilden Tal gelegen war im Arrondissement Audelys. Du Bec hat eine kleine Abhandlung geschrieben über den Hasen und den Hund, die trotz des vielen Ballastes von Traumgebilden über den Einfluß von Farben und vom

[1]) Colerus, libri oeconomici, 588.

[2]) Ebenda.

[3]) Vgl. Bd. I, 13. 14.

Haar der Hunde einen gesunden Kern enthält[1]). Das Werk erschien im Jahre 1578.

Er gibt zunächst einen Vortrag über den Einfluß der Winde und des Bodens auf die Witterung der Hunde; er rühmt die Freude, welche die Jagd mit spürenden Hunden gerade auf dem Felde bietet, weil man die Hunde übersehen und auf ihre Schnelligkeit und das Zusammenjagen prüfen kann. Hier findet der Jäger Gelegenheit, die langsamen Hunde auszuscheiden, denn wenn eine Meute geschlossen jagen soll, muß die Schnelligkeit bei allen Hunden wenigstens annähernd die gleiche sein. Wenn 14 oder 15 Hunde beisammen sind und ein Fehler unterläuft, weil vielleicht der Hase eine List gebraucht hat, so ist kaum anzunehmen, daß nicht einer von den Hunden die Fährte wiederfinden sollte. Auch ist das geschlossene Jagen von zehn Hunden schöner als das zerstreute von zwanzig, die einer nach dem andern kommen. Zwei Anforderungen muß eine eingejagte Meute erfüllen, sie muß geschlossen jagen und muß leicht zu lenken sein. Der Jäger darf nicht viel schreien oder hornen, sonst halten die Hunde die Nase hoch und spüren nicht, er muß durch Zureden sich verständlich machen. Gerade beim Hasen kommt es an auf eine feine Lenkbarkeit der Meute, weil der kleine Kerl viel Widergänge macht und eine große Zahl von Listen anwendet. Das war ja auch der Grund, weshalb die Hasenjagd als gute Vorschule für die Hirschjagd galt.

Die Hasenjagd macht aber mehr Freude als die Hirschjagd, denn man sieht die Hunde besser, auch halten sie mehr zusammen. Wenn der Hirsch über offenes Land hinflüchtet, zerstreuen sich die Hunde so, daß nur das halbe Läuten hörbar ist, während bei einem Hasen, der sich immer wieder drückt und hochmachen läßt, die Hunde beisammenbleiben und ihr Laut voll und geschlossen klingt. Die Hasenmeute kann auf 12—16 Hunde steigen, die auf den Hirsch dagegen pflegt der Jäger auf 9—13 Hunde zu beschränken, da der Rest auf die Relais gegeben wird. Wenn dann beim Tode des Hirsches wirklich drei oder vier Hunde zur Stelle sind, kann man zufrieden sein; beim Tod des Hasen aber sind die Hunde alle da! „Du siehst ihn hundert mal aufjagen, du erkennst an den alten Hunden eine Überlegungsgabe im Spüren und Vorgreifen, eine Kunst, die verlorene Spur wiederzufinden, die sich nur

[1]) Discours de l'antagonie du chien et du lièvre par Jehan du Bec. Cabinet de Vénerie, publié par E. Jullien et Paul Lacroix. Paris 1880.

durch Schlüsse und Syllogismen erklären läßt, die ebenso vortrefflich sind, wie die eines Aristoteles. Der Hund sagt sich ganz genau: „ich habe ringsum vorgegriffen, er ist nicht hinaus, folglich muß er drinstecken!" So wunderbar die Kunst der Hasen ist, so wunderbar ist es zu sehen, wenn ein Tier mit soviel Weisheit die Hin- und Widerfährten auseinanderwirrt, die dieses kleine Tier beschreibt, wenn es seine Kunst anwendet, um sein Leben zu erretten. Der Abt von Mortemer hat sich den echten jägerischen Geist bewahrt, der im Mittelalter Herz und Sinne erfreute: die Hunde arbeiten zu sehen in ihrer Lust und ihrem Eifer, das war das Entzücken der alten Jägerei im 12.—14. Jahrhundert in Frankreich wie in Deutschland, das war die Jagd der altfranzösischen Romane, die Jagd der Roy Modus, der Foix, der York, der Vigne, der Gottfried, der Laber, der Jagd der Minne und der ganzen Ritterzeit.

Der Hase hat die Art, sobald er aufgejagt ist, wieder sich zu drücken, oft flüchtet er keine hundert Schritt. Sind die Hunde vorübergejagt, eilt er wieder seiner alten Stelle zu. Am besten ist es, wenn die Hunde den Hasen bei der Anjagd gar nicht sehen, sonst werden sie zu hitzig. Oft muß der Jäger absteigen und den Hunden suchen helfen, dann sind sie eifriger, namentlich wenn sich die Jagd dem Ende naht. Er muß sie beim Namen nennen, sich an die sicheren alten Hunde wenden, auch wenn diese gern am Bügel bleiben. Gelingt es, das Interesse dieser alten Herren wachzurufen, dann ist der Tod des Hasen nicht mehr fern. Der Abt hatte eine alte Hündin, die ihm nicht vom Bügel ging, es sei denn, daß sie den Hasen ermatten sah, dann aber überwand sie die Künste des Hasen alle. Die anderen Hunde hatten unbedingt zu ihr Vertrauen. Dagegen kann „der Lügner" gern laut sein, um seinetwillen heben die anderen Hunde nicht die Nase hoch. Nach einer Jagd von einer bis zwei Stunden muß man den Hunden helfen; um diese Zeit macht der Hase oft einen Absprung von 10 bis 12 Fuß Weite und begibt sich unter Wind. Er bietet oft den Wechsel[1]); diesen hat der Abt die alte Hündin meiden sehen, wie es denn oft vorkommt, daß die Hunde ihn beachten lernen, zumal im Walde, wo der Mensch nicht helfen kann[2]). Wie reizend hat der Abt das Zusammenarbeiten von Jäger und von Hund dem Leser vorgeführt, wie anschaulich beschrieben!

---

[1]) D. h. er drückt sich, wenn er sieht, daß ein anderer Hase flüchtig wird.

[2]) Soll wohl nur vom Hasen verstanden sein.

Die Technik des Jagens ist die gleiche wie bei Foix[1]): ist die Fährte verloren, muß man vorgreifen, und hilft das nicht, sucht man die Wege ab. Geben auch die Wege nicht die Fährte wieder, muß die eingekreiste Stelle noch einmal und gründlicher abgesucht werden. Geduld gehört zu dieser Jagd, wenn man Vergnügen haben will. Der gefangene Hase wird gestreift und ganz und warm den Hunden vorgeworfen, nur der Kopf wird für die jungen Hunde aufbewahrt. Der jagende Hund will sein Genießen haben: „le chien courant entre tous les chiens chasse pour manger". Das tut der Mensch gewöhnlich auch, aber er macht etwas mehr Hokus-Pokus dabei, er spickt und brät und segnet erst die tote Kreatur, ehe er sie in der Stampfmühle seiner Zähne zermalmt; die Wut der Hunde beim Zerreißen und Verschlingen gab auch der Hetzjagd neben der Angst des Wildes etwas Grausiges, ob Hunde jagten oder Wölfe, war für das Wild von keinem Unterschied[2]). Neben dieser Wolfsnatur zeigte sich auch die menschliche Natur von ihrer Raubtierseite, und wie weit der Mensch sich auch einbilden mag, auf der Kulturleiter emporgeklettert zu sein und die ursprünglichen Instinkte in eine sittliche Zucht genommen zu haben: seine Mitgeschöpfe haben davon wenig Segen, den Silberblick des Tages bildet die lachende Tafel, daran Männlein und Weiblein sich vereinen, um neue Kraft zu schöpfen aus dem Leben ihrer Brüder, die des Fleischers und des Jägers Hand geopfert hat. Das ist der grausige Zug in der Natur, wir steigen um so höher auf der Leiter des sittlichen und geistigen Wertes, je mehr wir Kraft aus unsern Brüdern saugen[3]). Das ist die Schranke, die seinem Werdegang gezogen ist, die Teufelsfratze, die neben dem verzückten Priester grinst, der in der Ekstase entrückt ist aus der Sphäre des Ic-

[1]) Vgl. Bd. I, 274 f.

[2]) Bekannt ist, daß Luther bei einer Hasenjagd durch die Vorstellung bedrückt wurde, daß das Hetzen der Hunde der Verfolgung der Seele durch den Teufel gleiche.

[3]) „So seltsam es klingen mag, anthropophage Völker nehmen, wie die Gegenwart noch zu beobachten gestattet, nicht immer, aber doch in den meisten Fällen eine höhere Stufe ein als ihre Nachbarn. Die Wahrheit ist also, daß Völker, die sich dem Genuß von Menschenfleisch hingeben, durchaus nicht an geistiger Entwicklung gehindert werden, und ebenso gewiß ist, daß jedes anthropophage Volk tapfer und seinen Nachbarn kriegerisch überlegen erscheint. Der Kannibalismus der Ureuropäer zieht daher für letztere keineswegs eine ungünstige Auslegung nach sich." Friedrich von Hellwald, Kulturgeschichte, 1884. I. 68. Vgl. auch Peschel im Ausland 1867. 37. 867.

dischen und die Gottheit scheut, während in seinem Bauche halbverdaute Überreste eines Rehes sich befinden. Hier fußt die alte Parsenlehre, wie der Glaube der Manichäner von einer guten und einer bösen Macht, die sich durchdringen und im Kampfe liegen, hier entsteigt der niederschmetternde Gedanke, dem John Mills edler Geist erlag: „Wenn der Schöpfer der Welt alles kann, was er will, so will er das Elend, diesem Schlusse ist nicht zu entgehen." Hier entspringt eine Quelle des Zweifels, sofern nicht die brutale Sicherheit des Priesters ihn erstickt mit dem kalten Worte, daß Gott die Tiere ja in unsere Hand gegeben. Mögen wir uns aufblasen, so hoch wir wollen, einen Gott und sieben Tagewerke im eigenen Busen fühlen: über diese Klippe kommt kein erschaffener Geist hinaus, daß wir die ärgsten Wölfe sind, die wir in pharisäischem Tugenddünkel das Wild erst zu lieben vorgeben, das wir dann töten zum Vergnügen, das wir dann zu noch größerem Vergnügen gekocht oder gebraten hinab in unsern Magen schlingen und der Göttin der Verdauung opfern. Ich bin kein Vegetarier, aber die alte Lehre der Manichäer hat ihren ewig unantastbaren Grund, um den wir nur herum kommen, wenn wir den Raubtiergeist des eigenen Wesens eingestehen. Ich sage Geist mit gutem Vorbedacht, denn auch der Geist, der sich so gerne göttlich nennt, ernährt sich von dem Leben unserer Brüder, und darum ist er nur ein irdisches Produkt, und ewig bleibt nur die Substanz des Geistes.

Die Schießjagd.

Im 16. Jahrhundert verdrängte die Büchse die Armbrust. Ludwig Wilhelm von Hessen bekannte 1573, daß er seit zwanzig Jahren mit keiner Armbrust mehr geschossen habe. Um das Jahr 1517 war in Nürnberg das Radschloß erfunden worden, welches die Lunte überflüssig machte; die neuen Gewehre wurden als „zielselbzündende und geschraubte Büchsen"[1]), oder Pirschrohre bezeichnet. Gegenüber dem Hetzen und Jagen wurde das Schießen noch allgemein als Pirschen bezeichnet, der Hetzjagd stand die Pirschjagd gegenüber. Im allgemeinen war sie wenig beliebt, sie galt nicht für weidmännisch[2]). Der Pfalzgraf Ludwig beschwerte sich im Jahre 1541 beim Landgrafen

[1]) H. Heß, Der Thüringer Wald in alten Zeiten. Gotha 1898. 47.
[2]) v. Wagner, Die Jagd des großen Wildes. Germania, Wien 1884. 116.

Philipp über das Verfahren von dessen Jägerei im Häuser Walde, in welchem Hessen die Gnadenjagd hatte. Philipp entschuldigte sich, der Pfalzgraf möge nicht glauben, daß es auf seinen Befehl geschehe, wenn „das Waidwerck so bäuerisch, unhöflich und unzeitig gebraucht würde, denn er habe seinen Jägern ausdrücklich befohlen, „in der Hirschfeistenung ein etzlich Hirsch, desgleichen in der Schweinhatz ein etzlich Schwein zu fangen und ganz und gar nichts zu schießen". Landgraf Philipp schrieb einst seinem Bruder zu Rheinfels, er möge auf der Jagd nicht zuviel Wild zu Holz schießen, denn für jedes Stück müsse er „einen Becher weißen Beerweins trinken"[1]).

Trotzdem brach das Pirschen mehr und mehr sich Bahn, weil die Jagdart billiger war, als die mit jagenden Hunden. Zum Jagen am Zeug gehörten in Deutschland mindestens eine Meute Bracken, ein erheblicher Vorrat von Netzen, ein geschultes Jägerpersonal und eine frönende Bauernschaft. In England und Frankreich beliefen sich bei der Hetzjagd die Kosten für das geschulte Personal, für Pferde und Hunde noch höher, wenn auch die Bauernschaft weniger belästigt wurde. Colerus berechnet in Deutschland die Kosten für einen Hirsch auf 20 bis 30 Taler, und es gab Fürsten, die für ihre Hunde jährlich hundert Wispel Roggen brauchten. Rechnet man den Preis des Roggens zu 145 M. für 1000 kg, so ergibt sich ein Geldaufwand von mehr als 13 000 M. pro Jahr nur für die Körnerfütterung der Hunde. Der kleine Jäger, dem nicht eine große Zahl von zinsenden Untertanen den Luxus einer Hetzjagd möglich machte, zog daher die Pirschjagd vor, um so mehr, als der alte Gegenstand der Hetzjagd, das große Wild, ihm ja entzogen wurde. Im ganzen Mittelalter war das Pirschen ein allgemeiner Brauch gewesen; es galt zwar nicht für so weidmännisch wie die Hetzjagd, weil immer die Gefahr vorlag, ein Wild nur zu verwunden und verkümmern zu lassen für die allzeit hungrige Rotte der vierfüßigen Stegreifritter, für die Konkurrenten des Jägers.

Hadamar von Laber urteilte über die Pirschjagd scharf und abfällig[2]). Dieser ablehnende Standpunkt wurde begünstigt durch die zünftige Jägerei, die auf das Hetzen und die Netzjagd eingeschworen war und auf die Reisjäger hochmütig herniederblickte. Die große Jagd war

[1]) Landau, Beiträge, 87—90.
[2]) Vgl. Bd. I, 247—48.

vornehmer, denn sie gehörte dem Landesherrn, und da bei ihm die Kostenfrage keine Rolle spielte, und der Landesherr nur durch die Hetzjagd in Verbindung mit den Netzen in die Lage kam, alles gehegte Wild womöglich selber zu erlegen, galt die Hetz- und Netzjagd für besonders fein. Sie gewährte damals auch den Leuten mehr Vergnügen als die Pirsche, weil der Sinn der Jäger für den intimen Reiz des Waldes noch geschlossen war, und die Hetzjagd für das Auge und das Ohr mehr bunte Bilder gab und laute Töne.

Trotzdem ward auch das Pirschen an manchen Höfen gern geübt. Landgraf Wilhelm von Hessen erlegte im Jahre 1582 durch Pirschen 345 Stück Wild und 307 Stück nur durch Jagen[1]). Herzog Christoph von Württemberg hat 1556 vom 21. April bis zur Brunst 97 Hirsche gepirscht[2]).

Wenn die zünftige Jägerei, zu der ich hier auch die Fürsten rechne, im allgemeinen aber dem Pirschen nicht gerade hold gewesen ist, so galt diese Abneigung der neu erfundenen Feuerbüchse noch in verstärktem Maße. Mit diesem Instrument konnte jeder Pfuscher den stolzen Hirsch umlegen, wo blieb die Kunst des Jägers, wo das Privilegium der gelernten Jägerei, wo blieb der Väter Brauch, die alte Sitte? Wo sonst melodisch der Meute Laut erklang, wo Schrei und Horn das Echo weckten, da dröhnte ein brutaler Knall, und heimlich, aus dem Hintergrunde, auf weite Strecke hingeschossen, lag der Edle da, die Todeswunde in dem Herzen, von eines Bönhasen Hand gefällt. Wenn dieser Brauch aufkam, dann war es mit der Jagd zu Ende, dann ade du edle Weidmannskunst, dann war der Stümper Herr im Walde! Nichts veranschaulicht klarer den Siegeszug der Technik, des Ingeniums über die brutale und unfruchtbare Macht des Grundbesitzes, als die grundumwälzende Gestaltung des Jagdwesens durch die Industrie, durch die Ausbildung der Schußwaffen.

Maximilian I. hatte eine Abneigung gegen den Gebrauch der Feuerbüchse[3]); nur zum Aufjagen des Sumpf- und Wassergeflügels brauchte er sie, wenn er beizen wollte[4]). In erster Linie waren es die

---

[1]) Landau, Beiträge, 252.

[2]) v. Wagner, Jagdwesen, 310—19.

[3]) Das Jagdbuch Kaiser Maximilians I. Innsbruck 1901. Einleitung von Michael Mayr, XII.

[4]) Kaiser Maximilians I. geheimes Jagdbuch. Wien 1858.

Bauern, die Bürger und der kleine Adel, welche die neue Erfindung anwandten. Im Weiß Kunig wird erzählt, daß in Tirol die Steinböcke fast ausgerottet waren, ehe Maximilian sie hegen ließ, denn als die Handbüchsen aufgekommen seien, habe man angefangen, die Steinböcke damit zu schießen, namentlich die Bauern. Von oben her suchte man den Gebrauch der Büchse einzuschränken. Durch die Reisgejaidts-Deklaration von 1524 ward den Gerichtsleuten in Imst in Oesterreich die Jagd auf Gemsen in einzelnen Revieren freigegeben, das Recht, sie mit Schäften auszuwerfen, auch mit Armbrusten zu schießen, aber nicht mit Feuerbüchsen[1]). Auch der Schrotschuß taucht schon auf im 16. Jahrhundert, 1556 wird er zuerst erwähnt. Der österreichische Adel hatte im 15. Jahrhundert Fasan und Rebhuhn nur auf der Beizjagd fahen dürfen; diese Einschränkung hörte auf, die Beize trat zurück und wurde durch den Schrotschuß abgelöst. Schon im Anfang des 16. Jahrhunderts wurden in Württemberg und den Revieren der Freipürsch-Genossenschaften Auerhähne, Reiher, Gänse, Enten trotz des Verbotes viel geschossen. Herzog Friedrich erlegte mit Schrot von 1573 bis 1603 im ganzen 36 Hasen, 48 Füchse, 21 Wildgänse, 1694 Vögel anderer Art. Johann Friedrich erteilte die Erlaubnis zum Gebrauch der Schießwaffen. Die Jägerei verblieb aber bei den alten Anschauungen bis nach der Mitte des 17. Jahrhunderts[2]).

Beim Pirschen auf Hochwild trat der Bluthund in Aktion; er wurde nach dem Schusse gleich gelöst, verfolgte das Wild, und wenn er es eingeholt hatte, suchte er es zu packen und niederzuziehen. Eine besondere Hunderasse war dafür nicht im Gebrauch. Colerus spricht von großen beherzten Rüden, „als die Leithunde oder Bluthunde, die ein stück Wildes, es sey Schwein, Hirsch oder Behr, halten und es nider legen und man seines gefallens schlahen oder stechen kann.“ Es scheint aber, als wenn der Jäger dem Wild auch mit dem Hunde an der Leine folgte, denn an anderer Stelle spricht Colerus wieder von Leit- oder Bluthunden, „die ein verwundet Wild gar leichtlich finden und verrathen können: denn sie spüren seine Fußtritt aus und bringen ihren Führer zu des Wildes Lager[3])“. Immer nennt er Leit- und Bluthunde zusammen,

---

[1]) Das Jagdbuch Kaiser Maximilians I. XXV.

[2]) v. Wagner, Jagdwesen, 357.

[3]) Colerus, 582—83.

so daß man annehmen muß, daß der Leithund damals auch zur Blutarbeit verwendet wurde. Wegen dieser Bestimmung sollte er groß und stark sein, damit er das Wild packen konnte, und er sowohl, als auch die jagenden Hunde im allgemeinen wurden aufgekreuzt mit Windhund- und Doggenblut, und so entstand eine starke Spürhundrasse, wie sie z. B. ein Holzschnitt bei Feyerabend zeigt[1]). Auch die Bilder von den Jagdhunden, die uns Jost Ammon hinterlassen hat, zeigen auffallend große Jagdhunde, die ohne Zweifel aufgekreuzt waren, weil sie Schwein und Hirsch zu jagen, zu stellen und zu packen hatten[2]). Indem man diese schweren Spürhunde später zur Suche für die Rebhühner und zum Apportieren verwendete, sei es auf der Falkenjagd, sei es auf der Netz- oder Pirschjagd, entstand der schwere Typ der deutschen Vorstehhunde, wie er bis in die zweite Hälfte des 19. Jahrhunderts an manchen Orten sich erhalten hat. Colerus empfiehlt, einen Wildschützen zu halten statt der teuren Meute, d. h. lieber das Wild mit Schießen zu erlegen als mit Hetzen. Er schießt den Hasen in der Sasse, den Lauf- und Flugschießen waren mit den schweren Flinten nicht gut ausführbar. Colerus rät dem Jäger, wenn er einen Hasen sitzen sieht, einen Stab in die Erde zu stecken und diesem einen Hut aufzusetzen, nach diesem Geßlerzeichen „sihet er allezeit." Wenn der Hase flüchtig wird, soll der Jäger ruhig warten, denn der Hase kommt bald wieder, dann nachher soll er sich anschleichen und schießen. Den Fuchs, den der Jäger im Felde trifft, soll er anlocken durch Nachahmen der Mäusestimme. Schon dem Herrn Pfarrer ist es aufgefallen, daß es wenig Hunde gibt, „die den Fuchs beissen." Das Geflügel will er „schießen", insonderheit die Gans, die Ente, den Schwan, den Kranich, und zwar im Herbst, denn im Frühling „verbirget sich's, leget Eyer und brütet, so bekömpt man's selten zu Gesicht, wäre auch schade, daß man sie alsdann schiessen solte". Von dieser weidgerechten Anschauung, die vor mehr als 300 Jahren vorgetragen wurde, weicht die deutsche Jägerei noch heute bei der Schnepfe ab. Den Auerhahn springt Colerus an während des „Schreiens", Birkhühner schießt er, wenn sie aufgebaumt sind. Der Bock wurde beim

---

[1]) Feyerabend, Neu Jag- und Waidwerkbuch, 1582. 11.

[2]) Mit dieser Auffassung stimmt die Beschreibung der englischen Bloodhounds überein, die im Jhare 1570 der Engländer Cajus gab. Vgl. Jesse, researches in to the history of the british dog. London 1866. II. 235.

Blatten geschossen, der Wolf auf dem Luderplatz, auch der Bär ward schon geschossen, und zwar mit drei oder vier Kugeln, „die man aneinander bindet". Das Schwein schoß der Jäger des Abends bei der Suhle vom Hochsitz eines Baumes aus.

Fast alles, was der Jäger zur Strecke brachte, wurde auch gegessen, wenn man absieht vom Fuchs und Wolf. „Bärendatschen" und „Luchstatzen" zierten die Tafel. Eichhörnchen hat Colerus Fürsten essen sehen: „Grobe Bawren mögens nicht, sind's auch nicht werth, denn was sollen den Kühen die Moskaten." Was Shakespeare durch den Kaviar aussprach, drückte Colerus durch Moskaten aus. Der Biberschwanz war nach Täntzer eine Delikatesse für große Herren, Katzen wurden nach Hohberg gern verspeist und Singvögel waren ein alltägliches Gericht. Für die feinsten Leckerbissen galten der Krammetsvogel und der Hase. Schon die Römer hatten dem Hasen den Vorzug gegeben vor allem Wild, und Martial erklärt:

Inter aves turdus si quis me judice certet,
Inter quadrupedes gloria prima lepus.

Früher war der Hase von der Tafel der Weidgenossen streng verbannt gewesen, denn im Leviticus sind das fruchtbare geschwisterliche Paar, das Kaninchen und der Hase, für unreine Tiere erklärt, weil sie wiederkäuen und die Klauen nicht spalten[1]). Tatsächlich spalten sie die Klauen und wiederkäuen nicht, aber das konnte nicht den rechten Glauben hindern für eine Priesterschaft, die auf das Wort sich stützte und nicht auf den Sinn. Daher erneuerte der heilige Papst Zacharias in der Zeit des heiligen Bonifatius für seine Herde das Verbot des Hasenessens[2]). Jetzt nun war man längst darüber hinaus gewachsen, zumal die im Fluch des heiligen Vaters liegende Welt, die protestantisch war. Entsetzt über den rücksichtslosen Appetit der Menschheit bricht Francisc Petrarcha in eine Klage aus, die unser Pastor, von dem wir jetzund Abschied nehmen, also trefflich übersetzt:

„Was bringt die köstliche Fresserey
Daß jetzt kein Thier kann bleiben frey
In Lufft, im Wasser und auff der Erd
Damit nur alles gefressen werd."

---

[1]) 3. Mose 11, 5—6.
[2]) Vgl. Bd. I, 96.

b) Das 17. Jahrhundert.

Schon die französischen Schriftsteller des 14. und 16. Jahrhunderts, die Roy Modus, Foix, Fouilloux gedenken des Hundezwingers, sie sprechen vom chenil und chenin des chiens, während im Deutschen des 16. Jahrhunderts das Wort Jägerhaus auftaucht. Der Zwinger der Franzosen soll einen geschlossenen Hof von mindestens achtzig Fuß Seitenlänge haben und von fließendem Wasser durchzogen sein. An der einen Seite des Hofes befand sich ein Gebäude mit zwei Räumen, von denen der eine für den Jägerknecht und der andere für die Hunde bestimmt war. Der Hunderaum war gepflastert, die Hunde lagen auf zwei Fuß hohen, beweglichen, hölzernen, durchlässigen, mit Stroh belegten Pritschen. Waren die Hunde durchnäßt von der Jagd, dann wurden die Pritschen bei kalter Witterung an den mächtigen Kamin gerollt, in dessen weitem Schlund riesenhafte Wurzelstöcke mit lautem Knastern und Knallen eine lustige, wärmende Glut entfachten, welche das Behagen der Häuslichkeit auch im Hundestall lebendig werden ließ.

Der Hundezwinger wuchs an Umfang mit der Zahl der Hunde, die an den einzelnen Höfen wieder zunahm mit der Ausdehnung der Jagden, mit der Entwicklung des Regals, und wenn im Mittelalter schon gerühmt wird, daß an einzelnen Höfen die Zahl der Hunde sich auf 1000 und 1500 Stück belaufen habe, so darf man annehmen, daß die Zahl in späteren Jahren nicht geringer war. Viele Hunde waren in Pension gegeben bei den Untertanen, viele bei den Klöstern, aber es blieb doch eine ganz erhebliche Zahl noch zu versorgen, die für den täglichen Bedarf des Fürsten und der Jäger stets zur Hand sein mußte und in einem eigenen Zwinger ihre Wohnung fand.

Außer den Hunden waren auch die Jagdgeräte zu verwahren, vor allem das Zeug, die Tücher, Netze, Lappen, oder, wie es früher hieß, d e r Zeug, der an jedem größerem Hofe mit dem Recht der hohen Jagd das sogenannte Zeughaus nötig machte, ein massives Gebäude mit zwei hohen Geschossen und einer Länge von 150—160 Metern. Zur Beaufsichtigung der Hunde und zur Verwahrung des Jagdzeugs wurde Personal gebraucht, dessen Wohnungen man gern zusammenlegte, und so entstand aus diesen Wohnungen, dem Hundezwinger und dem Zeughaus, eine gemeinschaftliche Anlage, das sogenannte Jägerhaus. Täntzer hat im Jahre 1686 die Beschreibung einer solchen Anlage gegeben[1]), der ich das folgende entnehme.

Das Jägerhaus, später auch der Jägerhof genannt, war eine umfangreiche Anlage, die einen weiten Hof umschloß, dessen Seitenlänge auf 140 bis 200 Meter sich belaufen konnte. Die Jäger und die Hunde waren dem Pürschmeister, das Zeughaus war dem Wagenmeister unterstellt. Beide hatten Dienstwohnung. Neben den Wohn- und Stall- und Lagerräumen befanden sich auch noch Werkstätten im Jägerhaus, eine Wagnerei, welche die Zeugwagen, eine Seilerei, welche die Netze und Stricke, und eine Schneiderei, welche die hohen Tücher zu verfertigen hatte.

Bei der Anlage, welche Täntzer als Muster gibt, befindet sich auf der Vorderseite des geschlossenen Häuserblocks die Einfahrt, durch welche man den mächtigen Hof betritt. Rechts ist der Stall für die englischen Hunde, weiter rechts das Wagenhaus, links liegt der Pferdestall und die Wagenmeisterwohnung. Die rechte Seite des Hofes wird begrenzt durch das zweigeschossige mächtige Zeughaus, ihm gegenüber liegen die Wagenmacherei, sowie die Wohnung für den Pürschmeister und eine Anzahl Jägerjungen. Gegenüber der Einfahrt befinden sich die Werkstätten der Seiler und der Schneider, sowie Wohnungen für Jägerknechte und neben diesen eine kleine Schänke. Die Hundeställe und die Laufplätze liegen an der Außenseite der vorgenannten Baulichkeiten, Wand an Wand mit ihnen, von den Behausungen der Jäger aus zu übersehen und unmittelbar zugänglich, und dabei doch vom eigentlichen Hof geschieden, so daß die Ruhe nicht gestört wurde. Besondere Stallungen waren angelegt für die englischen Hunde, für die Schweiß-, die Pürsch-, die Windhunde, die Saufinder, die Jagdhnnde nnd Stöber, und für die Parforcehunde. Mitten auf dem Hof stand eine kleine Häusergruppe, die einen Bärenkäfig, eine Zwingerküche und ein Bassin umfaßte zum Baden für die Hunde. Hinter dem Zeughaus

---

[1]) Der dianen hohe und niedere Jagt Geheimniß, ander Theil, Copenhagen 1686. Täntzer und Hohberg sind die ersten nennenswerten deutschen Jagdschriftsteller. Täntzer war gelernter Jäger, seiner Sprache nach stammt er vom Rhein; er war aber auch am Dresdener Hof gewesen und hat später wohl aus Familienrücksichten den ihm lieb gewordenen Beruf verlassen und sich anscheinend dem Gewerbestande zugewandt. Vgl. die Dedicatio zum 1. Teil seines Werkes, 5, 6; ferner die zum 2. Teil, 2. Sobann den Text, 7.

lagen zwei besondere Vermachungen, in denen Wölfe und Bären sich langweilten. Diese Tiere wurden dort gehalten für den Fall, daß die Herrschaft eines davon zu jagen wünschte, oder sich beikommen ließ, Tierkämpfe zu befehlen, die um jene Zeit in hohem Ansehen standen. Hohe Herrschaften liebten „das Beylager" mit Pomp zu feiern[1]), auch wohl die „Kinds-Tauffen"; bei solchen für die Untertanen und das ganze Land so freudigen Ereignissen waren „Bäären-Jagten" sehr willkommen. Die große Bärenjagd bestand aus einer Bärenhetze auf dem eingeschlossenen Hof und vollzog sich zur Beruhigung der Untertanen ohne Gefahr für den fürstlichen Leib. Vereinzelt sind auch andere Tiere noch gehalten worden, Löwen, Leoparden, Affen, Kamele u. dergl., eine Sammlung, welche später in die Form der zoologischen Gärten übergehen konnte nach der Art der Anlage im Schönbrunner Park bei Wien.

Ein Teil der Gebäude um den Jägerhof war zweigeschossig angelegt, und die Vorderseite trug einen Saalbau, damit „die Herrschaft zur Lust speisen, auch frembde Herrschafften tractiren" konnte. Die Wände waren geschmückt mit Bildern aus dem Jägerleben, mit Hirschköpfen und Geweihen, auch die Kronleuchter waren „jägerlich", und ebenso die Tische und Stühle. „Kurzweilige" Bilder waren zur „Augenlust" beliebt. Neben diesen Jagd- und Liebesszenen waren in verschlungener Schnörkelschrift die Namen der früheren Regenten zierlich auf die Wand geschrieben und unter jedem Namen stand die Masse des Wildes angeführt, das der Regent in seinem tatenreichen Leben selbst getötet hatte. Voll Andacht las hier der Sprößling des „erlauchten Hauses" die Taten seiner Ahnenreihe, er, dessen Strecke erst auf Hunderte von Hirschen sich belief, während die reckenhaften Ahnen Tausende getötet hatten[2]); in weihevoller Stimmung gelobte er in feierlichem

[1]) Bei der Unbequemlichkeit des Reisens kam es öfter vor, daß die fürstliche Braut einem Stellvertreter angetraut wurde, der auch mit ihr das Beilager vollzog, damit die Braut „durch diesen simulirten Beyschlaf desto mehr vinculirt werde, oder weil nach den alten Teutschen Principiis, wenn Eheleut' einander haben erben wollen, die Besteigung des Ehebettes erfordert wird, wie noch heut zu Tage in Sachsen Herkommens." Florinus, oeconomus prudens, 1751. Die erste Nacht der Vermählten vollzog sich noch im 15. Jahrhundert sozusagen vor Zeugen. Dufour, histoire de la prostitution, III. 252.

[2]) Georg I. von Sachsen hatte erlegt von 1611—55: 46 910 Stück Rotwild, 1045 Stück Damwild, 31 902 Stück Schwarzwild und 37 049 Stück anderes Haarwild.

Schwur vor Dianas Thron, die mit ihren nackten Beinen von der Wand herunter lachte, daß er seiner Ahnen würdig werden wolle als ein deutscher Jäger und das edle Weidwerk pflegen Tag und Nacht. Er winkte dem heranspringenden Oberjägermeister und befahl ein Hauptjagen einzurichten für die Sommerwende, auf dem nicht weniger als dreihundert Hirsche erlegt werden dürften, nicht weniger als tausend Treiber sollten aufgeboten werden, und wenn die ganze Ernte auch zum Teufel ginge!

Die Wohnung für die gelernten Jäger auf dem Hofe war an sich ein köstliches Idyll. Das Leben in der reinen freien Luft, und des Berufes Lust und Anregung erschufen einen immer regen Appetit und zauberten die Röte der Gesundheit auf die Wangen. Frisch blieb der Lebensmut, und das Auge behielt den jugendlichen Glanz, wenn längst der Schnee des Alters auf dem Haupte lag. Waren die Hunde abends abgefüttert und trafen der Sonne letzte Strahlen auf das rote Dach des Zeughauses, dann zog ein feierliches Schweigen auf den Jägerhof; aus allen Häusern tauchten durstige Gestalten auf in grünem Wams, die eben durch den Imbiß sich gekräftigt hatten, und schlenderten in heiterem Geplauder der bewußten Ecke zu, in der des Bieres kühle Quelle floß. Vor der Schänke standen Tische und Bänke auf dem Hof, weit deckte die alte Linde ihre Zweige darüber hin, während in der Krone die Drossel ihre Abendlieder sang. Der würzige Trunk erheiterte die Mienen, öffnete Herz und Geist, lebendig wurden die Gedanken und die Weidesprüche tauchten auf; mit Rede und mit Gegenrede wurde die Weidmannssprache festgestellt, zu der kommenden Geschlechter Nutz und Frommen, und manches Glas geleert mit Gruß und Dank. Näher zog die Mitternacht, in prachtvollem Gefunkel stand über dem Jägerhof der Sterne Heer, und leise strich der Nachtwind durch die Linde. Die letzten Gestalten erhoben sich und schritten ihren Räumen zu, der Seele Stürme in sanfte Ruhe eingewiegt, und vor dem inneren Auge freundliche Gestalten. So sanken sie zu kurzem, aber tiefem Schlummer hin, um mit dem Licht des

Sein Nachfolger Georg II. schoß von 1656—80: 60 513 Stück Rotwild, 2062 Stück Damwild, 22 298 Stück Schwarzwild und 26 688 Stück anderes Haarwild. Den Purpurmantel dieser Fürsten hatte Diana in Blut gefärbt; sie hielten sich zweifellos für große Jäger. Die Listen gibt mit allen Einzelheiten J. Täntzer, Der Dianen hohe und niedere Jagdgeheimbniß. 1682.

jungen Tages und mit der Vögel Jubelchor sich wieder zu erheben und dankbar zu dem Schöpfer aufzuschauen, der die Welt so weit und schön gemacht, daß alle Menschen glücklich werden konnten, wenn sie den Dämon nur bezwingen lernten, der sie auf Leichen wandeln hieß, den Dämon in der eigenen Brust.

Es taucht bereits der Name „teutsches Jagen"[1]) auf für das Totschießen des zusammengetriebenen Wildes in einem kleinen Bezirk, der mit Tüchern und Netzen rings umstellt war, „eingestellt" wie der Terminus venaticus lautete. Für diesen Zweck dienten zunächst die hohen Tücher, riesenhafte Leinwandstreifen von 5 Ellen Höhe und 200 Ellen Länge. An die Längsseiten dieser Tücher waren Ringe genäht, durch welche hanfene Stricke gezogen wurden, richtige Ankertaue, namentlich die obere Leine, die eine Dicke hatte von drei Zoll. Das hochgestellte Tuch ruhte auf hölzernen Stielen, sogenannten Forkeln, diese hatten oben eine Gabel und in diese ward die obere Leine der hohen Tücher eingelegt. Die untere Leine wurde durch Haken festgepflöckt, während von der Oberleine nach beiden Seiten schräge Windleinen abgingen, die an kleine Pfähle, Heftel, angebunden wurden zur Versteifung gegen Seitendruck. Die Enden der Ober- und Unterleine wurden ebenfalls am Boden angeheftelt, und so stand das lange Tuch nach allen Seiten festgespannt, steif wie ein Plankenzaun. Jedes Tuch ward mit dem folgenden verknüpft durch längliche Knöpfe und Öffnungen. Im Zeugwagen wurden die Tücher nach dem Stellplatz hingefahren, dort teilte sich die Wagenreihe und umfuhr langsam den einzustellenden Bezirk in entgegengesetzter Richtung, während die Tücher von jedem Wagen abgeworfen und gerichtet wurden. Auf jedem Stellflügel waren 28 Mann erforderlich, dazu fünf Knechte. Am entgegengesetzten Ende trafen die Wagen wieder zusammen.

Außer diesen hohen Tüchern hatte man auch Mittel- oder dänische Tücher, die nur 3½ bis 4 Ellen hoch waren; zur Schweinsjagd reichten sie vollkommen aus. Um Leinewand zu ersparen ward auch wohl der obere Teil der Tücher aus Netzwerk angesetzt und nur der untere aus gewebtem Lein belassen. Neben den Tüchern waren Lappen sehr beliebt, um einen Bezirk in Eile zu umstellen, wenn die Jäger etwa Rotwild bestätigt oder Wölfe eingekreist hatten. Die Lappen

[1]) Täntzer, Jagt-Geheimnüß, II. 1686. 10. r.

hielten das Wild so lange zurück, bis die Netze gerichtet waren. Zuweilen freilich brach das Wild auch durch, und daher rührt der Ausdruck unserer Sprache: „Durch die Lappen gehen". Diese Lappen waren in Zwischenräumen angereiht an eine Leine; sie hingen daran wie das Zeug an einer Fahnenstange, waren anderthalb Ellen lang und dreiviertel Ellen breit; der Zwischenraum zwischen den einzelnen Lappen entsprach ihrer Breite. Die Leine ward auf Forkeln festgelegt, und ihre Enden wurden angebunden. Statt der Lappen wurden auch Federn an die Leine angefügt, und eine solche Garnitur führte den Namen „Federlappen".

Vor allem aber waren Netze im Gebrauch. Hier unterschied man Fallnetze und Spiegel- oder Prellnetze. Erstere dienten zum Fangen, letztere zur Abwehr, wie die Tücher; erstere wurden „busig" aufgestellt, sie lagen locker auf den Forkeln, letztere waren straff gespannt und festgebunden. Die Hirschnetze hatten eine Länge von 200 Ellen und eine Höhe von 5 Metern wie die Tücher. Solch ein Netz hatte acht Maschen in der Höhe, deren Seitenlänge sich auf acht Zoll belief. Die obere Leine lag auf Forkeln, wie es bei den Tüchern üblich war, doch lag sie bei den Fallnetzen nicht in einer Gabel, sondern auf einem horizontalen Astansatz, auch standen die Forkeln nicht außerhalb des Jagens wie beim Tuch, sondern innerhalb desselben, damit die Forkeln stehen blieben, wenn ein Hirsch ins Netz fiel und dieses über ihm zusammenschlug. Die Saunetze standen nicht so hoch, doch busenreich, weil es bei den Sauen vorkam, daß zehn oder zwanzig Sauen gleichzeitig wie ein Sturmwind in die Netze fielen. Je mehr Sauen dann bedeckt waren von den Netzen, desto mehr konnte der erfreute Jäger „totstechen". Die Seitenlänge der Maschen war etwas geringer als beim hohen Wild, sie war auf 6 Zoll eingeschränkt.

Die Spiegel- oder Prellnetze wurden gleich den Tüchern beim Abjagen gebraucht. Der eigentliche Schlachtplatz eines eingestellten Jagens, von dem im nächsten Kapitel ausführlich die Rede ist, wurde euphemistisch Laufplatz genannt und war mit hohen Tüchern rings umschlossen, sogar Planken kommen vor, wenn in jedem Jahr das Abjagen an gleicher Stelle vor sich gehen konnte. Neben den Schlachtopfern mußten Jäger auf dem Laufplatz sein, um die angeschossenen Tiere abzufangen und die Leichen beiseite zu schaffen, ähnlich wie bei den römischen Zirkusspielen die Kadaver der gefallenen Fechter hinausgeschleift wurden aus der Arena. Wenn Sauen auf dem Laufplatz waren, dann war das Betreten desselben für die Jägerei nicht ungefährlich, und wenn ein hauendes Schwein dem Jäger bedrohlich näher kam, und seinen gerechten Zorn an ihm auslassen wollte, weil es vielleicht von zarter Hand eine Kugel in den Eingeweiden trug, eine Ehre, die solch ein Rüpel von Borstenvieh gar nicht zu schätzen wußte, dann war Holland in Not, wenn der Jäger sich nicht schleunig retten konnte. Darum wurden anderthalb Meter vor der äußeren Bezirkung Spiegelnetze aufgestellt; ihre Forkeln wurden mit den Forkeln der äußeren Tüchern fest versteift und die Netze selbst nach allen Seiten straff gespannt und festgezogen. An ihren Maschen kletterte der Jäger mit affenartiger Geschwindigkeit empor, wenn ein Hauptschwein ihm die Hosen flicken wollte, oder wenn ein ganzes Rudel angedonnert kam. Sah er einen Überläufer oder eine Bache, oder auch vereinzelt einen Keiler kommen, dem er sich gewachsen glaubte, dann kam er runter von der Himmelsleiter und bot dem Schwein den Fang. Auf der Gasse zwischen Netz und Tüchern tobte der Bauern Schwarm und wies jeden Angriff wütender Schwarzkittel auf den fürstlichen Zeugbestand mit Knütteln und mit Gabeln ab. Bei alten Tüchern „duplierte" man auch in der Weise, daß man die obere Netzleine in die Gabel für die Tuchleine legte, und so die Maschen des Netzes mit dem Tuche dicht verband, damit sie in Aktion treten konnten, wenn das Tuch sich als zu schwach erwies[1]).

An manchen Höfen gab es besondere Wolfnetze und Rehnetze; Hasennetze hatte jeder Grundbesitzer, dem die kleine Jagd zustand. Sie waren 100 Ellen lang, die Seitenlänge der Maschen betrug 3 Zoll, die Höhe der Netze 16 Maschen, also ungefähr 1,20 Meter. Zum „Lauschen" waren diese Netze fleißig im Gebrauch. Biber und Otter hatten ihre besonderen Netze, teils hamenförmig, teils mit Flügeln; dem Dachs wurden „Hauben" in das Rohr gelegt, sackförmige Netze mit einer Schnur am hinteren Ende, welche an einen Pfahl gebunden war und den Sack zuzog, wenn sich der Dachs gefangen hatte und vorwärts drängte, um in die inneren Gemächer seiner Burg zu kommen. Auch Marder- und Iltisgarne werden noch erwähnt[2]).

---

[1]) Vgl. zu dieser Schilderung Täntzer, II, 21—40, insbesondere 39—40.

[2]) Von den Herzögen von Eisenach war es Ernst der Ältere, der von 1588—97 in Markſuhl residierte und zuerst Jagdzeug in größerem Umfange beschaffte. Zu diesem Zweck wurde das Zeughaus erbaut. Hohes Jagdzeug wurde zum Gegenstand

Die Fangmethoden waren mannigfaltig, auch abgesehen von dem Zeug. Um den Einwechsel des Wildes in die Parks zu fördern, waren doppelte Türen angelegt, die sich selbsttätig schließen und wieder öffnen sollten; ich glaube nicht, daß sie genützt haben, und bezweifle, daß ein Hirsch hineingegangen ist. Eher war der Saufang zu gebrauchen, ein viereckiger umwehrter Platz mit je einer Öffnung auf den Seiten. Diese Öffnungen waren mit zwei Stielen eingefaßt, in deren Falz sich eine Falltür auf- und niederschob. Sollte gefangen werden, ward die Falltür aufgestellt und im Innern der Vermachung fleißig angeködert. Von allen Türen gingen Schnüre hin nach einem Häuschen, in dem ein Posten auf der Lauer saß. Waren Sauen eingewechselt, löste der Posten die Schnüre, die Türen fielen nieder und die Sauen waren fest. Ähnlich so wurde der Wolf gefangen; Saugarten und Wolfsgarten hießen diese Fänge, die übrigens Colerus schon beschreibt, und die auch auf den Hasen angewendet wurden. Häßlich war das Töten der gefangenen Tiere: „Und da er nun siehet, daß Hasen darin, und rücket die Thüren zu, so hat er sich auch mit etlichen Knitteln versehen, denselben in Lauffen bei Mondenschein todt zu werffen."[1])

Man fing die Wölfe auch in Gruben, vor allem aber war der Schlagbaum sehr beliebt, ein schräg gestellter, künstlich schwer gemachter Balken, der durch eine Stellvorrichtung festgehalten, bei deren Berührung aber ausgelöst wurde, und niederschlug. Nicht nur für Wölfe war der Schlagbaum üblich, sondern auch für den Fuchs, den Dachs, den Marder, den Otter und die Wildkatze. Auf den Otter wurde das Tellereisen gestellt, auch auf den Marder und den Iltis; der Dachs wurde in einer Drahtschlinge vor dem Rohr gefangen, die mit einem heruntergebogenen Baum verbunden war; löste der Dachs die Stellvorrichtung aus, dann schnellte der Baum zurück und zog die Schlinge zu. Diese Fangvorrichtung ist uralt und war zur Zeit der Markgenossen unter dem lateinischen Namen arcus schon im Brauch. Ein deutscher Name

---

der Geschenke und der Erbteilung. Vor der Plünderung des Zeughauses im Jahre 1813 befanden sich in Marksuhl 112 Tücher, jedes 150 Schritte lang, dieselben stellten also 16 800 Schritte, rund 2 deutsche Meilen! J. W. Storch, Gesch. d. Forst- u. Jagdwesens in dem Großh. S. Eisenachschen Kreise. 1841. 140. Nach Storch war der Schlingenfang der Hasen als weidgerechte Methode im Jahre 1841 noch allgemein im Gebrauch. 147.

[1]) Täntzer, II. 131.

ist mir nicht bekannt, auch Täntzer spricht nur von einer Drahtschlinge, die Franzeson nannten diese Vorrichtung haussepied, Foix sagt haussepié,[1]) man könnte sie auf deutsch wohl Schnellbaum nennen. Täntzer empfiehlt die „uhralte" Anlage von „Wiltführen", Wildfuhren, einem umgegrabenen Bodenstreifen, auf welchem das ein- und ausgewechselte Wild sich spüren ließ, den auch Colerus schon erwähnt. Die Kastenfalle wai bekannt, und auf die Hasen wurden „Horden" aufgestellt, eine aus Reisig geflochtene, schräg gestellte beschwerte Platte, welche bei der Auslösung niederschlug und den Hasen festklemmte.

Wir wollen von dem guten Täntzer Abschied nehmen, er hat uns anschaulich belehrt, soweit er über positives Material berichten konnte. Die Einrichtung des Jägerhofs und die Beschaffenheit der Netze gibt am besten Täntzer wieder, auch über Hunde sagt er manches Brauchbare. Hier erzählt er, was er selbst gesehen hat. Dagegen sind seine Angaben über die Parforcejagd völlig unbrauchbar, die den dritten Teil des Werkes füllen. Täntzer hatte seinen Abschied aus dem Jägerfach genommen, wohl aus Familienrücksichten, und einem anderen Beruf sich zugewandt. Im Geiste aber blieb er bei der grünen Zunft, und weil er nun zum Jagen nicht mehr kam in Wirklichkeit, so jagte er auf dem Papier. Vor seinem Schreibtische erfand er neue Weisen, wie die Meute einzujagen und wie in einem Park der Hirsch zu hetzen sei. Dabei war er besonders stolz auf die Idee, daß keiner von den Jägern weit zu reiten brauchte. Er teilte den Park schachbrettförmig ein durch Längs- und Queralleen und stellte an den Schnittpunkten der Hauptallee berittene Jäger auf. Sobald die Jagd eine Querallee überfiel, zogen die Jäger sich zurück, die sie bisher begleitet hatten, der Posten an der neuen Querallee übernahm jetzt die Begleitung und brachte die Jagd bis an die nächste Querallee, allwo er sie dem nächsten Posten überließ. Täntzer berechnet ganz genau, wie lang die Strecke sei, die jeder Jäger zu bereiten habe, und stellt fest, daß die Länge zwischen 150 und 1600 Schritten schwankt[2]). Ähnlich wie beim Hirsch geht er beim Hasen vor. Täntzer hatte die Parforcejagd nie gelernt, trotzdem wollte er die Welt belehren, weil ihn nach den „davon gesehenen und gehörten Dingen jederzeit gedüncket, wie solche Jagd mit einer weit besseren

[1]) La chasse de Gaston Phoebus, comte de Foix, 1387. Chap. 64. Ausgabe von Lavallée, Paris, 1854.

[2]) Täntzer, III. 47—48.

angenehmlichkeit practiciret werden könnte". Er sagt, „die perforce Jäger in Frankreich, Engeland und anderer Orthen werden grosse Augen machen"; es war dem guten Kerl zu gönnen, daß er das ungefüge Lachen dieser Jäger nicht zu hören kriegte und wohl in seinem Glauben sanft entschlafen ist. Ein Menschenalter später kreuzte Buffon im Geiste seine Hunde auf, gleich Täntzer schuf er aus der Phantasie und schrieb der Natur die Erzeugung von Tieren vor, die nie gelebt hatten. Es war das Zeitalter der erwachenden Wissenschaft, der es an Sammlungsmaterial noch sehr gebrach, und die daher an allen Orten deduktiv zu Wege ging; die Naturwissenschaft kannte nur vereinzelte Experimente und war nach Hobbes um nichts sicherer als die Weltgeschichte, und diese letztere erfreute sich an der Schilderung von Personen und von Schlachten. Das Staatsrecht ward geboren aus der Bibel, selbst die Mechanik kannte keine Beobachtung und rechnete a priori, und die Philosophie konstruierte ihre Welt vergnüglich aus dem Nebellande der Idee. Man darf Täntzer nicht beurteilen, ohne ihn in diesem Zusammenhang zu sehen; er war kein Gelehrter, hatte nicht studiert, um so mehr war er geneigt, von der gelehrten Welt die Schwächen nachzuahmen und zu zeigen, daß er Phantasie besaß.

Wenden wir uns dem zweiten großen Jagdschriftsteller des 17. Jahrhunderts zu, der in deutscher Zunge schrieb, dem Freiherrn Wolff Helmhard von Hohberg, der in seinem „adelichen Landleben" auch die Jagd behandelte und selber Jäger war. Das Werk erschien im Jahre 1682. Was Hohberg über die hohe Jagd vermeldet, ist von Fouilloux und Salnove abgeschrieben, die er auch als seine Quellen wiederholt bezeichnet, außerdem hat er eines der Traktätlein „von der hierß wandlung" mit benutzt. Dagegen ist Hohberg vielfach selbständig in allem, was die kleine Jagd betrifft. Neben Colerus ist er der erste deutsche Schriftsteller, der diesen Gegenstand in ausreichender und klarer Weise schildert.

Fangen wir mit dem Hasen an, der in Deutschland allgemein vom Strick gehetzt wurde, d. h. mit Windhunden. In Reih und Glied ritten die Jäger über die Felder, auf die Flügel und in die Mitte waren die Windhunde verteilt, jede Hatze bestehend aus zwei Hunden. Das eine Ende des Riemens hatte der Jäger um den Leib geschnallt, das andere hielt er in der Hand, nachdem es durch das Halsband des Windhundes gezogen war. Ließ der Jäger dieses Ende fahren, dann waren sofort die Hunde frei. Sobald ein Jäger einen Hasen sitzen sah, rief er ironisch das böhmische Wort „nenniho" den Weidgenossen zu, das auf deutsch hieß, „er ist nicht da!" Stand der Hase auf, ließ der nächste Reiter seine Hunde los und machte sich mit einem oder zwei Gefährten an die Folge, während die anderen die Lücke schlossen und in alter Weise weiter suchten. Der arme kleine Hase flüchtete ins Wasser, er versteckte sich in einer Schafherde, fuhr in irgendeine Röhre ein oder drückte sich im Lauf so plötzlich, daß die Hunde weit über ihn hinwegschossen, dann machte er in Eile seinen Widergang; er kroch durch Zäune und Gehege, kamen die Hunde nach, schlüpfte er wieder nach der ersten Seite durch, und es machte den Jägern große Freude, wenn der Hase die Hunde neckte, bald rechts, bald links, bald nach hinten Haken schlug, immer gerade dann, wenn ihn die Hunde raumen wollten[1]); er schlüpfte ihnen zwischen den Beinen durch und sprang über sie hinweg, wenn sie ihn schon zu haben glaubten. Oft verschwand der Hase vor dem Blick der Hunde, dann mußten die Jäger eingreifen; gerade den großen Hunden fiel es schwer, den kleinen Hasen zu fassen, sie stießen ihn wohl mit der Nase oder kriegten auch den Fang voll Haar, aber der Hase eilte mit berupftem Pelz dann weiter. Hier haben wir die Freude an der Jagd, doch war sie nicht so weit vergeistigt wie im Altertum. Arrian wollte den Hasen gar nicht haben, er wollte nur den Kampf der Schnelligkeit beobachten, und wenn der Hase gefangen ward, hatte der Jäger ein unbehagliches Gefühl. Diese Feinheit fehlte den Deutschen im 17. Jahrhundert. Die unstreitig feinere Art des Jagens mit spürenden Hunden lehnt Hohberg ab als gar zu teuer und zu mühsam. Den ersten Grund in Ehren, den zweiten aber kann ich nicht gelten lassen, denn Mühe machen soll die Jagd, das ist ein Haupterfordernis, durch welches sie geadelt wird.

Auch die Jagd mit Netzen auf den Hasen nennt Hohberg „ein lustiges Waidwerk". Man umstellte einen Waldbezirk mit Netzen, soweit der Vorrat reichen wollte, und schloß die andere Seite durch eine dichte Treiberwehr. Bei jedem Netz war ein Posten aufgestellt und mit einem handfesten Prügel wohl bewehrt. Auch die Treiberwehr war „mit Knütteln und Prügeln gewaffnet" und rückte vor mit lautem Schreien. Vor ihr her bewegten sich die Jäger, und vor diesen suchten und hetzten die Bracken

---

[1]) Später sagte man rahmen, wenn die Hunde den Hasen überholten; Hohberg hat auch raumen, das wohl mit Raum zusammenhing.

kreuz und quer. Die geängsteten Hasen fielen in die Netze und wurden dort erschlagen oder von den Hunden totgebissen. Auf diese Art ward auch der Fuchs gejagt. Der Leser erkennt in dieser Jagdart unschwer das „Jagen am Zeug."

Hier ist vielleicht der Ort, in kurzer Weise auch der Baujagd zu gedenken. Im Anfang des 14. Jahrhunderts wird im Roy Modus der Erdhund erwähnt, meines Wissens das erstemal nach dem bibarhunt der Volksrechte; im 16. Jahrhundert ist der Erdhund allbekannt, und von Fouilloux wird das erste Dachsgraben beschrieben. Ich zweifle nicht, daß man auch früher den Dachs gegraben hat, doch war den hohen Jägern diese Art von Jagd zu armselig, sie fluschte nicht genug, und wenn sie doch einmal den Dachs bejagen wollten, dann zogen sie die nächtliche Hetze vor, oder das Ausräuchern. So noch im 14. Jahrhundert. Später wendete sich die Auffassung. In der Pürschordnung an der oberen Donau ward 1562 festgesetzt, daß der Fuchs nur „mit dem Schlifferlin gefaht werden" durfte. Hier waren kleine Leute mit beteiligt, die an der Baujagd sich ergötzen wollten. Anders urteilten die Landesherren, die alles zu beschränken suchten, was außerhalb des Jagdregals noch jagen wollte. Die bairische Jagd- und Forstordnung verbot das Ausgraben des Dachses wie das Ausräuchern, und Hohberg als bairischer Untertan nennt es Aasjägerei, wenn man „Füchse und Dächse in ihren Geschleifen verschlägt und ausrauchert." Dennoch kam das Graben auf, und manchen Gemeinden erwuchs sogar die Pflicht, den Hunden beim Graben das Brot zu liefern, eine Pflicht, die ihnen in Württemberg im Jahre 1714 abgenommen wurde.[1]) Trotzdem galt die Baujagd großen Herren nicht für standesmäßig, sie blieb, was sie heute ist, eine Jagd für kleine Leute, und auch Fouilloux behandelt sie mehr in belustigender Weise, als im Ernst. Er fährt hinaus zum Graben, zur Seite des Wagens geht das Personal, und nebenher laufen die Hunde. In dem geschlossenen Wagen aber hat er eine junge Dame mitgenommen von 16 oder 18 Jahren, damit er auf der Fahrt den Kopf in ihren Schoß betten und sich von ihr den Kopf kann reiben oder krauen lassen.

Natürlich fehlt es nicht an Schnabelweide, die in Mengen mitgenommen wird, an kalten indianischen Hühnern, Schinken, Ochsen-

---

[1]) v. Wagner, Jagdwesen, 40.

zungen und, wie Jobin übersetzt, „an anderen guten schleckbißlein und fressereyen". Er will auch eine Decke haben und ein Kissen, das er auf den Bau legt, damit er beim Verhören sich nicht schmutzig macht; im Winter soll ein Zelt da sein, in welchem ein kleines Feuer wärmen kann, sofern der Jäger es nicht vorzieht, der jungen Dame „à la Nymphe eins in Belz" zu geben. Fouilloux nimmt ein halbes Dutzend Leute mit zum Graben und eine Menge Werkzeuge, Bohrer insbesondere, an die heut kein Mensch mehr denkt. Auch sechs Hunde will er mitnehmen mit breiten Halsbändern, die mit Schellen behängt sein sollen, damit der Dachs sich eher stellt. Mit der Zange soll der Dachs am Unterkiefer angegriffen werden, denn wenn er am Oberkiefer angefaßt wird bei der Nase, so tritt der Tod unfehlbar ein[1]) Fouilloux lernt die jungen Hunde an durch Vorschicken eines alten, kennt auch den Kunstbau schon für diesen Zweck. Er gräbt ein in der Richtung auf den Kopf des Hundes und will auch Achtung geben, daß der Dachs sich nicht verklüften kann. Wie er das anstellt, sagt er nicht. Was Hohberg über das Ausgraben des Dachses bringt, ist aus dem Fouilloux hergenommen.

Den Auerhahn schießt Hohberg auf der „Pfalz". Zwei oder drei Stunden vor Tagesanbruch soll man ihm nachschleichen „mit einem guten Rohr versehen, man hört in sehr weit schreyen, wenn man auf ein paar Büchsenschuß von ihm kommt, muß man warten, bis er anfängt zu pfaltzen, dann mag man unter währendem Geschrey hurtig fort und näher auf ihn gehen; sobald er still wird, muß der Jäger stehen, wo er betroffen wird, sich weder regen, noch bewegen, bis er wieder anfängt zu pfaltzen, dann mag er sein Rohr fertig machen, geschwind anschlagen und schießen, weil dazu großer Fleiß und Mühen gehöret, als giebt man den Jägern an etlichen Orten nicht viel weniger Jägerrecht davon, als von einem Hirschen." Auch der Birkhahn wurde beim Balzen geschossen, erfordert aber „einen hurtigen wohlabgerichteten Schützen", da ihm die Liebe in die Ständer fährt und er nicht so zur Bildsäule versteinert wie der musikalisch mehr begabte Auerhahn, der all sein überströmendes Gefühl in Tönen äußert.

---

[1]) Schon hier wird die später so weit verbreitete irrtümliche Auffassung vertreten, daß der Dachs vom leichten Schlage auf die Nase stirbt. Unwillkürlich kommt man da auf den Gedanken, daß auch Fouilloux schon „a priori" geschrieben hat und schwerlich jemals selber den Versuch gemacht hat, einen Dachs zu töten.

Der Leser wolle bedenken, daß das Lauf- und Flugschießen mit dem Ausgang des 17. Jahrhunderts erst in Aufnahme kam, und ein guter Flugschütze noch selten war. Wegen der geringen Kosten, welche die Birschjagd nötig machte, war sie beim Adel sehr beliebt geworden und ward geübt sowohl mit der Büchse, als auch mit der Flinte. Das Hochwild schoß der Jäger an der Sultz, der Salzlecke, er erbaute Stände oder Schirme sich für diesen Zweck, den Füchsen und den Hasen ward an der Brame und an den Saatfeldern aufgelauert. Das Verfahren, einen Hasen in der Sasse tot zu schießen, indem man seinen Hut auf einen Stab setzt und dann anzuschleichen sucht, gibt auch Hohberg wieder, er hat es von Colerus abgeschrieben. Das Flugschießen war schon mit Rücksicht auf die Flinten gar nicht leicht, weil bei der schrägen Lage des Gewehres das Zündpulver heruntерglitt und beim Abdrücken das Feuer die Augen verletzen konnte. Darum mußte an der hinteren Pfannenseite ein schützender Schirm befestigt sein. Hohberg weiß denn auch vom „Luftschießen" viel Gutes nicht zu melden. Er sagt, die Hühnerkette würde dadurch verstümmelt und scheu gemacht und sei hernach mit keinem Treibzeug mehr zu kriegen. Es ereigne sich auch, daß die Hühner im Fluge wohl verwundet, aber nicht getötet und erlegt würden und „unnütz verderben und krepieren" müßten. Sicher hat es stets sein Gutes, wenn wir das Urteil unserer lieben Alten über die Schießjagd in unserem Geist lebendig bleiben lassen, jener Zeit, da für das Federwild die Fangjagd noch in erster Linie üblich war, und der Begriff des Jagens mit dem einseitigen Gebrauch der Flinte nicht zu Ende ging. Es würde ganz verfehlt sein, wenn der heutige Jäger mit dem besseren Gewehr die Alleinherrschaft des Schießens zu begründen oder zu entschuldigen versuchte, denn über die Mangelhaftigkeit der Waffe haben die Alten nie geklagt.[1]) Ihnen galt die Schießjagd aus dem Grunde für unweidmännisch und für grausam, weil gar manches Wild leichtsinnig verwundet und zu Holz geschossen wurde. Dieser Mangel haftet ihr

[1]) Aitinger freilich ist ein Rohr beim Schuß gesprungen „mehr dann in zwantzig stücke", und „sprungen die Stücker wider ein Wand und dann von derselbigen wiederrumb zurück" nach seinen Schenkeln. Darum mußte Aitinger seinen Eltern versprechen, das Pürschen zu unterlassen. Der Grund des Mißgeschicks hat an der Ladung wohl gelegen. Hier spielte der Aberglaube eine unheilvolle Rolle. Abgesehen aber von diesem einen Fall sind mir Klagen über das Feuerrohr nicht vorgekommen; wie hätte es auch immer mehr an Feld gewinnen können, wenn es nicht beliebt gewesen wäre!

bis heute an, sie stumpft ab gegen die sittliche Forderung, dem Wild den Tod so leicht wie möglich zu bereiten, und es gibt kaum eine so unsittliche Handlung wie einen leichtfertigen Schuß. Trotz der Jagdordnungen ward die neue Kunst des Flugschießens im ganzen Jahre ausgeübt; im Herbste wie im Frühjahr schoß man Hühner, Schnepfen und Fasanen ohne Rücksicht auf die Brut. Hohberg hat das Flugschießen zum erstenmal gesehen vom Principe Matthia de Medices, einem kaiserlichen Feldmarschall im dreißigjährigen Kriege. Dieser schoß „nicht allein mit dem Fusil Hühner, Wachteln, Schneppffen und dergleich, sondern auch mit dem Balester so fertig, daß er seiner Edelknaben einen eine Kugel von Dohn in die Höhe werffen lassen, und sie am Herabsinken mit dem Balester durch eine andere Kugel so gewiß getroffen, daß beede Kugeln darüber zu Stücken zersprungen, welches ich selbst etliche mal mit Augen gesehen, als Seine Durchlaucht Anno 1638 soviel ich mich erinnere, im Stift Bremen zu Boxtehude im Quartier gelegen." Wir sind immer geneigt, die Treffähigkeit der Armbrust zu unterschätzen. Hohberg hatte den Dreißigjährigen Krieg zum Teil noch mitgemacht, war beim Feldmarschall auf Wache gewesen und zur Tafel eingeladen worden.

Ein anderes Mal sah Hohberg das Luftschießen im Lande ob der Ens vom Pfalzgrafen Ruprecht ausüben, „der nicht allein Rebhühner, Schnepffen und Gibitz, sondern auch Schwalben in der Luft geschossen. Die Flinthen, die sie darzu brauchen, müssen nicht übrig lang sein, weil sie allein vorn am Rohr die Fliegen (das Korn) brauchen, hinten aber das Absehen (Visier) meistens hin wegtun." Aber „des Pulvers nehmen sie nicht viel und der Schröt desto mehr, die aber vor und nach mit Rehehaaren gefuttert werden." Eine gute Ohrfeige wird so ein Schuß gegeben haben. Als Regel galt, dem Maß nach doppelt soviel Schrot zu nehmen als Pulver, also das Doppelte von dem, was später üblich wurde, und man schoß im Durchschnitt bis auf hundert Schritt![1]) Da kann es freilich denn nicht wundernehmen, wenn vieles Wild nur angeschossen wurde. Aitinger, der in der Zeit des Dreißigjährigen Krieges lebte, rühmt die Schweden und die Dänen als „gute Meister auff das Gefieder zu Perschen"; sie führten „ihre sonderliche wohlgezogene Kugeln und glatte Büchsen zu geschrodten, die da eine feine

---

[1]) Hohberg will sogar „auch noch weiter" schießen. Kap. 133.

kleine Kugel schiessen, darmit sie das Federwildpreth nicht zu sehr im Perschen beschädigen." An anderer Stelle heißt es: „Die Wildschützen beschleichen die Schwahnen, wilden Gänse und Endten mit einem Roß gleich den Rephünern, leiten dasselbig ledig an einem schwartzen strick, gehen nach der seiten oder hin und her und schiessen sie nach ihrer besten gelegenheit mit Geschrodt, so dann hernach der Schießhundt holet" [1]). Das Schrot- und Flugschießen kam also um diese Zeit in Aufnahme, war aber keineswegs schon allgemeiner Brauch.

Das kleine Vogelwild wurde mit Garnen gefangen. Man kann die Vorkehrungen mit Hartig [2]) unterscheiden in

Fallgarne, Netze auf Stellstangen, die herabfielen und die Tiere fingen, wenn dieselben in das Netz hineinliefen oder flogen;

Klebgarne, senkrecht aufgehängte leichte Netze, in welche die Vögel sich beim Hineinfliegen verwickelten. Bei Feldhühnern hießen sie Hochgarne, bei Lerchen Taggarne, bei Raubvögeln Rönne;

Deckgarne, die man horizontal über die Vögel hinzog, Thraß, Schnee- oder Nachtgarne;

Steckgarne, dreifach in gewissem Abstand parallel aufgestellte niedrige Netze, von denen die äußeren „spiegelig", das innere aber zum Fangen „busig" stand;

Sackgarne, die sackförmig gestrickt und zuweilen mit Flügeln versehen waren, das sogenannte Treibzeug für Feldhühner; auch beim Entenfang wurde der Sack, Hamen, benutzt;

Schlaggarne, in Rahmen gespannte spiegelige Garne, die sich um eine Achse drehten wie eine zweiflügelige horizontale Kellertür, mit einer Zugleine ausgelöst wurden, zusammenschlugen und die Vögel bedeckten. Den Feldhühnern ging der Fänger meistens mit dem Treibzeug oder mit dem Thraß zu Leibe, auch mit Steckgarnen und hohen Netzen fing man sie. Das Treibzeug bestand aus einem gestrickten langen Sack, vor dessen Öffnung sich zwei Flügel abzweigten unter stumpfem Winkel. Wußte der Fänger, wo die Hühner legen, wurde dieses Treibzeug in einiger Entfernung von den Hühnern aufgestellt, dann ging er

---

[1]) Joh. Conr. Aitinger, kurtzer und einfältiger Bericht vom Vogelstellen. Cassel 1653.

[2]) G. Hartig, Lehrbuch für Jäger, Stuttgart und Tübingen, 1832. II. 4. Abschnitt, „Von den Fanggarnen".

herum in weitem Bogen und suchte nun die Hühner von der anderen Seite in die gestellte Falle langsam reinzutreiben, daher rührte der Name für die ganze Einrichtung. Der Fänger hielt vor sich das Schild einer grasenden Kuh und mußte durch langsames Hin- und Herbewegen es so einzurichten wissen, daß die Hühner nicht aufstanden, sondern sich aufs Laufen legten, in den Bereich der Flügel kamen und endlich in dem Hamen endeten. Der Fang war mühselig; oft mußte der Fänger einen halben Tag mit seinem Schild manipulieren, um schließlich die Hühner doch noch „auffahren und davon steuben"[1]) zu sehen.

Der Thraß war ein langes handtuchförmiges Netz, an dessen schmalen Seiten je ein Stock befestigt war; zwei Jäger trugen das Netz in horizontaler Lage und deckten eine Kette Hühner einfach damit zu. Diese Fangart ward mit Vorliebe im Winter ausgeübt, namentlich bei Schnee, wenn man die Hühner liegen sah und mildes Wetter herrschte. Die Fänger hatten dann ein weißes Netz mit großen Maschen, das sogenannte Schneegarn in der Hand. Weidgerechte Fänger verurteilten den Fang im Winter, er hieß im verächtlichen Sinn die Humble- oder Püschers-zeit[2]). Noch weniger weidgerecht waren die Nachtgarne, mit denen die Fänger in dunkler stürmischer Nacht die Furchen entlang gingen. Hinter dem eigentlichen Decknetz war eine Schleppe angestrickt, die von einem dritten Fänger so getragen wurde, daß sie dicht über dem Boden strich. Flatterte etwas unter dem Netz, dann pfiff einer leise dem andern, würgte den Vogel und tat ihn in den Tragekorb. Lerchen, Wachteln und Hühner, auch junge Hasen wurden auf diese armselige und kunstlose Art gefangen.

Die Steckgarne, drei niedrige in Abständen parallel gestellte Garne, von denen das mittlere busig stand, wurden nicht nur auf Hühner und Wachteln, sondern auch auf Gänse, Enten, Fasanen und Haselhühner angewandt. Der Jäger jagte eine Kette Hühner auf und suchte sie zu sprengen. Wenn die Hühner sich nachher zusammenlockten, stellte er seine Netze schnell zwischen die alte Henne und die versprengten jungen Hühner. Das Hochgarn wurde des Morgens oder Abends auf gestellt, wenn die Hühner zu streichen oder einzufallen pflegten. Der obere Teil des Netzes war glatt, der untere lag busig auf der Erde; strichen

---

[1]) J. C. Aitinger, Vom Vogelstellen, Cassel, 1653. 26.

[2]) Ebenda. 14.

die Hühner gegen das obere Netz, dann fielen sie in den Busen. Aitinger hat 1596 in Bayern bei den Junkern von Seybellsdorf diese Art von Fang versucht: „es kamen uns aber die meisten Hühner davon."

Die Stecknetze für die Wachtel mußten grün oder gelblich sein, je nachdem sie auf die Saat oder die Stoppel gestellt wurden. Der Fänger ahmte gern den Ruf des Weibchens nach. In Nürnberg fertigten geschickte Hände schon Lockinstrumente aller Art, Universalpfeifen aus Horn mit sieben oder acht Rufen auf wilde Tauben, große und kleine Enten, wilde Schweine, Füchse, Rehe, Hasen und Hirsche, je „nachdem sie umgedrähet" wurden, kurz: der Nürnberger Trichter arbeitete mit hohem Druck und war bemüht, nach dem alten Erfahrungssatze, daß Geschwindigkeit nicht Hexerei bedeute, die Junkerchen trotz ihrer harten Schädel im Handumdrehen in weidgerechte Jäger zu verwandeln.

Aitinger singt:

> Der Vogeler gar lieblich pfeifft,
> Eh er den Vogel beim Leib ergreifft[1]),

aber Hohberg sieht sich veranlaßt, einzuräumen, daß die Nürnberger Trichter, „weil es auf Erden nichts Vollkommenes giebt", auch zu wünschen übrig ließen und selten so vollkommen waren, „daß alle Ruf wohl zu gebrauchen" [2]).

Ich habe die Lerchen vorhin erwähnt und der liebliche Sänger der Luft verdient es wohl, daß wir einen Augenblick bei ihm verweilen. Der Lerchenfang war eine Hauptbelustigung des Volkes und wurde namentlich vom Adel gern geübt. Die ergiebigste Fangart war wohl die im Herbst mit Klebegarnen, halbhohen Netzen, die zu vierzig bis hundert Stück in drei parallelen leicht gebogenen Reihen auf die Felder gestellt wurden. Wenn nun der Abendstern am Himmel sein mildes Licht ergoß, dann drohte den armen Vögeln das Verderben. Eine Reihe junger Burschen veranstaltete ein großes Treiben; in weitem Bogen stellten sie sich auf, verbanden sich durch Stricke, die sie in den Händen hielten und beim Vorgehen dicht über die Stoppel streichen ließen. Die Lerchen flogen auf und fielen vor den Netzen wieder ein. So nahte still und langsam sich die Treiberlinie, bis sie einen großen Schwarm von Lerchen vor dem Netz zusammengetrieben hatten. Dann

---

[1]) Fistula dulce canit, volucrem dum decipit auceps.

[2]) Hohberg, adeliches Landleben, II. 707.

dreißig oder vierzig Schritte vor den Netzen ein Zeichen, ein wüstes Hurra und ein gewaltsames Zusammenlaufen; die erschreckten Lerchen flogen auf und fielen hundertweise in die Netze. Sie wurden daselbst gewürgt und in den Netzen nach Hause gebracht.

Diese Fangart war nicht weidmännisch, vorwiegend aus zwei Gründen. Einmal weil sie der Lerche galt, die das Feld so wundervoll belebt; der Schöpfer spricht aus ihr verheißungsvoll zum Menschenvolk und sendet aus dem frohen Lied der Lerche Mut und Hoffnung in die kranke Brust. Dann aber, weil die Freude an der Jagd hier wieder ausklang in den Massentod der Mitgeschöpfe, in ein kaltes Morden, das mit dem Massenfang des Schwarzwildes in den Netzen auf der gleichen Stufe stand. Die Frauen jener Zeit hatten kein feineres Gefühl als die Männerwelt. Sie standen an den Flügeln, mit „dem zusehenden Adel", damit die Lerchen weniger ausbogen nach den Seiten hin, „sehen wie die Lerchen in die Netze einfallen und haben auch ihre Kurtzweil dabey." Die Kirche hat für die Tiere wie die Vögel eigentlich nie etwas getan. Um so freundlicher berührt es den Leser, wenn er auf eine fühlende Seele trifft, wie Franz von Assisi. Er pflegte zu sagen: „Wenn ich nur dem Kaiser vorgestellt werden könnte, so würde ich ihn bitten, aus Liebe zu Gott und mir, ein Gesetz zu erlassen, das jedem das Einfangen oder Einsperren meiner Schwestern, der Lerchen untersagte und vorschriebe, wer Ochsen und Esel halte, müsse sie Weihnachten besonders gut füttern." [1])

Leider ist von dem ganzen Vogelfang nicht viel Gutes zu berichten. Man lockte die Vögel an durch Kirren und durch Lockvögel, und diese armen Tierchen wurden oft unmenschlich zugerichtet. Wenn die Lerche als Lockvogel diente, nannte man sie Ruhrlerche; [2]) die Vögel mußten still sitzen und sich nur bewegen, wenn sie von der Hütte aus an einer Schnur gezogen wurden, die ihnen am Fuß befestigt war. Im Frühjahr auf dem Zuge pflegten dann die wilden Lerchen nach diesen Ruhrlerchen zu stoßen, und dabei wurden sie gefangen. Um der Ruhrlerche ihre natürliche Wildheit zu benehmen, wurde sie absichtlich krank gemacht. Der Fänger stieß dem Vögelchen „eine jegliche Feder des Schwanzes tief ins Fleisch, jedoch gemächlich, daß in dem Drücken die Federlein

[1]) Lecky, Sittengeschichte, 544, Leipzig, 1904.

[2]) Das Wort Ruhrlerche ist auf denselben Namen zurückzuführen, den wir im 12. bis 14. Jahrhundert für ruore, ruorhunde, gefunden haben, auf ruoren, rueren, rühren, sich bewegen.

nur geknicket und nicht eingehen, davon geschwillet ihnen der Stertz und stechen die Federn so steiff, daß sie nicht auszuziehen und die gesterzte Lerchen nicht entfliehen kan." [1]) Um die Finken zu Lockvögeln zuzurichten, brannte man dem kleinen Sänger mit einem heißen Draht die Augen aus. Dann saßen sie still in ihrem Käfig, und wenn den Tierchen die warme Sonne auf das Gefieder schien, dann fingen sie an zu schlagen. Ehrlich berichtet Aitinger: „Die geblendeten Fincken gerahten nit alle, es stirbt oft eine davon. Ehe ich recht bericht war, habe ich ir viel geblendet so bald ich sie überkame, die lebten wohl 14 tage, sehend aber doch hernach gestorben" [2]). Auf solche grausame Art bereitete der Mensch sich seine Lust; der Vogelsang zählte zur Jagd, zum Weidwerk, wie denn z. B. Hohberg auf S. 696 den Finken-Roccolo ausdrücklich Weidwerk nennt.

Die Angaben, die Hohberg über den Vogelfang uns gibt, sind eingehend, aber entlehnt aus italienischen Quellen, die ich leider nicht bezeichnen kann; Hohberg nennt S. 705 das Werk von D. Olina, Uccelliera. Es waren besondere Fangplätze eingerichtet, kleine viereckige Gärten, um die herum die Netze standen, während die Lockvögel im Garten verteilt waren. Fielen fremde Vögel ein, dann schoß der Fänger aus der nahen Hütte einen Pfeil über sie hinweg, den die Vögel für einen Raubvogel ansahen. Erschrocken stürzten sie sich in die Büsche und kamen dabei in den Netzen fest. Eine andere Fangart bestand darin, statt des Gartens und des Buschwerks ein kleines Ackerfeld mit Netzen zu umstellen, das später besäet worden war, als die großen Felder. Wenn nun diese abgeerntet waren und der Wind weithin über die Stoppeln fuhr, dann stand auf dem Fangplatz das Getreide noch in Ähren und lockte in Verbindung mit den gezähmten Vögeln die kleinen Sänger an, die vielleicht schon sich zusammenzogen für die Reise nach dem Süden. Überrascht, das späte Korn noch zu entdecken, aus dem die Stimmen ihrer Kameraden so verlockend klangen, hinauf in die klare herbstliche Luft, fielen sie in Schwärmen ein; der Fänger scheuchte sie dann plötzlich auf und jagte sie auf die Art in die Netze. Auch Leimruten wurden oft verwendet und in kahle Bäume eingesteckt, die Vögel wurden dann herbeigelockt durch den gehaßten Uhu, oder auch den kleinen

---

[1]) Joh. Conr. Aitinger, Vom Vogelsang, Kap. 14.

[2]) Ebenda, S. 164.

Kauz, die etwas abseits von der Hütte angebunden wurden. Als an die Stelle des Leimes später das Schießpulver trat und das Gewehr, wandelte sich diese Fangvorrichtung in die Krähenhütte. Auch Gärten wurden angelegt für diesen Fang mit Leimruten; in der Mitte stand die Fängerhütte, und der Garten ward mit einem kleinen Graben und einer lebendigen Hecke rings umzogen, damit die Vögel nicht entkommen konnten, die von den Leimruten sich losgeflattert hatten. Hohberg hat selbst „vielmal mit Lust zugesehen", wie ein Fänger bei Regensburg ohne Lockvögel und nur mit Leimruten, die er an den äußeren Bäumen eines Vorholzes befestigte, an manchen Tagen 500, auch 1000 Meisen fing[1]).

Der sogenannte Finkenherd war eine Fangvorrichtung mit Schlaggarnen, die entweder im Walde, oder auch im Felde auf einem ebenen Platze hergerichtet war. Von dem eigentlichen Fangplatz etwa sieben Meter entfernt mußten ringsumher 12—14 Fallbäume stehen; der eigentliche Fangplatz aber, die sogenannte Tenne mußte von Buschwerk dicht umgeben sein, in das die Lockvögel versteckt werden konnten. Unweit der Tenne wurde aus Reisig die Hütte für den Fänger eingerichtet, der durch zwei Schnüre den Stellmechanismus der beiden Schlaggarne auslösen konnte. Hier wurde der „Krammethvogel mit Krammethbeeren" gefangen, d. h. der Krammetsvogel mit Wachholderbeeren; die Feldtennen aber, die auf offenen Plätzen zwischen benachbarten Wäldern lagen, dienten dem Fang der Finken, Stieglitze und Zeisige, Hänflinge und anderer Singvögel[2]). Ausgestreutes Futter, einige gesterzte Ruhrvögel und singende Vögel in versteckten Käfigen lockten die Wildfänge an. Hatten sich ein paar arme Vögelchen an die gedeckte Tafel rangesetzt, dann zog der Fänger seine Leine an, und über der Henkersmahlzeit schlugen die Netzwände verhängnisvoll zusammen, wie die Wogen eines feindlichen Geschicks. Ein gut gedeckter Tisch ist immer ein beliebtes Mittel gewesen, um hungrige Genossen umzubringen. Was hier mit den Finken vor sich ging, das machte der Jäger mit dem Hasen im Hasengarten, mit der Sau im Saugarten und mit dem Wolfe im Wolfsgarten, und ebenso stellten es die Menschenjäger mit ihren unliebsamen Freunden an: so ließ auf einem Festschmaus

[1]) Hohberg, Adeliges Landleben, II. 713.

[2]) Ebenda, 701—2.

Abbas die Omajaden umbringen und vollendete über ihren Leichen das schaudervolle Mahl, und so ließ Gero die Slavenfürsten niedermachen, die so leichtsinnig gewesen waren, der freundschaftlichen Einladung eines deutschen Grafen zu vertrauen.

Die Falkenbeize war im Niedergang; das Abtragen der Vögel ist im 1. Band behandelt worden, ich darf daher den Leser dahin weisen. In gleichem Maße wie der Adel durch das Regal die Jagd verlor, schwand auch die Falkenbeize, denn der Ritterstand war es gewesen, durch dessen Begeisterung sie sich erhoben hatte. Wir sahen im Ritterstand die Blüte des allgemeinen Seniorats, der sorglos freien Zeit der Grundbesitzer, da sie allein noch von der Bauern Arbeit lebten. Die Parforcejagd in Frankreich, das Überlandjagen in Deutschland, die Falkenjagd in beiden Ländern waren neben den Turnieren und den Liebeshöfen der Frau Minne der sichtbare Ausdruck der Lebensform gewesen, in welcher das ritterliche Leben seine Blüten trieb. Als mit dem aufsteigenden Bedarf der Städte der alte Grundherr sich in einen Korn- und Mehlhändler verwandelte, der nunmehr Geld verdienen wollte und die Bedrückung seiner Bauern als den besten Weg ansah, sich willenlose Arbeitskräfte zu verschaffen, da traten agrarische Interessen auf, und der Ernst des Lebens stellte sich der rücksichtslosen Ausübung der Jagd entgegen. Solange das Korn dem Bauern angehört hatte, das der Reiterzug durchjagte, wenn vor ihm der Falke in die Lüfte stieg, hatte der Adel keinen Anstoß genommen an der Beize, nun aber das Korn sein eigen war, bekam er anderen Sinn. Mit der Entrechtung des niederen Adels durch den hohen Adel auf dem Felde der Verstaatlichung der Jagd, mit der übertriebenen Hege des Gewilds und der Rücksichtslosigkeit der großgrundherrlichen Jägerei kam der kleine Adel in einen Gegensatz zur Jagd und konnte wenig Neigung haben, ihren nachteiligen Einfluß auf seine Korn- und Graswirtschaft noch dadurch zu vermehren, daß er nach alter Art die Beize trieb. Er hatte auch die Zeit nicht mehr dazu, den Tag am Hofe zu verbringen und mit seinen Falken zu vertändeln, er mußte auf dem Saatland nach dem Rechten sehen, mußte selbst hinaus und anordnen, wenn der Säemann über den Acker schritt, und der Schnitter den goldenen Segen auf die Felder legte. Auch in den früheren Jahrhunderten hatte die Beize sich im großen Stil am Hofe nur bewirken lassen, wo Falkner, Vögel, Pferde, Hunde stets zur Stelle waren, wenigstens die Beize mit dem hohen Flug, die Beize auf den Reiher. Für den Ritter gemeinen Schlages war diese Jagd zu aufwandreich gewesen; aber er hatte am Hofe viel gelebt und dort die Jagd getrieben. Jetzt nun saß er auf seinem Ackerland, blickte sorgenvoll hinauf zum Himmel, wenn die dunkeln Wolken beim Einfahren ihn hindern wollten, untersuchte Korngarben, befühlte Ferkel und schloß an Markttagen mit Ochsenhändlern beim Bierkruge Geschäfte ab[1]). Damit war die Voraussetzung zerstört, auf welcher sich die Falkenjagd erhoben hatte. Sie bestand noch weiter fort an vielen Höfen, aber sie war nicht mehr getragen von dem Geiste und der Lust eines ganzen Standes. Ihre Ausübung blieb beschränkt auf die gelernte Falknerei, auf ein paar Fürstlichkeiten und ihre Dienerschaft, sie verlor das innere Leben und konnte sich nicht halten auf der alten Höhe.

Man muß hier unterscheiden zwischen Jagd und Beize. Die Jagd ward intensiver ausgeübt in gleichem Maße, wie sie sich konzentriert sah in der Hand der Landesherren, denn sie diente nicht allein zur Lust, sondern auch als Nahrungsquelle. Das ganze Land ward durch den großen Grundbesitz zur Weide „wilder Kühe" eingerichtet, und die zünftige Jägerei des 16. und 17. Jahrhunderts stand nicht nur im Dienst des Landesherrn, sondern auch der Hofküche. Sie mußte die wilden Kühe hüten und erlegen und war nur dadurch ausgezeichnet vor dem Beruf der anderen Hirten, daß der Herr des Landes ein Vergnügen darin fand, die wilden Kühe selber zu erlegen, und daß infolge dieser Liebhaberei sich eine eigene Schule bildete, eine Kunst, dem Herrn die gewünschten Tiere vorzuführen, und bei schlechten Schüssen auch dafür zu sorgen, daß sie zur Strecke kamen. Anders lag die Sache bei der Falkenjagd. Hier war kein Geschäft zu machen, die edle Beize kostete viel Geld, nicht nur die Falken, sondern auch die Reiher mußten künstlich aufgezogen werden, wenn bei Bedarf kein Mangel da sein sollte, und zu den Kosten für die Falken trat der Aufwand für das Reiherhaus hinzu. Die Küche hatte wenig Nutzen von der Beize, der Bauch kam nicht zu seinem Recht, und da der Bauch die oberste Entscheidung hatte, ging das Interesse an dem Falkenflug sofort verloren, als die Ritterwelt vom Hofe Abschied nahm. Die Ritterschaft mußte durch ihre Hintersassen das Geld für die Hofhaltung aufbringen und bestand schon im 14. Jahrhundert darauf, daß die Einladungen zum Hof nicht ohne Not erfolgen

---

[1]) Macaulay, Gesch. von England, I. 310—11. Braunschweig 1898.

durften. Fast alle Hofordnungen aus dem 16. und 17. Jahrhundert beschränkten die Hofdienerschaft[1]). Die alten Geschlechter waren in den Stürmen des 12. bis 14. Jahrhunderts untergegangen, ein neues Adelsgeschlecht trat auf die Bühne aus Strebertum und Herrengunst, und dieses hatte wirtschaftliche Interessen. Der kleine Adel beschränkte sich in der Beize auf Vögel mit dem niedern Flug, hauptsächlich auf den Habicht und den Sperber, die er auf Hasen, Enten, Hühner, Wachteln stoßen ließ, die Beize auf den Reiher als zu kostspielig den großen Herren überlassend[2]). Auch die Beize auf Elstern, Krähen und Meisen nennt Hohberg eine Lust für reiche Leute, weil sie „viel aus dem Beutel und nichts in die Küche trägt."

An Stelle der deutschen Ordensherren von Marienburg hatten die Könige von Dänemark die allgemeine Lieferung von Falken übernommen, mit denen sie die meisten Höfe zu versorgen pflegten. Alljährlich sandten sie ein Schiff nach Island und ließen von dort weiße Falken holen, die sie an die Fürstlichkeiten dann verteilten. Der Überbringer war gewöhnlich ein dänischer Falkner, dem für jeden Falken eine Gabe von zwölf bis sechzehn Talern ausgehändigt wurde. Die hessischen Fürsten erhielten durchschnittlich sechs Falken jedes Jahr[3]). Auf den Dörfern durften die Falkner die zum Unterhalt der Vögel erforderlichen Hühner und Tauben selbst entnehmen. An anderer Stelle war der Taubenzehnte eingeführt, der in Hessen im Jahre 1703 in eine feste Abgabe von 400 Tauben umgewandelt wurde. Man sieht auch hier den Adel ungeniert, er legte den Bauern einen Teil der Kosten auf, die er für sein Vergnügen nötig hatte. Landgraf Moritz von Hessen-Darmstadt untersagte 1593 seinen Untertanen ganz das Federspiel, „daß wir selbsten unsere Lusten damit gern haben wollten." Die Falken Georgs II. fingen:

1628:	30	Reiher,	46	Krähen,	12	Brachvögel,	
1629:	50	„	61	„	13	„	
1630:	121	„	19	„	2	„	
1631:	68	„	13	„	5	„	[4])

[1]) v. Maurer, Gesch. d. Fronhöfe II, 380—81.

[2]) Hohberg, adeliches Landleben, 1682, Kap. 86 u. 90.

[3]) Landau, Beiträge, 331.

[4]) Wilhelm Buch erzählt nachstehende kleine Episode: „Am 10. August 1607 ritt des Landgrafen Bruder Philipp baitzen, und als der Vogel erstmals etliche Feld-

Auch am Hof zu Kassel wurde die Falkenjagd nach dem dreißigjährigen Kriege wieder eingeführt; sie hielt sich bis ins 18. Jahrhundert. In Württemberg ging die Beize mit dem 17. Jahrhundert schon zu Ende und ward 1714 gänzlich abgeschafft. Der Reiher ward zum Raubvogel erklärt, und 1726 wurde ein Preis auf seinen Kopf gesetzt[1]).

So kehrte die Jägerei zurück zur alten Jagdweise der Markgenossen, zum accipiter und sparuarius der Volksrechte. Sie kaufte die Beizvögel von umherziehenden Falknern, fing sie auch selber ein mit Schlaggarnen am Finkenherd, wenn sie auf die Ruhrvögel stießen, oder auch mit hohem Netz in vollem Flug. Nestlinge waren beschwerlich aufzuziehen, wie denn überhaupt die ganze Behandlung der Vögel eine außerordentlich subtile und mühselige Sache war, die durchaus für jedermann nicht paßte. Allgemein im Brauch war noch die Hasenbeize. Zwei oder drei Stöberhunde suchten das Feld nach Hasen ab, während der Jäger mit dem Vogel auf der Hand zu Pferde folgte. Am Riemen wurden einige Windspiele geführt. Fuhr ein Hase aus dem Lager, dann wurden die Hunde losgelassen. Zwischen ihnen durch stieß der Vogel nach dem Hasen, und hierbei war ein Unterschied vorhanden zwischen dem Falken und dem Habicht. Der Falke gab dem Hasen einen „Bund," d. h. einen Griff mit seinen Fängen, der jenen veranlaßte, sich schnell zu drücken. Kamen die Hunde näher, stand er wieder auf, und es erneute sich das Spiel, bis die Hunde den Hasen griffen. Der Habicht dagegen schoß in flachem Bogen auf den Hasen zu und griff sich fest mit seinem rechten Fange, während er mit dem linken in den Boden einzugreifen suchte, gleich dem Anker eines Schiffs, um so den Hasen festzuhalten. Es kam oft vor, daß ihm der Trick gelang, oft aber war der Hase ihm zu kräftig und es ereignete sich selbst, daß der Hase ihm die Ständer auseinanderriß und ihn beschädigte. Deswegen rät Colerus, die Ständer des Habichts durch einen Riemen zu verbinden. Gewöhnlich pflegte der Habicht dem Hasen die Seher auszuhacken, so

---

hühner gefangen, warf er denselben an einen Hasen, welchen er auch gestoßen. Da ihn Philipp nun aber wieder an Feldhühner warf, wurde der Vogel unlustig und flog auf einen Stock; darüber wurde der Herr melancholisch, zog die Plauten heraus, hieb dem Vogel den Kopf ab und trank sich dann einen Rausch", ob aus Ärger über seine Dummheit, oder aus der melancholischen Tiefe des Gemüts, wird nicht weiter angegeben. Landau 338.

[1]) v. Wagner, Jagdwesen, 379.

daß der letztere nicht mehr entfliehen konnte, auch schlug er ihm den Schädel ein: „das ist ein sehr lustig Waidewerck, wer recht damit kann umbgehen"[1]). Daß ein Pfarrer dies Verfahren für lustig erklären konnte, ist ein Zeichen für die unentwickelte Reaktionsfähigkeit feinerer Gefühle, wir würden heut geneigt sein, das Verfahren ein grausames zu nennen, wie denn die ganze Falkenjagd von der Eigenschaft der Grausamkeit nicht freizumachen ist, die namentlich darin zum Ausdruck kam, daß den Falken und Habichten lebende Vögel zum Kröpfen geopfert wurden[2]), ein Götzendienst im kleinen, dargebracht dem Raubvogel als dem Vertreter der Lust von einem Geschlechte, das sogar die Andersgläubigen seinem Gott des Zornes opferte mit Feuer und mit Schwert.

Auch auf das Feldhuhn ward der Habicht gerne geworfen, und diese Art der Beize war beliebt. Wie ein Pfeil schoß er hinter der Hühnerkette her und griff ein Huhn heraus. Die andern ließen sich vor Schreck zu Boden fallen und lagen nun so fest, daß der Hund sie greifen oder der Jäger mit der Hand sie aufheben konnte. Wie weit mitunter ein Beizvogel verschlagen wurde, lehrt ein Vorkommnis, von dem Colerus uns berichtet[3]): „Ein Falkner beim Herzog von Jülich, Cleve und Geldern zog am Morgen mit einem Habicht aufs Beizen. Als er sich in die Höhe geschwungen, hat ihn der Wind ergriffen und verschlagen. Am selben Tage kam er um 4 Uhr in Preußen an und ward allda bei einer Habichtsjagd mit überkommen. Als man nun am Blech gesehen, wem er zuständig war, hat man ihn seinem Herrn wieder zugeschickt."

Weidesprüche und Jägerschreie.

Wir haben im 1. Bande schon gesehen, daß die Jäger ihre eigene Sprache hatten, wenigstens eine ganze Anzahl von Wörtern, von Namen für Gegenstände und Tätigkeiten, dann aber auch Verbindungen von Worten, Redeformen, die in der Volkssprache entweder gar nicht oder doch in anderem Sinne gebraucht wurden. Außer den einzelnen Wörtern war ihnen vor allem eine Anzahl sogenannter Weidesprüche eigentümlich, mehr oder weniger festgefügte Redeformen, deren sie auf

[1]) Colerus, Calendarium, 1608 und 1632. 588.

[2]) Vgl. Band I, 318.

[3]) Colerus, Calendarium, 1608 und 1632. 636.

der Jagd und im geselligen Verkehr sich zu bedienen pflegten. Diese Weidesprüche treten uns mit dem 16. Jahrhundert in großer Anzahl entgegen, nicht nur in Beziehung auf den Hund, sondern auf das ganze Leben und Treiben der zünftigen Jägerei. Sie führen uns zum Lager des schlafenden Jägers, zum Erwachen des Burglebens in der Morgenfrühe, zur Vorsuche im grünen Wald, zum Jagen der Hunde, sie zeigen uns die Weisheit der Jägerei, die Lebenskunde und die Fachkenntnis. Diese Weidesprüche wurden meistens gesprochen, und zwar entweder zu einem Hunde oder zu einem Jäger; im letzten Falle pflegten sie die Form von Rede und Gegenrede anzunehmen, oder von Frage und Antwort. Zum Teil aber wurden sie geschrien und ersetzten und ergänzten dann die Hornsignale; sie sind in diesem Fall als Jägerschreie oder Weidgeschreie zu bezeichnen.

Die Brüder Grimm haben im Jahre 1816 in den altdeutschen Wäldern einen sehr beachtenswerten Aufsatz geliefert über diese Form der Jägerweisheit, auf den ich hier verweise, da es mir sowohl an Raum als auch an speziellen Kenntnissen auf dem Gebiet der Sprache fehlt, um diesen interessanten Zweig unserer Literatur eingehend und sachgemäß zu würdigen. Ich muß mich darauf beschränken, dem Leser eine Vorstellung zu geben von dem Inhalt und der Form der Weidesprüche, die fast immer in gereimter Form auftraten, und die der gelernte Jäger kennen mußte, wenn er seinen Dienst versehen und bei dem Frage- und Antwortspiel nicht in den Verdacht kommen wollte, kein Zünftiger zu sein.

Die Brüder Grimm werfen die Frage auf nach dem Alter dieser poetischen Erzeugnisse und sind geneigt, es weit hinauf zu rücken. Sie weisen darauf hin, daß die Form des Frage- und Antwortspiels in der Edda schon enthalten ist, und daß auch die Fragen und Antworten der wandernden Handwerksgesellen eine unleugbare Grundähnlichkeit besitzen. Vielleicht ist hier zu unterscheiden zwischen dem Schrei und dem Spruch. Es kann wohl keinem Zweifel unterliegen, daß der Schrei sehr früh entstanden ist und in der Jägerei gegolten hat, solange die Hetzjagd üblich war, und zwar in der Urzeit mehr als später, weil er ursprünglich die einzige Form war, in welcher Signale gegeben werden konnten, durch welche es den Jägern möglich war, sich zu verständigen, während später mit der gesteigerten Geschicklichkeit der Gewerbe die Jägerhörner üblich wurden und nach und nach den Schrei verdrängten.

Bei der Jagd des 14. Jahrhunderts ließen sich Schreie mehrfach nachweisen, namentlich in Frankreich, und in der Parforcejagd haben sie bis heute sich erhalten, während in der deutschen Jagd vom Schrei zwar auch die Rede war, selten aber die Form des Schreies angegeben wurde.

Der Spruch kann jünger sein als der Schrei, er ist vermutlich da entstanden, wo eine zahlreiche Jägerei vorhanden war und die Hunde nicht immer in derselben Hand verbleiben konnten[1]). Hier waren feste Redeformen schwerlich zu umgehen, wenn der Hund die verschiedenen Führer ohne weiteres verstehen sollte, und es ist anzunehmen, daß die Jägersprüche an den großen Höfen sich zuerst gebildet haben, und zwar speziell in dem Verkehr zwischen dem Jäger und dem Hund. In der Tat beziehen sich z. B. die Jägersprüche, die wir durch Hadamar von Laber kennen lernen, sämtlich auf den Hund, obschon gerade diese noch eine flüssige Form erkennen lassen und wohl noch nicht in feste Regeln auskristallisiert gewesen sind. Der kleine Edelmann, der immer mit den gleichen Hunden auf die Suche ging, bedurfte der festen Sprüche auch weniger, hier genügte die Widerkehr gewisser Worte, wenn sie nur im gleichen Tonfall blieben. So sehen wir Laber wohl zum Hunde sprechen in einer Weise, die man typisch nennen könnte, die aber doch in sich so wechselvoll und flüssig ist, daß ein Auswendiglernen ausgeschlossen scheint.[2])

Das wurde anders, als mit der wachsenden Macht des großen Grundeigentums und der Ausbildung der Regalität der Jagd im 15. und 16. Jahrhundert das Jägerpersonal und die Zahl der Hunde zunahmen. Außerdem wurde die Festlegung bestimmter Redeformen durch das Zunftwesen gefördert, welches den ganzen Lebensinhalt in festumschriebene Formen einzugrenzen suchte. Zugleich mit dem Handwerk in den Städten hatte die Jägerei ihren Höhepunkt erreicht

[1]) Fouilloux sagt, daß die Jäger am Tage vor der Jagd zum Jägermeister gehen mußten, um zu hören, welche bei der Meute und welche bei den Relais seien, welche Hunde sie führen und welches Hilfspersonal sie bei sich haben sollten. Venerie, Paris, 1573. 49. r. Colerus sagt, es sei gut, daß die Jagdhunde immer von denselben Knechten geführt würden, die ihnen bekannt wären und denen sie gern folgten. Colerus, 584.

[2]) Vgl. hierzu die Ausführungen in Band I, 304—6, wo auch einige Sprüche von Laber gegeben sind. Daselbst ist darauf hingewiesen, daß auch Foix Ende des 14. Jahrhunderts noch keine festen Regeln anerkannte, wenn er zu seinen Hunden sprach.

und angefangen, das Meisterwesen und die Handwerksbräuche anzunehmen, den ganzen weitschweifigen Formelkram der Zünfte. Um das Jahr 1200 hatten die Handwerker den Hofdienst abgelöst, um 1400 hatten sie den Anteil an der Stadtverwaltung sich erstritten, und damit hatten sie in der genossenschaftlichen Entwicklung die höchste Ausbildung erklommen. Gleich darauf fingen die Zünfte auch schon an, sich abzuschließen und fremden Lehrlingen den Eintritt zu erschweren. In dieser Zeit erkennen wir auch die politische Wirksamkeit des von den zünftlerischen Interessen geleiteten städtischen Lebens mit seinen Privilegien von Markt- und Meilenrecht, von Stapel-, Gast- und Fremdenrecht, von Münze und von Zöllen und von dem ganzen Apparat, der als Lokalwirtschaft schon mit dem 16. Jahrhundert sich überlebt hatte, und zum Eingreifen der Territorialgewalten führte.

Auch die Jägerei hatte mit dem Ausgang des 14. und dem Anfang des 15. Jahrhunderts ihren Höhepunkt in jagdlicher Hinsicht erreicht, später trat die freie Hetzjagd mehr zurück, und die minderwertige Netzjagd drang vor. Die Organisation der Jägerei lehnte sich an die der Zünfte an; wie diese hatte sie das Lehrlingswesen ausgebildet, hatte sie die Aufstufung der Lehrlinge, der Knechte und der Meister, und wie die Zünfte ihr Frage- und Antwortspiel in feste Formen brachten, nach denen der zugewanderte Geselle in der Herberge sich ausweisen mußte, ehe der Herbergsvater ihn willkommen hieß, so schufen auch die Jäger ihre Sprüche, die wohl im 15. Jahrhundert den alten Zusammenhang zwischen Jägerei und Hund erweitert haben auf den ganzen Inhalt des jägerischen Lebens. So treten sie im 16. Jahrhundert uns in fester Form entgegen. Der Zweck der Sprüche war nunmehr neben dem praktischen Jagdbetrieb das Erlernen der jagdlichen Wissenschaft und das Festlegen der Weidmannssprache, aber auch das Wichtigtun und Necken, wie es die würdigen Meister der gelernten Jägerei zu üben liebten, wenn sie einen Fremden vor sich hatten, oder beieinander in der Kneipe saßen und die müden Lebensgeister auffrischten im Wein.

Die Jägersprache war erst im Entstehen und hatte sich noch nicht in feste Formen abgeklärt. Darum sagt B. Jobin 1590 von den Jägern[1]):

Der Jäger hat die weiß jeder meint
Er red allein recht und verneint

---

[1]) Übersetzung von Fouilloux, Straßburg 1590, Vorrede.

Was der ander will, ob schon recht
Aigensinn besitzt auch mancher Knecht.

Darum gibt er „Waidsprüch, wie nach waidmännischer art von allerhand Waidtwerck gepürlich zu reden", und das lange Rezept folgt dann in Reimen. Ebenso heißt es im Feyerabend[1]): „Es ist die Art vom Weydwerck zu reden fast so viel und mancherley, als Land und in denselbigen Jäger gefunden werden." Ähnlich äußert sich Sebizius[2]): „Solche Waidgeschrey aber ändert sich beinahe nach jedes Landes brauch, gleich wie auch das Forst- und Waidrecht."

In dieser Geburtszeit der Weidmannssprache war es ein bequemes Hilfsmittel für das Gedächtnis, wenn die vielen Zeichen, Regeln und Namen reimweise zusammengefaßt wurden, ähnlich den verklungenen Genusregeln aus unserer Sextanerzeit. Man muß also bei den Sprüchen und den Schreien unterscheiden zwischen praktischem Jagdbetrieb und dem Bechertreiben in der Kneipe.

Um dem Leser zunächst von Form und Inhalt dieser Sprüche und Schreie, soweit sie auf die Jagd Bezug haben, eine Vorstellung zu geben, lasse ich eine Zusammenstellung folgen, in welcher Sprüche und Schreie miteinander abwechseln, insofern aber einheitlich verbunden sind, als sie dem Gang der Hetzjagd folgen und die Entwicklung derselben anschaulich erkennen lassen. Ich entnehme die Zusammenstellung dem Werk von Noë Meuer, der sie „weyland Keyser Friedrichs deß dritten Forstmeister" zuschreibt.[3]) Sie entstammen also wohl der 2. Hälfte des 15. Jahrhunderts[4]).

Die Zusammenstellung beginnt mit dem Weckruf der Burg am Morgen des Jagdtages. Der Jägerknecht stellt sich auf den Burghof und läßt laut seine Stimme schallen:

Woluff, woluff, woluff,
Der liechte Morgen, der ist heut auch auff.

---

[1]) Feyerabend, Neu Jag- und Weidwerkbuch, 1582, 56.

[2]) Übersetzung des Stephanus und Libaltus von 1579, 665.

[3]) Noë Meurer, Jag- und Forstrecht, Frankfurt 1582. 72 u. f.

[4]) Auch die Brüder Grimm geben in den altdeutschen Wäldern diese Zusammenstellung wieder, haben sie aber nicht aus Meurer entnommen, sondern aus einer späteren Quelle, aus Bechers Jäger-Cabinet, das 1701 in Leipzig gedruckt wurde. Schreibweise und Inhalt der vorstehenden Verse sind also aus Meurer entnommen, dagegen folge ich den Gebrüdern Grimm in der Anordnung und Zusammenstellung der Zeilen, welche derjenigen der späteren Zeit entspricht.

Woluff, woluff, woluff jung und alt,
Daß sein heut Gott walt.
Woluff, wolluff, woluff die faulen und die trägen,
Die heut zeit gern lenger legen.
Woluff, woluff, woluff, ir Waydleut,
Was guten Tag ist heut.
Woluff, woluff, woluff Roß und Tradt,.
Daß uns heut der beraht,
Der uns all erschaffen hat.
Wolauff, wolauff, wolauff, Herrn und Frauen,
Laßt uns heut ein edlen Hirsch beschauwen.
Wolauff, wolauff, wolauff, Herrn und Frauwen, Freien und Grauen,
Ritter und Knecht, und all gut Gesellen,
Die heut mit mir gen Holtz wöllen.
Woluff, woluff, woluff heut in deß Namen,
Der beschuff den wilden und den zamen.
Woluff, woluff, woluff, frisch und wolgemuth,
Als der edel Hirsch thut.
Wolauff, wolauff, wolauff, frisch und frölich;
Das stehet heut Jägerlich.
Wolauff, wolauff der Keller und der Koch,
Und der Gadner auch.

Dieses Waidgeschrei galt den Jägern und dem Küchenpersonal. Die Herrschaft hörte wohl den Schrei, wußte aber, daß sie noch Zeit hatte, drehte sich auf die andere Seite und schlief wieder ein. Die Jäger, die auf Besuch ziehen sollten[1]), waren natürlich lange fort, ehe das Personal der Burg geweckt wurde. Dieses aber erhob sich bei dem ersten Weidgeschrei, die Jäger, welche die Netze und das Zeug richten und die Warte besetzen sollten, und mit ihnen das Küchenpersonal. Erst wenn das Frühmahl gerüstet war, erging der zweite Schrei, der einen Teil des ersten wiederholte und der Herrschaft galt:

Wolauff, wolauff, wolauff, Herrn und Frauwen,
Laßt uns ein edlen Hirsch beschauwen.
Wolauff, wolauff, wolauff, der Fürst und die Fürstin,
Sampt irem Hofgesind!
Wolauff, wolauff, wolauff, Herrn und Frauwen, Freyen und Grauen,
Ritter, Knecht und alle Gesellen,
Die heut mit mir gen Holtz wöllen!

[1]) Auf die Vorsuche.

Wenn der Jäger in der Nacht oder doch am frühen Morgen den Leithund von der Kette löste, war ihm vorgeschrieben, ihn also zu begrüßen:

Gesell, Gesell, was heut Gott wöll,
Hin, trauwt guter Gesellmann, hin hin.
Gesell, Gesell, wol hin mit Lust und Freuden,
Herren und Frauwen zu lieb, auch uns beyden.
Wolhin, wolhin, trauwt guter Gesellmann hin, hin, hin.
Wolan, wolan hin gen Holtz,
Da schleicht heut manch edel Hirsch stoltz.

Geht er nun „auff den Versuch", d. h. auf die Vorsuche, so soll er mit seinen Hunden „also Jägerlich reden":

Gesell, Gesell, hinwider laß sehen,
Hinfür lieber Gesell, etwa heut laß sehen,
Ob dir etwas guts von dem edlen Hirsch wöll beschehen.
Hinfür lieber Gesellmann, uber da solt der edel Hirsch uber diß liecht
gäng gern her schleichen,
Oder es vor offt hat gethan seins gleichen.
Hinfür lieber Gesellmann hinfür,
Hinfür lieber der Weyd nach,
Dieser zeit jars solte der edel Hirsch gern her gohn,
Als deß edlen Hirsch Vatter vor offt und dick auch hat gethan.
Hinfür, hinfür lieber Gesellmann, hin, hin, hin, laß sehen.
Hin wider lieber Gesell laß sehen,
Ob dir etwas guts von dem edlen Hirsch noch wöll beschehen.
Dem Gehirn zu lieber Gesell, der Weyd nacher,
Diß zeit jars solt der edel Hirsch von daher kommen,
Als du mir vor offt und dick auch ein hast vernommen,
Hin, hin, lieber Gesell hin, laß sehen.

Ich glaube nicht, daß der Jäger, wenn er auf Besuch zog, dem Hunde die ganze Litanei auch wirklich vorgetragen hat. Ein guter Jägerspruch besagte:

F. Lieber Weidmann, sag mir an:
Wofür muß sich hüten der Weidmann?
A. Vor vielen Reden und heimlich Geschwetz,
Wird mancher Weidmann verletzt.

Die Unterhaltung mit dem Hunde bekundet aber das gerade Gegenteil. Ich glaube nicht, daß die Weidesprüche und Jägerschreie wirklich die Länge gehabt haben, in welcher sie uns überliefert sind. Der

Spruch war immer nur ein Anhalt für die Weise, wie der Jäger zum Hunde reden sollte, der Schrei ein Mittel, um den Weidgenossen ein Zeichen zu geben, oder die Hunde anzufeuern. Aber der Weidespruch sowohl, als auch der Jägerschrei waren aus der grünen Praxis hervorgegangen und bestimmt für das Revier, sie konnten eine Länge von zwei Zeilen nicht gut überschreiten, wenn sie brauchbar bleiben sollten, und in der Tat werden wir sehen, daß die Schreie, welche z. B. Fouilloux in Verbindung mit den Hornsignclen gibt[1]), dieser Anforderung durchaus entsprochen haben. Dieselbe Erscheinung finden wir in der Wiedergabe dieser Schreie in deutscher Form bei Jobin[2]) und bei Feyerabend[3]): immer nur eine Länge von einer oder zwei Zeilen. Wahrscheinlich sind auch Spruch und Schrei nie länger gewesen, und noch in Meurer[4]) finden wir die langen Weidesprüche und die langen Jägerschreie der späteren Zeit in einzelne Teilsprüche und Teilschreie zerlegt, unter denen der Jäger die Auswahl hatte. Er konnte also in dem Falle, daß er mit dem Hunde den Hof verließ und zu Holz zog, entweder zu ihm sagen:

Gesell, Gesell, was heut Gott wöll,
Hin, trauwt guter Gesellmann, hin, hin

oder

Gesell, Gesell, wol hin mit Lust und Freuden
Herrn und Frauwen zu lieb, auch uns beyden.

Selbstverständlich konnte der Jäger den Spruch wiederholen, auch mehrere aufeinander folgen lassen, aber seine Rede setzte er dann immer nur in bewußter Weise aus Einzelsprüchen zusammen. Die in der Kneipe üblichen Frage- und Antwortspiele scheiden hier aus, da sie mit der Jagd nur mittelbar zusammenhingen. Dagegen sind die Sprüche, die Meurer in der vorstehenden getrennten Weise bringt, von den späteren Kopisten zusammengezogen worden, vielleicht der Raumersparnis wegen; so finden sich bei Sebizius im Jahre 1579 schon die Sprüche zusammengefaßt in einen Block des Prosatextes[5]); an anderen

---

[1]) Fouilloux, la venerie, 1573. 63 u. f.

[2]) New Jägerbuch, Bernhard Jobin, Straßburg, 1590. 55 u. f.

[3]) J. Feyerabend, Neuw Jag unnd Weidwerckbuch, 1582, 4 u. f.

[4]) Noë Meurer, Jag- und Forstrecht, 1582. 72 u. f.

[5]) Stephano und Libalto, vom Feldbau, Deutsch von Sebizius, 1579. 666.

Stellen wurden die Sprüche zu mehr oder weniger langen Gedichten zusammengezogen, woraus dann wohl die irrtümliche Meinung entstand, daß die Sprüche und Schreie die unbrauchbare Länge wirklich gehabt hätten. Das Verständnis für die Sprüche schwand in dem Maße, als sie selbst in Fortfall kamen und durch die Signale der neuen Hörner ersetzt wurden.

Kommt nun der Jäger von der Vorsuche zurück, dann fragen ihn angeblich die anderen:

F. Sag mir Weydmann,
Was hat der Edel Hirsch heut zu Feld than?

A. Zu Feldt, zu Feldt,
Da hat der edel Hirsch heut gewehdt zelt.

F. Sag mir Weydmann, sag mir Weydmann,
Wieviel hat der edel Hirsch heut widergäng gethan?

A. Sechß oder siben, sechß oder siben
Hat der edel Hirsch heut widergäng getrieben.

F. Sag mir Weydmann, sag mir Weydmann,
Wo hastu den edlen Hirsch heut gelan?

A. Ich hab in ein schmelen bunden,
Wils wol, ich hab ine bald funden!

Wahrscheinlich haben wir es auch hier mit einer Kneipenunterhaltung zu tun. Was läßt sich wohl für ein vernünftiger Grund denken, daß Jäger, die von der Vorsuche kamen, sich mit solchem Halbunsinn gegenseitig öden sollten, der doch unmöglich in jedem Falle passen konnte! Der Hirsch machte doch nicht jedes Mal sechs oder sieben Widergänge, ehe er zu Holz zog, und es kam doch zweifellos auch vor, daß der Jäger überhaupt keinen Hirsch zu Gesicht bekommen hatte. Zu was also das Gesalbader?

In dieser Weise geht es fort. Ich kann aus Mangel an Raum nicht die ganze Poesie hier wiedergeben und muß mich beschränken auf das, was mir charakteristisch scheint.

Wenn der Jäger von der Vorsuche zurück ist, den Jagdherrn holt und mit ihm zu Holz zieht, hat er dem Hunde ein Gedicht vorzutragen; wenn er die verbrochene Fährte aufnimmt, kommen andere Verse an die Reihe, ebenso wenn der Hund beim Lancieren die Fährte verliert. Ich sollte meinen, der Jäger hatte alle Sinne zusammenzunehmen, auf die Fährte, die Losung und das Wenden zu achten, damit er sicher zu dem Hirsch hinkam, den er bestätigt hatte. Ist die Fährte wiedergefunden, so soll der Jäger schreien:

„Da kompt der edel Hirsch, hieher,
Hieher Knecht, da kompt der edel Hirsch her.“

Danoch soll er zweimal blasen und dann andere Sprüche weiterschreien. Hier sagt Meurer ausdrücklich, der Jäger solle „darnach die anderen Weidsprüch schreyen,“ und bestätigt damit meine Annahme, daß es sich um einzelne Sprüche handelt, die ursprünglich gterennt gehalten und später erst ineinander geflossen sind. Der Jäger läßt sich also weiter hören, obschon der Zweck des weiteren Schreiens nicht ersichtlich ist, denn die Jägerei ist ja durch Schrei und Horn unterrichtet, daß der Jäger die Fährte hat. Er schreit aber weiter:

„Da kompt er noch hieher,
Da kompt der edel Hirsch noch also hieher.
Da kompt er noch als abher
Weich gar, da kompt er noch als aber
Nun dar, nun dar,
Trauwter Hund, nur dar!“

Verliert der Hund die Fährte, geht auch das Schreien wieder los. Der Junge, der mit den Bracken nachzieht, antwortet und gibt den schlauen Rat:

„Greiffe fürbaß zu der rechten Handt,
Wardt, wo schleicht der edel Hirsch hin in ein ander Land?“

Wenn der Jäger das wüßte, brauchte er nicht vorzugreifen, und warum soll er nicht linker Hand vorgreifen? Danach schreit der Jäger wieder und redet zu dem Hund. Was er zu schreien hat, ist nicht angegeben, wozu auch schreien? Er mußte suchen, die Fährte suchen, spüren, arbeiten, dem Hunde zusprechen, er hatte wahrlich Ursache, alle Sinne anzuspannen und die Sammlung seines Geistes nicht mit Schreien abzulenken.

Bei Fouilloux wird die Dickung von der Jägerei umstellt, in welcher der Hirsch bestätigt ist; der Besuchknecht hängt auf der Fährte nach und schreit nur, wenn er sieht, daß der Hund die rechte Fährte hat, damit die Jäger aufpassen sollen. Dann verbricht er jedesmal. Ist die Meute zuweit ab, bläst er zwei Töne ins Horn oder ruft: Approche les Chiens! Kommt er dem Hirsche näher, achtet er darauf, ob er nicht das Bett oder „das Erwunden“ sehen kann. Wird der Hirsch hoch, ruft er nur dreimal Gare gare, Gare gare, Gare gare, folgt aber dem Hirsch so lange nach, bis er sicher zu sein glaubt, daß er den gesuchten Hirsch auch wirklich vor sich hat. Dabei achtet er genau auf alle Zeichen, und dann erst ruft er: Tya hillaud! Dabei läßt er immer noch den Hund nachhängen, indem er schreit und hornt, bis die Meute zur Stelle ist und die Fährte angenommen hat. Hier also schreit der Jäger immer nur, wenn er die Fährte hat. Nach der Zusammenstellung bei Meurer hat es aber den Anschein, als wenn der Jäger auch schreien sollte, wenn er auf falscher Fährte war.

Ist die Fährte wiedergefunden, wird auf der deutschen Jagd zweimal geblasen, und das Schreien von neuem angestimmt, bei welchem der Hundejunge sekundiert. Keine Oper kann die eigentliche Arbeit des Jägers mehr verschleiern und mit überflüssigem und störendem Beiwerk versehen, als diese zünftigen Gesangsvorschriften.

Kommt der Jäger an das Bett des Hirsches, trägt er dem Hunde ein Gedicht vor von vier Zeilen, und dann ist mit einem Male auch der Junge da, der noch gar nicht gerufen worden ist, und nun schreien Jäger und Junge unisono, oder durcheinander drei Sprüche ab. Hier fehlt unbedingt der Ruf des Jägers nach den Hunden. Die Meute soll nach Fouilloux 60 Schritte hinter dem Leithund bleiben, damit sie die Fährten nicht zu schnell vertritt, und darf erst näher kommen, wenn sie gerufen wird. Die Hunde sind bei Meurer aber da und werden angehetzt, und nun jagt der Jäger „im Horn“. Der Text des Anhetzens wird wie folgt gegeben:

„Dhotz dhotz dhotz do, ho ho ho,
Daho, daho, hoho,
Den den den da, ho ho ho da, ho ho ho, dotz,
Dotz dotz dotz da, ho ho ho ho da, ho ho ho, do, o, o!“

Das wäre ja ganz gut, und so ungefähr mag das Anhetzen ja auch gelautet haben, aber mit dem Anhetzen sind wir nicht zu Ende. Statt nun auf den Laut der Hunde Acht zu geben und aufzumerken, ob sie keine falsche Anjagd machen oder wechseln, und mit dem Leithund auf der Fährte still zu folgen, trägt uns der Jäger wieder eine seitenlange Arie vor von neunzehn Strophen nach folgendem Rezept:

„Da laufft der edel Hirsch einher Gesell,
Da laufft der edel, wahr Jäger, da lauft er hieher.

Da lauft er wancks und schwancks,
Seiner Mutter Sohn heut undanks.
Da fleucht der Edel Hirsch uber diß weg,
Daß Gott meins schönen Bulens heut pfleg."

Daß er ihrer so freundlich gedenkt, stellt seiner Liebe ein gutes Zeugnis aus, aber damit ist sein Gesang noch nicht erschöpft, denn in dieser Weise geht es fort noch eine ganze Seite lang! Wo bleibt der Hirsch? Wo bleibt die Jagd?

Ich glaube also nicht, daß der Jäger die ganzen Gedichte wirklich abgesungen und abgeschrien hat; diese Gedichte setzen sich zusammen aus einer ganzen Anzahl von Weidgeschreien, und diese letzten sind ursprünglich auch in der Schrift getrennt gewesen. Abgesehen vom praktischen Jagdbetrieb gab es aber auch Sprüche, die zwar mit der Jagd zusammenhingen, aber nicht in den Gang der eigentlichen Jagd eingriffen, sondern den Anfang und den Schluß bildeten, wie der Weckruf in der Morgenfrühe, oder auch die Anrede an den Leithund, wenn das Geweih ihm vorgetragen wurde[1]). Diese Sprüche konnten natürlich länger sein und waren es tatsächlich auch, wie u. a. folgendes Beispiel bei Wagner zeigt:

„Gesellmann, lieber Gesellmann,
Wo fleucht der edle Hirsch heut her?
Da fleucht er über die grüne Heid
Manchem Herrn zu Leib (?) und Leid,
Da fleucht er über den Weg und über die Straßen,
Er muß uns heut die Haut laßen.
Laß dichs nicht verdrießen,
Du wirst heut des edlen Hirsches genießen."

Andere Sprüche waren noch länger; der Hund fand das Gerede natürlich furchtbar albern und dachte, „wenn ich nur den Knochen hätte." Tiere bewahren sich immer die Gesundheit des natürlichen Empfindens. Auch die Frage- und Antwortsprüche in der Kneipe konnten länger sein, auf die ich unten noch zu sprechen komme. Zunächst möchte ich die französischen Signale kurz beleuchten. Fouilloux gibt die Signale, die bei der Parforcejagd üblich waren, und bei jedem Signal gibt er

---

[1]) Beispiele gibt J. M. Wagner in einem Aufsatz „Weidsprüche und Jägerschreie" im Archiv für die Geschichte deutscher Sprache und Dichtung. Wien, 1874. 133 u. f.

auch den Schrei, durch den das Signal ersetzt werden konnte. Der Jäger konnte also blasen oder schreien, oder auch beides tun. Die gesamten Signale bei Fouilloux beziehen sich auf folgende Vorgänge:

1. Der Ruf des Kameraden, —
   Die Antwort desselben, —
2. Abermaliger Ruf, ◡ —
3. Anfeuern der jagenden Hunde, ◡ ◡ ◡
4. Die Sicht, — — — ◡ ◡ ◡ —
5. Wenn die Hunde verloren haben, ◡ — ◡ — ◡ —
6. Wenn der Hirsch voraus flüchtet, ◡ — ◡ —
7. Das Verbellen, ◡ ◡ ◡ ◡ ◡ ◡ ◡ ◡ — ◡ ◡ ◡ ◡ ◡ ◡ ◡ ◡ —
8. Der Tod des Hirsches, — — — ◡ —
9. Die Curée, ◡ ◡ — ◡ ◡ ◡ ◡ —
10. Nach der Curée, ◡ ◡ ◡ ◡ ◡ ◡ ◡ ◡ — ◡ ◡ ◡ ◡ ◡ ◡ ◡ ◡ —
11. Die Heimkehr, ◡ — ◡ — ◡ — ◡ —
12. Wenn die herrschaftlichen Jäger nach dem Tod des Hirsches sich zurückziehen wollen, — — — ◡ ◡ — —

Diese Signale hat Feyerabend zum Teil übernommen, dabei aber die französischen Schreie durch deutsche ersetzt. Ich lasse zum Vergleich hier einige folgen. Geschrien wurde

auf französisch:	auf deutsch:
Zu 1. Houp!	Hoch da!
„ 2. Houp Houp!	Hoch da, Hoch da!
Zu 3. Il va là chiens, il va làha il va làha, il va là ha ha ha ha!	Da ist er hinauß, da hinauß, Da hinauß, da hinauß!
oder:	
Hau il fuit là chiens, il fuit là, il fuit là, il fuit là, là ira chiens, là ira, là ira, ha, ha!	Da fleucht er hinauß, da laufft er hinauß.
	Hab acht gut Hund, hab acht!
Outre ira chiens, outre ira, outre ira, ha ha!	
Zu 4. Thia hillaud, Thia hillaud!	Hochda N., und die Hunde nennen.
sind die Hunde da, wird ihnen zugerufen:	
Passe le cerf, passe, passe, passe, passe ha, ha hau ha hau!	Der Hirsch ist fürüber, uber, hoch da, hoch da, hoch da, fürüber!
Zu 5. Hourua a moy theau il fuit icy!	Hieher N., und die Hund nennen, daher!
oder:	
Vauleci horuari le cerf, vauleci horuari, vauleci horuari la voye!	Da Wichßlet der Hirsch, der Hirsch wichßlet!
Wenn ein Hund die richtige Fährte annimmt:	
Vaulecy fuyant, il dit vray, vaulecy fuyant, vaulecy fuyant!	Der Hund sagt recht, hat recht, da hinauß, hat recht, sagt recht!

Die Nummern 6 und 7 fehlen bei Feyerabend. Das Signal Verbellen war bei der französischen Jagd das gleiche wie das Signal nach der curée; es konnte aber auch ein Schrei gegeben werden von nachstehendem Klang:

Zu 7 und 9: Hau halle Chiens, halle, halle, halle, halle,
eine Form, aus welcher offenbar später das Hallali hervorgegangen ist.
Zu 8. A la mort chiens, à la mort, Der Hirsch hats, ist erlegt, ist erlegt.
à la mort!
Zu 9. Ha Miraud, ha Brifaud, ha Gerbaud. Hoch da, N., hoch da N., hochda N.

Im Fouilloux sind bei den Signalen und den Schreien die Noten beigedruckt, und Feyerabend druckt sie nach, setzt aber deutschen Text dazu. Es entsteht daher die Frage, ob auf der deutschen Jagd in dieser Art wirklich geblasen und geschrien worden ist, oder ob Feyerabend hier ein Phantasiegebilde schuf. Ich glaube das letztere. Wenn auch der Einfluß Frankreichs schon im 16. Jahrhundert angefangen haben mag, in Deutschland sich geltend zu machen, so konnte er doch um diese Zeit vor dem spanischen Einfluß wohl nicht aufkommen, den das spanische Blut der deutschen Kaiser Karl V. und Ferdinand I. mit sich brachte. Außerdem war die übliche deutsche Jagd als Jagen am Zeug von der Parforcejagd doch zu wesentlich verschieden, als daß man glauben könnte, daß die französischen Signale schon im 16. Jahrhundert rite sollten übernommen worden sein. Die deutschen Schreie, die Feyerabend an die Stelle der französischen Schreie setzt, rufen ganz den Eindruck des Gemachten hervor, während die französischen Schreie aus dem Leben hervorgewachsen waren und ihre Bedeutung schon zum Teil verloren hatten. Was heißt Thia hillaud? Was heißt Hourua, houruari? Bei den deutschen Schreien dagegen, die Feyerabend gibt, bei hochda und hieher ist die Bedeutung mehr als klar! Mir scheint, daß Feyerabend die Signale dem Fouilloux ebenso getreu entlehnt hat, wie den eigentlichen Text des Werkes, und daß er die Schreie frei erfunden hat. Darauf läßt auch die Tatsache schließen, daß ihm offenbare Irrtümer untergelaufen sind, so verwechselt er Signal 10 mit Signal 11, und bei Signal 4, bei der Sicht, hat er nur einen Schrei, der voraussetzt, daß die Hunde zugegen waren, was doch nicht immer zutreffen konnte. Vergleicht man aber die französischen Schreie bei Fouilloux mit den deutschen Schreien bei Meurer, so zeigt sich ungefähr die gleiche Länge, und es bestätigt sich auf diesem Wege meine Mutmaßung, daß die langen

Formen, in denen die deutschen Schreie uns später überliefert worden sind, zum großen Teil auf einer Zusammenziehung und Mißverständnissen beruhen.

Nun zum Schluß noch einige Worte über die besondere Art von Sprüchen, die in der Form von Frage und Antwort aufzutreten pflegten, und uns aus späteren Quellen meistens überliefert sind. Fouilloux veröffentlicht die Worte und die Wendungen der Jägersprache, „damit ein junger Jäger zu reden wisse unter guten Meistern."[1]) Der Übersetzer Jobin verdreht die Begründung und will, daß der junge Jäger lernen soll zu antworten für den Fall, daß er von erfahrenen Weidleuten gefragt werde[2]). Dort also Unterhaltung, hier Examen. Frankreich war längst mit seiner Jägersprache fertig, als die deutsche noch im Werden war; sie machte allen Jägern viel zu schaffen und war namentlich der Gegenstand der Unterhaltung bei der gelernten Jägerei, wenn diese nach vollbrachter Jagd im Jägerhof in der Schenke saß und sich am kühlen Wein erfrischte.

F. „Ho ho ho mein lieber Weidmann,
Wo hinein, wo hinaus?
A. Hin hin hin ins Wirtshaus,
Da schlägt dir kein Reis ein Auge aus;
Sitz du zu mir und ich zu dir,
Ein Glas Wein, das bring ich dir,
Auf aller rechtschaffenen Waidleut Wohlergehen."

Gerade in der Jägerei bestand ein zahlreiches Element von ungelernten Leuten, da der niedere Adel sich nicht gelernte Jäger hielt und lieber Knechte, Gärtner und Nachtwächter anlernte[3]), die dann als gelernte Jäger auftraten, im Lande umherzogen und Stellung suchten, wenn sie ihren Dienst verlassen hatten. Kamen sie an einem Hof vorbei, wo eine gelernte Jägerei vertreten war, so sprachen sie vor, hofften Fingerzeige zu erlangen, oder gar eine direkte Förderung. An den früheren Herrn des Zugewanderten sich schriftlich um Auskunft wenden konnte man nicht gut, weil die Post noch nicht erfunden war, höchstens gab es Reitposten auf vereinzelten Strecken. Außerdem war es mit

---

[1]) Fouilloux, la venerie, 47 l.

[2]) Übersetzung von Fouilloux, 1590. 42.

[3]) In den Jagdordnungen ist davon mehrfach die Rede, so in der Jagd-O. für Österreich ob der Enß von 1581: auch in der bairischen Jagd- und Forstordnung. Vgl. Fritschius, corpus juris, 1702.

dem Schreiben und Lesen schlecht bestellt, und schriftliche Lehrbriefe waren noch nicht üblich. Die zünftige Jägerei hatte also guten Grund zum Mißtrauen, und wenn ein fremder Jäger in die Kneipe kam, dann ging es los mit Fragen und mit Antworten, und erst wenn der Fremde in Reimen sich zierlich ausgewiesen hatte, daß er wohl kannte, was Brauch und Ordnung in der Jägerei, dann wurden die Gesichter freundlicher, und dann ward ihm der Willkommtrunk geboten. Oftmals wanderten auch gelernte Jäger, ebenso wurden sie abkommandiert von einem Hof zum andern, um sich jagdlich fortzubilden. Diesen fremden Jägern gegenüber, die nun fremden Brauch und fremde Redewendung mit sich brachten, ward der Geist lebendig in Rede und in Gegenrede, und hier wurde dann die jägerische Weisheit ausgekramt. Auch der Lehrling wurde gern geprüft, und bei guter Laune werden die Jäger auch untereinander den Brauch geübt haben, in Versen sich zu unterhalten, und wem der Witz abhanden kam, der mußte eine Lage Wein zum besten geben und das Horn oder die Paßgläser neu füllen lassen zum vivat, crescat, floreat der hirschgerechten Jägerei.

Nachstehend gebe ich einige Proben der jägerlichen Poesie, die ich der Zusammenstellung der Brüder Grimm entlehne.

Meistens ist in den Fragen und Antworten der edle Hirsch die Hauptperson, oft kehrt der Hinweis wieder, daß er habe gessen des Bauern Korn zu dessen Zorn. Der schönen Mädchen wird mit Vorliebe gedacht:

Der Jäger und sein Leithund,
machen den edlen Hirsch wund
und eine schöne Jungfrau macht den Jäger gesund.

oder:

Das Alter macht den Wolf greis,
der Schnee macht den Wald weiß,
und das Wasser den See breit,
vom schönen Jungfräulein kommt alle Klugheit.

Wollte ein Jäger den andern reizen, dann hatte er häßliche Fragen bei der Hand:

F. Sag an Weidmann
was hat der Pfaff deiner Mutter gethan?

Und die Antwort sollte lauten:

A. Ich weiß nicht was du hast verkundt,
so ist es noch nicht ein Stund,
da ich ihn auf meiner Mutter fund.

F. Den Hund an die Halden,
Den Jäger an den Galgen!
A. Schrei du mir oft und dicke,
man dich morgen an den Galgen flicke!

Sicherlich sind uns nur die anständigen Sprüche überliefert worden: im geheimen konnten die Jäger einen saftigen Strauß winden, gegen dessen feuerrote Blüten das bekannte Wirtshaus an der Lahn einem unschuldsvollen Gänseblümchen zu vergleichen war.

Lehrsprüche liefen auch mit unter:

„Weidemann lieber Weidemann sag mir fein:
Was mag das Jägerlohn wohl sein?"

Und die Antwort lautet: Kopf, Hals und Haut. Oder es wird gefragt, was für sieben Zeichen der Hirsch in einer Fährte tun kann, wodurch sich die Fährte der Sau von der des Hirsches unterscheidet, wann der Hirsch abwirft und wann er aufhat, wie man an der Fährte Wolf und Hund erkennt, und dergleichen jägerische Weisheit mehr. Eine Frage scheint mir der Erörterung noch wert zu sein; sie lautet:

F. Sag mir an mein lieber Weidmann,
warum wird ein Jäger ein Meister-Jäger genannt?
A. Ein gerechter und ein gewißer Jäger
hat vom Fürsten und Herrn die Vergunst,
er solle genennet werden ein Meister
der sieben freien Kunst.

Nennen konnte sich der Jäger wohl einen Meister der sieben freien Künste, und sicher hat er es getan, und ist auch wohl vom Fürsten darin bestärkt und begünstigt worden; er glaubte dadurch etwas Besonderes zu sein, wie die Ziege in der Fabel, die ein rotes Band am Halse trägt. Mit dem bloßen Namen aber war er ein Meister der freien Kunst noch nicht geworden, und wenn der Fürst auch seine Dienerschaft zu Jägerknechten, Meisterjägern, Jägermeistern, meinetwegen auch zu Oberjägermeistern, Erbjägermeistern, Landjägermeistern, Oberlandjägermeistern, Erz-Oberlandesjägermeistern und was weiß ich noch machen konnte: zu einem Meister der sieben freien Künste konnte er keinen Diener machen, das mußte dieser selber tun. Die sieben freien Künste nannte man die alte von Cassiodorus gegebene Einteilung des gelehrten Unterrichts, die im ganzen Mittelalter üblich war. Die Künste zerfielen in des Trivium: Grammatik, Rhetorik, Dialektik, und in das Quadrivium:

Arithmetik, Musik, Geometrie und Astronomie. Das sogenannte artistische Studium umfaßte die sieben freien Künste und galt im allgemeinen erst als Vorbereitung für die Fachwissenschaft. Der Arzt studierte in Salerno nach der Verordnung von Friedrich II. drei Jahre Logik (freie Künste), fünf Jahre Medizin und hatte im Anschluß daran eine einjährige Tätigkeit als Assistenzarzt noch zu absolvieren. Auch der Theologe erwarb zuerst die Würde als Magister, d. h. Meister der sieben freien Künste; nach sechs bis sieben Jahren weiteren Studiums erhielt er die Würde eines Baccalaureus, und erst nach abermaligem Studium von sechs bis sieben Jahren ward er endlich Lizentiat. Der Jurist studierte, nachdem er Magister der freien Künste geworden war, sieben bis acht Jahre jus und machte dann den Doktor[1]).

Der Leser ersieht hieraus, was es besagen wollte, wenn der Jäger sich in falscher Sucht zu glänzen mit dem Titel eines Meisters der sieben freien Künste schmückte: es war ein leeres Spiel mit Worten. Der zünftige Jäger war nichts weniger als ein Gelehrter, und er konnte und sollte auch kein solcher sein, denn seine Kunst lernte er nicht aus Büchern, sondern aus dem Leben, dadurch daß er die Jagd betrieb. Von wissenschaftlicher Ausbildung hatten selbst die höchsten Stellen wenig mehr als eine blasse Ahnung, und wer überhaupt nur schreiben konnte, hatte schon einen großen Schritt voraus. Der Jägermeister des Kaisers Ferdinand I. hatte es weder zum Lesen noch zum Schreiben gebracht[2]). Vielleicht hat das Wort Kunst der Jägerei den Kopf verdreht, denn die Jagd wurde oft als Kunst bezeichnet, auch Friedrich II. nennt sie so, aber er bezeichnet sie daneben auch als Wissenschaft, und so wie er sie trieb, mit vollem Recht. Das hatte aber nichts mit der hirschgerechten, gelernten Jägerei zu tun. Alle Handwerke galten ursprünglich für Künste, so schon bei den Griechen, und auch Karl der Große bezeichnete in seinen Capitularien die Handwerker als artifices, als Künstler. Dem Adel war es ehrenrührig, in einem Handwerk seine größte Lust zu finden, und sicher förderte er gern die Rangerhöhung der Jäger in das Reich der freien Kunst und Wissenschaft, und zwar um so lieber und unbefangener, als er von beiden nichts verstand.

---

[1]) K. A. Schmid, Gesch. d. Erziehung, Stuttgart 1894—96, Abschnitt Universitäten, 453—81.

[2]) Colerus, Calendarium, Buch 14. Einleitung.

Wir würden heut dem Spiel der Jägersprüche und gereimten Rede wenig Reize abgewinnen, aber die Zeiten ändern sich, und das 16. Jahrhundert stand im Zeichen hausbackener Geistesspielerei. Die Poesie der Jägerei ist ein Seitenstück zu den bekannten Schöpfungen der Meistersinger, auch die Zeit ist hier wie dort die gleiche, denn Weidespruch und Meistersang erblühen im 16. Jahrhundert. Der geistige Gehalt war minderwertig, die ganze Poesie gedankenarm, und ihre metrische Form glich einem frisch gepflügten Ackerfeld. Das zünftige Wesen und die Stadtwirtschaft hatten sich überlebt, der Geist, der nicht ins Weite wirken konnte, fing an im Formelwesen Beschäftigung zu suchen. Das Epikuräertum, das sich auf einen engen Kreis beschränkt und seinen Witz an Nichtigkeiten übt, ist gewöhnlich das Zeichen einer fortgeschrittenen Zivilisation, der es an politischer Freiheit fehlt, leicht stellen sich dabei auch Unkeuschheit und Luxus ein. Jede Kulturentwicklung bildet neue Unterschiede aus, die zuletzt in Erstarrung übergehen, wenn sie nicht von unten her zersetzt werden durch den vorwärts drängenden Prozeß der Arbeit und des produktiven Geistes. Im 16. Jahrhundert sahen wir solch eine Erstarrung Platz greifen im Handwerk und im Jägerstande; die erste wurde gelöst durch die aufkeimende Territorialwirtschaft, das beginnende Verlagssystem und die fabrikmäßige Arbeitsform, die letzte durch die neuen Aufgaben, welche das Jagdregal den Jägern stellte. Auch die fortschreitende Vergeistigung faßte Wurzel in der Jägerei, im 17. Jahrhundert traten Schriftsteller auf, welche selbständig die Jagd behandelten; dadurch wurde eine Bewegung eingeleitet, welche dem geistlosen Spiel mit leeren Hülsen keinen Geschmack mehr abgewinnen konnte; um das Jahr 1700 waren die Weidesprüche sanft entschlafen, und nur Döbel weinte ihnen eine Träne nach, die er schnell sich aus dem Auge wischte, als es galt, dem Massenmord aus tiefer Überzeugung in einem großen Werke ein Tedeum anzustimmen. Döbel schrieb in der Mitte des 18. Jahrhunderts. Die Jägerei stand damals noch mitten drin im unbeschränkten Treiben des großen Grundbesitzes; ehe sie zu kritischer Betrachtung sich erheben konnte, mußte noch ein Menschenalter in der Zeiten Schoß hinuntergehen[1]).

[1]) Auf die Weidmannssprache gehe ich nicht mehr ein, weil sich im 16. Jahrhundert schon Zusammenstellungen finden, deren sachgemäße Bearbeitung ich Fachgelehrten überlassen muß. Die ältesten mir bekannten Zusammenstellungen sind die von Elias Meichßner, um 1541 (neuerdings herausgegeben in F. Kluge, Unser Deutsch,

Rückblick.

Die Reformation war in England und in Frankreich eine Sache des Volkes gewesen, eine Bewegung, welche in blinder Wut die Leidenschaften bis zur Raserei gesteigert hatte; in Deutschland war sie eine vornehme fürstliche Angelegenheit geblieben und hatte den Fürsten neben weiten Strecken eingezogenen Kirchenguts die Unabhängigkeit eingetragen von der Kaisermacht. Allgemein wurde der Inhalt des neuen Glaubens jetzt von Staats wegen geregelt und vorgeschrieben, und durch den Katechismus wurde für eine schematische Auffassung gesorgt, welche das individuelle Seelenleben nach Möglichkeit vernichtete. Im zarten Kindesalter war die Seele durch die Taufe eingefangen worden aus lauterer Menschenliebe, damit das arme Wurm sich nicht zu krümmen brauchte mit verbrannten Gliedern auf dem glühenden Rost des höllischen Feuers; im reifen und urteilsfähigen Alter von vierzehn Jahren durfte der Christ der neuen Art zum ersten Male Gott in seinem Wesen sich zu eigen machen in, cum und sub dem Brote, das er mit seinem Speichel mischte und hinunterwürgte in den Magen. Wie sollte eine Religion, die rückwärts schaute und fest mit der Vergangenheit verwachsen war, der neuen Zeit sich anbequemen?[1]) Luther wußte nichts Besseres zu tun, als auf die alte Zeit zurückzugreifen, und so sehen wir die ganze Priesterschaft des alten wie des neuen Glaubens sich gegenseitig zwar hassen und bekämpfen, aber gemeinschaftlich der ewig regen Fortbildung des Geistes wie einer höllischen Macht sich gegenüberstellen. Nur im Kampfe mit der geeinten Priesterschaft gewann die Menschheit ihre Würde, wie ihr Glück. Die Religion hat sich lebendig gehalten durch das ewig frische Ideal von Christi Leben, ihre Dogmen aber und ihre Wunder starben ab vor dem Entwicklungsgedanken und der Erkenntnis von dem gesetzmäßigen Geschehen, das willkürliche Eingriffe der Gottheit immer unwahrscheinlicher machte,

---

Leipzig 1907, 131), und die Zusammenstellung von N. Meurer, die etwa 20 Jahre später fällt und zugleich den Gang der verschiedenen Jagdarten erkennen läßt, beim Hirsch und Reh leider nur mit Netzen!

[1]) Durch das Rundschreiben über die Lehren des Modernismus vom 8. September 1907 hat Pius X. auch jetzt noch jede Fortentwicklung des kirchlichen Gedankens im Sinne des modernen Geistes abgelehnt. Ohne jegliche Rücksicht ist von Leitung und Lehramt auszuschließen, wer die Scholastik oder die Väter kritisiert, oder Neuerungssucht zeigt hinsichtlich der Geschichte, der Archäologie oder der Bibel.

und einen außer- oder übersinnlichen Zusammenhang des Menschen mit einer anderen Welt nur allenfalls in der Moral noch zugestand, der letzten Ausfalltür der großen Geister, von der sie selber eingestehen, daß wir den Zusammenhang des Lebens auf den beiden Seiten dieser Tür nicht fassen können. Alles Große, was der Menschengeist geleistet hat, ist unabhängig von der Priesterschaft entstanden, und der Zweifel war immer der erhabene Vater der göttlichen Gedanken. Der übermächtige Bann des Priestertums mit seinem Gott des Schreckens und der Grausamkeit, ein wenig wurde er durch die Reformation doch eingeschränkt: die neue Kirche ist doch biegsamer geworden, mehr durchtränkt vom Lichte der Vernunft, das etwas wolkenfreier schon geboten wird, als in der alten Kirche, und da es wirklich scheint, als könnte das schwache Menschenauge die volle Klarheit nicht mit einem Ruck vertragen, so mag denn in der Reformation die Aussicht für die Zukunft gelten. Frankreich, neben England der älteste unter den Kulturstaaten, die nach der Zersetzung des Altertums entstanden sind, das im 16. Jahrhundert für die Herrschaft der Kirche Ströme von Blut vergoß, sahen wir heut die gleiche Kirche den Gesetzen des Staates spielend unterordnen, ohne daß ein Tropfen Blut zu fließen brauchte. Dort war es auch, wo im 17. Jahrhundert das Licht des freien Gedankens geboren wurde im Gegensatz zur Kirche, wo Montaigne, Descartes und Bayle auftraten, und wenn die Welt heut nicht mehr allein nach theologischen Gesichtspunkten regiert wird, sondern auch nach weltlichen, so haben wir neben der stillen, stetigen und grundlegenden Tätigkeit der Industrie die Anregung zum Fortschritt und zum Bessern diesen Männern zu verdanken, denen sich Galilei und Bruno, Kepler und Kopernikus, Gassendi und Hobbes, Newton und Leibniz, Spinoza und Grotius anschlossen. Ob aber Lichtenberg recht behalten wird mit seiner Prophezeiung, „wenn die Welt noch eine unzählbare Zahl von Jahren steht, so wird die Universalreligion geläuterter Spinozismus sein?" Auch er vergißt die Unterströmungen, das unbestimmte Sehnen in der Menschenbrust, das ebenso mächtig wirkt wie die Vernunft; aus der sonnigen Heiterkeit des bewußten Geisteslebens flieht die Menschheit immer wieder in das mystische Dunkel der Kunst, des Waldes und der Kirche[1]),

[1]) Die Wirksamkeit der Kirche wird leicht einseitig und falsch beurteilt, weil die Äußerlichkeiten mehr in Rechnung gezogen, die stille priesterliche Tätigkeit dagegen übersehen wird, die oft und emsig Trost und Hoffnung,

in dem nicht zu unterdrückenden Gefühl, daß es noch einen anderen, wesentlichen, unzerreißbaren Zusammenhang gibt mit der Welt, als den der schwachen äußerlichen Sinne!

In die bibelfeste Zeit des strengen Luthertums fiel die Ausbildung der Territorialgewalten. Die Bevölkerung hatte von Geschlecht zu Geschlecht mit gebeugtem Nacken an der Arbeit still gesessen, hatte Kapitalien zurückgelegt und wollten nun die überzähligen Produkte des eigenen Fleißes eintauschen gegen die Erzeugnisse der fremden Länder. Der Kaufmann wollte mit den beladenen Saumtieren und den knarrenden, leinwandüberspannten Wagen frei das Land durchziehen, ohne von dem adligen Wegelagerer ausgebeutet und von den Vätern der nächsten Stadt gegen seinen Willen zum Verkauf gepreßt zu werden. Das Gesamtinteresse des Landes führte unabweislich über die Stadtwirtschaft hinaus und ergab als nächste Etappe die Gemeinwirtschaft in der Form des Territoriums. Landesherrliche Verordnungen hoben die Autonomie der Städte auf und ordneten die Lebensbedingungen des erweiterten Gemeinwesens. Damit war auch der Grundbesitzer einverstanden, weil er nur im freien Tausch der eigenen Produkte die Waren sich verschaffen konnte, nach denen sein Geist Verlangen trug. Gleich den Vorrechten der Städte mußten aber auch die Vorrechte des Adels fallen, und aus dieser unabweislichen Notwendigkeit entbrannte der soziale Kampf zwischen der Krone und den Ständen im 16. und 17. Jahrhundert, aus welchem die Krone als Siegerin hervorging, weil sie, obwohl meistens unbewußt, das Werkzeug war der formell allerdings von ihr beherrschten schöpferischen Kraft des Volkes, und die unbewußt vollziehende Gewalt der immanenten logischen Idee.

Die Landesherren waren aus dem Grundbesitzerstande hervorgegangen und fühlten sich ihm geistig nah verwandt in den ererbten Anschauungen der in den Erobererstand hineingewachsenen Epigonen, wie sehr auch oft die Interessen sich feindlich gegenübertraten. Die Finanzwirtschaft war noch agrarisch, sie beruhte in erster Linie auf dem Ertrag der Forsten und Domänen, kein Wunder, wenn der Adel die Herrschaft über das Bauernvolk behielt, da der Landesherr in ihm noch immer die unentbehrliche Stütze für seine auf dem Grundbesitz ge-

---

Glauben und Zuversicht in die leidende Seele gegossen hat, wenn sie im Schmerz vergehen wollte. Keine andere Genossenschaft hat es aber mehr nötig, in sich zu gehen und der Entwicklung der Geister sich zu beugen.

gründete Herrschaft sah. Gleichwohl war es nicht der Adel, sondern die Industrie, die zur Vereinheitlichung der Territorialwirtschaft hindrängte, ihr in erster Linie verdankte der Landesherr den Zuwachs seiner Macht. Die Landwirtschaft hatte bis zum Ausgang des 18. Jahrhunderts nur wenig Fortschritte aufzuzeigen[1]) und konnte eine intensivere Kultur schon aus dem Grunde nicht einführen, weil die Jagdlust der Fürsten einen Wildstand zur Folge hatte, der mit einer intensiveren Kultur sich auf keine Art vertrug. Durch das treibende Element der Städte wurden dem Landesherrn neue Aufgaben zugewiesen, Zölle und Steuern, Gewicht und Münze, Heer und Recht, und je mehr er die Lösung von Kulturaufgaben übernehmen mußte, desto mehr wuchs er mit den Interessen des Landes zu einen einheitlichen Staat zusammen, von dem er fortan ein Organ verkörperte, das durch tausend Fäden mit den allgemeinen Interessen fest verbunden war. So wurde durch die freie Arbeit in den Städten der Eroberer des Mittelalters in den Regenten eines Staates umgewandelt.

Die Bevölkerung hatte in hundert Gewerbe sich gesondert, und der Teilungsprozeß der Arbeit, der die produktive Kraft des einzelnen vermehrt, forderte jetzt ergänzend eine kräftige Einheit in der Funktion der Einzelbildungen, ein Zusammenwirken der Einwohner, ein vereintes Leben, um einen Organismus höherer Art zu schaffen. Zu diesem Zweck umgab sich der Regent mit einer neuen Dienerschaft, dem landesherrlichen Beamtentum, das seiner Aufgabe sich mit vielem Eifer unterzog, wenn es auch, unklar über die Lebensbedingungen des neuen Staates, durch seinen Eifer und Übereifer oft und viel geschadet hat. Es trat in jeden Haushalt ein und guckte in alle Töpfe, es fand, daß der Kaffee die Menschen „lüstern" und der Tabak sie „trocken trunken" mache, es verbot den ersten bei Gefängnis und den letzteren bei Todesstrafe. Es kontrollierte alle Waren, gestattete den Austausch nur mit solchen Dingen, die es für gut befunden hatte, begünstigte die Produktion durch Privilegien, erteilte Prämien und Konzessionen, erschwerte die Einfuhr und unterstützte die Ausfuhr, schloß Handelsverträge, gründete Handelsgesellschaften und Fabriken, und ließ auf die Kriege um das Recht der staatlich festgesetzten religiösen Überzeugung

[1]) v. d. Goltz, Gesch. d. deutschen Landwirtschaft. 1902. I. 121—130, 222. a. a. O.

die wirtschaftlichen Kriege folgen um die Kornsäcke und die Heringsfässer. Nachdem auf diese Art gehörig vorgearbeitet und den Untertanen der Segen einer fürsorglichen hohen Obrigkeit verdeutlicht worden war, konnte das Beamtentum daran denken, die Zentralgewalt durch die Einverleibung von Grundrechten zu stärken, und die Einnahmen aus dem Bergbau und die Lust aus der Jagd für ein Vorrecht des Landesherrn zu erklären, das ihm allein zustehe zur besseren Fundierung seiner finanziellen Leistungsfähigkeit, und zur wohlverdienten Erholung von den schlafraubenden Sorgen der landesväterlichen Last.

Es muß hervorgehoben werden, daß ebenso wie im Mittelalter die Jagd auch in der neuen Zeit ein eminenter Faktor war zur Förderung der einheitlichen Staatsgewalt; wie von unten her der Austausch der Produkte, wie Verkehr und Handel nach einem höheren und vereinten Leben drängten in der Form der Territorialwirtschaft, so kam von oben her die Lust zur Jagd dieser Bewegung helfend und förderlich entgegen, sie hat in eminentem Maße die Ausbildung der absoluten Fürstenmacht beschleunigt. Im Mittelalter hatte sie die Ausdehnung der Schirmherrschaft befördert, den Untergang der Markgenossen und die Enteignung der Allmendewälder, jetzt brach sie die Autonomie der Städte und die Gottähnlichkeit des Junkers auf seinem von den erlauchten Ahnen ihm erblich hinterlassenen Benefizium. Bis zum Ausgang des 18. Jahrhunderts hat die Jagd eine ganz erhebliche treibende Kraft gezeigt in der Ausbildung des großen Grundbesitzes, seinem Fortschritt zur Landesherrlichkeit und Despotie, in der ganzen monarchischen Aufwärtsbewegung, die tausend Jahre angehalten hat[1]).

Die nächste und dringendste Aufgabe des jungen Staates war nun freilich der Ausbau und die Pflege der zeremoniellen Umgangsformen zwischen dem großgewordenen Landesherrn und den klein gewordenen Untertanen in Anrede, Verbeugung, Fußfall, Titel, Tracht, und es kann nicht wundernehmen, daß der Menschenschlag in Untertänigkeit ersterben wollte, der auf Befehl des großen Grundbesitzers seinem Mitbürger das Eisen in die Rippen rannte, weil dieser unverschämte Lümmel ein Ketzer war, der selig werden wollte durch die Gnade, und all die löblichen Werke für gar nichts gelten ließ. Nach der Versicherung der Priester war der Totschlag an dem Ketzer ein löbliches

[1]) Vgl. hierzu Band I. 69 u. 169.

Werk, das vor allen anderen auf das Wohlgefallen des strengen, eifrigen und grausamen Gottes Anspruch hatte.

So kam es denn zu jener unglaublichen Weitschweifigkeit und Gewundenheit des Stils, in welchem immer ein untertäniger Gedanke von dem anderen schon gefressen wurde, ehe er noch ausgedacht und hingeschrieben war, immer neue Komplimente auftauchten, neues Zusammenknicken, neue Ehrfurcht in der Form von neuen Nebensätzen, immer mehr uud neue Schachtelungen und Häufungen den Zusammenhang zerrissen zwischen dem ersterbenden Subjekt und dem verlorenen Prädikat, und dem lieben, nach Standesgebühr zu achtenden Leser ebenso dumm und wirr im Kopfe wurde, wie dem verzückten Schreiber selbst. Immer haben despotische Regierungsformen das Zeremoniell erweitert und die Menschenwürde untergraben, denn solches Zeremonienwesen ist in sich unsittlich, hat die Vergötterung eines Menschen zum Ziel und entspringt der Furcht. Eine humorvolle Färbung erhielt die offizielle Anrede, wenn sie in der Art des Johann Conrad Aitinger in wortgetreuer Fassung aufgeschrieben wurde; Aitinger widmete 1631 in der beliebten Weise seinem Landesherrn ein schlechtes Buch „vom Vogelstellen" und schrieb die Anrede „Eure Fürstliche Gnaden" in der folgenden einwandfreien Fassung nieder:

E. E. E. E. E. E. F. F. F. F. F. F.
G. G. G. G. G. G.
untertäniger und gehorsamer Diener Johann Conrad Aitinger.

Je nach der Tiefe der Ergebenheit konnten die Buchstaben vervielfacht werden[1]). Bei loyaler, vorschriftsmäßiger Gesinnung war es gar nicht zu vermeiden, daß die Beamten aufgingen in den einen Gedanken, daß im Staat der höchste Wille nur Gesetz sein dürfte, und daß sie selbst als seine Träger und berufenen Ausleger nicht nur die Freiheit, sondern auch die Pflicht sich einverleiben müßten, den Bürgern und den Bauern klar zu machen, daß für ihre Existenz nur mit Beziehung auf den Landes-

[1]) Im 16. Jahrhundert kam der Titel „Fräulein" erst den am Hofe befindlichen Prinzessinnen und Gräfinnen zu, die übrigen Hofdamen hießen „Jungfern". 1669 erhielten die adligen Damen in Baiern ex officio den Titel „Fräulein":

„Denk, Kind, um alles in der Welt,
Der Herr dich für ein Fräulein hält!"

Nach dem Dreißigjährigen Kriege kam erst der Titel „Prinzessin" auf. Und heute? Vgl. v. Meurer, Gesch. d. Fronhöfe II. 395.

herrn sich einige Berechtigung ersinnen lasse, und diese einwandsfrei nur dadurch zu erweisen sei, daß sie als Ziel des Lebens die Lust des Landesherrn erkannte und seiner Dienerschaft, und daß sie diese Lust nach Möglichkeit zu mehren trachtete. Es ist eine alte Erfahrung, welche die Geschichte hundertmal erwiesen hat, daß für das Zusammenwirken von vereinten Kräften eine regelnde Instanz erforderlich ist, der gewisse Machtmittel gegeben werden müssen; diese Instanz sucht die Mittel zu erweitern, vielleicht in dem ganz löblichen Bestreben, ihrer Aufgabe besser gerecht werden zu können. Bald aber fängt sie an, sich mit Geheimnis zu umgeben und vom Volke abzulösen als eine von Gott geheiligte Macht, die keine Pflichten mehr, sondern nur noch Rechte anerkennt. Der unbeschränkte Gebrauch der Macht ist mit dem Mißbrauch fest verwachsen, das haben die weltlichen und geistlichen Regierungsformen uns gezeigt, Despotentum und Kirchentyrannei, und immer wieder muß von unten eingegriffen werden, wenn der organische Zusammenhang zwischen der Regierung und dem Volke lebendig bleiben soll. Wenn nun gar die regelnde Instanz nicht die beauftragte des Volkes, sondern als die herrschende aus dem Rechte des Eroberers hervorgegangen ist, wie in den deutschen Fürstentümern allgemein, dann artet jeder Machtzuwachs leicht aus zu einem Druck für die Bevölkerung, wie wir an der Ausbildung des Jagdregals beobachten konnten. Im Interesse der Zentralgewalt wurde der Wildstand ins Übermäßige vermehrt und ausgedehnt, immer mehr Land wurde ins Gehege eingeschlossen und der Bevölkerung entzogen, und wenn der Bauer auf seine Wiese gehen wollte, um Gras zu schneiden, dann stellte sich der Jäger in den Weg, weil Satzzeit war, und der Wald geschlossen bleiben mußte, und überdies das Gras dem Wilde nötig war. Gegen diese Übergriffe gab es nur die Bitte an den Landesfürsten, der sich aber auf den Bericht der Jägerei verließ, die natürlich keine Übelstände kannte und immer nur von der Nörgelsucht der Bauern zu reden wußte. Vielleicht lag an den Bauern auch ein Teil der Schuld. Die unaufhörliche Not und die fressende Sorge hatten ihn geizig gemacht, lieber gab er seine Seligkeit dahin, als daß er ein finanzielles Opfer brachte[1]).

---

[1]) Johann Agricola († 1566) erzählt davon eine lehrreiche Geschichte.

„Es war ein baur, der hatt wider seinen junkherrn gethan. Der junkherr ließ in fahen und gab in die wal auff ein dreyen straffen. Eintweders er soll 50 roh zwiblen essen, oder 50 streich auf seinem blossen rugken lassen schlagen, oder 50 schilling geben.

Andererseits hat es auch weise Fürsten gegeben, die nach Möglichkeit die Wunden zu heilen suchten, welche der Übermut der Jägerei dem Lande schlug. Luther berühmt seinen Landesherrn, den weisen Friedrich, der immer gern mit vollen Händen gab. Wie sich die Welt des 17. Jahrhunderts im Kopfe eines wohlwollenden Fürsten spiegelte, zeigt das Testament des Landgrafen Georg von Hessen, der 1626 zur Regierung kam[1]). Der Wildschade nahm an manchen Stellen derartig überhand, daß ganze Gemeinden auswandern mußten. Mit bitteren Tränen nahm der Bauer Abschied von der Stätte, die seine Vorfahren mit ihrer Arbeit veredelt, mit ihrer Sorge befruchtet und mit ihrem Geiste belebt hatten, auf der er selbst unendliches Leid und ständige Not gefunden hatte, und die ihm doch so fest ans demutvolle Herz gewachsen war. Schwer litt die Landwirtschaft unter dem lähmenden Bann des Wildes, und auch die Städte gingen nieder, weil der Bauer nichts zu tauschen hatte. Arme Leute zogen in Scharen als Gesindel durch das Land und wilderten in den Wäldern. Galeeren und Peitsche, Rad und Galgen sollten sie zurückschrecken von dem Eingriff in die reservierte Lust des Landesherrn, und haben doch nichts weiter ausgerichtet, als

---

Der baur was reych und sprach: „Ich will die zwiblen essen.“ Unnd da er drey oder vier geessen hat, da mocht er nit mehr essen, sie ruchen ihme inn die nasen. Da wollt er die streich leiden. Da er auch drey oder vier streich gelitte, da wollt er erst das gelt geben.“

[1]) „In den Aembtern und Diensten befinden sich bisweilen gottlose stolze hungrige Leute, welche unbescheidentlich über die armen Unterthanen herrschen, bochen und schlagen sie, wenn sie ihnen eben nicht nach ihrem Sinne antworten, saugen sie aus und leben, die hochmütigen Gesellen, herrlich, treiben die armen Leute aus Begierde eines schädlichen Privatnutzens zu allerlei Frondiensten, kaufen kostbare Höfe, Häuser-, Äcker und Wiesen auf im Land, die Onera und Beschwerden aber, so darauf stehen, an Fronen, Steuern, Schatzungen, burden sie denen ohne das belästigten Unterthanen auf .... Etliche pflegen auch die Verbrechen der Leute hoher als es ist zu exaggeriren, und ex Musca Elepantem zu machen, hernach wohl plötzlich auf einmal es wieder sinken zu lassen und dabei mehr auf sich und Nebenrespekten, als auf die heilsame Justiz ihr Absehens zu führen und was der bösen Stücke und Tücke solcher ungerechten Haushalter mehr seyend.“ Landau, Beiträge, 16, 17. Die Beamten waren in jenen Zeiten schwer zu kontrollieren, weil es an Verbindungen fehlte, welche die Technik erst geschaffen hat. Die Technik war die größte Wohltäterin der Menschheit, alle Erfindungen zielen darauf ab, das Wohlsein zu vermehren, und dennoch gibt es Stubengelehrte, welche in der Zunahme der Kultur eine Zunahme des Leidens sehen. Die Herren haben nie in des Bauern Jacke gesteckt und beurteilen die Welt nach den Indigestionen ihres Magens.

ein Denkmal aufzubauen von dem furchtbaren Egoismus einer Menschenklasse, die keine anderen Schranken über sich erkannte, als die sehr in die Ferne gerückten Drohungen der Religion. Mehr und mehr wurde der Bauer herangezogen zum Frönen bei der Jagd, ob im Sommer auch das Kornfeld wogte und den Schnitter rief, oder im Winter der eisige Hauch die schlecht bedeckten Glieder starren machte.

Die Zentralisation der Jagd hatte zur Folge, daß der Begriff der Weidgerechtigkeit nach dem Prinzip des Nutzens schärfer hervorgehoben und das Jagen selbst nach Form und Zeit geregelt wurde. Der Fang des kleinen Nutzwildes mit Schlingen, Selbstgeschossen usw. wurde mehrfach untersagt und blieb nur zulässig auf Raubzeug. Eine Schonzeit wurde eingeführt, und überhaupt fehlte es nicht an Verordnungen und Vorschriften. Freilich war damit eine Auffassung des Jagens in modernem Sinne nicht gegeben, denn das Gefühl der hohen Herrschaften hatte sich noch nicht so weit verfeinert, daß eine Saite mitgeklungen wäre in ihrer Seele, wenn sie auf fremdes Leiden sahen[1]). Der Adel wilderte beständig und kümmerte sich wenig um die Schonzeit und die Vorschriften. Aber die Idee kam doch in Fluß, daß auf den Nutzen Rücksichten zu nehmen seien, und die nächste Folge war das abfällige Urteil der Jägerwelt über das Pirschen. Im 14. bis 17. Jahrhundert galt das Pirschen oder Schießen im allgemeinen nicht für weidgerecht, gleichviel ob mit der Armbrust oder mit der Büchse, weil es sich ereignen konnte,

---

[1]) Eher finden wir in der Dichtung das Mitleid ausgesprochen, so in der schönen Stelle bei Shakespeare, in welcher er die Leiden des mit einem Lungenschuß verwundeten Hirsches schildert (Wie es euch gefällt, 2. Akt, 1. Szene), oder in der gemütvollen Erzählung Chaucers von der Priorin, die ein so weiches Herz besaß für kleine Tiere (**Canterbury Tales, prologue**). Das war nun allerdings in England, aber auch dort empfand der Adel weniger fein, als der bürgerliche Kreis. Das geht hervor aus den Streitigkeiten, die das Theater unter der Königin Elisabeth zu führen hatte mit den Tierkämpfen. Der Genius Shakespeares durfte sich am Donnerstag nicht zeigen, weil der Hof dann Bärenhetzen sehen wollte. Es erging eine Verfügung an den Lord-Maier, worin es hieß, „daß an verschiedenen Orten die Schauspieler ihre Stücke aufzuführen pflegen zum großen Schaden und zur Vernichtung der Bärenhetzen und ähnlicher Zeitvertreibe, die zum Vergnügen ihrer Majestät aufrechterhalten werden:“ Der bekannte schlagende Grund, hinter dem die Höflingsschar sich gern versteckte. Trotzdem vermehrten sich die Schauspielhäuser rasch, um 1629 gab es schon siebzehn Stück in London, und der Geschmack des guten bürgerlichen Publikums eilte dem des Adels um eine Pferdelänge voraus. Vgl. Lecky, Sittengeschichte Europas von Augustus bis auf Karl den Großen, Leipzig 1904. 546.

daß das Wild verwundet wurde und nicht zur Strecke kam. Nicht um der Schmerzen willen, die das kranke Wild erleiden mußte, das nun zum Futter für die Wölfe wurde, war das Schießen unbeliebt, sondern weil kein Nutzen erzielt wurde und die Jagd vergeblich war[1]). Bei der Hetz- und Fangjagd war ein solcher Ausgang ausgeschlossen, da hier das Wild entweder getötet wurde oder gesund entkam, und dann ein anderes Mal gefangen werden konnte. Das Gefühl der Jäger war noch roh, nicht rauh zu nennen; das erkennen wir z. B. aus einer Verordnung des frommen Bischofs von Würzburg aus dem Jahre 1528, die sich auf die Jagd im Salzforste bezog, der ungefähr mit der heutigen bairischen Rhön zusammenfiel. Der Vogt des Forstes sollte neben 3 Stück groben Wildbrets auch 4 Rehe einliefern, und wenn der Schnee „einen Harscht gewönne," d. h. durch den Frost eine feste Decke bekäme, so daß das Wildhetzen erleichtert wurde, dann sollte er 6 Rehe liefern[2]). Wir finden hier die gleiche Unbarmherzigkeit, von der Virgil schon erzählt hatte von den Völkerschaften an der Donau, ohne ein Wort des Tadels auszusprechen, vielleicht von demselben Salzforst, in welchem der Bischof noch in der Neuzeit es begünstigte, das arme Wild mit den von der Eiskante wunden Läufen zu hetzen und zu töten[3]). Das Christentum hatte achthundert Jahre hier gewirkt, hatte ungezählte Legenden von ungewaschenen Heiligen erdacht, aber für die Tierwelt und ihr Leiden hatte es kein Herz gezeigt, und es war ihm nicht gelungen, das sittliche Gefühl des Adels und der Priesterschaft ins Göttliche hinaufzuheben. Immer noch wurden die Lockvögel zerfleischt und geblendet, das hohe Wild wurde verstümmelt, um die Hunde einzujagen, man schlug dem Hirsch mit einem scharfen Instrument die Klauen auf und lähmte die Hunde der Bauern[4]).

---

[1]) Eine abweichende echt menschliche Auffassung habe ich nur bei Hadamar von Laber gefunden. Vgl. Band I. 248.

[2]) B. Kmiotek, Siedlung und Waldwirtschaft im Salzforst. Leipzig 1900. 55—56.

[3]) Vgl. Band I, 49.

[4]) Vgl. Jesse, reseanches into the history of the british dog. 1866. II. 12. Auf dem Gerichtstag im Forste zu Windsor im Jahre 1632 kam Lord Lovelace darum ein, daß seine Hunde nicht mehr verstümmelt werden möchten, er wollte frei sein „de canum expeditione". Wahrscheinlich pflegte man den Hunden eine Sehne zu durchschneiden.

In dem Maße wie der Jagdbetrieb zentralisiert wurde, ins Große wuchs, zeigten sich wieder die lähmenden Folgen des großen Grundeigentums. Die einzelnen Jagden nahmen einen Umfang an, der wohl seit der Zeit der Karolinger nicht mehr dagewesen war. Dabei schwand dem hohen Adel der freie Geist dahin, die Lust am Jagen, am Reiten, an der Arbeit und dem Laut der Hunde, am Spüren, an der ganzen hohen Kunst der alten Jagd, und an ihre Stelle trat das Handwerk mit seinen schlecht gereimten Jägersprüchen, die sogenannte hirschgerechte zünftige Jägerei, deren Silberblick im Massenfang sich zeigte, in der Küchenjagd, in der Vorherrschaft von Tüchern und von Netzen. Der Name deutsches Jagen kam auf für die Massenschlächterei. Täntzer sagt, daß die Hofjäger für „das rechte teutsche Jagen" angestellt gewesen sind[1]), d. h. für das Jagen in Tuch und Netz, von welchem Hohberg meldet, daß es das gebräuchlichste war am Wiener Hofe, zum Unterschied vom alten Jagen über Land, und von der Sitte der Franzosen, den Hirsch in freier Bahn zu hetzen par force de chiens[2]). Ganz ähnlich äußert sich Colerus[3]).

Der deutsche Adel entfaltete sein ritterliches Können vorzugsweise im Trinken; er fühlte sich am wohlsten, wenn der Geist des Weines nach einer kurzen beschleunigten Gedankenfolge ihm den Schleier um die Sinne zog und die Umwelt in Vergessenheit versinken ließ, auch wenn er diesen Lethetrank mit argem Kopfschmerz büßen sollte. Er wurde zum Gespött der Nachbarvölker, aber er empfand nicht seines Geistes matten Hauch, er scheute jede Unbequemlichkeit und Anstrengung, die ihn im Trinken störte, und die zum Jagen unerläßlich ist, wenn nicht die Jagd heruntersteigen soll von ihrem Thron und dem Götzen des Tötens diesen Platz belassen, der blutige Opfer liebt.

Auch im Ausland war die Jagd im Netz nicht unbekannt, aber sie vermochte die Lust am freien Jagen nicht zu unterdrücken. Die französische venerie zerfiel in das eigentliche Jagen mit der Meute und in das Einstellen des Wildes mit den Tüchern, das aber nur auf Löwen, Leoparden, Sauen, Bären, Wölfe und Luchse zur Anwendung kommen sollte, im wesentlichen also auf Schwarzwild und bei Kampfspielen,

---

[1]) J. Täntzer, Der Dianen Jagt Geheimbniß, 1686. II. 10. r.

[2]) Hohberg, Adeliches Landleben, II. 52.

[3]) Colerus, Calendarium, 1632. 607. 610.

wobei die eingestellten Opfer mit Hunden gehetzt und tunlichst mit dem Schwert und dem Jagdspieß getötet werden sollten. Lignivillc unterscheidet die chasse, die Birschjagd von der venerie; das Kennzeichen der letzteren sieht er darin, daß es die Hunde sind, die jagen, und daß sie der Jäger nur zum Jagen bringt. Der Held der Bartholomäusnacht, Karl IX., Dieb und Mörder in eigener Person, der gehängt worden wäre, wenn ihn der Herrgott nicht im Zorn zum Regenten gemacht hätte, war auch ein großer Jäger vor dem Herrn, dem er die blutigen Menschenopfer brachte. Er behauptet, in früherer Zeit sei der connoisseur von dem piqueur verschieden gewesen, der Besuchknecht von dem Hetzer, jetzt aber verlangte man von dem veneur, daß er beider Arbeit leisten könne, damit nicht die Jagd ruhen müsse bis der Leithund da sei, wenn die Meute die Fährte verloren habe[1]).

Louis de Brezé, Oberjägermeister in Frankreich am Ende des 15. Jahrhunderts, ausgezeichnet als der Gatte der schönen Diana von Poitiers und Hahnrei von Gottes Gnaden, hat uns ein Schriftstück hinterlassen, aus dem wir sehen, daß Franz I. nicht nur bei der schönen Diana im Schloß zu Blois ein lieber Gast gewesen ist, sondern im nahen Walde auch zu jagen pflegte, wobei zwei Hetzjagden und eine Jagd im Zeuge üblich waren. Der Aufwand, den sich Franz beim Jagen leistete, war außerordentlich. Die Pferde- und die Hundeställe, die Falken- und die Reiherhäuser hatten eine gewaltige Ausdehnung. Wenn der König beizte, dann ließ man ganze Scharen von Reihern steigen und warf ebensoviel Falken ihnen nach. Zuweilen war der König außer von seinen hundert Jungens oder Pagen und zweihundert Stallmeistern, Bereitern und Jägern noch von vier- bis fünfhundert Edelleuten umgeben, zuweilen war er begleitet von der Königin und deren zahlreichem Gefolge, der ganze Schwarm wogte in roten Röcken trabend und galoppierend über die Felder hin, dem König nach, der den Hirsch oder den Keiler hetzte[2]). Dieser Aufwand kann nicht wundernehmen, wenn wir bei Benvenuto Cellini lesen, daß das Hoflager Franz I. auf 45 000 Menschen sich belaufen habe, natürlich mit den Truppen. Niemals hielt der Hof sich länger als 14 Tage an einem Orte auf, was sehr begreiflich

[1]) La chasse royale, composée par le roy Charles IX., nouvelle édition par H. Chevreuil. Paris 1858. Chap. 20.

[2]) Les chasses de François I., racontées par Louis de Brezé, par Ferrière, Paris 1869. 18—22.

war, weil der Schwarm in 14 Tagen die Felder ratzekahl gegessen hatte. Bei dem Mangel an Verkehrsmitteln konnte die Nahrung schlecht befördert werden, das war ja auch der Grund, warum der deutsche Kaiser keinen Wohnsitz hatte, ruhelos von einer Pfalz zur anderen zog und erst im 16. Jahrhundert seßhaft wurde.

In Deutschland kamen mehr und mehr die Zeugjagden auf, bei denen das Wild zum Teil mit hohen Tüchern, Fall- und Spiegelnetzen, zum Teil mit einer Treiberwehr umstellt und an einem Schirm vorbei gejagt wurde, in welchem die Schützen standen. Diese Art des Massentötens war keine neue Erfindung, schon die Karolinger hatten sie geübt, sie wurde aber vom 16. Jahrhundert an in eben dem Maße wieder aufgenommen und ausgedehnt, wie die Entwicklung des Regals die Massenschlächterei begünstigte. In England waren die Netzjagden sehr beliebt unter der unverwüstlich jungfräulichen Königin Elisabeth[1]) und ihrem Freunde Leicester, in Spanien unter dem blutigen Weltverbesserer Philipp II., und auch in Deutschland sind sie in großem Umfang im 16. Jahrhundert bereits vorgekommen, so in Thüringen[2]), während sie im 17. Jahrhundert in Österreich zu regelrechten Hauptjagen sich ausgewachsen hatten, wie denn im Prater bei Wien im Jahre 1666 ein solches abgehalten wurde, bei dem am ersten Tage Hirsche und dann Sauen, am Tage darauf Damhirsche und Gemsen, dann Bären und Wölfe, dann Füchse und dann Dachse vorgetrieben wurden[3]), ein viel bewundertes Fest, das in Melchior Kisel auch seinen Künstler fand, der den flüchtigen Rausch des Augenblicks in Kupfer festzuhalten wußte. Eine ausführliche Beschreibung der sogenannten Haupt- und eingestellten Jagen bringt das folgende Kapitel.

In dem Maße, wie die eingestellten Jagen und die Jagen am und im Netz und Zeug beliebter wurden, trat das Jagen über Land zurück; in Österreich war es geradezu verboten, angeblich aus dem Grunde,

[1]) Elisabeth stand in einem Schirm, vor welchem immer neue Trupps von Hirschen vorbeigejagt wurden, nach denen sie mit einer Armbrust schießen ließ. Auf die verwundeten Hirsche wurden Bluthunde gehetzt. Auch Doggen oder Windhunde (lévriers) wurden losgelassen, mächtige Tiere, wahrscheinlich deerhounds, von denen bisweilen einer, auch zwei und drei einen starken Hirsch zur Erde zogen. Ferrière, les chasses de François I., Paris 1869, 55. Ähnlich so jagte Philipp II., von dem eine Jagd auf Damwild beschrieben wird.

[2]) H. Heß, Der Thüringer Wald in alten Zeiten, Gotha 1898. 36—39.

[3]) Hohberg, Adeliches Landleben II. 614.

daß die Weinberge und Früchte nicht beschädigt werden sollten, tatsächlich aber, weil der hohe Adel viel zu weit herabgekommen war, um an einem frischen Ritt noch Freude zu empfinden, weil er keinen Drang mehr hatte, die von dem faulen Bauch verzehrte Kraft im Spiel mit der Gefahr zu üben. Der Freiherr von Hohberg nennt die Parforcejagd „eine kostbare, mühsame und schädliche Jagd, weil man bald mit dem Pferde stürzen und den Hals brechen kann"[1]). In der Tat, der Schaden für das Land hätte sich nicht absehen lassen, wenn ein paar adlige Herren weniger gewesen wären. Etwa fünfundvierzig Jahre früher als der Freiherr von Hohberg schrieb der Chevalier von Ligniville: „Ich habe gesehen, wie zwei Menschen getötet und andere verwundet wurden, aber das sind Zufälligkeiten auf der Jagd, Schicksalsfügungen, und oft tragen die Verwundeten allein die Schuld, weil sie sich drängen um die Ehre, dem Hirsch den Fang zu geben. Ich will, daß die Gefahren groß, die Todesdrohungen nicht selten seien, will stürzen sehen und zerbrochene Glieder; die Jagd verbleibt in ihrem Glanze, ihrer Reinheit. Wenn keine Gefahr damit verbunden wäre, dann möchten Kammerweiber ihre Lust daran haben, und nicht Könige, Fürsten, starke Männer, die auch männliche Eigenschaften haben".[2]) Das war der Unterschied zwischen dem deutschen und dem französischen Geiste; man wird vielleicht einwenden, daß es sich hier um vereinzelte Beispiele handle, aber die Tatsache, daß das Überlandjagen in Deutschland sich nicht halten konnte, und die Parforcejagd nicht Wurzel faßte, bestätigt diese Auffassung von Hohberg, und das nächste Jahrhundert wird neue Beispiele erbringen. Es fehlte den Deutschen die Kühnheit des Geistes, die Lust an der Gefahr und die Freude an sportlicher Betätigung. Hohberg verwirft die Jagd auf Sauen mit chiens courants als kostbar, mühsam und gefährlich[3]); die Jagd auf den Hasen mit chiens courants ist ihm zu kostbar und zu mühsam[4])! Er rühmt, daß „wir in unserem Lande viel leichtere, geschwindere und lustigere Mittel haben, die Hasen zu bekommen"[5]). Diese Mittel waren die Jagd am Netz und die Hetze mit dem Windhund.

---

[1]) Ebenda, II, Von den Windspielen und chiens courants.

[2]) Jean de Ligniville, les meuttes et veneries, par Jullien et Gallice, Paris 1892.

[3]) Hohberg, Adeliches Landleben II, Kap. 61.

[4]) Ebenda, Kap. 69.

[5]) Ebenda, Von den Windspielen und chiens courants.

Der Franzose schwärmt von seiner Art zu jagen, von der Vorsuche, der Anjagd, die ihn zur Verehrung der Natur hinleite. „Wunderbare Wissenschaft des Besuchjägers, die allen braven Jägern die Einsicht in die Wunderwerke des Allmächtigen gewährt im Glanz der Morgenröte! Wie oft, du großer Gott, habe ich am Saum des Hochwaldes gestanden, der Dickungen, Gehaue, Heide, am Wasser, an der Felsenwand, in der Erwartung, daß ich meine Vorsuche beginnen könnte, des Tages Aufgang still belauschend, diese Morgenröte, die so heiß herbeigesehnt wird von den Jägern Frankreichs, diese Sonderung von Tag und Nacht, von Finsternis und Licht." Eine so warme Liebe zur Natur findet sich in den deutschen Jagdschriftstellern nirgends ausgesprochen, zu einer solchen Erhabenheit der Auffassung waren sie noch lange nicht befähigt. Und doch war auch in Frankreich schon die Jagd herabgeglitten von der Höhe! Den Klagen, die Fouilloux schon im 16. Jahrhundert äußert, schließen sich im 17. Jahrhundert Salnove an und Ligniville. In Übereinstimmung mit Fouilloux klagt der letztere: „Die meisten gehen auf die Jagd nur des Erlegens halber; die Herren von diesem Schlage haben selten gute Meuten; auch haben sie keine große Freude an der ganzen Jagd, es sei denn an dem Tod des Wildes. Diese Menschen verdienen nicht Jäger zu heißen, denn der echte Jäger hat mehr Freude am Jagen und Wiederjagen den ganzen Tag hindurch, als an dem Tod des edeln Hirsches."[1]) Hier spricht der alte Geist der großen Jägerei des Mittelalters. Salnove klagt mit bitteren Worten über den Mangel an Ordnung auf der Jagd; junge Jäger setzten sich an die Spitze und hielten sich für die ersten Menschen auf der Welt, während sie nicht den starken Ton des Hornes vom zarten unterscheiden konnten, auch nicht die Regeln kannten, die Heinrich IV. und Ludwig XIII. vorgeschrieben hatten. Er will die alten Weidesprüche wieder wecken, in denen man einstmals zu den Hunden sprach. Faulheit, Unwissenheit und Eitelkeit sieht er an als die Ursache des Niederganges der Jagd, der immerhin noch lange nicht so schlimm war wie in Deutschland, denn man hielt in Frankreich wenigstens am Jagen fest. Ligniville hat viertausend Hirsche gehetzt in seinem Leben, und wenn er nicht auf „seine Hoheit" Rücksicht nehmen mußte, d. h. auf seinen Grundherrn, dann jagte er ohne Relais, also nur mit der Meute, die einen ganzen Tag

---

[1]) Ligniville 48.

über anhalten mußte[1]), während die Pferde öfter gewechselt wurden. Budé rühmt im 16. Jahrhundert die Jägerei, die nicht die Küche zu versorgen, sondern ihre Lust und körperliche Kräftigung zu suchen liebe in der Kunst, dem Hirsch zu folgen, der zum mindesten zehn Enden tragen müsse: „wir sehen nicht auf den Tod und auf die Beute, sondern auf die Lust für Ohr und Auge im grünen Waldesdom und lassen dem Hirsch die volle Freiheit, sich zu retten."[2])

Im allgemeinen aber ging es auch in Frankreich abwärts mit dem Jagen. Schon fand die Versammlung zur Parforcejagd nicht mehr im freien Walde statt, sondern am abgelegenen Ort, im Dorfkruge. Die Folge war, daß später aufgebrochen wurde, und daß der Rest des Tages zuweilen nicht mehr ausreichte, um den Hirsch zu Stand zu jagen; und oftmals war die Jägerei schon früh betrunken und richtete dann nichts als Unheil an. Und wenn Du Bec, der Abt von Mortemer auch rühmt, daß die Jagd den Eintritt lasterhafter Gedanken hindere, da der innere Sinn immer in einer Linie sich fortbewege, und neben den Gedanken an die Jagd den anderen nicht Audienz gewähre[3]), so gilt das auch für jede andere Art der Ablenkung und kann den Wert der Jagd auf seiner Höhe nicht erhalten.

Zwischen Salnove und Ligniville besteht keine Einigkeit in der Bewertung der englischen Jagd, die in gleichem Maße emporstieg, wie die in Frankreich niederging. Jakob I. von England (1603—25) hatte Heinrich IV. noch gebeten, ihm die geschicktesten Besuchjäger zu senden, damit sie seine Jäger die Arbeit mit dem Leithund lehren möchten, weil er den Hirsch in freier Wildbahn hetzen wollte und nicht nur in geschlossenen Parks. Die englischen Jäger erkannten den gehetzten Hirsch nur durch das Auge[4]). Gleichwohl fingen in der Mitte des 17. Jahrhunderts die englischen Hetzhunde schon an, die französischen

[1]) Mit Unterbrechungen natürlich; Ligniville stoppte oft die Hunde, um sie verschnaufen zu lassen, davon abgesehen aber fordert er, daß sie acht und neun Stunden ausdauern. Zuweilen hat er bis in die Nacht hinein gejagt, und abbrechen müssen, weil der Hirsch ins Wasser flüchtete, nicht aber weil die Hunde müde waren.

[2]) Budé, traitte de la venerie, publié par H. Chevreul, Paris 1861. 11. 28.

[3]) J. du Bec, discours de l'antagonie du chien et du lièvre, 1593, publié par Jullien et Lacroix Paris, 1880. 57.

[4]) Salnove, la venerie royalle, Paris 1665. 29. Nur durch das Auge soll jedenfalls heißen, im Gegensatz zur Nase des Leithundes, die in Frankreich den auf der Jagd verlorenen Hirsch wieder ausmachen mußte, wenn die Meute versagte.

sogar in Frankreich zu verdrängen. Salnove ist darüber ungehalten, er sagt, ihr einziger Vorzug bestehe darin, daß sie weicher und folgsamer seien, bequemer für die faule Jägerei; er räumt den Engländern nur einen Vorzug ein beim Jagen auf den Fuchs, dem sie ein regelrechtes Studium gewidmet hätten[1]). Lignivìlle dagegen, der wiederholt in England war, ist voll Lobes für die englische Jägerei. Er sagt, in England halten sich die Jäger nicht lange auf mit dem Spiel des Leithundes, um den Hirsch zu jagen, und dennoch hetzen und erlegen sie den Edel-, wie den Damhirsch so kunstgerecht wie möglich ist; er hat mit ausgezeichneten Jägern dort gejagt, hat die ganze Meute den Wechsel geschlossen meiden sehen, ohne daß auch nur ein Hund die Lust verraten hätte, eine andere Fährte anzunehmen[2]). Das war in der Tat eine außerordentliche Leistung.

Im ganzen war die hohe Zeit der Jagd vorüber. Der Grund des Wandels lag nicht in der Landwirtschaft, sondern in der aufstrebenden Kraft der Städte. Der Adel hatte im Mittelalter die herrschende Rolle gespielt durch den Besitz des Bodens und die Führung der Waffen, wie es dem Erobererstand geziemt. Auch die Städte waren waffenfähig gewesen, aber nicht auf ritterliche Art; die spezifischen Waffen des Ritters waren Helm und Schild, charakteristisch genug nicht Trutzwaffen, sondern Schutzwaffen. Nur der Ritter durfte Helm und Schild tragen, schildbürtig hieß so viel wie ritterbürtig. Die Canaille in den Städten mochte sich den Schädel sichern durch eine Blechhaube, aber nicht durch einen Helm mit Visier und Federbusch, und einen Schild durfte sie schon ganz und gar nicht tragen, sie hatte ja das dicke Fell, über das sie noch einen Panzer ziehen konnte, und außerdem sollte sie ans Sterben denken, und nicht ans Verteidigen[3]), das nur des Adels würdig

---

[1]) Die Fuchshetze kam sonach im 17. Jahrhundert in England wohl als Spezialität zur Ausbildung. Damals galt aber der Fuchs noch für einen Räuber; Oliver Saint John erzählte dem Langen Parlament, daß man Strafford nicht als einen Hirsch oder Hasen betrachten müsse, für den es etwas von einem Rechte gäbe, sondern nur als einen Fuchs, den man durch jedes Mittel finge und ohne Erbarmen totschlüge. Saint John sprach 1640, und Salnove schrieb 1665. Später wurde in manchen Grafschaften das Leben eines Fuchses fast so heilig wie das eines Menschen. Vgl. Macaulay, Gesch. von England, deutsch von Beseler. 1868. I. 302—3.

[2]) Lignivìlle 289—91.

[3]) F. Meyer, Die Stände, ihr Leben und Treiben, dargestellt nach den altfranzösischen Artus- und Abenteuerromanen, Marburg 1892. 7. 27.

war. Die Hauptwaffe blieb im Mittelalter die schwer verwundbare ungefüge Reiterei. Durch diesen Vorzug der Waffen herrschte der Ritter, aber er schützte auch gelegentlich das Land, nicht um der Untertanen willen, sondern um des Lehens, um seiner Vorrechte, um seines guten Lebens willen. Neuerdings nun erhoben sich neben ihm die Städte als gleichberechtigte Faktoren. Mit der Feuerbüchse schossen sie den Ritter aus dem Sattel, und eiligst stieg nun die Blüte des Mittelalters herunter von dem stolzen Sitz, um die Waffenehre an den Landsknecht abzugeben. Die Gewerbe schufen unzählige Kunstprodukte, nach denen der Ritter Verlangen trug, er und seine liebe Frau Gemahlin, und um Produkte kaufen zu können, mußte er selbst Produkte haben, denn die Naturalabgaben seiner Grundholden reichten für ein lukratives Tauschgeschäft nicht aus. Anstatt am Hofe seine Tage zu verbringen mit Turnieren, Minne, Falken, Hunden, Jagd, berechnete er nunmehr die Größe des Misthaufens und das Schlachtgewicht der fetten Sau und drückte seine Bauern mehr als je[1]). Die Jagd ward Nebensache, die Meuten wurden abgeschafft, ein paar Netze mußten den Fang erleichtern, wenn der neue Schweinezüchter einmal jagen wollte, höchstens hielt er sich als Luxus eine Koppel Windhunde, die er nicht einzujagen brauchte, und im übrigen griff er zur Flinte, dem Mädchen für alles in der Jagd; das Verfahren war leicht, billig und bequem und verlangte keine Kenntnisse.

Die Grundrechte wurden als Regalien dem Adel abgenommen, das Bannrecht schwand aus seiner Hand, mit ihm das Recht auf Huldigung und Landfolge. Zwar durfte er auf dem väterlichen Erbteil nach wie vor den Bauern prügeln[2]) und in den Turm werfen, aber nur mit vorhergegangener landesherrlicher Genehmigung; die Rittergüter wurden Landgüter, und von allen Rechten des Eroberers, die vordem den Adel groß gemacht hatten, behielt er eigentlich nur das Recht, dem Volk den Boden vorzuenthalten und seine lieben Untertanen zu bedrücken als Leibeigene. Da der Adel nicht mehr Schutz gewähren konnte, fiel die Gegenleistung fort, welche im Mittelalter den

---

[1]) v. d. Goltz, Gesch. d. deutschen Landwirtschaft. 1902. I. 215. 222. „Im 16. und 17. Jahrhundert fing ein Teil des Landadels erst an, selbst Landwirtschaft zu treiben." Vordem hatte er immer nur seinen Boden ausgeschlachtet und mit Menschen Handel getrieben: dieser ländliche Jobber spottete dabei über die Habsucht der Bürger, die sich aus der Unfreiheit emporarbeiten mußten.

[2]) Patrimonialgerichte!

Genuß der Zinsen und der Herrschaft mit einem angemaßten Schein von Recht verzuckert hatte, und drückte die Tätigkeit des Adels nieder in die unsittliche Form von Räuberei und privater Ausbeutung. Um das Übel voll zu machen, mußten die Bauern nicht nur die neuen Steuren für den überaus teueren Staat erschwingen, sondern auch den Heerdienst übernehmen[1]). In beide Aufgaben teilte sich mit ihm das städtische Gewerbe, und als die Städte anfingen, im Staat zu einer wirtschaftlichen Macht zu werden, die den überlieferten Rechten der Eroberer gewachsen war, kam in dem Durcheinander dieser Kräfte als Schiedsrichter der Fürst empor, der nun die Kunst des Nehmens schnell begreifen lernte. In Punkto Weib zog die Natur, unhöflich wie sie war, die engen Schranken, die auf die Dauer durch keine Kunst zu brechen waren[2]), und auch im Wein blieb die Potenz beschränkt und ärgerte die hohen Herren mit schwerem Haupt und krankem Magen[3]). Das altbewährte Unterhaltungsmittel der ritterlichen Tugenden dagegen, das ließ sich unbeschränkt genießen, und wenn nur Geld im Kasten war, — ja wenn! Es gab ja gar zu viel Bedürfnisse, und Turniere waren teuer, auch unbequem, verlangten Anstrengung und der zum Trinker herabgesunkene Adel trug danach kein Verlangen mehr: blieb nur die Jagd, die brachte noch was ein, und wenn das Wild nur fleißig in weitem Umkreise zusamsammengetrieben war, dann konnte man auch schießen, töten, massentöten, wie man wollte, das war leicht und machte keine Anstrengung, und dabei wuchs die Schußliste, und schließlich konnte man vor Basen und vor Vettern für einen großen Jäger gelten!

---

[1]) Gewiß war die Sklaverei des Mittelalters ein hartes Los für das deutsche Volk gewesen, aber die Naturalwirtschaft hatte doch eine mildere Hand geführt: bei der Zinserhebung sollte „das Kind in der Wiege nicht geweckt, der Hahn auf dem Gatter nicht erschreckt" werden. Vgl. v. Maurer, Gesch. d. Fronhöfe III, 331—49. Mit der monarchischen Entwicklung und der Geldwirtschaft fiel jede zarte Rücksichtnahme fort, und „die Steuerexekution wurde mit unerbittlicher Strenge, meist unter militärischer Hilfe ausgeführt." Vgl. Schmoller, Umrisse und Untersuchungen, 144 bis 145. Das arme, beklagenswerte Volk!

[2]) Das Kurzwildbret der Hirsche und das Geweih der Kolbenhirsche waren beliebte Stimulantien.

[3]) Kurfürst Christian II. von Sachsen starb 1611 infolge eines Rausches, er war durch Wollust zum Krüppel geworden. Dem Kaiser Rudolf II. dankte er in Prag beim Abschied mit den Worten: „Ihre kaiserliche Majestät haben mich gar trefflich gehalten, also daß ich keine Stunde nüchtern gewesen."

Die Hauptsache war Wild, viel Wild, alles hohe Wild im Lande mußte ran, das fürstliche Vergnügen zu vermehren und die fürstliche Küche zu versorgen. Das Wild sah das auch ein und freute sich der Ehre[1]). Die unerläßliche Bedingung aber, wenn es beim Jagen klappen sollte, war ein zahlreiches Bedientenpersonal, eine gelernte Jägerei, die überall das Wild bewachte und es zusammentreiben ließ, wenn hohe Herrschaften die Fixigkeit im Schießen zeigen wollten. Das freie Jagen war nicht mehr beliebt, es war zu unbequem und konnte obendrein gefährlich werden. Netze und Tücher waren besser, da konnte man viel Wild auf einmal fangen und es töten, und zwar im Schirm, in Sicherheit, sogar von holden Augen konnte sich der Held bewundern lassen, wenn er als sicherer Schütze sich erwies[2]), oder gar einem gedeckten Schwein den Fang versetzte! Wo war der Geist der Jägerei geblieben, der im Mittelalter im freien Jagen selig war, der nichts verlangte, als ein Dutzend Hunde, ein Horn und einen Spieß? Der mit der Armbrust still im Walde weilte, dem das Beobachten des Wildes, das Rauschen des Waldes, das Anschleichen an das Wild unter den größten Schwierigkeiten Freude machte, das Jagen selbst, die Kunst des Jägers, die uns Herr Gottfried vorgesungen? Vorbei, verklungen! In Frankreich lebte noch der alte Geist, aber auch hier hatte der Stern der Jagd die Höhe überschritten, und nur in England ging ein frischer Wind, von allen Seiten schäumt die Brandung dort, und Well' auf Welle raunt von fremden Küsten, von kühner Seefahrt, Unternehmungsgeist, und dieser Geist kam auch der Jagd zugute. Im deutschen Vaterlande war die Faulheit eingekehrt, der träge Geist verschwamm in Titeln, verdrehten Anreden, Verbeugungen, gewundenen Sätzen vor dem Hochgestellten, es fehlte ganz die alte Kraft. Die Fürsten waren durch der Zeiten Strom emporgetragen und drückten durch den Wildstand ihre Länder; sie hatten nichts mehr zu gewinnen, sie konnten höchstens sich zum Gott erklären lassen, begnügten sich aber mit der Oberpriesterschaft. Der Adel war geniedert in dem Recht, gehalten durch das Bodeneigen-

---

[1]) N. Rebhan, Esau venator, sechzehn christliche Jägerpredigten. Wittenberg 1621. Zweite Predigt.

[2]) Ludwig V. von Hessen-Darmstadt hielt am 8. November 1624 schon ein Lustjagen ab für fürstliche Gäste, bei welchem das Wild aus den Fenstern des Schlosses geschossen wurde. Landau, Beiträge, 15.

tum und die Leibeigenschaft, der Bürger war noch nicht zur Macht gekommen, und der Bauer lebte stumpfsinnig als das Arbeitsvieh des Adels weiter.

Ein volkstümliches Element war die Jagd im Mittelalter nicht gewesen, denn immer hatte die Adelsklasse sich dieselbe vorbehalten und dem Volke nur die Brosamen gewährt, die von den reich besetzten Tischen fielen. Zunächst hatte der breite Herrenstand der Markgenossen die Jagd besessen, dann war sie übergegangen auf die fränkischen und römischen Eroberer, auf den Lehnadel und die Geistlichkeit, jetzt war die hohe Jagd zentralisiert worden vom großen Grundbesitz; immer breitere Schichten der Bevölkerung wurden mit dem steigenden Integrationsprozeß von der Jagd ausgeschlossen. Die ursprüngliche Eroberung hatte zunächst den König reich gemacht und das Land in seine Hand gegeben; durch die Verteilung dieses Landes an die Diener, Krieger und Priester war er arm geworden. Die belehnten Großen des Reiches wiederholten den Prozeß und schenkten sich arm, aber die trotz aller Bedrückung erblühte Geldwirtschaft und die Steuern machten sie wieder reich und mächtig, und weil die Herren nicht den neuen Geist begriffen und sich immer nur für Grundherren hielten, statt für Arbeitgeber, und weil die Jagd mit der Herrschaft über den Boden stets verbunden gewesen war, so rissen sie mit anderen Rechten jetzt die Jagd an sich, und so wurde das aus der Arbeit erwachsene Verlangen nach Vereinheitlichung des staatlichen Lebens die eigentliche Ursache zur Regalität der Jagd. Die Königsmacht blieb von der Neubelebung ausgeschlossen, weil die ehemaligen Diener und Großen des Reichs die neuen Schätze für sich behielten, die Königsmacht starb ab und konnte erst zu neuem Leben kommen, als die Arbeit des Volkes und das Tauschbedürfnis die Grenzen der Territorien gesprengt und auf nationaler Grundlage sich einheitlich über das Reich ergossen hatten.

Die Völker zerfleischten sich auf Anstiften der Priester und auf Befehl des hohen Adels in ungezählten Bürgerkriegen, die blutigen Leichen lagen auf der Wahlstatt als schaudervolles Zeugnis für die Religion der Liebe, die sie vertreten hatten durch den Brudermord. Wie im Altertum das Wort konsubstantiell genügt hatte, um die Massen in wilden Aufruhr zu versetzen, so wirkte jetzt das Wort transsubstantiell berauschend auf die Menge, die nun mit wilder Wut in den verzerrten Zügen auf ihren Gegner stürzte und ihn zerfleischte, folterte, verbrannte, weil es die Priester wollten[1]). Ungezählte Familien wurden ihres Ernährers beraubt, ins Elend gestürzt, die Männer wurden angeklagt, gefoltert, hingerichtet, die Scheiterhaufen knatterten, das Holz stieg hoch im Preise, rund um die Erde floß das Blut um des Erlösers willen. Die Henkersknechte wurden müde, aber die fromme Begeisterung wurde es noch lange nicht, sie sang dem Volke nach wie vor das unruhvolle Lied von Qual und Gnade, von Grausamkeit und Auserwählten, von Verfolgung und von Nächstenliebe und versetzte es in einen Wahnsinnsrausch, dasselbe Volk, das in seinem Unverstande so beschränkt und töricht war, trotz aller Wühterei der Arbeit treu zu bleiben und unbewußt die Zeit im Dienste der Kultur, des Fortschritts zu verbringen, der leise aufblühenden Freiheit, der keimenden Menschenwürde, sich in den Dienst der heiligen Arbeitskraft zu stellen, welche die Menschheit aufwärts führt zu Licht und Geist.

Im Deutschen Reich waren die Fürsten ohne Liebe für ihr Vaterland, sie wollten nur ihr Territorium vergrößern, sie erhielten ihre Befreiung von der Kaisermacht und das geraubte Kirchengut bewilligt von Frankreichs und von Schwedens Gnade, sie zahlten den Preis für ihre Unabhängigkeit in deutschem Boden aus; sie bedrückten ihre von der Furie des Krieges arm gemachten Untertanen mit einem Wildstand, der die kümmerlichen Saaten fraß, sie peitschten dem Verächter den Rücken blutig, der das Wild erschlug, oder hingen ihn am Galgen auf zum leckern Fraß der Raben. Im Lande herrschte der Beamte, der Soldat, der Jäger, die Bedientenschar, am Hofe spreizte sich das Zeremonienwesen, die Vergötterung des Despoten[2]) und die ersterbende

[1]) Auch Luther war von fanatischer Grausamkeit nicht frei. Philipp von Hessen wollte die Wiedertäufer nicht aus dem Grunde töten lassen, weil sie Wiedertäufer waren, aber Luther sprach ihm seine allerhöchste Unzufriedenheit darüber aus und war mit des Teufels Anführung nicht sparsam. Schlosser, Weltgeschichte, 1898. 10. 95.

[2]) Den Hofdienst hat der Adel nie verschmäht, er hat damit bewiesen, daß er nicht getragen war vom Stolz des freien Mannes, sondern daß er sich nach oben bückte, wenn er dafür nach unten wieder drücken konnte. „Dem Könige oder dem Fürsten zu dienen, versehrte die Würde des Adels nicht, obgleich es Nachteile brachte, die dem Verhältnis der hörigen Knechte zu den Freien vielfach ähnlich waren. Die Merowinger züchtigten ihre Hausbeamten gleich Leibeigenen!" J. Grimm, deutsche Rechtsaltertümer, 1881. 250. Dafür hat ja auch der Dienstadel über den alten Volks- und Stammesadel gesiegt. Durch welche Mittel?

Gewundenheit der Untertanen, kein erfrischender Hauch zog über die versengten Felder.

Dennoch war der göttliche Geist geschäftig, sein eigenes Wesen einem Volke einzubilden, das er aus Unfreiheit und Knechtschaft langsam heben wollte, er wirkte in dem Volke der Arbeit, in dem Schmied, der an dem Amboß stand, in dem Bauern, der auf dem Feld die Furche zog. Äußerlich lag das öffentliche Leben nieder, die ewige Quelle aller produktiven Kraft und Geistesfrische floß unbeachtet und im stillen, und lärmend traten nur die Höfe auf mit ihrer weitverzweigten Dienerschaft, was konnte da wohl von der Jagd erwartet werden! Kein kühner Geist, kein Wagemut, kein Können, keine Lust am freien Jagen, keine Einkehr in sich selbst im grünen Woldesdom, der Witz im Formelkram befangen, geistlose Reimerei in ungefügen Versen, die Vorherrschaft von Tuch und Netz, und in der Wälder süß-geheimnisvolles Rauscheu erklang mißtönig der armen Fröner widerliches Schreien, die auf Befehl zum Massenfang die Zier des Waldes drängten, zur herrschaftlichen Lust am „Stechen"[1]), die ohne Mitleid blieb, wenn sie die Angst und Schmerzen in dem brechenden Auge sah.

---

[1]) Vgl. J. Colerus, opus oeconomicum, 1632. 609. 618. Der Jäger des Königs Alfred von England erzählte „jugulo in retibus". Vgl Band I. 101.

Zweites Kapitel.

Die unbeschränkte Macht des großen Grundbesitzes.

1700—1800.

Die Jäger und ihr Recht.

Im vorigen Kapitel haben wir gesehen, daß die fürstliche Gewalt erstarkte, und der Adel den Boden zwar in seiner Hand behielt, aber einen Teil der Grundrechte verlor; durch Krieg und Erbteilung und schlechte Wirtschaft war auch ein Teil des Adels herabgekommen von der alten Höhe, er verkleinerte sein Herrschaftsgebiet, verkaufte Städte, Meiergüter und Bauernhöfe, die neuen Eigentümer lösten sich vom Hofverbande des Verkäufers und traten unter die landesherrliche Vogtei als Landesuntertanen. Vogtei ist immer Schutzherrschaft gewesen, im 16. Jahrhundert kam an ihrer Stelle der Name Polizei in Aufnahme. Die meisten adligen Geschlechter aus dem Mittelalter waren ausgestorben und verschollen, sogar dem Namen nach; andere, die mehr vom Glück begünstigt waren und Städte auf ihren Liegenschaften erwachsen sahen, welche die Bodenrente steigerten, kauften jetzt die Höfe auf, die von den verarmten Genossen losgeschlagen wurden. Auch Stifter, Klöster, Städte und Stadtbürger erwarben große Liegenschaften, und mit dem Boden kam die grundhörige Bevölkerung in ihre Hand, nicht mehr nach dem alten Hofrecht, sondern nach dem neuen Landrecht. Vogtei und Steuer, Gericht und Heerwesen waren umgestaltet worden; der neue Eigentümer ließ sich von den Grundholden den Eid der Treue nicht mehr leisten, er hatte keine Banngewalt mehr auszuüben, er zog nicht mehr die Steuern ein und durfte niemand malefizisch aburteilen[1]): das alles hatte der Landesherr sich vorbehalten, der große Grundbesitzer, und er erfüllte diese Aufgaben durch eine ad hoc geschaffene Be-

---

[1]) Malefizisch waren „Mord, Landesverrat, Mißhandlung der Eltern, Selbstmord, Befehdung des Nächsten, Gift und Kinderverthun, Münzfälschung, Ehebruch, Sodomiterei, Meineid, Zauberei, Diebstahl über Fünf Gulden (!), Entführung, Straßenraub.“ v. Hohberg, Georgica curiosa, 1682. I. 35—36.

dientenschaft. Auch das Aufgebot zur Heeresfolge ging nicht mehr vom Grundherrn aus, sondern von der landesherrlichn Gewalt, Judenschutz, Münze, Zölle, Bergbau und Jagd hatte der Landesherr genommen. Die genossenschaftliche Rechtsprechung hatte aufgehört, als der gelehrte Richter auf der neuen Schöffenbank sich niedergelassen hatte[1]), und um die Steuern hatte im ganzen Reiche der heiße Kampf getobt zwischen den Landesherren und den Ständen, der vom 16. bis 18. Jahrhundert hin und her wogte und die Verhandlungen der Landtage erfüllte. In diesem Ringen zwischen den zentralen und lokalen Gewalten war der Bauer der Kaufpreis gewesen, oftmals der einzige Wert, den der Landesherr zu bieten hatte, denn im 17. Jahrhundert kamen die stehenden Heere auf, und stehende Heere, Steuern und Schulden bildeten von Anfang an das unzertrennliche Trifolium.

Die Fürsten hatten sich mit der Verlehnung des Bodens arm geschenkt, und die Steuern und Regale, aus denen eine neue Quelle des Reichtums sprudeln sollte, mußten erst erworben werden. Der große Kurfürst, der so stolz jetzt auf der Brücke reitet und nach dem Schlosse seiner Ahnen sieht, mußte in heißer Arbeit die stehende Armee von den Ständen sich erstreiten, er war zuerst blutarm und oft in Geldverlegenheit, wenn er die Handwerker bezahlen sollte, und wiederholt hat er auf's Rathaus hingeschickt und fünfzehn Taler sich vom Magistrat erbeten![2])

Der Bauer war das allgemeine Arbeitstier des Adels, war unwissend und galt für dumm, und es gehörte zum guten Ton, daß der Adel frei über ihn verfügen konnte. Schon der selbstgefällige Maximilian I. hatte in einem Mandat von 1499 gesprochen von „den groben bösen und schnöden Bauersleuten, in welchen doch keine Tugend, adeliches Geblüt, noch Mäßigung, sondern allein Üppigkeit, Untreue und Grobheit ist"[3]). Die Volkssprache hieß im Mittelalter lingua rustica,

[1]) Der Zerfall des Hofverbandes setzte in der Zeit des 12. bis 14. Jahrhunderts ein; im 14. und 15. Jahrhundert verwandelten sich viele Fronhöfe in Pachtgüter, in England ließ man sie ungeteilt, während man sie in Deutschland zu kleinen Pachtgütern zerschlug; in der Oberpfalz allein entstanden 10 000 bäuerliche Pachtgüter. An die Stelle des alten Hofregiments trat jetzt das bureaukratische Kabinetsregiment nach französischem Muster. Bekannt ist der Aufstand des Adels unter Sickingen. Im Dreißigjährigen Kriege stürzte die alte Lehnsverfassung zusammen. Vgl. Maurer, Gesch. d. Fronhöfe IV. 463—67. 469—71.

[2]) G. Schmoller, Umrisse und Untersuchungen, Leipzig, 1898. 139.

[3]) v. Maurer, Gesch. d. Fronhöfe, IV. 528.

für vornehm galt Latein, und nach dem Dreißigjährigen Kriege das Französische. Von allen Gemeindeangelegenheiten wurden die Bauern ausgeschlossen, sie wurden zu Leibeigenen herabgedrückt, und die Rechte, welche dem Adel aus der Leibeigenschaft zuflossen, wurden ihm sogar durch Reichsgesetz gewährleistet und in dem Reichstags-Abschied vom Jahre 1555 ausgesprochen[1]).

Trotzdem bestand für das Rechtsverhältnis zwischen Grundbesitz und Arbeitskraft keine einheitliche Regelung im Reiche, weil es an einer verbindlichen Zentralgesetzgebung gebrach. An einzelnen Stellen waren die Dienste festgelegt, ebenso „Steuer, Anschläge, Freygelder, Sterbhaupt, Ab- und Anfahrt", an anderen Orten aber mußten die Bauern zur Arbeit kommen „als offt es von der Obrigkeit begehrt wird", das war namentlich in Böhmen und Mähren der Fall, wo der Bauer leibeigen war! Obrigkeit war jeder Gutsbesitzer. In Österreich ob der Ens gaben „etliche Untertanen so große Treyd-, Weitz- und Haberdienst, daß sie manches mal kaum so viel bauen können, so meistenteils in den Empörungen und Bauernkriegen aufkommen und nunmehr als präscribiret von den Nachkommen kontinuiret wird"[2]).

Nicht besser sah es in Ostelbien aus. Noch das preußische Landrecht nannte die Leibeigenschaft zutreffend eine Art von Sklaverei. Des Bauern Kinder durften ein bürgerliches Gewerbe nur mit des Junkers Erlaubnis treiben und mußten auf Verlangen die bäuerliche Stelle übernehmen, sie mußten sechs bis zehn Jahre lang ihm als Gesinde dienen für einen Hundelohn. Hatte der Bauer die Stelle nicht erblich, konnte er verjagt werden, ähnlich wie in Österreich, und wenn der Junker rief, mußte der Bauer ihm den Acker bestellen und das Getreide dreschen[3]). Er durfte sein Getreide nur auf der gutsherrlichen Mühle mahlen lassen, Bier nur aus der gutsherrlichen Brauerei entnehmen und Schnaps aus der gutsherrlichen Brennerei. Sofern er nicht leibeigen war, konnte er nur mit dem Gute veräußert werden, er durfte dann auch fahrende Habe erwerben, die allerdings bei seinem Tode zum Teil an den Gutsherrn fiel. Der Leibeigene durfte frei verkauft werden und sein Vermögen gehörte dem Herrn; zu Anfang des

---

[1]) Ebenda, 530.

[2]) v. Hohberg, Adliches Landleben, 1682. I. 53.

[3]) G. F. Kapp, Die Bauernbefreiung, 1887. 21—24. 67. Der Jahreslohn für eine Magd betrug 3 Tlr. 8 Silbergroschen.

18. Jahrhunderts hatte ein pommerscher Edelmann noch eine ganze Bauernfamilie vertauscht gegen eine Koppel Jagdhunde[1]).

Wenn ein Herr von Adel ein Gut kaufen wollte, dann untersuchte er zunächst, ob er Wildschaden zu tragen hatte, ob zum Gut die hohe oder niedere Jagd gehörte, ob Salzlecken und Wolfsgruben angelegt werden durften, ob und wieviel reiche und arme Untertanen das Gut umfaßte, ob sie willkürlich zur Arbeit herangezogen werden durften, oder ob ihre Dienste begrenzt waren, oder ob sie statt der Dienste Geldabgaben leisteten. Die alten grund- und schutzherrlichen Lasten, die der Bauer trug, blieben unter dem Namen von Grundlasten bestehen, sie wurden erhöht durch neue Lasten, oft in willkürlicher Weise, so in Schleswig-Holstein, Brandenburg, Pommern, Minden, Paderborn, Mecklenburg und in der Oberpfalz[2]). Es ist ohne weiteres verständlich, daß die unbegrenzte Arbeitspflicht des Untertanen, die meistens mit Leibeigenschaft verbunden war, das Gut im Preise steigern konnte, und daß der menschenfreundliche Adel die Leibeigenschaft und ein „patriarchalisches Verhältnis" für die ideale Form der Liebe hielt und für das Fundament des Christenstaates[3]).

Und Gott sei Dank bestand noch allgemein das Recht, daß der Adlige mit Stock und Peitsche dem Bauernlümmel Beine machen konnte! Half das nicht, so ward der Bauer eingesperrt, der Stock, der Hunger und die Dunkelheit, meistens verstärkt durch schlechte Luft und den Besuch von Ratten und anderem Ungeziefer, und ergiebige Gelegenheit zum Nachdenken mußten den harten Sinn ihm mürbe machen. Als der spätere Minister Schön im Ausgang des 18. Jahrhunderts durch Schlesien reiste, und sich die Industriebezirke zeigen ließ, schrieb er seinen Eindruck in den Worten nieder: „Selten hält ein Edelmann eine Justiziarius, er macht alles mit dem Kantschuh ab!"[4]) Das entsprach der adligen Gesinnung, darum hießen diese Herren die edlen,

---

[1]) Ebenda, 27. Vgl. 15. 21—23. 25—27.

[2]) v. Maurer, Gesch. d. Fronhöfe, IV. 530.

[3]) v. Benckendorff, oeconomia forensis, 1775—84. I. 53: „Besonders haben diejenigen Landgüter einen großen Vorzug, welche mit der erforderlichen Menge von eingeborenen Untertanen, die ihren Sitz und Wohnung nicht nach Gefallen ändern können, sondern in allen Unternehmungen von dem Willen des Gutsherrn abhangen, versehen sind.

[4]) Theodor von Schön, Studienreisen 1792—98, herausg. von einem Ostpreußen. 1879. 412.

und die erleuchtete Theorie des Staatsrechts sah in der Prügelstrafe die Offenbarung der von Gott gewollten Obrigkeit. Der Pfalzgraf Franz Philipp besingt in seinem Buch über die Landwirtschaft die Poesie des Landlebens in der folgenden idyllisch-anschaulichen Art:

„Merk wohl, ein starker Weidenkopf
Und auch ein stolzer Bauerntropf
Die wollen all' drei Jahr einmal
Behauen seyn ganz überall.
Drum hau' davon ein' guten Teil,[1])
Sonst werden sie zu frech und geil."

Der Präsident von Benckendorff spricht sich in seinem Buch noch klarer aus: „Soviel Dienste, als ein Untertan an seiner Nahrung, ohne dabei zu Grunde zu gehen, leisten kann, ist er der Herrschaft zu verrichten schuldig, dieses war der allgemeine Grundsatz der Stifter des deutschen Bauernstandes; und er muß auch noch an jetzt beobachtet werden, weil er in der Vernunft und in dem Naturrecht selber gegründet ist..... Überhaupt muß ich bei diesem Artikel nur noch soviel erinnern, daß bei den Bauern die Stock- und Peitschenschläge weit mehrere Wirkung als alle andere oben bemeldete Strafmittel tun."[2])

Im Altertum wurden immer die Heloten genannt, wenn das Beispiel einer unfreien agrarischen Bevölkerung gegeben werden sollte, und die ganze gebildete Welt war voller Teilnahme an ihrem traurigen Geschick. Die Pflichten der Heloten waren aber fest umgrenzt, und strenge Strafe drohte den Spartiaten, wenn sie den Kreis der Pflichten weiter machen sollten[3]). Benckendorff aber spricht sich gegen die Begrenzung der Pflichten aus, und der ostelbische Junker hat nach einer Erweiterung der Pflichten immer hingedrängt. Auch hier zeigt sich die Moral der Heiden den Segnungen des Christentums entschieden überlegen; trotzdem gibt es immer noch gutgläubige Geschichtsforscher, welche der alten Ansicht beipflichten, die Kirche habe die Sklaverei beseitigt, sie, welche die Neger in Amerika erst einführte. Nicht die Kirche, sondern die Technik schuf die Freiheit!

---

[1]) Florinus, Oeconomus prudens et legalis. 1702. IV. 818.

[2]) v. Benckendorff, Oeconomia forensis, V. 45. 71. Vgl. auch 51: „Der Bauer hat fast durchgehends ein fühlloses Herz... nur blos sinnliche Empfindungen regieren seinen Lebenswandel . . . weil nun alle Leibesstrafen sinnliche Empfindungen nach sich ziehen, so" usw.

[3]) Plutarch, Moralische Abhandlungen, alte Gebräuche der Lacedämonier, 41.

Die Herrschaft der Vernunft und des Naturrechts im Benckendorffschen Sinne hatte das Volk dahin gebracht, daß es den Rücken geduldig krümmte, wenn der übermütige Junker den Arm zum Schlage hob. Zu Schöns Zeiten ereignete es sich, daß ein höherer Beamter ungeduldig wurde, als er in einem königlichen Postkutschkasten, zu welchem die Bauern Pferde stellen mußten, nach seiner Auffassung zu langsam fuhr; er ließ in dem Gefühl der Gottähnlichkeit einer überlegenen Rasse von hinten her den Knüppel in rhythmischer Bewegung auf des Bauern Rücken niedersausen und entlud das Gewitter seines junkerlichen Zornes in der hergebrachten Art. Der Leser denkt nun wohl, daß der Bauer auf dem Vordersitz den Peitschenstiel umdrehte und das dicke Ende so lange dem junkerlichen Bengel auf den harten Schädel niederregnen ließ, bis ihm der Übermut vergangen war und er um Gnade bat: ach, weit gefehlt! Der Bauer hielt in verzweifelter Ergebenheit den Buckel still, wie es sich bei dem Walten einer höheren Macht gebührte und sagte ruhig: „Hau, Herrke, hau! Burbuckel ist dat gewönnt."[1])

Adel und Kirche hatten die Kulturarbeit geleistet, der sie fähig waren: der Bauer war die Frucht ihrer Liebe gewesen und ihrer gemeinschaftlichen Sorge, das Produkt der kulturellen Tätigkeit der beiden Unglücksmächte in den verflossenen tausend Jahren. So lange hatte der Bauer die Faust des Adels gefühlt, so lange hatte die Kirche die Seele ihm gebunden: jetzt war seine Kraft erschöpft, er hatte keinen Willen mehr, und dabei umfaßte die Landbevölkerung drei Viertel der Nation![2]) Das war das deutsche Volk!

In der ersten Zeit der Herrschaft hatte der Bauer noch die Faust geballt, im 16. Jahrhundert noch zu Sense und Heugabel gegriffen,

---

[1]) Theodor v. Schön, Studienreisen, 47. „In königlichem Dienst reiste man mit Vorspannpässen. Die Last Vorspann zu stellen ruhte auf dem gedrückten Bauernstande bis 1810. Den Wagen mußte der Beamte sich selbst halten. Der Bauer erhielt pro Pferd und Meile 1½ Sgr. Der Niederbarnimer Kreis hatte vor dem siebenjährigen Kriege jährlich 8—10 000 Pferde zu stellen!" Die eigentliche Post fuhr zwischen Königsberg und Berlin nur zweimal in der Woche und brauchte 6—7 Tage. Durch den Bau der Chaussee wurde die Reise auf 3 Tage und 4 Nächte abgekürzt. Der Weg durch die Provinz Posen war verrufen wegen des Räuberwesens. Erst Friedrich Wilhelm III. hat die Chaussee erbaut, die das Brigantentum beseitigte. 40. 44.

[2]) Im Jahre 1800 lebte erst der vierte Teil der Bevölkerung in den Städten Vgl. Sombart, Die deutsche Volkswirtschaft im 19. Jahrhundert. 37—41.

doch bald hatte die Erfahrung ihn belehrt, daß ohne Organisation nichts auszurichten war, Klugheit und Rücksicht auf die Seinen hatten ihm Schweigen und Dulden auferlegt, aus der Erfahrung am eigenen Leibe war er zu dem gleichen Moralprinzip gekommen, das der Sklave Epiktet im Altertum in die Worte gefaßt hatte „ertrage und entsage": die gleiche Sklavenmoral, hier wie dort. Der große Unterschied lag nur darin, daß die Unfreiheit im Altertum sich als geistige Macht durchsetzte gegen den Herrenstand, zuerst in der Stoa, dann im jungen Christentum, während in der Zeit des 18. Jahrhunderts im Volke tiefes Schweigen lag und nur die Aufklärung der Sklaven sich erbarmte, die Feindin der Kirche und der egoistischen, bigotten Priesterschaft. In der Stoa stand der Sklave Epiktet als Jugendlehrer neben dem Kaiser Marc Aurel, und während letzterer zur Demut neigte, legte der Sklave den Nachdruck auf die Erhabenheit der menschlichen Natur.

Das Bewußtsein von einer höheren Gewalt, vor welcher sich der deutsche Bauer beugen mußte, war übergegangen auf die Kinder und die Enkel, und hatte sich vererbt von Geschlecht zu Geschlecht in Form von Untertänigkeitsgefühlen, die immer neue Nahrung erhielten in jeder Generation; sie hatten sich zuletzt so angehäuft und im Charakter des Bauern so festgefressen, daß gegen diese Herrschaft sklavischer Gefühle nicht mehr anzukämpfen war. Die Seele des Bauern war erfüllt von dem zusammengetragenen Leiden, Fürchten und Heucheln der letzten tausend Jahre, und diese Seele konnte nicht mit einem Schlage umgewandelt werden, nicht mit dem Federstrich, durch welchen Friedrich Wilhelm III. am 9. Oktober 1807 die Adelsherrschaft formell außer Kraft setzte, ein Akt, der sich auf dem Papier sehr gut ausnahm, und auch für die Entwicklung unerläßlich wurde, aber auf den Charakter unserer Landbevölkerung zunächst so gut wie keinen Einfluß übte. Hier konnten nur die veränderten Zustände und die täglichen Erfahrungen eines anderen Lebens jenen langwierigen Umbildungsprozeß einleiten, der in dem Erleben und Vererben edlerer Gefühle nach Generationen ein freies Volk erzeugt[1]).

[1]) Ein klassisches Beispiel dieser Entwicklung gibt die römische Geschichte. Das Volk hatte durch den Generalstreik auf dem heiligen Berge das Tribunat erlangt und bald darauf das Recht, bürgerliche Konsuln zu erwählen, aber es machte keinen Gebrauch davon; die Tribunen, die es ehrlich mit dem Volke meinten, konnten aufstellen, was sie wollten: das in seinen Gefühlen immer noch versklavte Volk wählte

Das verworrene wolkenartige Seelenleben, das wir als die emotionelle Seite der Gefühle zu bezeichnen pflegen, die breiten und mächtigen Unterströmungen von unbestimmtem Wissen, die neben der klaren Anschauung und dem abstrakten Denken hergehen, sich in Lust und Unlust äußern und unser Handeln in erster Linie bestimmen, sind uns überkommen von den Vorfahren als das ererbte Produkt ihres seelischen Erlebens, ihrer Gefühle und intellektuellen Tätigkeit. Eine durch Generationen hindurch ausgeübte Herrschaft verdichtet und vererbt sich mit der Zeit zu einem Gefühl der Überlegenheit, das durch die gute Nahrung auch in der körperlichen Bildung sich erkennbar macht. Andererseits erzeugt ein täglicher Gehorsam, gepaart mit Furcht und Sorge und schlechter Nahrung im Bauern das Gefühl der Minderwertigkeit; es schwindet der freie Mut, die Muskeln werden schlaff, die Frauen altern früh, und die körperliche Haltung beugt sich von der Arbeit auf dem Felde. Es entstehen Rassenunterschiede, und wenn dann noch die Ehe zwischen diesen Rassen unter Strafe steht, dann muß jene totenähnliche Erstarrung die endliche Folge sein, die wir in Deutschland im 18. Jahrhundert finden[1]). Das einzige Mittel, welches Ausgleich schuf, waren die Erleichterungen, die der Junker im heimlichen Verkehr mit den Töchtern unseres Volkes sich erlaubte, hier hat er fleißig und segens-

---

nach wie vor die Patrizier ins Konsulat. Vgl. Livius, Reclam, I. 341. 368. 398. 420. 449. 451. 570. 574. 580. So wählt auch heut der deutsche Bauer den Junker noch ins Parlament, der ihn vor hundert Jahren prügelte und ihm heute das Vereinsrecht vorenthält.

[1]) Der freie Gatte, der in eine Hörigkeit hineinheiratete, verlor meist die Freiheit: „Die unfreie Hand zieht die freie nach sich." v. Maurer, Gesch. d. Fronhöfe III. 161. Das Gesetz der Burgunder bestrafte die Ehe zwischen einer Freien und einem Knecht mit dem Tode, überall folgten die Kinder der ärgeren Hand, und das Turnierrecht schloß den Ritter aus, der eine Bürgerliche geheiratet hatte. „Wenn ein Turniergenosse eines Bürgers Tochter oder eine Bäuerin zur ehelichen Bettgenossin hat, der soll mit Recht, so lange er lebt, ungeschlagen und ungestraft das Turnier nicht gebrauchen, auch nicht derselben Kinder bis in das dritte Geschlecht." Turniergesetz Art. 12. Friedrich der Große verbot noch die Heirat zwischen adligen Offizieren und bürgerlichen Damen, und Schön erzählt einen lehrreichen Fall von der Abgeschiedenheit der Stände: „In Warmbrunn forderte ein Graf eine bürgerliche Geheime Posträtin aus Berlin auf. Wie er diese Dame schon aufgefordert, zupft ein anderer Graf ihn am Rocke und sagt, sie sei eine Bürgerliche. Der Graf läßt die Dame stehen." v. Schön, Studienreisen, 271. Leider sagt Schön nichts davon, ob der Geheime Postrat seine Frau zu schützen wußte!

reich gewirkt und zur Verbesserung des Blutes beigetragen, und gerade dieses Feld seiner besten, vielleicht seiner einzigen kulturellen Tätigkeit stand im Widerspruche mit dem sittlichen Gesetz.

So kann ein ganzes Volk in seiner sittlichen Natur herunterkommen, wenn es dauernd unter der Fuchtel eines Adels und einer Priesterkaste steht. Die Macht der ererbten Gefühle, welche durch die gleichmäßigen Gewohnheiten der Vorfahren langsam sich entwickelt haben, ist im Leben der Einzelnen, wie in dem des Volkes wirksam als die ausschlaggebende Gewalt, und wir empfinden sie als den Druck einer uns beherrschenden Notwendigkeit. Auf ihr beruht die geschichtliche Macht, der Gehorsam der Nation und auch die öffentliche Meinung. Der Wunsch ist immer der Vater des Gedankens, und wir beobachten bei den Gelehrten selbst, daß sie stets zu dem System hinneigen, das ihrer angeerbten Natur entspricht, zu dessen Rechtfertigung sie dann Gründe suchen. Mit der öffentlichen Meinung ruht auch die Form des Staates auf den ererbten Gefühlen, sie tragen den Staat im eigentlichen Sinne und sichern den organischen Zusammenhang, und nur in hochentwickelten Völkern mit starkem Intellekt gewinnt dieser eine merkliche Gewalt neben dem ererbten Seelenleben, während in den wichtigsten Fragen die ererbten Kräfte doch immer noch den Ausschlag geben. Nicht das Einzelwesen lebt und tut nach seinem Willen, sondern es wird getrieben und geschoben von der angeerbten Macht: die Toten sind lebendig und die Lebenden sind tot![1])

Das französische Volk griff zurück auf seine alten Formen des öffentlichen Lebens, als diese in der Revolution durch intellektuelle Kräfte vorübergehend erschüttert worden waren, das deutsche Volk beugte sich nach der Befreiung im Anfang des 19. Jahrhunderts willig der erneuten Despotie des Metternichschen Einflusses, alle reaktionären

[1]) Diese Erscheinung ist es, die Ibsen die Gespenster nennt: „Es ist nicht allein das, was wir von Vater und Mutter geerbt haben, das in uns umgeht. Es sind allerhand alte, tote Ansichten und aller mögliche alte Glaube und dergleichen. Es lebt nicht in uns; aber es steckt in uns und wir können es nicht los werden. Wenn ich nur eine Zeitung in die Hand nehme, um daraus zu lesen, so ist's mir schon, als sähe ich die Gespenster zwischen den Zeilen umher schleichen. Im ganzen Lande müssen Gespenster leben. Mir ist's als müßten sie so dicht sein, wie der Sand am Meer. Und dann sind wir alle miteinander ja so gottsjämmerlich lichtscheu." Die Gespenster, übers. von v. Borch, Reclam 42.

Strömungen beruhen auf der Macht der toten Hand. Die Adelskaste hatte ernstliche Bedenken, als 1806 das Heer zum Volksheer umgewandelt werden sollte, ebenso erschauerte der Adel, als 1870 das allgemeine und gleiche Wahlrecht kam, und heut nach 37 Jahren ist der Bauer fast ebenso ein Gegenstand der Adelsherrschaft, wie er es im Anfang des 19. Jahrhunderts war. Es mag der Intellekt dagegen streiten, der Bauer mag einsehen, daß er mit der Wahl des Junkers die größte Dummheit macht: hilft alles nicht, er kann nicht aus der Haut heraus, nicht los vom überkommenen Gefühl. Nur in jenen Gauen, wo die Technik und die industrielle Tätigkeit durch Tausch und Handel und Verträge ein Gefühl von gleichem Recht erzeugen, und der Arbeiter, des Zwanges ledig, in freier Selbstbestimmung seine Pflichten übt, erneuert sich das längst vergessene Gefühl der Menschenwürde; durch die veränderte Tätigkeit wird die Menschheit wiedergeboren in einem neuen Geiste, der mit der Zeit so kräftig werden kann, daß er die Oberhand erlangt über die Herrschaftsmächte aus dem Mittelalter, über das Gefühl der angeerbten Untertänigkeit gegen den Landadel und die Kirche mit der Verderbtheit ihrer menschlichen Natur, und ihrem Gott des Zornes und des Schreckens.

In der dunkeln Zeit des 18. Jahrhunderts hatte Preußen das große Glück, zwei tüchtige Regenten zu besitzen, deren Einfluß in dieser Zeit der unbeschränkten Macht gewaltig war. Beide meinten es gut und ehrlich mit dem Volke, wenn auch moderne Ideen bei ihnen noch keinen Boden fanden; beide nahmen ihre Pflicht sehr ernst und brachten einen Zug in die Verwaltung, an dessen herber Einseitigkeit wir zwar noch heute kranken, der aber dem lockeren und differenzierten Staatsgebilde des 16. und 17. Jahrhunderts, wie es aus Eroberung und Hörigkeit, aus Technik, Gewerbe und Handel hervorgegangen war, eine so stramme Integration entgegenstellte, daß der preußische Staat sehr schnell zu einem Organismus wurde, zu einer Bildung, die ein vereintes Leben zeigte, und deren Teile alle in Wechselwirkung standen. Beide Regenten haben sich bemüht, dem Bauern aufzuhelfen. In den Jahren 1739, 1748 und 1749 ergingen Verordnungen, die den Schutz des Bauernlandes bezweckten gegen die Verkopplung mit den Rittergütern, und die Domänenbauern wurden auch von der Untertänigkeit befreit, während der Adel allen Versuchen zur Aufhebung der Leibeigenschaft auf seinen Gütern ein schroffes Nein entgegenstellte. Er brauchte die Untertanen, um seinen Gutshof zu bestellen. Zwei bis drei Meilen mußten die Leute oft des Morgens und des Abends von ihrem Dorf zur Fronarbeit hin wandern, mit dem Aufgang der Sonne an der Arbeit und bis zum Untergang am Platze sein; kam der Bauer hundemüde dann nach Haus, dann mußte er oft noch in der Nacht das eigene Feld bestellen, wenn es nicht ganz verkommen sollte, und merkwürdig: die vielen Kantschuhhiebe auf den Hintern waren nicht imstande, dem Bauern das Stehlen abzugewöhnen! Was war das doch für ein gemeines Pack, und wie Recht hatte die Regierung in Preußen, als sie 1724 an den König berichtete, eine vollkommene Freiheit könnten nicht alle Menschen vertragen. Im Jahre 1708 wanderten Bauern sogar nach Polen aus, selbst dort, in diesem Paradies des Junkertums erhofften sie noch eine Besserung der Lage, und selbst der Einfluß Friedrichs II. war zu schwach, als er 1763 versuchte, in Pommern die Leibeigenschaft zu beseitigen. In Preußen wurde im 18. Jahrhundert zwar das Bauernland geschützt, die persönliche Unfreiheit der Adelsbauern aber blieb unangetastet, weil Güter mit leibeigenen Untertanen im Werte höher standen, als solche mit freien[1]).

In der Anrede wurde die alte Form des Du für zu vertraut erachtet. Schon lange hatte die Anrede gegen den Höherstehenden in das Ihr sich ausgewachsen; man wollte damit zu verstehen geben, daß man den Höherstehenden für doppelwertig einschätzte, wie man heut noch in Samoa zu einem Häuptling sagt: „Habt Ihr beide wohlgespeist?" Doch dieser Schritt der Unterwürfigkeit war noch nicht groß genug, es mußte in der Anrede die dritte Person heran, das „er" im Singularis, wie das „sie" im Pluralis, und dann noch groß geschrieben! Der Angeredete wurde als nicht anwesend betrachtet und so der soziale Abstand räumlich-bildlich noch vergrößert. Weder Frankreich, noch England hat diese Herabwürdigung des Volkes mitgemacht, sie war nur möglich in dem Land der unbegrenzten Untertänigkeit als ein beredtes Zeugnis für die logische Folgerichtigkeit der Sprache, den Hochstand der öffentlichen Meinung und das Gemüt des Adelsstandes.

Es ist ein schlechter Trost, wenn uns immer wieder vorgehalten wird, daß wir sozial und wirtschaftlich noch weit im Rückstand waren

---

[1]) Bericht des Ministers von Schrötter an den König vom 12. Juni 1798. Vgl. G. Kapp, Die Bauernbefreiung, 1887. 124.

gegen Frankreich und England, Jahrhunderte zurück, die uns in der Kultur zu einem Staat des Überganges machten zwischen der vorgeschrittenen Entwicklung des Westens und dem Land der Knute und der Grausamkeit, das uns die eigenen überwundenen Zustände lebendig vor die Augen stellt. Die ältere keltische Kultur, die Nachbarschaft des Meeres, die halbtausendjährige Römerschaft rund um Lutetia Parisiorum haben Frankreich zu einem Vorsprunge verholfen, der nicht einzuholen war durch äußerliche Machtentfaltung. Auch in England saß das keltische Blut und was ihm fehlte an Kultur, brachten die höfisch feinen Normannen mit hinüber, auf ihren Schlössern klang die Harfe, sangen die Trouvères ihre Lieder vom König Artus und vom Gral; die Hauptsache aber machten die wunderbare Lage als Stapelplatz zwischen Europa und den neuentdeckten Ländern, die allseitige Nachbarschaft der See, welche gesunde Völker kühn und trotzig macht, die Bodenschätze an Kohle und an Eisen, und nicht zum wenigsten die Arbeit dieses Volkes, begünstigt durch die Einfuhr aus den Kolonien. Die politische Nörgelsucht der Deutschen, über die man heute klagt, und die Zerrissenheit des Parteigetriebes sind die ganz naturgemäßen Folgen der langen Blütezeit der Landesherren mit ihren Sonderinteressen aus der Zeit der deutschen Adelsrepublik. Auch hier tragen wir an einem Erbe aus der Väter Zeit und einer toten Last im angeborenen Gefühls- und Seelenleben, die wir nur langsam überwinden können in dem Maße, wie das freiwillige Zusammenarbeiten des Volkes die Interessen mehr verwebt, und die Blüte der Technik uns in großen wirtschaftlichen Zügen einheitlich zusammenfaßt. Es ist aber, wie gesagt, ein schlechter Trost, den das Bewußtsein uns gewähren kann, daß die Kultur des Westens älter ist als unsere[1]), wenn wir in der Vergangenheit auf deutscher Erde

[1]) Die Rückständigkeit des deutschen Reiches gegen die Westmächte, gleichwie auch die Rückständigkeit Ostelbiens gegen Westelbien zeigten sich in vielen Dingen. Albrecht Achill wies darauf hin, daß seine Mark Brandenburg nur halb so angebaut sei wie sein fränkisches Heimatland. Friedrich der Große verglich den wirtschaftlichen Zustand seines Reiches mit dem von Frankreich unter Franz I. Schmoller stellt in wirtschaftlicher Hinsicht das Preußen Friedrichs des Großen dem Frankreich Ludwigs XIV. und dem England der Elisabeth gegenüber. In sozialer und verwaltungsrechtlicher Natur war der Unterschied noch größer. In England richtete Wilhelm der Eroberer schon eine einheitliche Finanzverwaltung ein, in Frankreich wurde sie 1316 eingeführt; Preußen hat erst 1723 in dem Generaldirektorium etwas Ähnliches geschaffen. Eine staatliche Zentralkasse besitzt Frankreich seit 1522, Preußen erst seit 1828. Auf

vorwiegend trübe Bilder sehen, sobald wir an dem Talmiglanz des Adels nicht Gefallen finden, und an dem Gewerbfleiß der Städte vorübergehen, um das Auge auf die Landarbeiter zu richten, auf die große Masse unseres Volkes. Es ist beschämend, wenn wir bei den englischen Geschichtsschreibern lesen, daß England in einer glücklicheren Lage war, während die Kriege der Rosen am ärgsten wüteten, als die benachbarten Reiche in den Jahren des tiefsten Friedens[1]).

Mit dem Siege der Zünfte in den Städten wurde die Ausübung politischer Rechte abhängig gemacht von der Zugehörigkeit zu einer Zunft; die Realgemeinde war zu einer Personalgemeinde geworden, alles was Bürger hieß, mußte fortan zünftig sein, auch die Geschlechter konnten sich diesem Verlangen nicht entziehen, hatten aber vielfach ihre eigenen Zünfte, in denen sie sich zusammenschlossen. Dem ländlichen Junkertum wurden die Geschlechter nunmehr anrüchig durch ihre zünftlerische Außenseite und die Nachbarschaft mit dem städtischen Gewerbe. Plötzlich fand der Junker, daß der Käseladen üble Gerüche verbreite, und daß der Schuster „blaue Nägel" habe; für die Goldgruben ihrer eigenen Existenz, den Misthaufen, die Jauche und den Schweinekoben Hestias hatten die Schweinezüchter ein schlechtes Gedächtnis, und sie beanspruchten, da sie die Macht der toten Hand nun einmal für sich hatten, daß die Geschlechter sich „bürgerlicher Handierungen" enthalten sollten, wenn sie turnier- und stiftsfähig verbleiben und den Hasen hetzen wollten auf den Feldern[2]).

---

den großen Unterschied in der Entwicklung der jagdlichen Literatur in Frankreich und Deutschland habe ich im 1. Bande hingewiesen (S. 198). Der oberste Gerichtshof, der in früher Zeit dem Hoflager zu folgen pflegte, erhielt in England schon mit der **Magna Charta** einen festen Sitz, in Frankreich 1302 durch Philipp den Schönen, in Deutschland wurde erst 1495 der oberste Gerichtshof in Speyer fest begründet. Vgl. G. Schmoller, Umrisse und Untersuchungen, 15—16. 113. 165. 186. 239 u. f.

[1]) Macaulay, Gesch. von England, Braunschweig 1868. I. 37.

[2]) Derartige Bestimmungen kehren immer wieder, wenn ein intellektuell beschränkter Adel durch die Macht, die aus der Arbeit fließt, sich bedroht sieht in seinen Vorrechten aus der toten Hand. Er sucht sich dann ein Ansehen dadurch zu geben, daß er sich zurückzieht und Exklusivität vor seine Türen schreibt. Die Geschichte ist voll von Beispielen. Selbstverständlich war den Spartiaten jede Art von Handel untersagt; in Rom wurde 218 v. Chr. den senatorischen Geschlechtern der Handel verboten; in den Turniergesetzen, wie sie Moscherosch bringt (Reclam, II. 194) heißt es: „Welcher adliger Geburt und Herkommen ist, der seinen Stand anders als in adligem Stande hielte, sich nicht von seinem adligen Vermögen, Renten und Gülten,

Die alte Klassenteilung in den Städten, die Geschlechter und Beisassen umfaßte, hatte sich verschoben in die der Geschlechter und des eigentlichen Bürgerstandes. Auch auf dem Lande, in Dörfern, denen das Stadtrecht nicht zuteil geworden war, hatte eine Schicht von freien Leuten sich mit der Zeit herausgebildet; sie hatten die alte Schlangenhaut der hofrechtlichen Hörigkeit abgestreift, sich aber nicht zum ritterlichen Stand erhoben. Nächst der unfreien Bauernschaft war dieser Stand der zahlreichste im Lande, er setzte sich aus Handwerkern, Kaufleuten, Meiern, Pächtern und den Angehörigen der freien Künste zusammen, er war der Sitz der Bildung und der wirtschaftlichen Kraft, sofern die letztere nicht dem Boden noch verhaftet war nach dem Rechte des Eroberers. Im Gegensatz zum hohen Adel und zur Ritterschaft ward der neue Stand als dritter Stand bezeichnet, er war frei von der Mundschaft der Lokalgewalten und unterstand nur noch der Schutzherrschaft des Landesherrn.

Der Staat des 18. Jahrhunderts war eine Domäne der Fürsten, war fast sein Eigentum, sowohl das Land mit all seinen Kulturformen, als auch die ansässige Bevölkerung. Wir sehen im 18. Jahrhundert in Deutschland eine ganze Anzahl kleiner Despotenhöfe auftauchen, die an persische Zustände erinnerten, wie sie Montesquieu so anziehend zu schildern wußte. Daß Persien neuerdings, und kaum ein Menschenalter nach Preußen, zu einer Art von parlamentarischer Verfassung überging, stärkt diese Ähnlichkeit aufs schlagendste.

Mit Willkür griff der Fürst ins Volk hinein und hob zum Kriegsdienst aus auf Lebenszeit, und über das Leben dieser Ausgehobenen, die „seine Armee" zusammensetzten, verfügte er mit souveräner Macht, obschon er selbst nicht die Armee bezahlte, sondern das beherrschte Volk,

---

die ihm sein Mannes- und Erblehen, Dienstlehen, Rathsgeld, Herrensold oder Eigentum jährlich einbringen, sondern auch Handel, Wechsel, Verkäufe und dergleichen Sachen nähren oder sein Einkommen mehren wollte, wodurch sein Adel geschwächt oder verachtet wird; wenn er ferner seinen Hintersassen und Grenznachbarn ihr Brot vor dem Munde abschneiden wollte: derselbe soll .... im Turnier nicht zugelassen werden." Ebenso wie beim Turnier, bemühte der Junker sich, die Patrizier bei der Jagd auszuschließen, es gelang ihm auch, so namentlich in Österreich und Bayern. Vgl. v. Hohberg, Landleben I. 38—39. Auch später hatte der Adel sich aller Arbeit zu enthalten. Als der Hof- und Justizrat Ludwig von Seckendorff im 17. Jahrhundert Klöster zur Versorgung adliger Jungfrauen befürwortete, berief er sich auf die Tatsache, daß der Adel nicht arbeiten dürfe.

das eben ganz nach dem Rechte des Eroberers gehalten wurde. Nicht die Domänen deckten die Kosten für das Heer, sondern die ad hoc erfundenen Steuern, d. h. das Volk. Die Armee war zur Hälfte Blut vom Blut des Landes, diese Hälfte wurzelte im heimatlichen Boden, und trotzdem kam die Sitte auf, die versklavten Truppen an die fremden Mächte zu vermieten und so die fürstliche Kasse von der chronischen Schwindsucht zu befreien, welche die standesgemäßen Ausgaben hervorgerufen hatten für Mätressen, französische Köche, italienische Sänger und Tänzer und einen übermäßig großen Schwarm von Hofschranzen.

Schon im 17. Jahrhundert hatte der geistliche Herr in Münster mit dem Titel Bischof, Bernhard von Galen sonst benannt, den Fürsten gezeigt, wie sie sich aus der Klemme in standesgemäßer Weise retten könnten; er erhob sich zum Bandenführer und zum Generalunternehmer auf Lieferung von Menschenblut, das als Kulturdünger auf fremder Erde still verrieseln mußte, wenn das Auge des gefallenen Kriegers brach. Der geistliche Herr vermietete seine Truppen an England, Frankreich, an den Kaiser, an Spanien und Dänemark. Die Truppen waren durch Werbung zusammengebracht, und was die Werbung jener Zeit besagen wollte, ersehen wir aus der preußischen Instruktion für den Transport von angeworbenen Rekruten. Der Unteroffizier „muß den Rekruten nie hinter, sondern immer vor sich gehen, ihn nie nahe auf den Leib lassen und ihn bedeuten, daß der erste falsche Tritt, den er tut, ihm das Leben koste". Im Nachtquartier mußte der Unteroffizier den Rekruten sich gänzlich ausziehen lassen und die Kleider dem Wirt zur Aufbewahrung geben, dann mußte er sich neben den Rekruten legen, doch so, daß dieser an der Wand und der Unteroffizier auf der freien Seite lag. Hatte der Rekrut „vollends einen Versuch gemacht zu echappieren, so muß er ohne Gnade geschlossen, oder ihm die Daumschrauben angelegt werden" usw.[1]). In der Garnison wurde dann der junge Mann so lange geprügelt, bis die Willenskraft erloschen war. Gustav Freytag sagt: „Es ist eine trostlose Sache, sich die Gefühle zu vergegenwärtigen, welche in Tausenden der gepreßten Opfer gearbeitet haben, vernichtete Hoffnungen, ohnmächtige Wut gegen die Gewalt-

[1]) Unterricht für die Königlich Preußische Infanterie im Dienste der Garnison auf Werbungen und im Felde. Berlin 1805. So verfügt ein Jahr vor dem Zusammenbruch!

tätigen, herzzerreißender Schmerz über ein zerstörtes Leben. Es waren nicht immer die schlechtesten Männer, welche wegen wiederholter Desertion zwischen Spießruten zu Tode gejagt oder wegen trotzigen Ungehorsams gefuchtelt wurden, bis sie bewußtlos am Boden lagen"[1]).

Die lächerliche Form von Staatsverträgen, in welche der Handel mit Menschenblut gekleidet wurde, benahm ihm nichts von der Verächtlichkeit, mit welcher andere Nationen auf die deutschen Fürsten niedersahen. In England ward das Treiben in der Presse scharf gegeißelt, und die holländische Regierung warf ihren Bundesgenossen „derb und verächtlich vor, daß sie das Geld mehr liebten, als ihre Ehre." In den geistlichen Fürstentümern den Rhein hinauf und hinunter warfen die englischen Werber ungestört ihre Netze aus; Marlborough focht meist mit deutschen Truppen, aber ebenso machte es Villeroi, Deutsche standen gegen Deutsche, hier Hessen und Braunschweiger, dort Bayern und Kölner. Der Erzherzog Karl hatte dem Herzog Philipp den spanischen Thron bestritten, und bevor die Angelegenheit geregelt war, verbluteten 400 000 Menschen auf dem Schlachtfelde. „Bis in den Tod hinein" mußte der Untertan dem Herrn die Treue halten! Bei Culloden entschieden die Hessen den Untergang der Stuarts; die Fürsten der Bayern und der Sachsen verkauften sechs Jahre ihre Kurstimmen an Georg II. für je 2,4 Millionen Mark, nebenbei hatte jeder von ihnen 6000 Mann bereit zu halten zur Verfügung des Auslandes. Das englische Heer, das im 2. Jahre des Siebenjährigen Krieges 48 000 Mann umfaßte, enthielt nicht einen Engländer.

Für eine beliebte Handelsware galten die gelernten Jäger, die bei der großen Jagdpassion der Menschenhändler an allen Höfen reichlich vertreten waren. „Deutschland wimmelt davon", schrieb der Minister Schlieffen an den englischen Kommissar Fawcet, und dieser berichtete am 26. März 1777 nach London über eine Musterung gepreßter Jäger: „Die Jäger sehen gut aus. Es sind kräftige Leute; einige von ihnen zwar sehr alt (!), allein da sie im Walde aufgewachsen, äußerst gewandt; andere dagegen sehr jung und wissen als Söhne von Förstern ausgezeichnet mit dem Gewehre umzugehen." Arme Jungen! Aus der Poesie des deutschen Waldes trug euch die Fregatte hinüber nach Amerika, für 155 Mark war euer Leben feil! Niemand war damals

---

[1]) G. Freytag, Bilder aus der deutschen Vergangenheit. IV. 320.

vor den Handlangern des hessischen Seelenverkäufers sicher; Überredung, List, Betrug, Gewalt, alles gleich, sagt Seume, der selbst ein Opfer des Seelenhandels geworden war. Als er auf dem Transport in der Festung Ziegenhain übernachtete, hatte sich unter den Geworbenen ein wahres Quodlibet von Menschenseelen angeschichtet, seine Kameraden waren „ein verlaufener Musensohn aus Jena, ein bankerotter Kaufmann aus Wien, ein Posamentierer aus Hannover, ein abgesetzter Postschreiber aus Gotha, ein Mönch aus Würzburg, ein Oberamtmann aus Meiningen, ein preußischer Husaren-Wachtmeister, ein kassierter hessischer Major von der Festung und andere von ähnlichem Stempel"[1]).

An der Wiege des Landadels zu stehen liebten weder die Musen, noch die Grazien, seine Sinne waren unempfindlich für das Schöne und die Anmut. Die geringe Zahl immer wiederkehrender Erlebnisse hatte im Laufe der Zeiten einige bestimmte Nervenbahnen ausgefahren, in welchen das seelische Empfinden immer wieder zusammenfloß, und das Fehlen von Verbindungswegen für eine ideelle, höhere Tätigkeit führte zu einseitigen Kombinationen, beschränkten Ideen, zu herben Vorurteilen und falschen Schlüssen.

Schön, der Gehilfe Steins und spätere Minister sagt sogar von den würdigen Mitgliedern des Königsberger Regierungs-Kollegiums,

---

[1]) Ein Versuch zum Ausbruch wurde grausam unterdrückt und wirft ein grelles Schlaglicht auf die Mittel, mit denen der große Grundbesitz das Volk behandelte. Zwei Rekruten wurden zum Galgen verurteilt. „Die übrigen mußten in großer Anzahl Gassen laufen, von sechsunddreißig Malen herab bis zu zwölfen. Es war eine grelle Fleischerei. Die Galgenkandidaten erhielten zwar nach der Todesangst unter dem Instrument Gnade, mußten aber sechsunddreißigmal Gassen laufen und kamen auf Gnade des Fürsten nach Kassel in die Eisen. Auf unbestimmte Zeit und auf Gnade in die Eisen waren damals gleichbedeutende Ausdrücke und hießen soviel, als ewig ohne Erlösung." Seume, Mein Leben, Reclam, 55. Und warum die Grausamkeiten, das Zerfleischen der Menschenrücken? Damit der große Grundbesitzer von Hessen-Kassel nicht in seinem Geschäft gestört wurde, das für standesgemäß angesehen wurde, denn es war Sklavenhandel der ärgsten Sorte, während ehrliche Arbeit für unadlig und schmutzig galt.

Der Gegenstand behandelt das Buch von Kapp, Der Soldatenhandel der deutschen Fürsten, Berlin 1874; wer sich für die sittliche Herabgekommenheit von deutschen Fürstenhöfen interessiert, dem kann das Studium dieses Werkes sehr empfohlen werden. Anderes Material gibt Scherr in seiner deutschen Kultur und Sittengeschichte.

daß sie eine Gesellschaft bildeten, deren Physiognomien mehr Stumpfsinn und Geistlosigkeit, als inneres Leben verrieten: „In der ganzen Gesellschaft war nur e i n Mann, der ein gedrucktes Buch im Hause duldete, und dieser Mann war deshalb den übrigen anrüchig"[1]). Noch schärfer spricht die Schwester Friedrichs des Großen sich über den Bayreuther Adel aus. Ihre Memoiren sind öfter angegriffen worden, Schlosser wirft der Prinzessin Gemütlosigkeit vor, und vielleicht nicht ganz mit Unrecht. Aber abgesehen von dieser einen Schwäche empfängt der Leser aus dem Buche den Eindruck einer Dame von Geist und Witz, der echten Schwester Friedrichs, die mit offenem Auge die Schwächen ihrer Zeit erkannte und ohne Vorurteil den Eindruck niederschrieb. Die Freundschaft, welche die Prinzessin mit Voltaire verband, die hohe Verehrung, die Friedrich gerade ihr entgegenbrachte, sind die besten Belege für ihre gesunde Urteilskraft.

Als die Prinzessin im Jahre 1732 nach Hof kam, wurde sie am Fuß der Treppe von der Reichsritterschaft Bayreuths empfangen. „Es mochten einige dreißig sein, die mich bewillkommneten, meistens lauter Reitzensteins, lauter Gesichter, um kleine Kinder aus Furcht zu Bette zu jagen, und um ihre Antlitze noch zu verschönern, hatten sie ihre Haare in Gestalt von Perrücken zugestutzt, in welchen Läuse, welche ihren Stammbaum wenigstens so weit wie sie selbst hinaufführen konnten, seit undenklichen Zeiten ihren Sitz aufgeschlagen hatten. Auch ihre Kleidung bezeugte ihr Altertum, sie bestand aus lauter Erbschaftsstücken ihrer Voreltern und war nach der Weise ihnen zugeschnitten, die meisten paßten ihnen gar nicht auf den Leib, und ungeachtet es ihre Staats- und Feströcke waren, sahen die Tressen so schwarz und schäbig aus, daß man kaum erkennen konnte, daß es Gold sei. Ihre Sitten waren ihren Gesichtern und ihrer Kleidung ganz angemessen — man hätte sie für Bauern halten sollen, und um allen diesen Liebesreizen die Krone aufzusetzen, war noch der größte Teil von ihnen krätzig[2]).

---

[1]) v. Schön, Studienreisen 21. Über den schlesischen Adel sagt Schön: „Heute sah ich fast in jedem Dorfe Rittersitze. Die adligen Güter sind in der Regel sehr prachtvoll, mehr als ich sonstwo sah, eingebaut; sie sind Schlössern ähnlich. Allein die Bauern sind um so trauriger. Der Adel hat Geld und schwelgt, der Bauer ist arm und hungert." 265.

[2]) Es liegt wohl kaum ein Grund vor zu der Annahme, daß die Prinzessin übertrieben habe, denn auch in Frankreich, dem Land der feinen Sitte, sah es nicht viel

„Endlich schaffte ich mir alle unbarmherzigen Redner vom Leibe und setzte mich zu Tische. Ich versuchte mehrere Gegenstände, um das Viehzeug um mich her zum sprechen zu bringen, aber es war vergeblich. Endlich brachte ich es auf das Wirtschaftsfach, und da ging ihnen das Herz auf. Augenblicklich erhielt ich Kenntnis von ihren Herden und Höfen, ja es erhob sich sogar ein sehr geistreicher und interessanter Streit, bei dem es darauf ankam, zu entscheiden, ob die Ochsen im Ober- oder Unterlande fetter wären." Am Nachmittag des nächsten Tages trafen die benachbarten Damen ein. „Heiliger Gott, welche Damen! alle ebenso häßlich wie ihre Männer, alle mit Haaraufsätzen, in denen die Schwalben genistet hatten, bunt wie die Regenbogen, mit fünfzigerlei Bändern geschmückt — kurz, sie waren aufgeputzt wie Närrinnen. Einige davon waren am Hofe gewesen — das war eine wahre Komödie, zu sehen, welch ein Ansehen sie sich gaben. Die anderen wollten ihnen nachahmen. — Nein, nie sah ich so etwas Komisches! besonders die Art, wie sie uns mit ihren Blicken musterten"[1]).

Der Adel drängte an den Höfen sich zusammen, um dort die Dienste zu verrichten, die ihm selbst sein Kammerdiener leistete, und auch die Staatsbeamten, einerlei ob Postmeister oder Forstmeister, waren und

---

besser aus. Das Buch von Knigge über den Umgang mit Menschen wurde im ancien régime vertreten durch die manuels de civilité, welche den Adel über gute Lebensart belehren sollten. In einem solchen Manuel steht der inhaltschwere Satz: „Wenn man zu Leuten von Geburt speisen geht, soll man sich vorher kämmen, und bei Tische soll man vermeiden sich zu kratzen, damit das Ungeziefer (im Buche wird es namentlich bezeichnet) nicht auf den Nachbar falle". Der Vicomte de la Paupinière war der erste Gigerl seiner Zeit und nahm, als er ins Feld abging, eine Fülle von seidenen und sammtenen Gewändern mit, golddurchwirkte Röcke mit Tressen und Spitzen, aber nur 4 Paar Strümpfe. Hemden wurden nur gewechselt, wenn sie schwarz waren, Strümpfe faulten auf den Füßen mit dem denkbar lieblichsten Geruch. Ludwig XIV. hat sich nie gewaschen; jeden Morgen empfing er ein Batisttuch, das mit Alkohol geschwängert war, und mit diesem wischte er sich Gesicht und Hände ab. — Er erteilte auf dem Nachtstuhl Audienzen, zu denen zugelassen zu sein dem Adel für eine hohe Ehre galt, und Badewannen gab es nicht im stolzen Schlosse der Bourbonen. Die Krätze, welche die Prinzessin erwähnt, war in jener Zeit eine weit verbreitete Krankheit.

Vgl. den Aufsatz von Siegm. Feldmann „Die gute alte Zeit" in der Gartenlaube Nr. 23, 1907; Der Verfasser verweist vornehmlich auf die Memoiren des Herzogs von St. Simon.

[1]) Memorien der Prinzessin Friederike Sophie Wilhelmine vom Jahre 1709—42. Von ihr selbst geschrieben. Herausg. von A. v. d. Linden. Leipzig 1899. II. 6. 7. 8.

betrachteten sich als die persönlichen Diener der fürstlichen Familie, für deren Wünsche sie in unbeschränkter Weise zur Verfügung standen. Abenteurer und Mätressen hatten viel höhere Gehälter. Lessing wurde von dem Seelenlieferanten Herzog Karl in Braunschweig mit einem jährlichen Einkommen von 900 Mark angestellt, während der italienische Abenteurer und Theaterdirektor Nicolini das Hundertfache an Gehalt bezog; die deutsche Sprache galt für grob und unanständig, Damen und Herren parlierten an den Höfen nur französisch, und trotzdem mit der Sprache auch das Volk verachtet wurde, hatte es die heilige Pflicht, sein Leben einzusetzen und zu opfern, wenn der Landesherr den Krieg befahl. Das unerreichte Vorbild deutscher Fürsten war der Versailler Hof, der von Schranzen wimmelte in einer Pracht, wie sie kein anderes Land besaß, und alle mästeten sich durch Hintertüren und auf Hintertreppen auf Kosten der arbeitenden Bevölkerung.

Der Grundbesitz und das Jagdgebiet der deutschen Landesherren hatten im 18. Jahrhundert durch die politischen Vorgänge in ihrer Flächengröße mehrfach Veränderungen durchgemacht. Braunschweig-Lüneburg hatte die englische, Kursachsen die polnische Krone vereinigt mit dem Stammlande, und die Welt hatte die Komödie erleben müssen, daß das Haupt der Protestanten katholisch wurde, „um dem Ruf der polnischen Nation zu folgen und einer hohen sittlichen Pflicht zu genügen, welche der Beruf als Herrscher an ihn stellte." Schlagen wir den Purpurmantel auf, so sehen wir, daß August der Starke schwer bezahlen mußte, um all die edlen Polen zu bestechen. Er verkaufte die Vogteien über Quedlinburg und Nordhausen, drei Ämter in Halberstadt und Petersberg, die Ansprüche auf Lauenburg und Schwarzburg und brachte durch dieses reinliche Geschäft eine runde Million Taler zusammen, die in die Taschen des edlen Adels glitten, damit August seiner persönlichen Eitelkeit Genüge tun und sich König nennen konnte, immerhin noch ziemlich billig, denn der preußische Königstitel soll sechs Millionen Taler gekostet haben[1]). Bald darauf ward Polen aufgeteilt, wobei Preußen und Österreich eine Erweiterung des Jagdreviers erhielten, die Preußen vorher schon durch Schlesien erworben hatte.

[1]) G. Schmoller, Umrisse und Untersuchungen, 1898, 142. Die lustige Person tritt noch mehr hervor bei dem sächsisch-polnischen Geschäft, wenn sie erzählt, daß August auch als Katholik Direktor des Corpus evangelicorum blieb, des evangelischen Reichskörpers, und als solcher in Regensburg vertreten wurde.

Das alte deutsche Krongut bildete im allgemeinen immer noch die Grundlage der Herrschaften; die Vorfahren hatten es empfangen für die Bürde des Amtes, die weltlichen für die Pflicht der Heeresfolge und die geistlichen für die Dressur der Seele durch das Bedrohen mit Folterqualen nach dem Tode; gelegentlich war es vermehrt worden durch geraubtes Kirchengut und durch die stillschweigende Einverleibung von Reichsgütern, welche die immer geldbedürftige Kaisermacht an wohlhabende Landesherren als Pfandobjekte hingegeben, aber deficiente pecu nicht wieder einzulösen vermocht hatte. Nach dem Dreißigjährigen Kriege hatten die Landesherren große Strecken verwüsteten Bodens zum Krongut geschlagen, wenn diese ohne Anbau waren, und der Restbestand von Allmendewäldern ward im 18. Jahrhundert aufgelöst in Staats-, Gemeinde- und Privatwaldungen, ein Prozeß, der durch die wirtschaftliche Theorie der von England ausgehenden liberalen Schule sehr gefördert wurde. Diese wollte das individuelle Leben stärken und los von der Bevormundung des Staates; sie führte zur Teilung in der Landwirtschaft, die Gemengelagen wurden aufgehoben und jeder Eigentümer erhielt eine zusammenhängende gleichwertige Fläche zugewiesen. Friedrich der Große leitete 1770 das Separationsverfahren ein[1]), das für den Ackerbau in vernünftiger Hand zum Segen wurde, für den Wald aber um so weniger sich eignete, als dieser nicht nur einen anderen Betrieb verlangt, sondern auch volkswirtschaftlich andere Aufgaben zu leisten hat. Viele der schönsten Gemeindewälder verfielen der Privatindustrie, zum Schaden der kommenden Geschlechter[2]); doch blieb die hohe Jagd von diesen Vorgängen im allgemeinen unberührt, da ihre Ausübung schon vor der Aufteilung des Bodens in den Händen der Landesherren lag und diese sie auch nach der Aufteilung behielten.

Die Waldnutzungsrechte hatten im großen und ganzen sich erhalten, wenn auch die Markgenossen aus Eigentümern in Servitutberechtigte gewandelt waren. Diese alten Rechte konnten schlecht abgelöst werden, so lange die Weidefütterung noch üblich war, und zur Stallfütterung konnte der Bauer nicht übergehen, so lange der übermäßig große Wildstand einen intensiveren landwirtschaftlichen Betrieb unmöglich machte.

[1]) v. d. Goltz, Gesch. d. deutschen Landwirtschaft, 1902. I. 411—12.

[2]) K. Roth, Gesch. d. Forst- und Jagdwesens in Deutschland, 1879. 461. A. Schwappach, Handbuch d. Forst- und Jagdgeschichte, I. 310—13.

Es darf aber nicht vergessen werden, daß diese kümmerlichen Rechte den letzten Überrest des genossenschaftlichen Eigentums darstellten, also keine unbilligen Forderungen der Bauern waren, sondern alte Grundrechte. Die Fürsten hatten den Bauern aus dem Walde im Interesse der Jagd Schritt für Schritt zurückgedrängt und aus dem grünen Tempel hinausgeschoben, den seine Vorfahren zu eigenem Recht besessen hatten. Auch im Osten von der Elbe, wo die markgenossenschaftliche Verfassung nicht bestanden hatte, waren doch die Ansiedler unter der Bedingung nur ins Land gekommen, daß sie in den Wald ihr Vieh eintreiben und mit der Harke Waldstreu holen konnten[1]). Auf dieser Grundlage beruhte die bäuerliche Landwirtschaft, und an ihnen hing der Anker von des Bauern Existenz. Das spärliche Stroh brauchte der Bauer im Winter als Futter für das Vieh, davon konnte er keine Streu abgeben. Wenn nun der Landesherr auf Kosten der Gemeinde das Wild sich mästen ließ und bei Klagen hinwies auf den Vieheintrieb, als ob er mit der Hergabe der Waldungen ein Opfer brächte von seinem Eigentum, so war das ein Zeichen der Unkenntnis oder eine bewußte Verdrehung der geschichtlichen Tatsachen.

Herrschaftliche Forstbeamte wurden eingesetzt und schalteten kraft des landesherrlichen Vogtei- oder Schirm- oder Hoheits-Rechtes im Allmendewald. Um Nachwuchs zu erzielen, wurden verschiedene Schläge eingehegt und vom Vieheintriebe ausgeschlossen: nach dreißig Jahren war das Servitutenrecht verfallen. Oder das strebsame Beamtentum veranlaßte den Bauern, in Bittform eine Eingabe zu machen, daß ihm der Vieheintrieb gestattet werden möge, dann zog man schnell die Schlinge zu: wer bittet, hat kein Recht, und nun sprach man dem Bauern in aller Förmlichkeit die umstrittenen Rechte ab[2]). Fortgesetzt wurde das Dominium auf Kosten des Imperiums erweitert, nicht selten unter Anwendung von Gewalt die Allmende in landesherrlichen Betrieb genommen[3]), und so dehnten sich die Flächen aus, auf denen das Recht des Landesherrn das Recht des Volkes überwog, und meistens war

[1]) v. Inama-Sternegg, Deutsche Wirtschaftsgeschichte II, 209. 213. Die Grundherren richteten bei neuen Ansiedlungen eine Allmende ein, und die Dorfgemeinde hatte auch auf dem besiedelten Boden eine genossenschaftliche Verwaltung.

[2]) A. Schwappach, Handbuch der Forst- und Jagdgeschichte Deutschlands, I. 299. 300.

[3]) Ebenda 304.

das erste Recht des Landesherrn die Jagd gewesen, sie war meistens auch die Ursache, das treibende Moment, denn die wirtschaftliche Bedeutung der Wälder mit Rücksicht auf die Produktion von Holz kam erst am Ausgang des 18. Jahrhunderts zur allgemeinen Anerkennung.

Die Theorie von den Regalien hatte dazu geführt, das Recht der Jagd auszudehnen auf das im Besitz der Städte und des Adels befindliche Bodeneigentum, teils durch Gewohnheit und durch Observanz, teis durch Verträge, teils durch Rezesse auf den Landtagen, und wo die Jagd nicht ganz zu haben war, begnügte sich der Landesherr mit Vor- und Koppeljagd. Das bürgerliche Element ward in der Jagd zurückgedrängt. Dem Vorgang Österreichs im 17. Jahrhundert folgte die neue Majestät in Preußen im 18. Jahrhundert und verordnete, „niemanden von der Bürgerschaft, welche gewisse Gewerbe und Handtierungen treiben, weniger denen ledigen Burschen, das Ausgehen mit Flinten oder Büchsen, noch sonst einiges Jagen mit Hunden zu verstatten". Gleichzeitig ward bestimmt, daß die Städte „die Jagden durch einen oder höchstens durch zwey des Waidwerks kundige Schützen civiliter zu exercieren und darbey die Hegezeit genau in acht zu nehmen, allermaßen auch diejenigen, welche honoratioris Conditionis sind und denen das Weydwerk in ein oder andern Städten dem Herkommen nach zu ihrer Ergötzlichkeit vergönnet wird, ein gleiches zu beobachten haben."[1]) Damit war die Jagd denen offen gelassen, denen es geglückt war, einen Vorfahren zu besitzen, der von einer Stelle deutschen Bodens Besitz ergriffen hatte, infolge welcher kulturschöpferischen Tat die Enkel jetzt zu den Geschlechtern zählten, nichts zu tun brauchten und doch gut lebten, weil sie andere für sich arbeiten ließen, denen sie die gnädigste Erlaubnis gaben, auf ihrem „angestammten Erbe" gegen Zins bürgerliche „Handtierungen" zu treiben. Überall finden wir in der Zeit der Rechte der Eroberer die gleiche Kopfstellung der Moral, das schöpferische, gottähnliche Element der Menschheit war verachtet, und das räuberische, von Gott abgefallene, diabolische, verneinende Element galt für vornehm und für fein. In dem geistlichen Fürstentum zu Würzburg war den Beamten zwar die niedere Jagd belassen, aber

[1]) In Österreich stammte die Verordnung, welche das bürgerliche Element ausschloß, aus dem Jahre 1675, in Preußen erging sie 1709. Urkunde bei Schwappach 603, der auf Mylius verweist, corpus constitutionum marchicarum, Halle, 1755. IV. 1. 649.

wiederholt ergingen Verordnungen, daß selbstverständlich nur der Adel diese Vergünstigung genösse und keineswegs das bürgerliche Pack.[1]) Auch Joseph II. hielt an dieser Auffassung noch fest, obschon seine Jagdordnung aus dem Jahre 1786 den anderen weit vorauseilte an Einsicht in die Menschenwürde und eine Reihe von Neuerungen schuf, auf die ich unten noch zurückkomme.

Dem Verbot des Jagens für die Bürgerschaft folgten etwa vierzig Jahre später die Verordnungen, welche das Verpachten der städtischen Jagden anbefahlen, in Preußen 1749, in Hessen 1766; in Württemberg war das Verpachten schon im 15. und 17. Jahrhundert vorgekommen, wie ja auch Maximilian I. schon für gutes Geld verpachtet hatte. Wenn Geld zu haben war, ließen die Herren immer mit sich reden, wie denn Eberhard Ludwig von Württemberg ohne alles Recht die freie Pirsch im Kreise Rottenberg aufhob, sie aber 1713 als „Gnadenjagd" den Städten und Ämtern Balingen, Ehingen, Rosenfeld und St. Georgen zurückerstattete, weil es ihm gelungen war, die Städte anzupumpen und sie zu kränken um eine Summe von 9505 Gulden[2]). Dann war auf einmal alles Vorurteil hinweggefegt, dann konnte die Canaille auch die Flinte tragen.

Das Recht des Jagens ward im besondern geregelt durch die Jagdordnungen. Sie umfaßten Vorschriften über die Verwaltung der Waldungen und Jagden, über den Schutz des Waldes und des Wildes, über die Servituten und die Art der Jagdausübung. Bis zum Ausgang des 18. Jahrhunderts waren die Nutzungen am Walde und die Rechte geregelt worden mit Rücksicht auf die gedeihliche Entwicklung der Jagd; am Ende des Jahrhunderts gewann die Forstwirtschaft die Oberhand. In Preußen war es Friedrich der Große, welcher die Jägerei der Forstwirtschaft unterordnete[3]), und es war sein Nachfolger, welcher die Verwaltung der Wälder mustergiltig regelte.[4])

---

[1]) B. Kmiotek, Siedlung und Waldwirtschaft im Salzforst, Leipzig 1900, 119.

[2]) v. Wagner, das Jagdwesen in Württemberg unter den Herzogen. Tübingen, 1786. 109.

[3]) A. Bernhardt, Geschichte des Waldeigentums I, 221.

[4]) Mosers Archiv I, 7. Die ewige Klage Friedrich Wilhelm I. war, daß die Förster keine Inventarien über ihre Bäume hätten. Friedrich II. kam in dieser Richtung auch nicht weiter, er war zufrieden, wenn die Forstmeister nur jährlich die angesetzte Summe zum Etat ablieferten. Moser nennt die Instruktion eine meisterhafte, die Friedrich Wilhelm II. an den Landjägermeister erließ.

Wir können im 18. Jahrhundert im Recht der Jagdausübung wohl vier Titel unterscheiden; den ersten ergaben die landesherrlichen Wildbahnen und Jagdgerechtigkeiten, den zweiten ergab die Jagd des Adels und der Städte auf ihrem freien Eigentum, den dritten ergab die Gunst, auf fremdem Eigentum zu jagen, hier abgesehen vom Regal; und der vierte war die freie Pirsch, die nur vereinzelt noch im Süden des deutschen Reiches zu finden war. Von der ersten Gruppe empfing die Jagd des 18. Jahrhunderts ihr Gepräge, weil die Theorie des Jagdregals dahin geführt hatte, daß von der fürstlichen Gewalt nicht nur das Recht zu jagen abgeleitet wurde, sondern daß der Landesherr in der Hauptsache auch die Ausübung der Jagd sich vorbehielt. Allerdings war nur die hohe Jagd mit dem Regal verbunden, wobei die Einteilung von hoch und niedrig schwankte, und immerfort nach Zeit und Land gewechselt hat. Umstritten waren namentlich die Sauen und die Rehe, und im 18. Jahrhundert erfolgte noch ein Pairsschub großer Vögel in das Oberhaus, es waren dies der Schwan, die Trappe, der Kranich, der Auerhahn, der Birkhahn, der Fasan, der große Brachvogel und das Haselhuhn[1]).

Das gänzlich deplazierte Jagdregal und die rücksichtslose Leidenschaft der großen Jäger wurden der Gegenstand von scharfen Angriffen, die namentlich im Ausgang des Jahrhunderts auftauchten. Der Geist der Aufklärung drang von England und von Frankreich her langsam vor ins heilige römische Reich, das immer noch zusammenhielt und gänzlich nach dem Rechte des Eroberers verwaltet wurde, obschon die Bevölkerung an Bildung und an Kunst gewachsen war. Ein Gegner der Jagd war Friedrich der Große, dessen scharfer Geist das Uebel der rucksichtslosen Jagdpassion nicht nur erkannte, sondern unbeirrt auch aufdeckte ohne Rücksichtnahme auf die liebe Vetternschaft. Im Antimachiavlle sprach er sich offen aus. Auch Machiavell hatte in die Reihe der Schmeichler sich gestellt, die nach dem Vorgang Maximilians und Philipps von Hessen die fürstliche Jagdpassion den Völkern dadurch genießbar machen wollten, daß sie hinwiesen auf die Berührung des Fürsten mit dem gemeinen Volke im Revier und in den Dörfern, und

[1]) Stellenweise wurde zwischen die hohe und die niedere Jagd noch eine Mitteljagd eingeschoben, in Kursachsen schon im Jahre 1530; es wurden zu ihr gerechnet „Schweine, Bachen, Rehe, Entvögel, Kailer, Frischlinge, Rehkälber, Enten“. Aus dem Winkell, Handbuch für Jäger, 1865. I. 22.

daß dem Fürsten auch das Land vertrauter wurde, wenn die Jagd ihn ins Gelände trug. Max wollte die Jagd betreiben „zur Freude seiner Untertanen", und auch Philipp der Bigamist suchte die Tugend der Jagd sich klar zu machen, als er die liebestolle Seele in sein Testament aushauchte. Er wollte, „daß sich die Herren verlustieren" auf der Jagd, denn sie „können dadurch ihre Grenzen selbst wissen, kann auch sonst mancher arme Mann fürkommen, der sonsten nicht fürgelassen würde." Ein solches Mittel, die Jagdlust des Fürsten zu beschönigen, nennt Friedrich mit vollem Recht ein klägliches[1]). „Wenn ihr mir sagt, daß die Jagd sehr nützlich und gut ist, aus tausend Gründen, welche euch die Einbildung eurer Eigenliebe und die trügerische Sprache eurer Leidenschaften eingibt, so antworte ich euch, daß ich mich nicht mit frivolen Gründen abweisen lasse, daß dieses eine Schminke ist, welche ihr auf ein häßliches Gesicht auftragt, um dessen Häßlichkeit zu verbergen, und daß ihr außer Stand zu beweisen, Sand in die Augen zu streuen versucht"[2]). Was Friedrich hier sagt, traf auf die Hofjagden in vollem Maße zu.

In Mosers Archiv erschien im Jahre 1795 ein Aufsatz „von den höchst schlimmen Folgen des übertriebenen Jagdwesens", dessen Verfasser zwar nicht genannt wird, zweifellos aber Jurist war. Er weist darauf hin, daß in der Jagd geradezu Ausnahmeverhältnisse bestünden weil der Landesherr die Untertanen zu Jagddiensten auffordern könne, die weit über die Verbindlichkeiten hinausgingen, welche die Bürger dem Regenten in Ansehung anderer Verhältnisse schuldig wären. Mit

---

[1]) „Wenn ein König von Frankreich oder ein Kaiser auf diese Weise eine Kenntnis ihrer Länder gewinnen wollten, würden sie für den Verlauf ihrer Jagd so viel Zeit nötig haben, als das Universum in dem großen Umkreis des Sonnenjahres anwendet". Antimachiavell, Berlin 1870. 44.

„Im übrigen ist die Jagd von allen Zerstreuungen die, welche den Fürsten am wenigsten geziemt. Sie können ihre Herrlichkeit in einer für ihre Untertanen weit nützlicheren Weise zeigen, und wenn es sich findet, daß der Überfluß an Wildpret die Landleute zugrunde richtet, kann die Sorge, diese Tiere zu töten, sehr wohl den Jägern überlassen werden. Die Fürsten sollten eigentlich nur mit der Sorge sich zu bilden beschäftigt sein, um desto mehr Kenntnisse zu erwerben und Ideen kombinieren zu können." Goldene Worte! Friedrich verweist darauf, daß man nicht Jäger zu sein brauche, um ein bedeutender Anführer zu sein, er nennt Gustav Adolf, Marlborough und Prinz Eugen. 46.

[2]) Ebenda, 46.

feinem Hohn fährt er dann fort: „Daher wäre es wenigstens einigermaßen beleidigender Verdacht, wenn man die Liebe der deutschen Fürsten zur Jagd und die meistens damit verbundene Unempfindlichkeit gegen die drückenden Übel, welche sie ihren Ländern dadurch verursachten, Unkenntnis höherer Vergnügen, Mangel der Empfänglichkeit für feinere Unterhaltungen und einer gewissen Roheit zuschreiben wollte, die fast notwendige Begleiterin dieser Lebensart, sobald man sich allein damit beschäftiget.“ Die gleichen Gründe gegen die Jagd führt auch Friedrich an, er fürchtet, daß die Jäger den Menschen gegenüber ebenso herzlos werden könnten, wie sie es den Tieren gegenüber seien, und daß es aufgeklärteren Jahrhunderten zukäme, die Roheit zu belehren. Unser Jurist ruft den Fürsten zu: „Immer muß das Wohl des Staates das erste Gesetz bleiben, ... nur was das Wohl des Staates fördert, ist der Untertanen Wille“, und „überdies stellt der Regent den Staat nicht vor“.

Das war es, die Idee des Staates war geboren worden! Wenn wir mit diesen klaren Gründen die gut gemeinten Predigten vergleichen, die aus dem 16. und 17. Jahrhundert auf uns gekommen sind, dann müssen wir staunen über den Fortschritt des Menschengeistes in 150 Jahren, über den gewaltigen Wandel, den das formallogische Denken, die exakte Form der Sprache und die Idee vom Staat durchlaufen hatten. Im 17. Jahrhundert war der Begriff des Staates aufgekommen, neben den Ausländern, neben Grotius und Hobbes hatten in Deutschland dunkle Ehrenmänner angefangen, den Begriff des Staates aus dem Widerstreit persönlicher Interessen herauszuschälen und als höhere Idee dem Volke vorzuhalten, Hippolith a Lapide, Arumaeus, Limnaeus, vor allem Pufendorf, dem Thomasius, Ludewig und Gundling folgten. Klopstocks Harfe war aufgerauscht in wilder Zornesweise, wenn sie der deutschen Fürstenwelt gedachte[1]), wie sie auf manchen

---

[1]) z. B. in dem Sang vom Fürstenlob, 1775.

Dank Dir, mein Geist, daß du seit deiner Reise Beginn
Beschlossest, bei dem Beschluß verharrtest,
Nie durch höfisches Lob zu entweihen
Die heilige Dichtkunst,
Durch das Lob lüstender Schwelger oder eingewebter
Fliegen, Eroberer, Tyrannen ohne Schwert,
Nicht grübelnder, handelnder Gotteslaügner,

Thronen saß. Dabei hat er den Glauben nicht verloren an die Lebensfähigkeit des deutschen Volkes und mit Seherauge hat er das Roß des Reiches im Sturm gesehen und abgeworfen den Reiter, als er sang im Jahre 1773:

Aus des Rosses Auge, des Hufs Erhebung,
Stampfen des Hufs, Schnauben, Wiehern und Sprung
Weissagten die Barden; auch mir
Ist der Blick hell in die Zukunft.
Ob's auf immer laste? dein Joch, o Deutschland,
Sinket dereinst! Ein Jahrhundert nur noch;
So ist es geschehen, so herrscht
Der Vernunft Recht vor dem Schwertrecht.

Die Weissagung ist eingetroffen, hundert Jahre später wurde das Deutsche Reich neu begründet auf anderer Grundlage, nicht mehr auf dem Bodenraub, dem Grundbesitz, sondern auf der Arbeit, aber die Gespenster huschen noch um den Pflug des Bauern. Die französische Revolution hatte den Geist aufgerüttelt und kühn gemacht, und wer die Schriften dieser Epoche liest, fühlt Frühlingsluft um seine Stirne wehen; er kann sich dem erhebenden Gefühle nicht verschließen, daß vor diesen licht- und machtvoll vorgetragenen Ideen die Ketten des Bauern niederfallen und die Rudel der Sauen und des hohen Wildes von den Feldern flüchten mußten, und daß der zünftigen Jägerei mit ihren goldbesetzten Uniformen, ihren Schnüren und Perrücken, mit ihren Weidesprüchen, hohen Tüchern und Netzen und ihrer Massenschlächterei von der Geschichte großer Weltenuhr mit ehernem Schlage die Todesstunde niederklang.

Schon vor dem oben angeführten Aufsatz war im Moserschen Archiv noch eine andere Stimme laut geworden, deren Träger sich nicht nannte,

---

Halbmenschen, die sich, in vollem dummen Ernst, für höhere
Wesen halten als uns. — — — — —
— — — — — — — — — — — — — — — — — —
Und deckte gebildeter Marmor auch das Grab:
Schandsäul' ist der Marmor, wenn euer Gesang
Kakerlakken oder Oranutane
Zu Göttern verschuf.
Ruhe nicht sanft, Gebein der Vergötterer! Sie sind's,
Sie haben's gemacht, daß nun die Geschichte nur
Denkmal ist, die Dichtkunst
Nicht Denkmal ist.

der aber ein deutscher Herr von Adel war. Dieser Aufsatz ging noch schärfer vor: „Man kann sich über das seichte, grundlose Denken mancher Fürsten nicht genug wundern. Hier hungert eine große Familie von Menschen; und dort mästen sich zwanzig Hirsche, um par force gejagt zu werden. Was das Vergnügen des Fürsten und seinen Braten betrifft, so kann der gerade schlichte Menschenverstand die Frage leicht beantworten. Jeder Landesherr ist in erster Stelle Staats-Bedienter seiner Nation, sey sie groß oder klein. Als solcher genießt er der Vorzüge so viele, daß er Ursache hat, vollkommen zufrieden zu sein. Wie kann nun ein Mann, den das Volk bloß darum salarirt, damit er das allgemeine Beste aus allen Kräften befördert, ohne Schamröte verlangen, daß das Volk eine schwere Plage über sich ergehen lasse, um ihn, seinen ersten Staatsbedienten zu amüsieren? Freylich erscheint die Sache in einem anderen Lichte, wenn man annimmt, das Volk, das Wildpret, kurz, alles was im Staate lebt, webt und wächst, gehöre erb- und eigentümlich dem Despoten zu seiner allgewaltigen und willkürlichen Disposition. So denkt man in Asien, nicht in Europa, wenigstens sollte man nicht so denken." Daß die Auffassung des Schreibers eine ideologische war und mit der geschichtlichen Entwicklung im Widerspruch stand, wird der Leser ohne weiteres bemerken, wir stolpern über den ersten Staatsbedienten, als den sich Friedrich II. in philosophischen Anwandlungen wohl bezeichnet hatte. Das deutsche Volk hatte seine Fürsten nicht beauftragt, sondern war unterworfen unter deren Willen, es lebte in Untertänigkeit, die Fürsten waren nicht seine Diener, sondern seine Herren!

Während das 16. und 17. Jahrhundert seine Klagen in erster Linie noch gegen den Adel richtet, werden im 18. Jahrhundert die Fürsten angegriffen entsprechend dem Entwicklungsgange des Regals, das alle hohe Jagd und meistens auch die Jagd auf Sauen in des Regenten Hand gegeben hatte. Neben den kühnen Neuerern, die ohne Furcht den Finger auf die Wunde legen, tauchen naturgemäß auch Stimmen auf, in denen der Intellekt beherrscht wird von der toten Hand, die mit ihrem festen Griff die Herren im Nacken schüttelte und sie hinunterzwang zum Anbeten. Ifstatt äußert sich wie folgt: „Wenn die Unterthanen ihre Äcker nicht fleißig hüten, so mögen sie sich den Schaden selbst beimessen. Es sind dieses ohnehin sehr geringe Beschwerden in Ansehung der beträchtlichen Vorteile des bürgerlichen Regiments und man hält mit Recht dafür, daß die Unterthanen, indem sie sich unter solches begeben, auch zu diesen geringen Beschwerlichkeiten ihre Einwilligung gegeben haben." Ich hoffe, der Leser wird mich der Aufgabe entheben, die Sätze dieses Kronjuristen zu zerpflücken und als eine Entstellung der Tatsachen zu kennzeichnen, die an Dreistigkeit zu geben sucht, was ihr an Gründen fehlt. Am meisten kriechen vor dem Mächtigen die Jäger selbst, deren Interesse ja mit dem seinigen zusammentraf, sie sind beseelt nur von dem einen Wunsch, daß die Geschichte still stehen möge und die Sonne ewig ihre Strahlen senden auf die geliebte deutsche Weidmannskunst.

Herr Carl von Heppe, Erb-, Lehn- und Gerichtsherr auf Thalborn, Truchseß in Bayern usw., fragt in seiner Abhandlung vom Leithunde: „Was ist nun das Hauptwerk bei der edlen hirschgerechten Jägerey?" Und er gibt die findige Antwort: „Nichts anderes, als eines großen Herrn vollkommenes Vergnügen von seinem Jagen."[1]) An anderer

---

[1]) Carl von Heppe, Aufrichtiger Lehrprinz oder praktische Abhandlung vom Leithund. Augsburg 1751.52. Ein erbauliches Machwerk ist die Widmung, von der ich zur Verdeutlichung des Zeitgeistes hier einen Ausschnitt folgen lasse. Zunächst werden die gebührenden Titel gegeben, dann folgt die Anrede:

Meinem gnädigsten Churfürsten und Herrn, Herrn. Durchlauchtigster Churfürst! Gnädigster Churfürst und Herr, Herr!

Euer Churfürstl. Durchlaucht ein kleines Werk von meiner eigenen Ausarbeitung in tiefster Unterthänigkeit zuzueignen, mithin es unter höchstdero preiswürdigsten Namen in Druck ausgehen zu lassen, würde mich nicht erkühnet haben, wenn Euer Churfürstl. Durchlaucht Höchstangestammte Großmuth und Churmilde eines anderntheils aber die sehr verschiedentliche sehr gnädigste Fragen an mich: ob mein Jagdbuch nicht bald fertig seye? mir nicht zum Voraus die gnädigste Vergebung darunter völlig eingesprochen . . . . daß der majestätische Gott nach seiner Allmacht und unerschöpflichen Güte Ew. Churfürstl. Durchlaucht zum grössesten Lustre, flor und Vergnügung höchst Ihro weltgepriesenen Durchlauchtigsten Churhauses und höchst dessen weiten Staaten, auch zu einziger Freude aller getreuester Unterthanen und insonderheit aller unterthänigster redlicher Dienern, bey stets erneueten hohen Gemüths- und Liebeskräften (wie nett!) bis auf die spätesten Jahre allergnädigst fristen; das allgemeine Verlangen nach einem durchlauchtigsten liebsten jungen Churprinzen bald erfüllen, benebenst Ew. Churfürstl. Durchlaucht samt höchst Ihro Unvergleichlichen Churfürstin meiner gnädigsten Churfürstin, Frau, Frau, auch Churfürstl. Durchlaucht, soviele ganz ausnehmende Vorzüge und Annehmlichkeiten des höchsten Wohls und der Gloire zuwenden wollte, als auf Ew. Churfürstl. Durchlaucht zahlreichen Revieren edles Wildpret Zug Stand und Wandel hält," usw. Daß der Erb-Lehn- und Gerichtsherr auf Thalborn, Truchseß usw. dem Kurfürsten Liebeskräfte, wünscht, um einen Stammhalter zu zeugen, mochte ja ganz angemessen sein, wenn es auch nicht fein war in einer öffentlichen Anrede, im übrigen aber muß jede gesunde

Stelle nennt er das Jagd- und Weydewerk „eine freie Kunst, die hauptsächlich zum Dienst großer Herrn und vornehmer Herrschaften erlernet werden solle". Bechstein unterscheidet bei der Jagd zwei Gruppen, die eine nennt er „die Kenntnis und Geschicklichkeit, das Wild aufzusuchen, es zu beschleichen und mit Schießgewehr zu erlegen, oder mit Netzen und Fallen zu fangen", die andere schildert er als „eine Art Lustbarkeit großer Herren, die gewöhnlich mit gewissen Feierlichkeiten und glänzenden Anstalten verbunden zu sein pflegt"[1]). Die erste Art des Jagens konnte in den meisten deutschen Landen nur auf das kleine Wild zur Anwendung gelangen, sofern nicht eine Mitteljagd eingeschoben war, die dann auch das Reh umfaßte. „Die Lustbarkeit großer Herren" erdrückte aber alle Weidmannsfreude, und die aufgeblasene zünftige Jägerschaar gebot in Wald und Feld, im Weiler wie im Dorf, sie trieb selbst in der Stadt ihr Unwesen. Wir wollen daher etwas näher an diese Lustbarkeit herantreten und prüfen, wie es sich damit verhalten hat.

Die Quelle des ganzen Übels lag in dem ausgedehnten Wildstande, der das gesamte Land zur Weide machte, die Landwirtschaft am Aufschwung hinderte, die Bauernschaft verarmen ließ und den Handel in den Städten niederhielt.

Das alte Mittel, durch welches der Bauer das Wild des Adels und des Landesherrn von seinen Feldern abgehalten hatte, war der Zaun gewesen, den er zwar aus eigener Tasche unterhalten mußte, während

---

Natur sich angeekelt fühlen von diesem Kriechen und im Staube Winden einer Hofschranze, die nicht vereinzelt war in jener Zeit. Und dann das Deutsch! Ein Menschenalter vordem hatte Pufendorf geschrieben, und wie nett und klar hatte er sich ausgedrückt, und hier diese Rückständigkeit! Friedrich der Große beklagte sich bei Gellert: „Hat er auch wider den Kanzleistil geschrieben? Sie bringen mir ganze Seiten und ich verstehe nichts davon". — Wie knapp und nett, wie höflich und wie würdevoll wußte bei einer Widmung der Franzose sich zu fassen! Mir ist gerade das Buch Karls IX. zur Hand, das im Jahre 1625 erst erschien, von Alliot herausgegeben und Ludwig XIII. gewidmet wurde. Die Anrede ist einfach Sire, was so viel heißt wie Senior. Nachdem Alliot die Geschichte des Buches erzählt und die Jagd des Hirsches in der bekannten Weise mit dem Krieg verglichen hat, schließt er wie folgt:

Je vous supplie donç, Sire, de l'avoir pour agreable, et le vouloir en bonne part

De la part, Sire,

de vostre tres humble, tres affectionné serviteur et sujet

Alliot.

[1]). J. M. Bechstein, Gemeinnützige Naturgeschichte Deutschlands, Leipzig 1801 (1. Auflage von 1789). 157

nach dem einfältigen Gefühl gemeiner Menschen es wohl die Aufgabe des Jagdinhabers gewesen wäre, den Bauern zu behüten vor dem Schaden durch das Wild, von dem die Herren ja das Eigentum in Anspruch nahmen. Seit aber die Tugend in das Auswendiglernen von unverständlichen Formeln und Gesangbuchversen sich verflüchtigt hatte, war das Naturrecht aus der Welt gekommen und man gestattete den Zaun nicht mehr. Die heidnischen Markgenossen hatten die Saaten eingezäunt, der christliche Adel aber verbot die Einzäunung, und der christliche Priester, statt das Volk zu schützen, flehte den Segen auf den Despoten herab im Kirchengebet. In Weimar wurde 1775 den Vasallen und Untertanen nachgelassen, durch Zäune ihre Felder und Gärten zu verwahren „aus Landesmütterlicher Vorsorge". Vordem waren also die Zäune nicht erlaubt gewesen. In Hessen waren Zäune zu einer Zeit gestattet, zu andrer wieder nicht; der Landgraf Karl erlaubte im Jahre 1679 nur „geringe Zäune", und nur um Kohl- und Obstgärten sollten Zäune mit oben zugespitzten Platten erlaubt sein[1]). Diese zugespitzten Platten waren sonst verboten, und mit vollem Recht, weil das überfallende Wild sich daran verletzen, womöglich sogar spießen konnte. Dagegen hatten die geringen Zäune für den Bauern nur den halben Wert, denn sie waren so niedrig, daß wohl das Schwarzwild ferngehalten wurde, das Rotwild aber sie nach Belieben überfiel. In Sachsen lag die Bevölkerung beständig in Streit mit dem allmächtigen Forstpersonal, das die Zäune nur so hoch gestatten wollte, daß das Rotwild ungehindert Ein- und Aussprung hatte[2]). Der Herzog von Württemberg erließ im Jahre 1718 das Reskript, daß alle Zäune niedergelegt werden sollten, mit Ausnahme der Zäune an den Landesgrenzen. Im Jahre 1720

[1]) Landau, Beiträge, 159.

[2]) Welch ein Aufwand an Material und Arbeitskraft allein mit der Herstellung und dem Unterhalt der Zäune für die nationale Produktion verloren ging, kann man überschlagen nach der Angabe, daß die Länge der Wildzäune in Sachsen allein etwa 100 Meilen betrug. Vgl. hierzu „Von der Schädlichkeit der Jagd" von einem Sachsen, Dresden und Leipzig, 1799. Der Verfasser dieser kleinen Schrift hat sich nicht genannt, scheint aber durchaus Glauben zu verdienen, da er in seinen Annahmen sehr vorsichtig zu Werke geht und immer nach unten abrundet, um nur nicht angreifbar zu sein. Da Sachsen um jene Zeit etwa 32 000 qkm umfaßte, so würde unter den gleichen Verhältnissen das heutige Deutschland eine Zaunlänge von 1700 Meilen erfordert haben. Das ist eine Länge, welche ziemlich genau dem Erddurchmesser entspricht, der auf 1720 Meilen angegeben wird.

gab der Herzog dahin nach, daß diejenigen Zäune geduldet wurden, die schon länger als zwanzig Jahre gestanden hatten[1]). Noch 1739 heißt es in dem Landtagsabschied: „denen Unterthanen, wenn sie berechtigt sind, Zäune zu führen" usw. Den Bauern wurde untersagt, auf ihren eigenen Gütern das Laub zu rechen und die Eicheln aufzulesen. Eine Klage hatte 1714 den Entscheid zur Folge, daß alles was im Waldgaue liege, dem Herzog zugehöre[2]), und dabei war des Bauern Eigentum doch eingezäunt! Ohne ihn zu fragen wurden auf seinem Felde Remisen (kleine Hölzungen) angelegt[3]), in denen sich das Wild verbergen konnte. Den größten Hohn auf Recht und Billigkeit hat aber doch Kursachsen sich geleistet, da das Heu der Waldungen in großen Mengen zum Verkauf gelangte und dem Landesherrn den Beutel füllte, während das Rotwild auf des Bauern Feldern stand.

Wo Zäune nicht zugelassen, oder doch nicht in der nötigen Höhe zugelassen waren, blieb dem Bauern kein anderer Ausweg übrig, als das Wild zu scheuchen, und am Tage und vor allem in der Nacht am Feld beständig Posten vorzuhalten. Hunde durfte er zum Scheuchen wohl verwenden, doch sollten sie nur klein sein, am Halse einen Knüttel tragen, der sie am Laufen hinderte, auch wohl gelähmt sein an der Hesse, und man muß zugestehen, daß diese Einschränkung nicht unberechtigt war, denn wenn ein solcher Hund loskam und stundenlang im Walde hetzte, so war das ein unzulässiger Eingriff in die Jagdgerechtigkeit, der nicht geduldet werden konnte. In Württemberg waren Hunde im 18. Jahrhundert streng verboten[4]). Da somit das Scheuchen in erster Linie den Menschen vorbehalten blieb, vollzog sich hier beständig eine Fronarbeit, welche dem Bauern die notwendigen Arbeitskräfte raubte. Er sandte Knecht und Magd hinaus, und wenn die laue Sommernacht die Felder deckte, der Ruf des Ziegenmelkers in der stillen Luft erklang, und fieberhaft im Gras die Grillen zirpten, dann fanden die jungen Leute sich zusammen, der Duft von tausend Blüten berauschte ihre Sinne, und während auf dem Rain der Liebe Seligkeit die Welt vergessen machte,

---

[1]) v. Wagner, Jagdwesen in Württemberg, 444.

[2]) Mosers Archiv I. 131.

[3]) Ebenda. Nach Wagner 283 wurde das Waldverbot erst 1791 aufgehoben. Unter Eberhard Ludwig durfte im Frühjahr auch niemand in die Reviere gehen, darin das Auerwild seinen Stand hatte, alle Weide war darin verboten.

[4]) v. Wagner, 175.

überfiel das Wild die Zäune und äste von des Bauern Weizen die weichen Ähren ab. Viertausend Menschen mußten in Sachsen wachen Nacht für Nacht, damit der Despot gelegentlich zur Jagd gehen konnte[1]). Auf das heutige Deutschland übertragen wären für die Wache in der Nacht 68 000 Menschen erforderlich gewesen, eine stattliche Armee, die am Tage bei der nationalen Arbeit wenig hätte leisten können.

Da lag der Bauernhof am Waldesrand, und ihm zur Seite dehnten sich die Felder! Mit seiner Frau und den zwei Töchtern hatte der Bauer im Frühjahr schwer gearbeitet, den Boden aufgelockert und geebnet, damit die Erde atmen konnte, und in froher Zuversicht hatte er das Korn ihr anvertraut, das ihm die goldenen Früchte bringen sollte.

Schon sproßte grün der Halm, das keimende Leben wuchs der Sonne zu, der ewigen Quelle aller Kraft und Fruchtbarkeit. Des Sonntags in der Frühe, wenn laut die Lerche sang und feierlich im Dorf die Glocken klangen, dann liebte es der Bauer an das Feld zu treten und mit dankbarem Gefühl von seines Schöpfers Güte die Seele zu erfüllen, eh' er voll Andacht ihm sich in der Kirche neigte, dem heiligen Geist zu lauschen, der seine Offenbarung durch den Mund des Priesters gab. Wenn auch nur wenig vom Ertrage für den Bauern übrig bleiben konnte, da ihm die Hälfte die Eroberer abnahmen, deren Büttel so regelmäßig wie der Herbst sich mit bewaffnetem Gefolge einstellte, so konnte er doch hoffen, die Sorge los zu werden, die in dem letzten Jahre an seinem Tisch gesessen hatte. Ein Hagelwetter war im letzten Jahr herabgegangen und hatte ihm das Korn vernichtet, er hatte die Steuer nicht entrichten können und der Büttel hatte die rote Kuh ihm aus dem Stall gezogen[2]), so daß er mit der schwarzen nur in diesem Lenz das

---

[1]) Etwas über die Schädlichkeit der Jagd, 1799.

[2]) Vgl. H. Dernburg, Pandekten, 1900. 241—46. Der Kaiser Zeno hatte schon entschieden, daß eine Minderung der Zinsabgabe bei einer zufälligen Verschlechterung oder Verminderung der Emphyteuse nicht erfolgen solle. Wer drei Jahre nicht den Zins geleistet hatte, wurde von Haus und Hof gejagt. In diesem Sinne äußert sich auch Hohberg, Adliches Landleben, 1682. I. 44. „Obschon ein Grundstück durch Erdbeben, Hagel, Ungewitter und Wassergefahr verderbt würde, kann doch dem Grundherrn der gebührende Dienst (oder Zins) deswegen nicht abgesprochen sein."

Im Osten von der Elbe, in Ostpreußen, Westpreußen, Pommern, Mecklenburg, Holstein hatte der Bauer keinen Schutz; das Hofgericht nahm keine Klagen an, sondern wies ihn an die Erbobrigkeit zurück; er konnte halbjährlich gekündigt werden! G. F. Kapp, Die Bauernbefreiung, 1887. 55—58.

Feld bestellen konnte; der Bauer mußte flacher pflügen und doch hatte sich die Kuh so angestrengt, daß der Ertrag an Milch geschmälert wurde. In diesem Jahre aber hatte der Himmel sich gnädig erwiesen, die Saat stand gut, schon berechnete der Bauer den Ertrag, die Steuern waren gedeckt, ebenso die Aussaat und der Hausbedarf; eine neue Kuh wollte er sich kaufen, und überdies war noch ein Überschuß gesichert für den Spargroschen, der in einem Topf am großen Apfelbaum vergraben war, und den der Bauer nur in dunkler Nacht zu heben wagte.

Da zeigte sich in einer Nacht am Felde ein Rudel Sauen. Auf dem Hofe erschien ein Hundejunge aus dem Jägerhof und befahl den Bauern für drei Wochen in den Wald auf Fronarbeit; der Fürst bekam Besuch, und um diesen zu ehren und zu belustigen sollte eine Lustjagd abgehalten und zu diesem Zweck das Wild weither zusammengetrieben werden, damit es für einige Stunden als lebende Scheiben dienen konnte, wenn die Herren ihre Kunst im Schießen zeigen wollten. Mit schwerem Herzen nahm der Bauer Abschied von den Seinen, legte ihnen die Sorge für die Saat ans Herz und schärfte ihnen ein, in jeder Nacht zu wachen.

Die Anordnung war gut, aber der Körper und der Geist verlangen ihr Recht, und wenn die Frauen den ganzen Tag im Heu gearbeitet oder in krummer Haltung am Rübenfeld gestanden und dort gehackt und gejätet hatten, dann waren sie um 9 Uhr des Abends schon so müde, daß die Augen ihnen von selbst zufielen; und nun sollten sie wachen am Felde! Die Mutter und die beiden Töchter teilten sich darin, jede dritte Nacht war zu durchwachen, während die Arbeit am Tage nicht ruhen durfte. Als die jüngste Tochter wieder eine laue Nacht durchwachen sollte, hatte sie den müden Leib ins Gras gebettet; da alles still blieb, schlossen sich die Augen und in tiefen Atemzügen verlangte die Natur ihr Recht. Als der Morgen kalt heraufzog, fror sie und erwachte. Vor ihr sprang ein unbestimmtes Etwas auf die Seite, schnell stand sie auf und sah nun dunkle Körper auf dem Felde, wohl zwanzig, dreißig Stück: „Allmächtiger Gott, die Sauen!“ Das Feld war in der einen Nacht unbrauchbar und zertreten worden, die Halme abgeäst, die Ernte hin, die Familie um ihre Hoffnungen betrogen, das Glück vernichtet von vier arbeitsamen Menschen, aus deren Stall nun auch die letzte Kuh genommen wurde.

Im nächsten Jahre konnte der Bauer nicht das Feld bestellen, er kam in seiner Wirtschaft herunter, die Steuer konnte wieder nicht entrichtet werden, und schließlich ward dem Bauern aufgekündigt, er wurde mit Gewalt vom Hof getrieben, zog als Marodebruder durch das Land, wurde als Wilderer ergriffen, setzte sich zur Wehr und starb am Galgen.

Das Rotwild, dessen Bestand in Sachsen Seckendorf zu 3000 Stück angibt, durchstreifte truppweise die Felder, wenn das Getreide reifte, und machte sich daselbst die Lagerstätte. Die Sauen ließen sich trotz aller Mühe nicht vertreiben, kaum waren sie gescheucht, so kamen sie schon wieder[1]). In Sachsen wurde der Bestand an Sauen auf 6000 Stück geschätzt, und der dritte Teil lag beständig auf den Feldern, ungeachtet aller Zäune. „Wer die Gegenden an der Elbe, z. B. von Dresden bis Wittenberg, von Torgau bis Wurzen, wie auch die Gegend von Colditz, Annaberg usw. durchreiset, der wird in den dortigen Feldern, wenn er die von diesen Tieren vernichtete Hoffnung des armen Landmannes sieht, sich selbst zum Jammer und Mitleid gerührt fühlen und die Stimme der fröhlichen Jäger vor den Klagetönen der über ihren Verlust Jammernden nicht hören können. — Im Jahre 1777 reisete ich in das Erzgebirge nach Elterlein, einem Städtchen, welches unweit Annaberg liegt. Hier sprach ich unter anderen Einwohnern auch den Stadtrichter. Dieser Mann zeigte mir eine schriftliche Taxe, welche einen Verlust von 5000 Talern betrug, den die wilden Schweine nur diesem kleinen Städtchen zugefügt hatten." [2])

Blicken wir von Sachsen nach Württemberg. Schon im 17. Jahrhundert wollten hier die Klagen nicht verstummen, und die Herzöge liebten es, sie mit dem Hinweis auf das Weidevieh zu beantworten, das allerdings in großer Menge noch im Forst zu finden war[3]). Die Herren vergaßen immer, daß ihre abgeleiteten oder gar angemaßten Rechte alten Grundrechten entgegenstanden, und daß es sich um Sein

[1]) Mit dem Rotwild war das nicht anders. „Im Sommer liegt es bei nächtlicher Weile im Getreyde, und läßt sich von dem Wach-Feuer und dem Geheul der Bauern fast wenig abschröcken, maßen, sobald es aus einem Saamen herausgetrieben wird, gleich in den nächsten und besten wieder hineingehet. Francisci Philipp Floridini, Oeconomus prudens, 1751. V. 207.

[2]) Etwas über die Schädlichkeit der Jagd, 44.

[3]) Wagner macht darüber eine Angabe, die aber nicht ganz klar ist; er sagt S. 438, daß sich 1714 im Tübinger Forst 98 und 117 Viehherden mit 13 772 bzw. 15 046 Stück Vieh befunden hätten. Es ist nicht verständlich, warum er die Zahlen nicht zusammenzieht, auch ist die Größe der Waldungen nicht angegeben.

oder Nichtsein für den Bauern handelte, bei ihnen aber um das Vergnügen.

Zum Fernhalten des Wildes von den Feldern kamen das Hüten, Hetzen und Blindschießen abwechselnd in Anwendung. Letzteres sollte durch beeidigte Leute besorgt werden, Feld- und Waldschützen, welche die Gemeinden natürlich aus ihrer Tasche unterhalten mußten. Trat wirklich mal ein nennenswerter Abschuß ein, weil die Stände ohnedem kein Geld mehr geben wollten, dann wußte der Landesvater mit dem Wildbret nicht wohin und fand es am einfachsten, es durch die Bauern zwangsweise aufessen zu lassen, aber nicht etwa honoris causa und umsonst, sondern gegen eine gepfefferte Taxe; und der arme Teufel, der sonst sein Tischgebet bei Mehlsuppe und Kartoffeln sprach, mußte unter Tränen nun den Schweinskopf runterwürgen, der ihm die letzten Ersparnisse genommen hatte. Im Jahre 1718 erging das Verbot des Einzäunens, 1738 erfolgte ein starker Abschuß, 1753 wollten die Stände dem Herzog 50 000 fl. leihen, wenn alles Wild im Felde abgeschossen würde; 1767 drohten sie mit einer Klage beim Kaiser, 1770 kam der sogenannte Erbvergleich zustande, welcher die beiderseitigen Rechte regelte, und 1790 platzte endgültig die Bombe und der ganze Wildstand wurde ausgerottet: man hört den Donner der französischen Revolution. Schon im Jahre 1581 hatte ein verstärkter Abschuß stattgefunden, der 7000 Stück Rot- und Schwarzwild auf den Strecken sah; der zweite Abschuß in den Jahren 1737—38 ergab aber die fast unglaubliche Zahl von 19 567 Stück, während beim dritten im Jahre 1790 die Strecken sich auf 11 114 Stück beliefen, von denen 8923 Stück Edelwild und 2191 Sauen waren. Hiernach war ein Bestand von rund 9000 Stück Edelwild und 2000 Sauen vorhanden gewesen, während der Wildstand in Sachsen sich nur auf 3000 Stück Edelwild und 6000 Sauen bezifferte, wobei aber Sachsen den vierfachen Flächeninhalt von Württemberg umfaßte. Bedenkt man nun, zu welchen Klagen der Wildstand von 9000 Stück in Sachsen schon Veranlassung gab, kann man sich ein Bild machen, wie es bei den 11 000 Stück in Württemberg aussehen mußte! Wer wagt da noch zu bestreiten, daß die Schwaben friedliche Leute sind?

Da die Hofküche im Jahre 1679 einen jährlichen Bedarf von 300 Stück Edelwild und 350 Sauen hatte, so war der Wildstand weit größer, als die Hofküche ihn brauchte. In der Zeit von 1770—1790 wurden im Durchschnitt in jedem Jahr erlegt 3300 Stück Rotwild und 1100 Sauen, so daß nach Abzug des Bedarfes mit meinetwegen 1000 Stück immer 3400 Stück für den Zwangsverkauf noch übrig blieben, der für eine flüssige Rente galt[1]).

Die Zustände in Württemberg zur Zeit des Herzogs Karl Eugen, der 1744 die Regierung übernahm, schildert der Prälat Johann Gottfried Pahl[2]). Die Fürstenwelt verjubelte den Schweiß des Bauern,

---

[1]) Die Angaben über Württemberg sind Wagner entnommen, 443—51, 145—47, 421, 432.

[2]) „Nicht weniger glänzend als die Geburtsfeste waren die Festinjagden, die bald in dieser, bald in jener Gegend des Landes veranstaltet wurden. Der Herzog liebte diese Art von Vergnügen ebenso leidenschaftlich, als er andererseits der kostspieligen Baulust fröhnte. Ein zahlreiches Korps von höheren und niederen Jagdbedienten war ihm zu Gebote. Seiner Nachsicht gewiß, durften sie sich die rohesten Mißhandlungen und die schreiendsten Ungerechtigkeiten gegen den seufzenden Landmann erlauben. Man zählte in den herrschaftlichen Zwingern und auf den mit dieser Art von Dienstbarkeit belasteten Bauernhöfen über tausend Jagdhunde. Das Wild ward im verderblichsten Übermaaße gehegt. Herdenweise fiel es in die Äcker und Weinberge, die zu verwahren den Eigentümern streng verboten war, und zerstörte oft in einer Nacht die Arbeit eines ganzen Jahres; jede Art von Selbsthilfe ward mit Festungs- und Zuchthausstrafe gebüßt, nicht selten gingen die Züge der Jäger und ihres Gefolges durch blühende und reifende Saaten. Wochenlang wurde oft die zum Treiben gepreßte Bauerschaft, mitten in dem dringendsten Feldgeschäfte, ihren Arbeiten entrissen, in weite, entfernte Gegenden fortgeschleppt. Ward, was nicht selten geschah, eine Wasserjagd auf dem Gebirge angestellt, so mußten die Bauern hierzu eine Vertiefung graben, sie mit Ton ausschlagen, Wasser aus den Tälern herbeischleppen und so einen See zustande bringen."

„Um den Glanz zu vermehren hatte man eine große Menge fremden Adels ins Land gezogen. Es wimmelte von Marschällen, Kammerherren, Edelknaben und Hofdamen; mehrere von ihnen genossen große Gehalte. In ihrem Gefolge erschien ein Heer von Kammerdienern, Heiduken, Mohren, Läufern, Köchen, Lakaien und Stallbedienten in den prächtigsten Livreen. Zugleich bestanden die Korps der Leibtrabanten, der Leibjäger und der Leibhusaren, deren Uniformen mit Gold, Silber und kostbarem Pelzwerke bedeckt waren . . . Man führte Opern auf, zu denen die Vorbereitungen einen Aufwand von 100 000 Gulden erforderten. . . . . Manches Geburtsfest verschlang 3—400 000 Gulden. Da erschien alles im höchsten Glanze, es wurden die prächtigsten Schauspiele und Ballette gegeben; Veronese brannte Feuerwerke ab, die in wenigen Minuten eine halbe Tonne Goldes verzehrten. Der ganze Olymp war versammelt, um den hohen Herrscher zu verherrlichen, und die Elemente und die Jahreszeiten brachten ihm ihre Huldigungen in zierlichen Versen dar." J. Scherr, Deutsche Kultur- und Sittengeschichte, 1897. 448. 447. Wenn man Pahl liest, begreift man nicht recht, woher Uhland den Mut nahm zu seinem Sange von Eberhardt im Barte, dem armen, geliebten Herrn von Württemberg!

seine Töchter sahen sich verfolgt von den Satyrn des großen Grundbesitzes, schonungslos wurde „manche edle Blüte der Unschuld, sowie manches Familienglück grausam vernichtet, und das Gefühl für Zucht und jungfräuliche Ehre in den Gemütern zerstört". Zur Blutauffrischung waren die Satyrn nicht einmal geeignet, und weil die Opfer ihrer Wollust unbeschadet ihrer Standesehre sich selbst ernähren durften, war es überflüssig, Alimente auszuzahlen, und Karl Eugen hatte deswegen die Summe von 50 Gulden festgesetzt, durch welche die beglückten Mütter abgefunden wurden „ein für allemal"[1]).

Wandern wir nach Darmstadt, so finden wir unter Ernst Ludwig den Hof sehr fromm und gottergeben, aber Glaubenseifer war kein Hinderniß, das Land in einen Wildpark zu verwandeln. Landau äußert sich darüber eingehend und schildert die Zustände als unglaubliche[2]). Die Leute schliefen ein beim Gottesdienst, und die Pfarrer beklagten sich darüber; sie hatten soviel Selbstvertrauen, beim Anblick der schlafenden Gemeinde den Grund nicht in der geistigen Öde ihrer Predigt zu suchen, sondern in den vielen Nachtwachen, welche die Leute leisten

[1]) Unerschöpflich sind die Berichte über diesen modernen Sardanapal. Die Geliebten des Herzogs hatten das viel beneidete Vorrecht, blaue Schuhe tragen zu dürfen, alle Tänzerinnen hatten die 50 Gulden sich verdient, und neben der Betätigung als Nimrod und als Priapos ging das Leben dieses Wüstlings, den Friedrich der Große seinen Affen nannte, auf eine krankhafte Eitelkeit hinaus, auf das Bestreben, von sich reden zu machen und sich als einen Mittelpunkt zu sehen, der Tausende bewegt.

[2]) Man bannte nicht nur die herrschaftlichen Waldungen, dasselbe geschah auch mit Privatwaldungen, indem man deren Benutzung je länger je mehr den Gemeinden entzog. Während man die Gemeinden behinderte, das bedürftige Brennholz zu schlagen, zwang man dieselben in ihren Waldungen nach allen Richtungen hin Schneisen zu hauen. Die Waldhute war untersagt; die Waldwiesen durften nicht gemäht werden, obgleich die Förster sie für ihr eigenes Vieh brauchten, und selbst wer Gras und Leseholz aus den Gemeindewaldungen holte, wurde unbarmherzig gestraft. Sogar die Ablassung von Holz zum Straßenbau, zu Dorffrieden und Hegehalten aus den Gemeindewaldungen wurde von den Förstern verweigert, obwohl die Erhaltung jener Einrichtungen bei 5 Taler Strafe geboten war. Der Gemeinde Arheiligen wurde ohne weiteres ein Tannenschlag von 40 Morgen abgetrieben, weil man den Boden zu einer Fasanerie bedurfte. Je nach Gefallen ließen die Förster Holz in den Gemeindewaltungen fällen und verkauften dasselbe . . . . . Große Wiesenstrecken wurden in Hege gelegt, und die Bauern gezwungen, dieselben zu umpflöcken und mit Gräben zu umziehen, während ihnen verboten war, die Wiesen zu säubern und die Be- und Entwässerungsgräben zu unterhalten, ja man zwang sie sogar, diese zuzuwerfen. Landau, Beiträge, 137.

mußten, um das Wild von ihren Feldern abzuhalten. Das Amt Seeheim erklärte, fast der vierte Teil des Dorfes müsse aus Armut betteln gehen, und in der Cent Arheiligen war der Bauer soweit gekommen, daß er die nutzlose Arbeit ruhen ließ und als Verbrecher in den Kampf mit der Gesellschaft trat.

Während der Bauer nächtlich auf dem Felde wachen mußte, um Hirsch und Sau zu scheuchen, während er fröstelnd zusammenschauerte, wenn der Nachtwind feucht und fegend über die mageren Saaten fuhr, saß in der Stadt Hannover an einem gemütlichen warmen Arbeitsplatz, beschienen von der Lampe, der gelehrte Rat und herzogliche Bibliothekar Gottfried Wilhelm Leibniz und bewies die Vortrefflichkeit der Welt, unter Aufwand von Geist, Feder, Tinte, Streusand und Papier. Wenn eine bessere Welt möglich gewesen wäre, so würde der Allgütige sie ja geschaffen haben, und das Übel war ein Gut, geeignet die Kontrastwirkung zu steigern, weil durch den Gegensatz das Glück gehoben wurde. Nur durch Ungleichartigkeit konnte ja die Mannigfaltigkeit zustande kommen, die ein Erforderniß der Schönheit war; und wenn der Bauer sich beklagen wollte, daß er im nächtlichen Regen an der Grabenkante liegen mußte, während der Fürst im Himmelbett die Fruchtbarkeit der Töchter seines Landes prüfte, so mußte er sich klar darüber werden, daß bei einem Tausch der Rollen die Summe des Leidens unverändert blieb. Vielleicht würde der Bauer in der Einfalt seines Geistes ihm erwidert haben, daß er selbst die Sorgen spüre, und daß die Theorie kein Pflaster sei; der Herr Rat möge doch den Tausch versuchen, zwei Jahre lang von Brot und Wasser leben, von Sonnenauf- bis Sonnenuntergang mit krummem Rücken an der Arbeit stehen[1]), dann nachts

[1]) „Hohe und niedere essen des Bauern Brot und denken dabei selten an den Schweiß und die Sorgen, die es ihn gekostet; sehen nicht, wie kümmerlich er lebt und wie wenig ihm die mannichfaltigen Steuern und Abgaben vom Segen seiner Arbeit zu eigenem Genuß übrig lassen." Mosers Archiv, 1790, 52.

Um die gleiche Zeit schrieb in Frankreich Labruyère: „Es gibt eine Art menschenscheuer Tiere, Männchen und Weibchen, schwarz, fahl und sonnverbrannt; sie finden sich auf dem Lande und sind an den Boden gekettet, den sie mit unbesiegbarer Ausdauer aufwühlen und umgraben. Sie haben etwas wie eine artikulierte Stimme und zeigen, wenn sie auf die Füße zu stehen kommen, ein menschliches Gesicht. In der Tat, es sind Menschen, die sich des Nachts in Löcher zurückziehen, wo sie von Schwarzbrot, Wasser und Wurzeln leben". Taine, die Entstehung des modernen Frankreich, I. 383.

in Wind und Wetter Sauen scheuchen, und wegen Widerstandes gegen eine impertinente Jägerei mit Andacht fünfzig Hiebe auf den optimistischen Hintern kosten; und wenn auf diese Art der Hintere zur Kontrastwirkung gedient und das allgemeine Glück gesteigert habe, dann möge er ihn auskurieren und dann sich wieder auf ihn setzen und sein kluges Buch zu Ende schreiben.

Wenn irgendwo ein Land in die traurige Notwendigkeit geriet, in bitterer Klage gegen den eigenen Fürsten gerichtliche Entscheidung anzurufen, dann war es meistenteils die Jagd, welche die Veranlassung ergab, insonderheit der Wildschade und das Übermaß an jagdlichen Fronen. Die landesherrlichen Verordnungen enthielten gute Vorschriften, es sollte die Schonzeit eingehalten, es sollte nicht gejagt werden, so lange die Früchte noch im Felde standen; immer wieder versprachen die Herren mit der Jagd die Untertanen weniger zu drücken und auch am Sonntag nicht zu jagen, dem einzigen Tage, an dem der Bauer die müden Glieder ruhen konnte, und dennoch brach immer wieder die ungezähmte Leidenschaft sich Bahn und lachte über die papiernen Vorschriften.

Die Reichsgerichte schützten wohl die Untertanen, wie denn der Reichshofrat 1717 und 1739 ziemlich scharf gegen den Fürsten von Hohenzollern-Hechingen erkannte; aber es blieb nur bei Ermahnungen, und überdies waren die Urteile meistenteils so stark verklausuliert, daß sie den Untertanen wenig helfen konnten. „Insofern es der Wildfuhr nicht nachteilig ist" oder „insofern es Herkommen ist" waren beliebte Wendungen, die dann der Fürst in seinem Sinne deuten durfte. Im Jahre 1755 erkannte der Reichshofrat unzweideutig gegen den Grafen von Pappenheim. Doch solche Fälle waren Ausnahmen, und im Jahre 1728 ließ derselbe Reichshofrat gegen Brandenburg-Onolsbach die Frage unentschieden, ob das Niederlegen der Zäune statthaft sei; der Gerichtshof sprach davon, daß es nicht der Billigkeit entspräche, daß solche Zäune „mit gewaffneter Hand zerrissen, zerhauen, eingetreten, zerschlagen" würden, und daß ein armer Bauersmann sich gegen das überhandnehmende Wild wohl verwahren dürfe, jedoch „ohne Abbruch der Wildbahn!" Ein solches Erkenntnis gab den Untertanen keinen Schutz.

Über die Jagdfronen wurde ebensoviel geklagt wie über den Wildschaden. Observanz, Lagerbücher und Fronbriefe waren hier entscheidend, wie denn der Fürst von Hohenzollern-Hechingen aus der Fassung eines Fronbriefes „mit dem hetzen und jagen sollen sie nicht gefreyt sein" die Folgerung herleitete, daß die Untertanen zu ungemessenen Jagensdiensten ihm verpflichtet wären und kommen müßten, wann immer er befahl; mit dieser Auffassung drang er durch beim Reichshofrat im Jahre 1734, nachdem das Kammergericht ein Jahr zuvor gegen ihn entschieden hatte. Nicht nur zum Jagen, sondern auch zum Hegen wurden die Untertanen angehalten, die Tiergärten und andere Wälder zu umzäunen, junges Holz auszuforsten, Schneisen zu hauen, Wege anzulegen, und auch hier waren ungemessene Dienste keine Seltenheit, wie das Kammergericht z. B. 1593 anerkannt hatte gegen die Bauernschaft in Hechingen.

Über die Pflicht, den vom Wilde verursachten Schaden zu ersetzen, waren die Juristen noch am Ausgang des 18. Jahrhunderts sich nicht einig. Hechingen wurde 1768 zwar zum Ersatz von Wildschaden gerichtlich angehalten, doch wollen z. B. Kreitmayer und Ickstatt einen mäßigen Schaden gelten lassen, wobei in praxi dann natürlich zu entscheiden blieb, ob der Schaden schon unmäßig war, oder noch als mäßig gelten konnte [1]. Überall fand das römische Recht eine fruchtbare Stätte, wo eine Steigerung der fürstlichen Macht aus ihm abzuleiten war; sollte der Herr aber zahlen, denn versiegte dieser Balsam juristischen Gedankenlebens, und kein Mensch konnte sich dann auf den alten Satz besinnen: wer den Nutzen hat, trägt die Gefahr.

In dem gelobten Land Hannover, der besten aller Welten, kehrte auf den Landtagen und bei der zeremoniellen Ährenlese, die man Huldigungsformalitäten nannte, gewohnheitsmäßig die fromme Bitte der getreuen Untertanen wieder, sie mit der Jagd nicht allzusehr zu plagen. Im Jahre 1766 war der Befehl gegeben worden, die königlichen Jagden zu verpachten bis auf einige Flächen, welche sich der König vorbehielt. In diesen Flächen war auch die Feldmark der Stadt Eldagsen mit einbegriffen, auf welcher der Landadel im Jahre 1591 die hohe Jagd dem Herzog abgetreten hatte gegen Lieferung von Deputatwildpret. Die zünftige Jägerei, die durch die Verpachtung so vieler Jagden sich in ihrem Lebensnerv getroffen fühlte, züchtete auf der Gemarkung

[1]) Über die gerichtl. Praxis vgl. den Aufsatz in Mosers Forstarchiv von 1795, „von den höchstschlimmen Folgen des übertriebenen Jagdwesens in Deutschland".

Eldagsen nun einen Wildstand an, der sie für den Verlust des Übrigen schadlos halten sollte. Namentlich hatte das Wild seinen Stand im Hallerbruch, einem mäßig großen Feldgehölz von 1300 Morgen. Selbst am hellen Tage trat das Edelwild auf die Felder aus, und dabei war es so vertraut, daß der Wanderer zehn Schritte an ihm vorbeigehen konnte, ohne daß es die Flucht ergriff. Die Saaten hatten das Aussehen, als ob sie von einer Herde Vieh beweidet worden wären. Der Bauer erntete teils gar nichts, teils erhielt er kaum die Einsaat wieder, und selten nur die Hälfte des sonst üblichen Ertrages. Im Steinbrink, einem Feldgebüsch, hielten die Hirsche alle jungen Lohden so unter dem Geäse, daß seit vier Jahren sich kein grüner Ausschlag zeigte. Die Hüterhunde, welche nachts das Wild verscheuchen sollten, schoß die Jägerei „in actu" tot. Eine Beschwerde bei der Kammer (Regierung) blieb ohne Erfolg, und als sich die Untertanen später in großer Zahl beschwerten, teils bei den Landgerichten, teils in der Residenz bei der Regierung oder Kammer, wurde ihnen erklärt, „es sey kein Wild vorhanden", und die armen Leute, die den Schaden trugen, brauchten für den Spott nicht erst zu sorgen. Indessen verbreitete das Wild sich immer mehr, ganze Rudel Sauen quartierten sich im Roggen ein, gerade wenn er reifen wollte. Eine Klage bei der „Hannoverschen Justiz-Canzlei" im Jahre 1779 gab der Bevölkerung den Trost, daß jeder Untertan durch Hüten und durch Zäune auf seine Kosten sich gegen das Wild schützen dürfe. Es war auf diese Klage wohl zurückzuführen, daß in demselben Jahr noch eine Jagd auf Schweine abgehalten wurde, bei welcher 20 Stück geschossen wurden, während ein ebenso großer Teil entkam. Zur Verminderung der Hirsche geschah dagegen nichts, sie standen in Trupps von 6, 10, 20, 30, sogar von 40 Hirschen am hellen Tage auf den Feldern und ließen sich die Frucht des Bauern munden. Zeugen sagten aus, „es sey gewesen, als wenn der Hirte auf der Saat gehütet hätte", und dementsprechend lag die Losung auch so dicht, als wenn die Schafe dort getrieben wären. Im Jahre 1780 konnte man nicht über die Wiesen gehen, ohne von jeder Stelle aus ein Hirschbett zu erblicken, und teilweise war das Gras so abgeäst, daß nicht das Grummet mehr geschnitten werden konnte. Mit den Läufen schlug das Rotwild im Winter den Schnee weg von den Saaten, es drang bis in die Gärten der Stadt Eldagsen vor, und labte sich am Kohl, so daß die Bürger „kaum eine Kohlpflanze" behielten.

Der Bauer war so gänzlich hilflos und verlassen, sobald er selbst sein Recht sich suchen sollte, und namentlich, wenn es gegen den Fiskus ging, daß er besser tat, Untertan zu sein der Obrigkeit, die nun einmal Gewalt über ihn hatte; das galt damals noch ebenso, wie zur Heidenzeit, als Christus im fruchtbaren Judäa wandelte. In Eldagsen wollte das Geschick dem Bauern nun insofern wohl, als ein Herr von Adel seiner sich erbarmte, „gerührt von so gehäuftem Elende"[1]). Es gelang, beim Obertribunal in Celle ein Urteil zu erstreiten, welches die Kammer ersatzpflichtig machte und wohl auf den persönlichen Einfluß des Präsidenten zurückzuführen war, des Barons Weisberg, eines Mannes, dem das Herz am rechten Flecke saß. Als ihn der König einmal über die Tafel hinweg fragte: „Warum verliere ich doch alle meine Prozesse in Celle?", lautete die Antwort prompt: „Weil Ihro Majestät allezeit unrecht haben[2])". Trotz der Verpachtung vieler Jagden hatte die Jägerei in dieser besten aller Welten noch eine Übermacht in Händen, nicht nur dem Bauern, sondern auch dem Bürger gegenüber, die durch ein kleines Beispiel gut erläutert wird, das ein Ständemitglied von Hannover in Band VII von Mosers Forstarchiv erzählt[3]).

Die Untersuchung der Wildfrevel hatte an vielen Orten noch das Forstamt vorzunehmen, und in leichten Fällen verhängte und vollzog es auch die Strafe.

---

[1]) Wir dürfen wohl ohne weiteres annehmen, daß es nicht nur das Elend des Bauern war, was den Herrn bestimmte, gegen die Regierung vorzugehen, sondern auch ein kräftig Teil von edlem Egoismus. Entweder lebte der Adel von der Arbeit des Bauern allein, dann hatte er nichts zu leben, wenn der Bauer nichts geben konnte; oder er arbeitete auch seinerseits, indem er selber wirtschaftete und mit seinen schwachen Kräften die Arbeit der Bauern zu befördern suchte, dann waren auch seine Felder den Angriffen des Wildes ausgesetzt, obschon die Jägerei das Land des Adels mehr zu schonen suchte. Vgl. Florinus Oeconomus prudens, 1751. V. 164 f.

[2]) Mosers Archiv 1788 und 1790.

[3]) „Noch nicht zwei Jahre sind verstrichen, da einem Bürger und fleißigen Handwerker in Springe, Johann Heinrich Seters, dessen Winterspeise im Garten hinter seinem Hause, wie bei den meisten Einwohnern dieser Örter, vor den Hirschen auch durch einen hohen Zaun nicht mehr gesichert blieb; er versuchte das Überfallen durch quergezogene Stricke, die dem Gartenzaun zur Erhöhung dienen sollten, zu verhindern. Man nahm ihm solche Stricke weg, klagte ihn an, er habe Wild in Schlingen fangen wollen, zog ihn in Inquisition und nicht lange nachher wurde ihm eröffnet, er sei zu vier Wochen Gefängnis verdammt bei Wasser und Brot. Nur auf vieles Bitten und Verbürgen der ganzen Springer Stadtgemeinde erhielt er soviel Frist, daß er bei der

Leider kann ich nicht angeben, wie weit die Kompetenz der Herren ging, aber sicher konnten sie über Fünfundzwanzig auf den Hintern selbst befinden, und der Förster, der sie gab, zog sich den Rock ab vor der Spende und spuckte im Vorgefühl der Lust sich kräftig in die Hand. Erst Joseph II. wies 1786 alle Jagdstrafsachen „der ordentlichen Rechtsbehörde" zu, wobei er aber für den Bauern die körperlichen Strafen beibehielt. In Württemberg wurde im letzten Drittel des 18. Jahrhunderts die Untersuchung von Vogt und Forstmeister gemeinschaftlich vollzogen, ganz ausgeschaltet wurde also der befangene Teil noch nicht[1]).

Von alters her war zum Begriff der Wilderei der Frevel am hohen Wilde erforderlich gewesen, während der am kleinen Wilde unter dem Namen „Frevel am kleinen Weidwerk" nebenher ging und gelinder beurteilt wurde. Je mehr indessen die Flinte in Gebrauch kam und die Schießjagd anfing, die übrigen Methoden einzuschränken, desto mehr schwand dieser Unterschied dahin, um im Laufe des 18. Jahrhunderts gänzlich aufzuhören. Auch wenn der Bauer in der Not ein Stück der Wildart niederschoß, die gerade sich auf seinem Felde äste, uud das Geschossene im Jägerhaus ablieferte, lag nach Wagner nicht der Tatbestand des Wilderns vor, sondern nur ein Akt der unerlaubten Selbsthilfe[2]), der in Württemberg zur Zeit der höchsten Wildstände mit einer Strafe von 3 fl. 30 Kr. ausgeglichen wurde. Es dürfte aber doch fraglich sein, ob diese vornehme Handhabung des Rechts die allgemeine war, und ob sie fortgesetzt in Wirksamkeit verblieb. Wie stellte der Richter

---

kgl. Justizkanzlei Vorstellung tun und um Inspektion der Akten bitten konnte, welche ihm auch und zugleich eine Defensive verstattet wurde, die zur Folge hatte, daß man ihm seine Stricke zurückgab und auf Vollziehung der Strafe nicht weiter bestand, wiewohl ihm die Defensive über 50 Rthlr. (vielleicht den dritten Teil oder gar die Hälfte seines Vermögens) gekostet hatte".

[1]) Im Jahre 1735 wurden die württembergischen Forstmeister veranlaßt zur Äußerung bezüglich der Maßnahmen gegen die Wilderer. Den Herren stand die Untersuchung zu. Die Folter galt nicht mehr als zeitgemäß; dafür warfen sie die Wilderer in den Turm, und gaben ihnen Gelegenheit, mit Ratten und ihren eigenen Kot solange Zwiesprach zu pflegen, bis sie gestanden, was man hören wollte. Dieses grausame Verfahren war verschiedenen Herren noch nicht scharf genug. Sie forderten strengere Maßregeln, und ein erfindungsreicher Kopf schlug vor, man solle bei der Untersuchung die langwierige Ferienzeit im Turm lieber ersetzen durch wohlgezielte Hiebe, wie im lustigen Soldatenleben, und ebenso den Strafarrest ersetzen durch Spießruten. v. Wagner, 475—77.

[2]) Wagner, Jagdwesen, 457.

sich im Wiederholungsfalle? Wo war die Grenze, wo begann die Wilderei? Die Angabe Wagners widerspricht der Zeitanschauung! Das bayrische Mandat von 1663 bestrafte den Untertan, der auf seinem Felde fing oder schoß, mit Geldstrafe oder Gefängnis, doch galt diese Bestimmung fraglos für den Adel, denn der Bauer hatte kein „eigenes Feld". Gleich darauf folgt denn auch die Bestimmung, daß der Wilderer, der „aus Armut" frevelte, mit Verbannung „etliche Jahre" zu bestrafen sei, oder auch mit Zwangsarbeit in Ketten, im Wiederholungsfall mit Abhauen der rechten Hand und beim dritten Male mit dem Galgen[1]). Das war eine andere Musik, als die 3 fl. und 30 Kr.[2])!

Auf alle Fälle waren die Strafen für das eigentliche Wildern so unmenschlich hart, daß ohne Widerstand zu leisten kein Wilderer sich ergeben wollte, und daß es oft zu schweren Kämpfen kam. Der Forstbeamte wie der Jäger hatten vielfach die Befugnis, ohne weiteres auf den Wilderer zu schießen, sie wurden belohnt, wenn sie einen wildernden Menschen der Behörde lieferten, wobei es ziemlich nebensächlich war, ob er noch am Leben war oder nicht, denn im ersten Falle wurde er ja doch gehängt. Wie in den vergangenen Jahrhunderten schlossen die Wilderer zu ganzen Banden sich zusammen; sie erbrachten den Beweis, daß keine Strenge der Gesetze den Frevel niederhält, wo Leidenschaft und Not in Frage kommen; nur die wirtschaftliche Blüte von Industrie und Landwirtschaft, die jeder Arbeitskraft den Unterhalt gewährt, und die Gesittung, die aus ihnen folgt, können ein Übel einschränken, an dem das Christentum sich gänzlich ohnmächtig erwiesen hat, und das bestehen wird, solange die herrschenden Klassen den Fang der freien Tiere für sich allein in Anspruch nehmen wollen. Im 18. Jahrhundert bestand zwischen dem Jäger und dem Wilderer infolge der Blutgesetze ein offener Krieg, heimlich und mit gespannten Sinnen schlichen beide

---

[1]) Die Urkunde gibt Schwappach nach dem Münchener Kreisarchiv. Forst- und Jagdgeschichte 643.

[2]) Pfeil sagt von Preußen: „Umsonst wurden wiederholt die schärfsten Gesetze gegeben, die Gerichte angewiesen, die Wilddiebe ohne große Untersuchung und mit kurzem Prozeß binnen 24 Stunden zu hängen, selbst wenn sie nur mit Büchsen oder Flinten in einem Gehege getroffen wären, wo sie an das nächste Amt abzuliefern seien, damit dies sie sogleich vom Leben zum Tode bringen lasse." Edikt vom 9. 1. 1728 und Forstordnung von 1739. „Die Wilddieberei wurde dadurch nicht beseitigt, wie denn noch niemals harte oder unmenschliche Strafen allein Verbrechen verhütet haben." W. Pfeil, Die Forstgeschichte Preußens. 1839. 114.

durch den Forst, und wer zuerst den andern sah, schoß einfach aus dem Hinterhalt.

Ein grauenvolles Marterinstrument war die Wildererkappe, die dem zur Schanzarbeit Verurteilten an den Kopf geschlossen wurde, und aus einem eisernen Reifen mit einem Hirschgeweih bestand. Sie war ganz allgemein in Anwendung, und der Herzog von Württemberg bestimmte 1737 als Strafe derer, „welche diebischer Weise Wild geschossen haben", das Abhauen der rechten Hand, mindestens aber öffentliche Arbeit „mit aufgesetzter Wildererkappe auf Lebenszeit", bei Rückfall Aufhängen am Galgen. Wer dem Wilde verlarvt nachging, ward ohne jeden weitern Prozeß in der Verlarvung aufgehängt[1]). Hessen hatte 1613, Preußen 1728 angeordnet, daß die überführten Wilderer ohne alle Gnade aufzuknüpfen seien, und der fromme Bischof von Fulda schnaubte zwei Jahre vor der französischen Revolution einen giftigen Erlaß ins Land, in welchem ein für alle Mal dem „Erleger, Verwunder oder Einbringer" eines Wilderers 20 Taler zugesichert wurden, der Wilderer mochte tot sein, verwundet oder unverletzt, wenn er nur an den Galgen kam. Der Landesvater von Weimar war dem geistlichen Herrn noch überlegen, als er in der Mitte des Jahrhunderts das wütende Edikt erließ, „daß alle Wilderer als offenbare Straßenräuber und Mörder angesehen und auf Betreten sofort aufgehängt, deren Weiber gebrandmarkt und ins Zuchthaus gesetzt werden sollen, daß ein Förster und Jäger, der einen Wilddieb totschießt, 50 Thaler verdient, während seine Wittwe, falls er selbst totgeschossen wird, lebenslänglich 200 Thaler Pension erhält, daß aber ein Jäger, der den Wilddieben durch die Finger sieht, selbst aufgehenkt wird"[2]).

Am findigsten waren die Fürsten, die das einträgliche Geschäft des Menschenhandels kannten, das sie in der Armee erprobt hatten und nun als Strafe für den Wilderer anwandten, wie z. B. der Herzog von Württemberg 1716 einen Vertrag mit der Republik Venedig schloß, um die Sträflinge auf die Galeeren zu verkaufen. So brachten die Kerls noch Geld ein, und man ward sie los! Das Reskript ward in der feierlichen Stunde nach dem Gottesdienst mit salbungsvollem Ton verkündet auf den Kanzeln, und es ist fast als selbstverständlich anzu-

[1]) v. Wagner, Das Jagdwesen in Württemberg, 472.

[2]) Fr. Kapp, Der Soldatenhandel deutscher Fürsten. Berlin 1874. 117—120.

sehen, daß auch im frei regierten Württemberg der Meuchelmord begünstigt wurde, wie denn 1761 eine Belohnung von 20 fl. für einen toten Wilderer ausgesetzt wurde und von 30 fl. für einen lebenden, prädestinierten Schmuck des Galgens[1]).

Der Adel kam auch jetzt mit Geldstrafen davon, die in Preußen allerdings gepfeffert waren und 1720 auf 500 Taler für einen Hirsch und auf die gleiche Summe für einen Keiler oder für ein Schwein bemessen wurden, wobei, wie das so üblich war, der Denunziant den vierten Teil erhielt. Dieses verdammte Denunziantenwesen ist von der Justiz zu allen Zeiten künstlich aufgemuntert worden! Schon Aristophanes geißelt es im Plutos, Aristoteles und Isokrates sahen in ihm eine öffentliche Gefahr, aber selbst der edle Kaiser Joseph konnte sich nicht davon befreien, während er doch sonst den Kampf aufnahm gegen das allmächtige, geschichtlich erwachsene Unrechtsgefühl. In seiner Jagdordnung heißt es „wer einen Wildschützen entdeckt, erhält 12 Gulden Belohnung", und „der Einbringer eines Wildschützen erhält 25 Gulden". In dem Vertrage zwischen Hanau und Frankfurt vom Jahre 1787 wurde die Denunziantengebühr auf den dritten Teil der Geldstrafe bemessen, und der Verrat zu einem einträglichen Gewerbe ausgebildet

Die Jagdordnung Josephs II. aus dem Jahre 1786 war im übrigen als ein großer Fortschritt zu begrüßen. Die Vorrechte der Krone wurden aufgehoben, Schwarzwild wurde auf Tiergärten beschränkt, und das Recht zum Abschuß freier Sauen jedem Menschen zugesprochen; für den Fall, daß sich der Jagdinhaber diesem Abschuß widersetzen sollte, verfiel er in eine Strafe von 25 Dukaten. Das Betreten angebauter Grundstücke wurde verboten, die Einzäunung dem Bauern freigestellt, und zwar in jeder Höhe. Der Jagdinhaber wurde für Wildschaden ersatzpflichtig gemacht, und das Wild ihm gänzlich frei gegeben als sein unbeschränktes Eigentum, die Schonzeit wurde aufgehoben, und die Wilderei im Anschluß an den logischen Schnitzer vom Eigentum des Wildes als Diebstahl hingestellt[2]). Zu tadeln ist die Aufhebung der Schonzeit, die nicht entbehrt werden kann, solange ein mäßiger Wildstand geduldet werden soll, im übrigen zeigt diese Jagdordnung mit

---

[1]) v. Wagner, Jagdwesen 472/73.

[2]) Diebstahl kann nur stattfinden an einer Sache, die im Besitz ist oder im Eigentum, d. h. an einer Sache, die in meine Macht gegeben ist. Über freies Wild habe ich keine Macht, also ist ein Wilddiebstahl ein Widerpruch.

dem Aufheben der landesherrlichen Vorrechte und der grundsätzlichen Anerkennung zum Ersatz des Wildschadens den modernen Geist, oder besser gesagt, das erste Aufflackern desselben im Hause Österreich. Der Jäger durfte nur auf Anruf schießen: „Wenn ein bewaffneter Wildschütz auf Zurufen der Jäger sich nicht ergiebt, sondern zur Wehre stellt, so ist ihnen erlaubt, ihrer Selbsterhaltung wegen auf denselben zu schießen." Diese Auffassung scheint am Ausgang des 18. Jahrhunderts vorgeherrscht zu haben, obschon die Praxis bei der alten Regel blieb[1]).

Im allgemeinen war es den Jägern erlaubt, den fliehenden Wilderer zu töten, wenn er nicht stehen wollte auf den Ruf, und doch konnte kein vernünftiger Mensch es dem Wilderer verdenken, daß er zu entfliehen suchte, wenn er gewiß war, in die Karren geschmiedet und mit dem Hirschgeweih gequält zu werden, sobald er vor die Dame mit der bekannten Binde trat; lieber setzte er sich zur Wehr, und die Strenge der Strafen war die Ursache, daß der Beamte nicht im Walde seines Lebens sicher war.

Man mag über den Materialismus denken wie man will, aber wir verdanken ihm sehr viel. Während die geistlichen Herren wütende Erlasse schäumten gegen einen Unfug, der in den sozialen Verhältnissen und in der menschlichen Natur nun einmal fest begründet war, schrieb Holbach in seinem Système de la nature: „Vergebens predigt die Moral die Tugend, die nur ein schmerzliches Opfer des Glücks sein würde in Gesellschaften, wo das Laster und die Verbrechen beständig gekrönt, gepriesen und belohnt werden, und wo die scheußlichsten Frevel nur an denen bestraft werden, welche zu schwach sind, um das Recht zu haben, sie ungestraft zu begehen. Die Gesellschaft straft an den Geringen die Vergehungen, welche sie an den Großen ehrt, und oft begeht sie die Ungerechtigkeit, den Tod über Leute zu verhängen, welche nur durch

[1]) „Dennoch hört man in Ländern, die das Unglück haben, von einem modernen Nimrod tyrannisiert zu werden, die Jäger con gusto erzählen, wie sie diesen oder jenen Wilddieb erschossen haben, mit dem Zusatze, sie hätten ihm zwar „steh Canaille"! zugeruffen, aber auch gleich losgeknallt, damit sie allenfalls einen Eid ablegen können, daß der Hund nicht habe stehen wollen. Dafür erhalten sie gemeiniglich vom Landesherrn ein Geschenk, und der Pater patriae lacht dann wohl noch dazu hönisch über den Kanzler, sagend, „der kann nun zwar über diesen Todesfall ein sauer Gesicht machen, aber doch nicht blacksch . . . und procedieren". Solches Betragen und solche bonmots sollte man von keinem Landesherrn erwarten, ich habe aber dergleichen selbst mit angehört". Schlözers Staatsanzeiger 1787. 140.

die vom Staate selbst aufrecht gehaltenen Vorurteile ins Verbrechen gestürzt worden sind." Kaum irgendwo an anderer Stelle zeigt sich so klar der Gegensatz zwischen dem Segen der Aufklärung und der Unfähigkeit der Kirche, sich zur freien Sittlichkeit emporzuheben, wie an dem Kampfe mit den Wilderern. Die Kirche blieb befangen in der Gedankenschablone des Mittelalters.

Die Jagdfronen waren im 18. Jahrhundert noch im Steigen, weil die Methode der Jagd verwickelter geworden war, das Zusammentreiben des Wildes viele Arbeit machte, und der Jagdbetrieb zuletzt in seiner Form als Massenmord mit Volksbelustigung nicht nur lange Vorbereitungen erforderte, sondern auch in seiner blutigen, geist- und kunstlosen Weise auf die Seele des Jägers verrohend einwirkte, so daß der altruistische Gedanke an das Volk nicht Kraft gewann. Der Geist des Christentums bäumte sich nicht auf gegen den Massentod von Tieren zur Lust der Edelsten, kein Abraham a Santa Clara zeigte auf der Kanzel der bornierten Jägerei die Dekadenz der Waidmannskunst, und die hohen Kirchenfürsten fanden selbst Vergnügen an dem rohen Spiel und befließigten sich der Entsittlichung der Menschenwürde. Wenn die Zahl der Jagensmannschaften im 17. Jahrhundert schon 500—700 Mann betragen hatte, stieg sie im 18. auf ebenso viele Tausende, die aus ihrer häuslichen Tätigkeit gerissen, ganze Wochen im Walde verbringen[1]) und das Vergnügen eines Tages für den hohen Adel vorbereiten mußten, der von einem Schirmherrn zum Despoten sich entwickelt hatte, in dessen Vergnügen sich die Aufgabe der Jagd erschöpfte, und dessen Lust zu dienen die Kraft des Volkes ruhen und Tausende von Armen hungern mußten[2]).

Es kam vor, daß die Dienste in Geldabgaben umgewandelt wurden, selten aber wurden sie erlassen. Der große Grundbesitz suchte immer festzuhalten, was er hatte, und zu nehmen, was zu kriegen war. Im

---

[1]) v. Wagner, Jagdwesen in Württemberg 25.

[2]) In folgender Weise schilderte 1720 der Amtmann von Storkow bei Berlin die Not der armen Leute: „Ich habe Vorgestern als den 29. abgewichenen Monats einen Brief von dem Leibjäger Eckert erhalten, daß die hiesige Ambts-Unterthanen abermals auf den 2. hujus zum Steine Auflesen im per force Garthen sich zu Waltersdorff einfinden und auf 3 Tage Brodt mitbringen sollen, ich habe sie auch darzu zwar beordert, alleine Hochgebietende Herren! die meisten Unterthanen haben Kaum auf Einen tag, und manche gar Kein Brod zu Hause, und sollen auf 3 tage mitnehmen.

allgemeinen wuchsen die Dienste zur Jagd auch jetzt noch weiter und wurden auf die kleine Jagd mit ausgedehnt. Zur Massenschlächterei auf Hochwild gesellte sich die Massenschlächterei auf Hasen, wie denn zu Stammheim in Württemberg am 20. November 1756 ein Kesseltreiben abgehalten wurde, das eine Ausdehnung von neun und einer halben Meile hatte, drei Tage dauerte und zum Treiben, Wildfahren usw. 4100—4600 Mann in Anspruch nahm[1]). Zu den Treiberdiensten kamen die Jagdfuhren, der Wegebau, die Zaunarbeiten, das Futtersammeln, der Wildfang, und am schwersten lasteten die Wolfs-Jagd-Dienste auf der Bevölkerung, die nicht im Dienste des Landesherrn, sondern des Landes ohne den Herrn geleistet werden mußten, nicht als Jagdfolge, sondern als Landfolge. Als Dienste zur Landfolge umfaßten sie breitere Schichten der Bevölkerung, sie wurden nicht allein auf die unmittelbaren, sondern auch auf die mittelbaren Untertanen ausgedehnt, eine Maßregel, gegen welche z. B. der Adel in Reuß-Plauen vergebens Einspruch zu erheben suchte. Auch die Städte waren hier nicht ausgeschlossen; in Hessen-Darmstadt lösten sie die Pflicht zur Folge ab durch Geldabgabe, aber diese Abgabe blieb bestehen, auch als die Wölfe längst geschwunden waren[2]), als ein beredtes Zeichen von der Verdauungskraft des Grundbesitzes. Es kam sogar mehrfach vor, daß die Bedienten der Landesherren einerseits die Geldabgabe zahlen ließen und andererseits die Leute trotzdem zwangen, bei der Wolfsjagd zu erscheinen. Findige Jäger schrieben alle Jagden aus als Wolfsjagden, gingen in der Stadt von Haus zu Haus und ließen von den Bürgern sich ein Trinkgeld geben, worauf dann der Name des edlen Gebers von der Präsenzliste gestrichen wurde. In manchen Städten verdienten sich die Jäger auf diese sinnreiche Weise einen jährlichen Betrag von 2000—3000 Gulden. Die armen Bauern mußten natürlich in den Schnee hinaus, womöglich mit dürftiger Kleidung und zerrissenen Stiefeln; wer fehlte, mußte die Strafe, zahlen, und wer des

---

Ich ersuche demnach E. Hochpr. Krieges- und Domainen-Cammer, den miserablen Zustand der hiesigen Amts-Unterthanen zu beherzigen, und hochgeneigt dahin zu sorgen, daß sie mit den Jagddiensten nicht mehr so sehr, wie bisher geschehen, beschweret werden." Schwappach, Forst- und Jagdgeschichte 611. Original im preuß. geh. Staats-Archiv.

[1]) Wagner 363.

[2]) In Württemberg war der Vorgang der gleiche, Wagner 31.

Morgens beim Namensaufruf nicht sofort und laut sein Hier „aus der Pistole" schoß, ward als fehlend angesehen, wenn er auch den ganzen Tag zugegen war[1]). Die übermütigen grünen Jungen mißhandelten die Bauern oft in einer Weise, welche jedes feine Gefühl empören mußte[2]), und der Bauer war durch die lange Sklaverei in seinem Ehrgefühl so weit herabgekommen, daß er die Schimpfworte, die Püffe und die Schläge wie ein durch Domestikation gezähmtes Tier ertrug. Wollte der Förster einen Hasen schießen, befahl er ein paar Bauern zu seiner Dienstleistung herbei, und wir sehen die gleiche Unsitte hier noch in Blüte stehen, gegen welche schon der Kaiser Karl in Aachen kämpfte, als er seinen Judices verbot, die Bauern auf der Jagd für eigene Zwecke zu gebrauchen[3]) eine Unsitte, die unzertrennlich ist von einem Sklavenvolk, weil jeden Vorteil, den der Herr sich als Eroberer mit offener Gewalt genommen hat, oder in den er als Epigone hineingewachsen ist, hinterher sich das Bedientenvolk zu eigen macht, indem es die Bevölkerung belügt und vorgiebt, im Namen seines Herrn zu handeln, und heimlich und mit Hinterlist die Furcht des unterdrückten Volkes für seine Zwecke ausbeutet.

Die Pflicht der Untertanen, die fürstliche Jägerei zu beherbergen und zu verpflegen, kam im 18. Jahrhundert mehrfach außer Übung, weil der gestiegene Verkehr Gasthäuser geschaffen hatte, in denen die Jäger nächtigen und den leiblichen Teil stärken konnten. Auch hier hatte eine Geldablösung stattgefunden. In Württemberg kam der Vertrag zwischen dem Fürsten und dem Kirchenrat 1777 erst zustande gegen eine jährliche Zahlung von 12 002 fl., durch welche die Klöster befreit wurden von den Besoldungsbeiträgen für die Jägerei, von Kostgeld und Pferdefutter, von der Pflicht, das Jagdzeug, die Seilwagen und Jagdschirme zu unterhalten, die Hunde zu ernähren u. a. m.[4]) Den Gemeinden ward 1714 die Verpflichtung auferlegt, beim Dachsgraben die Hunde zu füttern, und wo sie nicht abgelöst war, blieb auch

[1]) G. Landau, Beiträge zur Geschichte der Jagd 174.

[2]) Von der Schädlichkeit der Jagd, dargestellt von einem Sachsen. Dresden und Leipzig 1799. 86.

[3]) Vgl. Band I der vorliegenden Schrift, 82. Capitulare de villis 3 und 11. Außer auf unsere eigene Vergangenheit brauche ich das Auge des Lesers wohl nur auf unser östliches Nachbarreich zu richten, in welchem wir die Zustände jetzt in Blüte sehen, die auch in Deutschland herrschten, ehe der dritte Stand sich durchsetzte.

[4]) Wagner 42.

die Hundlege in Kraft, wie denn z. B. im Uracher Forst jeder pflichtige Untertan, der keinen Hund in Pflege hatte, zu einer Abgabe von 3 fl. 20 Kr. gezwungen wurde. Auch mit der Aufzucht und Ernährung der Hunde, der Hundeaufstockung und Hundelege ward von der Jägerei, die sich mit Vorliebe die edle nannte, ein sehr unedler Mißbrauch getrieben, indem die Jäger ihre eigenen Hunde unterschoben und von den Untertanen aufziehen ließen; andere ließen sich heimlich die Pflicht der Hundelege abhandeln für bares Geld und stellten den Hund bei einem Bürger ein, der nicht bezahlen wollte[1]). Wieder andere trieben einen heimlichen Handel mit den Hunden ihres Landesherrn. Vielfach suchten die Forstämter die Pflichten der Untertanen noch auszudehnen, die Strafen zu erhöhen und unter der Hand wußte dann das Personal sein unsauberes Geschäft zu treiben[2]). „Die anbringenden Forstbedienten" vereinnahmten den dritten Teil der Strafgelder von Amts wegen als sogenannte „Ruggebühr", ein Unfug, der auch sonst noch wiederkehrte. Es bedarf keiner lebhaften Phantasie, um sich den Mißbrauch auszumalen, der mit dieser raffinierten Art von Bereicherung getrieben werden konnte.

Den Müllern wurde am Ausgang des 17. Jahrhunderts an Stelle der Pflicht zur Schweinemast die Pflicht auferlegt, die Jagdhunde zu futtern. Die Leineweber mußten die Leinewand zum Jagdzeug für einen billigen Preis anfertigen. Es handelte sich dabei nicht um Kleinigkeiten, wie denn das kleine Hessen-Kassel einen jährlichen Bedarf von 1600 Ellen hatte; jeder Jude mußte alljährlich 1000 Federn liefern für die Federlappen.

Die Pflicht des Hundefutterns war durchaus lästiger Natur, und zwar nicht nur der Kosten wegen; bei der Wichtigkeit der Jagd als Vergnügen für den Landesherrn und bei dem Übermut und dem Mangel an Herzensbildung in der Jägerei, und bei der ganzen Stellung der Untertanen zum fürstlichen Bediententum war die Kontrolle eine scharfe und in der Form verletzende. In gewissen Perioden zog eine Kommission von Haus zu Haus, und in der Haltung eines geärgerten Truthahns prüfte ein Jägerbursche die Beschaffenheit der Hunde. War der Hund zu mager, gab es ein ellenlanges Donnerwetter und üble

[1]) v. Wagner 35. 36.

[2]) Mosers Archiv I, Klagen und Verordnungen in Württemberg aus den Jahren 1737 und 1753.

Folgen blieben sicherlich nicht aus; war der Hund zu fett, ging es dem Pflegevater auch nicht besser, der es zwar gut gemeint und den Hund nach Kräften „rausgefuttert" hatte, aber nichts von Jagd verstand und nicht bedachte, daß ein so fettes Tier nicht laufen konnte. Die Jägerei erhielt vom Landesvater ihren Rüffel, wenn die Hunde bei der Jagd nicht in der richtigen Verfassung waren, und obschon eine Zeit des Einjagens der landesherrlichen Jagd vorauszugehen pflegte, konnte die Hundelege doch von üblen Folgen sein, wenn Serenissimus sich in Person für seine Hunde interessierte, wie es namentlich bei den Kammer- und Leibhunden wohl öfter vorgekommen ist, die bei den Fall- oder Wasenmeistern in Verpflegung standen. In Ansbach war der Fallmeister von Gunzenhausen beim Markgrafen Friedrich Wilhelm (1723 bis 1757) angegeben worden, daß er die Hunde nicht gebührend halte. Wahrscheinlich hoffte der elende Denunziant auf eine Geldstrafe, die ihm den dritten Teil eintragen sollte. Der Landesvater fand sich indessen in seinem Vergnügen und in seiner hochfürstlichen Ehre angegriffen; mit rotem Kopfe ritt er vor das Haus des Fallmeisters, rief ihn heraus und schoß ihn auf der Schwelle nieder, in Anbetracht einer so wichtigen Sache eine zwar etwas rasche, aber gewiß entschuldbare Justiz. Als der Fürst am dritten Tage mit Gefolge wieder vor der Stadt spazieren ritt, und einen Auflauf von Menschen erblickte, fragte er seine Höflinge nach der Ursache desselben, bekam aber als Antwort nur ein verlegenes Schweigen. Endlich faßte sich der Reise-Oberstallmeister von Reitzenstein ein Herz und sagte: „Es wird der Mann begraben, den Ew. Durchlaucht vor drei Tagen erschossen haben." Da wurde er denn doch um etwas bleicher und befahl, daß am nächsten Tage die Witwe zu ihm kommen solle, um sich eine „Gnade" auszubitten.[1]) Ein unbefangener Mensch, dessen Gedankenschematismus in der Schule des Hofes noch nicht ganz verschroben war, würde vielleicht von einer „Sühne" gesprochen haben und von einer „Schuld"; indessen waren menschliche Begriffe niemals anwendbar, wo es sich um fürstliche Verbrechen handelte.

Das Recht der Folge wurde immer mehr beschränkt, je schärfer sich der Begriff des Eigentums entwickelte, und Joseph II. hob in seiner Jagdordnung das Recht der Folge in demselben Atem auf, in welchem er das Wild für Eigentum erklärte, und auch die Jagdzeit ausdehnte

[1]) Kapp, Soldatenhandel 112—117.

auf alle Jahreszeiten. Er stellte zuerst den Grundsatz auf: vivere necesse est, venari non est necesse, ein Grundsatz, den auch unsere Zeit erst in verschämter Weise gelten läßt[1]).

Im allgemeinen war der Gebrauch schwankend; nach Carl v. Heppe durfte der Jäger an einzelnen Orten ohne vorherige Ansage in das nachbarliche Revier ein angeschossenes Wild verfolgen, „wenn die Schweißschnur aufgedockt accurat vom Anstand bis zum Anschuß oder Schweiß" reichte[2]). Im allgemeinen war es üblich, die Flucht und den Schweiß an der Grenze zu verbrechen und dann die Folge auszuüben. War das Wild erlegt, dann mußte dem Nachbarn Meldung gemacht, und Flucht und Schweiß mußten an der Grenze gezeigt werden. In diesem Fall gehörte das Wild dem Jäger, der es erlegt hatte. An anderen Stellen mußte die Meldung vor der Folge gemacht werden, doch fiel auch hier das Wild dem Jäger zu. An einzelnen Orten war eine Frist von 24 Stunden üblich, nach deren Verlauf das Wild dem Grundbesitzer gehörte, auf dessen Eigentum es sich befand. Bei der Parforcejagd war die Folge meist erlaubt, wenn das gehetzte Wild die Grenze überfiel, doch mußte Meldung gemacht und das gefangene Wild zurückgelassen werden[3]).

Da das Jagdrecht sich als partikuläres Recht entwickelt hat, ward zwischen den Großgrundeigentümern auch das Recht der Folge bald vereinbart und bald aufgehoben. So mußte der erthalsche Jäger dem würzburger Jäger den Anschuß zeigen, dann war zu folgen ihm erlaubt[4]). Eine Ausnahmestellung nahm Kursachsen ein, das in die Nachbarländer folgen durfte, ohne seinerseits die Folge zu gestatten, weil die Markgrafen von Meißen Reichs-Erz-Jägermeister gewesen waren und diese Würde später überging auf die Kurfürsten von Sachsen[5]). Die Vorrechte des Regals führten in den verschiedenen Territorien zu einer Auffassung, welche den Landesherren die Folge zugestand in das Jagdgebiet der Vasallen, während diese vom Jagdgebiet des Landesherrn

---

[1]) Die Jagdordnung ist abgedruckt in Mosers Archiv I.

[2]) C. v. Heppe, Aufrichtiger Lehrprinz oder praktische Abhandlung vom Leithund, Augsspurg 1751, 258.

[3]) H. W. Döbel, Jäger-Practica, Leipzig 1746, Anhang I 96—97. Vgl. auch Göchhausen, Notabilia venatoris, Nordhausen 1710, 185—187. Ferner Florinus, Oeconomus prudens, 1751. V. 166.

[4]) Kmiotek, Siedelung und Waldwirtschaft im Salzforst 119—121.

[5]) Moser IX.

sich fern zu halten hatten. Die Eitelkeit der fürstlichen Jägerei ließ hier ein Recht entstehen, das von weidmännischem Empfinden wenig wußte; lieber ließ sie das kranke Wild als Futter für den Fuchs und den Wolf zugrunde gehen, als daß sie freiwillig und aus Achtung vor einer sittlichen Pflicht im Dienst ihrer Kunst, die sie so hoch berühmte, auch nur ein Jota aufgegeben hätte von der Macht, die ohne ihr Verdienst ihr zugewachsen war aus der ersten Konzentration des jungen Staatsgedankens durch den erstarkenden Verkehr, und die daraus erwachsene Zentralisation der Staatsgewalt beim Landesherrn.

Eine Schonzeit wurde in den Jagdordnungen gewöhnlich vorgeschrieben, so in Weimar 1646, im Rheingau 1737, in Mainz 1744. Maßgebend war der Gesichtspunkt, daß in der Schonzeit das Wild sich fortpflanzen, heranwachsen und Feist auflegen sollte, damit der jagdliche Ertrag ein möglichst großer war. Zuweilen kehrte sich der Hof selber nicht an die Bestimmungen, die er gegeben hatte, wie in Württemberg, wo er Festinjagden und andere Massenschlächtereien zu jeder Jahreszeit ins Leben setzte[1])

Andere Territorien hielten wieder streng auf die Einhaltung der Fristen. Hessen-Darmstadt setzte 1776 eine Strafe von 50 Dukaten fest für das Erlegen eines Hirsches in der Schonzeit, beim zweitenmal ward die Strafe verdoppelt, beim drittenmal das Recht zur Jagdausübung aberkannt. Weimar schloß die hohe Jagd am 1. Dezember, Magdeburg Mitte, Hessen-Darmstadt Ende Februar, in Mainz hörte die Hirschjagd Ende Oktober schon auf. Auch in der kleinen Jagd wurde dem Wild jetzt eine Ruhepause gelassen, so in der Rheingauer Forstordnung von 1737 dem Hasen die Zeit vom 16. März bis 24. August, den Rebhühnern vom 2. Februar bis 10. August[2]).

Der weidgerechten Ausübung der Jagd ward eine erhöhte Aufmerksamkeit gewidmet. Die Fütterung des Wildes mit Heu und gefällten Bäumen wird empfohlen, allerdings nicht aus Mitleid mit dem Wild, sondern aus praktischen Rücksichten, weil sonst der Bauer „die Ungelegenheit zu befahren" hatte, daß die hungrigen Wildarten seinen Kohlgarten besuchten und von seinen Obstbäumen ästen[3]). Die

[1]) v. Wagner 337.

[2]) Genauere Angaben s. bei Schwappach, Handbuch der Forst- und Jagdgeschichte 615.

[3]) Florinus, Oeconomus prudens, 1751. V. 207 f.

Schweißarbeit an der Leine läßt Fleming nur an der Grenze gelten, damit das Wild nicht verloren gehe, sonst empfiehlt er die Hetze. Die schlesische Jagdordnung von 1756 wurde im Jahre 1788 ergänzt durch ein Regulativ, das im § 20 die früheren Bestimmungen im wesentlichen beibehielt. Alles Hochwild vom Rehbock an sollte mit der Kugelbüchse gepürscht, nicht aber ferner mit Schrot oder Posten geschossen werden, „wodurch so vieles, und vorzüglich das Rot- und Schwarzwild dem Verderben preisgegeben wird, namentlich in kleinen Revieren". Auch der Verfasser dieser Jagdordnung wurde nicht von sittlichen Gefühlen geleitet, nicht vom Gedanken an die Qualen, die das Wild erleiden mußte, wenn es verwundet war und aus Mangel an Schweiß nicht verfolgt und getötet werden konnte, sondern von dem Gedanken an die kleinen Reviere, aus denen das Wild leicht über die Grenze entkam. Ein Recht der Folge wird hier nicht vorausgesetzt. Wir finden allgemein in der deutschen Literatur des 18. Jahrhunderts noch die Verhütung des wirtschaftlichen Schadens als das ausschlaggebende Moment, welches die Nachsuche begründet. Florinus schreibt gedankenlos ab, was Hohberg über weidgerechtes Jagen im 17. Jahrhundert sagte[1]), und auch Fleming fußt wohl noch auf Hohberg, wenn er bei der Niederjagd einige Lichtblicke ahnen läßt von Mitleid mit der gehetzten Kreatur, die ersten Regungen eines weicheren Empfindungslebens, auf die ich unten noch zurückkomme. Die Jagd wie der Staat wurden ausschließlich von egoistischen Gefühlen geleitet. Erst in der bürgerlichen Epoche traten aus einem verfeinerten Seelenleben sympathische Gefühle zu den jagdlichen Vorschriften hinzu, welche die Maxime zur Grundlage des weidgerechten Jagens machten, daß der Tod des Wildes schnell und schmerzlos einzutreten habe. Das schlesische Regulativ setzt auf den Schrotschuß auf hohes Wild die Strafe von 30 Rthlr., und der gelernte Jäger sollte seines Lehrbriefes verlustig gehen. Überall, wo eine hohe Wildbahn war, sollten abgeführte Schweißhunde gehalten werden „von guten Rassen".

Trotzdem die Parforcejagd gerade im 18. Jahrhundert an manchen Höfen zur Einführung gelangte, taucht doch andererseits als große Neuerung im Jagdbetriebe das mehrfach wiederkehrende Verbot der Hetzjagd auf, hervorgerufen durch die schärfere Ausbildung des Regals

---

[1]) Oeconomus prudens, 1751. V. 283.

und die Ruhe des herrschaftlichen Wildes. Wenn die Jägerei der großen Grundbesitzer angewiesen wurde, herumlaufende Hunde zu töten, so war es unvermeidlich, daß auch die Bracken der benachbarten Vasallen tot geschossen wurden, wenn sie suchten oder jagten, und die Grenze überschritten hatten. Das gab dann Ärger und unliebsame Streitigkeiten. Die Jägerei beklagte sich, daß die Hunde des Herrn von Schreckenstein den Wald des großen Grundbesitzers durchjagten, dem Wilde die so nötige Ruhe nicht beließen, sondern es hin und wider hetzten und aus dem fürstlichen Revier vertreiben müßten, in welchem es durch Fütterung und Salzlecken und größte Ruhe eben erst vertraut geworden sei. Der Schreckensteiner hatte vielleicht nicht einmal das Recht der hohen Jagd, diese stand dem Fürsten zu, und wenn der Schreckensteiner im eigenen Walde auch nur den Hasen hetzen wollte, konnte er doch nicht vermeiden, daß auch das hohe Wild gestört, gelegentlich sogar gehetzt und vertrieben wurde, und wenn der Landesherr dann jagen wollte, war kein Wild vorhanden. Wenn der Lärm der jagenden Hunde aus den fürstlichen Revieren wirklich ferne gehalten werden sollte, dann blieb kein anderer Ausweg übrig, als einzuzäunen, oder die Hetzjagd ganz zu untersagen. Ersteres hätte Geld gekostet oder Fronarbeit, und bei der praktischen Maxime des großen Grundbesitzes, die Lasten anderen aufzulegen, entschloß man sich dann für den zweiten Weg. Im Rheingau wurden 1737 „alle Jagd-Hund ein für alle mahl abgeschafft“, nur Schweißhunde gestattet, und diese sollten nur auf krankes Wild und nur am Riemen arbeiten[1]). In dem Regulativ für Schlesien wurde in großen und kleinen Revieren alles Jagen mit Jagdhunden nochmals gänzlich verboten und dieses lediglich auf einzelne Feld-Büsche und -Brücher, und „wo es die Wildbahn eines Dritten nicht stören kann“, verwiesen. Auch hier ward eine Strafe von 30 Rthlr. festgesetzt. Das „nochmals“ läßt vermuten, daß schon in der ersten schlesischen Jagdordnung von 1756 das Verbot der Hetzjagden enthalten war.

Unwillkürlich taucht die Frage auf, ob bei einer so grundlegenden Änderung für das ganze Kulturleben, wie sie das Schwinden der Hetzjagd mit sich brachte, nicht allgemeine äußere Kultureinflüsse mitwirkten, wie die schärfere Abgrenzung des privaten Eigentums aus dem Vordringen des römischen Rechts, die stärker betonte individualistische Lebens-

---

[1]) Schwappach, Handbuch, 615.

auffassung, die physiokratischen Ideen, die liberale wirtschaftliche Schule, der Rationalismus mit der Aufklärung und das Auftauchen des Naturrechts, oder auch die intensivere Kultur des Bodens und die Fortschritte der Landwirtschaft, lauter Einflüsse, welche das Eigentum und das Individuum zu stärken und aus der genossenschaftlichen Verfassung des Mittelalters loszulösen trachteten.

Das Recht hat zweifellos einen Einfluß ausgeübt, einmal durch die Begründung und Formulierung des Regalitätsgedankens, und zweitens durch die fortgesetzte Betonung des Eigentums und der Nützung seiner Ausflüsse nach Maßgabe der höher stehenden römischen Kultur. Die individualistische Lebensauffassung, die aus der erstarkten Technik und Geldwirtschaft geboren, den einzelnen auf sich selbst zu stellen strebte in wirtschaftlicher, geistiger und sittlicher Hinsicht, und in Frankreich durch die Physiokraten, in England durch Locke, Hume und Smith vertreten war, hat ihren Einfluß in Deutschland praktisch geltend gemacht bei der Aufteilung des Gemeindelandes, die aber erst Platz griff in der zweiten Hälfte des Jahrhunderts, und speziell in Preußen 1770 erst eingeführt wurde durch Friedrich den Großen.

Auch sonst ist ein Zusammenhang zwischen der liberalen Weltanschauung und dem Schwinden der Hetzjagd nur schwer nachweisbar. Wenn wir von den Vorläufern des Individualismus hier absehen, von Boisguillebert und Vauban in Frankreich und Locke in England, dann kann der Aufschwung der liberalen Anschauung erst in die Mitte des 18. Jahrhunderts gesetzt werden; Quesnay schrieb nach 1756, Turgot 1766, noch später schrieben Hume und Smith, und die ganze Theorie kam in Deutschland erst mit den Stein-Hardenbergschen Reformen zur Anwendung. Der Rationalismus und die Aufklärung hatten im 18. Jahrhundert schwer zu kämpfen, um sich gegen die Gespenster zu behaupten, gegen die angeerbten Gefühle der toten Hand, wie sie in den Pietisten zu neuem Leben kamen. Thomasius mußte von Leipzig, Wolff von Halle flüchten, und wenn die Herrschaft der Vernunft auch mit Friedrich II. auf den Thron gelangte und hier zum Untergang der Hetzjagd beigetragen haben mag, da ja z. B. die erste schlesische Jagdordnung von Friedrich erlassen wurde, so war die Thronbesteigung der Vernunft an anderen Stellen doch ein seltenes Ereignis. Wenn Karl Alexander von Bayreuth sich eine Büste Voltaires auf den Schreibtisch stellte und Friedrich II. von Hessen einen Fürstenkatechismus in Voltaires Sinn verfaßte, so blieben sie im Grunde doch Barbaren, beide zeigten eine bedientenhafte Kriecherei vor dem Auslande und traten dafür im Innern als Despoten auf. Karl Alexanders Land ward 1791 preußisch, und nun ließ Hardenberg das Wild abschießen; und Friedrich II. von Hessen-Kassel unterhielt nicht nur eine Parforce-, sondern auch eine Falkenjagd und kümmerte sich den Teufel um die praktische Anwendung der Vernunft. Das Naturrecht erwachte zu wirklichem Leben erst in den neuen Landrechten, die wie das preußische am Ende des 18. Jahrhunderts, oder wie das österreichische im Anfang des 19. Jahrhunderts erst erschienen.

Die Landwirtschaft lag noch in den Netzen des Schlummers, in welche sie bei der Verknechtung der deutschen Stämme im 6.—11. Jahrhundert und der slawischen in den folgenden Jahrhunderten gesunken war. Solange der Lehnstaat auf dem Bauern lastete, hatte der klingende Laut der Meute im Revier für wichtiger gegolten, als der klappernde Takt der Dreschflegel auf der Tenne, und im letzten Jahrhundert hatte der Despotismus die wogenden Saatenfelder in Weideplätze für das Wild gewandelt. Bei diesem Wildstand war an einen Aufschwung des Landbaues nicht zu denken. Man pflügte den Boden 3—5 Zoll tief, litt Mangel an Dünger und erntete nicht mehr, als das vier- bis sechsfache Korn. Künstliche Wiesen waren unbekannt, die Holzkultur lag noch im argen. Das Vieh wurde schlecht gefüttert und gab wenig Überschuß, der Hochwald war geschwunden, die Schweinemast zurückgegangen; am ertragreichsten war noch die Schafherde, weil sie bei schlechtem Futter sich am besten durchzuschlagen wußte. Der Kleebau und die Stallfütterung kamen erst in der zweiten Hälfte des 18. Jahrhunderts auf, auch die Kartoffel und der Tabak breiteten in dieser Zeit sich aus, und die erste Fabrik für Rübenzucker wurde 1798 angelegt. Die Reformatoren der Landwirtschaft traten nicht vor der Mitte des 18. Jahrhunderts auf, wie Leopoldt; Thaer folgte erst im 19. Jahrhundert. Die Naturwissenschaft war sich über das Leben der Pflanzen wie der Tiere noch nicht klar geworden, und erst am Ausgang des Jahrhunderts fingen die Grundherren an, sich selber um den praktischen Betrieb zu kümmern [1]). Die Landwirtschaft und ihr Betrieb konnten also auf das

[1]) Vgl. hierüber v. d. Goltz, Gesch. d. deutschen Landwirtschaft, I. 256, 261, 267, 269, 275, 281, 319, 412, 449, 472; II. 18.

Schwinden der Hetzjagd wenig Einfluß haben, weil das Verbot des Hetzens 1737 und 1756 schon ins Leben trat und in Österreich die „Parforcejagd" sogar im 17. Jahrhundert schon verboten[1]) wurde.

Es findet sich also in dem allgemeinen Entwicklungsgange der geistigen und der wirtschaftlichen Kultur kaum ein bedeutendes Moment, das auf einen Zusammenhang mit dem Schwinden der Hetzjagd gedeutet werden könnte; die Schonung der fürstlichen Jagden und der Nachbarreviere vor jagenden fremden Hunden und in Verbindung damit der schärfere Eigentumsbegriff, vorwiegend aus dem Vordringen des römischen Rechts, sind als die stärksten Quellen der Veränderung anzusehen. Ein sittliches Moment, etwa aus einer höheren Bewertung der menschlichen Persönlichkeit, oder ein praktisches, aus Rücksicht auf die Arbeit, die sich im Feldbau verkörpert hatte, ist schwer nachweisbar, sofern nicht die erheuchelten Redensarten ernstgenommen werden sollen, mit denen im feudalen Österreich schon im 17. Jahrhundert das Verbot der Parforcejagd umkleidet wurde, in einem Lande, wo die Erwähnung von Rücksichten auf den Ackerbau wie ein Hohn erklingen mußte im Angesicht des großen Wildstandes und der leibeigenen Bauernschaft, deren Ketten erst der Kaiser Joseph lockerte[2]). Die viel schlimmere Hetze mit dem Windhund, die quer über die Felder ging, blieb ja zugelassen, auch im Frühjahr, allerdings nur für den Adel[3])! Wenn die Parforcejagd heute noch auf dem hochkultivierten englischen Boden möglich ist, würde sich ja wohl auch im Österreich des 17. Jahrhunderts ein geeignetes Fleckchen gefunden haben, wenn die Lust am Jagen nur dagewesen wäre. Man war aber zu bequem und hatte eine unbestimmte Angst vor der Gefahr.

---

[1]) v. Hohberg, Adeliches Landleben, 1682. I. von den chiens courants.

[2]) H. Siegel, Deutsche Rechtsgeschichte. Berlin 1889. 141—146. In der kaiserlichen Hetz- und Baiß-Ordnung vom 18. 3. 1675 heißt es:

9. Sind die Hetzen mit Chiens courants weil hierdurch sowohl der lieben Getreidern als auch der Weingärten großer Schaden zugefügt wird, gänzlich aufgehebt." Abgedruckt bei Hohberg II.

[3]) Wird die Hasenjagd und Hetzen „verwilligt von der Zeit an, wenn der Habere aus dem Felde kommt, bis zu Ende des Aprils", d. h. in dieser Zeit gab es für den Hetzer keine Grenzen, nur das „Kaiserliche Gejaid" mußte unberührt bleiben. Der Hetzer konnte aber das ganze Jahr hindurch auf seinem eigenen Grunde hetzen, d. h. auf den Feldern seiner Bauern, „mit Diskretion, daß den Feldfrüchten kein Schaden zugefügt werde".

Die Netzjagd blieb in dem Regulativ für Schlesien auf Rotwild zugelassen, doch sollte sie nur mit Hilfe eines „Vorsuchhundes" (Leithundes) geübt werden, „damit man überzeugt sein kann, daß es hauptsächlich starke Hirsche oder Schwarzwild, nicht aber jung und alt treffe". Es bestand immer noch das im Interesse eines guten Wildstandes nicht einwandfreie Bestreben, die starken Hirsche wegzufangen und totzustechen, und das junge Kruppzeug groß zu ziehen. Wildpret durfte in den Städten nur verkauft werden, wenn der Verkäufer durch ein Attest vom Jagdbesitzer oder Revierbeamten sich ausweisen konnte über den Erwerb. Wiederholt wurde die Vorschrift in Erinnerung gebracht, daß Vasallen und Jagdbesitzer, welche an die Regalitätswildbahnen grenzten, tüchtige Jäger und Schützen halten, und diese durch die Landräte auf die Jagdordnung vereiden lassen sollten[1]).

Die jagdpolizeilichen Vorschriften bestimmten ziemlich allgemein, daß die Untertanen die gefundenen Abwurfstangen abliefern, keine Vogelnester ausnehmen, junges Wild nicht fangen sollten, und vielfach wurde in der Satzzeit sogenannter Waldschluß verfügt, d. h. es wurde das Betreten des Waldes gänzlich untersagt, und die Interessen der Bevölkerung wurden gegen die der Jagd zurückgestellt. Zuweilen wurde, wie wir oben schon gesehen haben, der Bürgerstand vom Jagen ausgeschlossen, die Schonzeit wurde festgesetzt, die Fangart eingeschränkt. Mit dem Schießgewehr durfte kein Untertan sich außerhalb der Wege zeigen, jagende, oder selbst freilaufende Hunde durfte der Jagdinhaber töten, und zu dem Schaden, der dem Herrn des Hundes aus dem Tod eines vielleicht vertrauten und wertvollen Genossen erwuchs, kam die niederträchtige Bestimmung noch hinzu, daß der Herr des Hundes dem Helden, der ihm den Hund erschossen hatte, ein Schußgeld zahlen mußte.

Es ist ein weitverbreitetes Vorurteil, als sei in der guten alten Zeit der Jagdbetrieb weidmännischer gewesen als in der Gegenwart; wie sich unten zeigen wird, war das Gegenteil der Fall, nicht nur bei der hohen, sondern auch bei der niederen Jagd. Der Graf von Mellin klagt, daß die Wut der Schießer keine Grenzen kenne und keine Kreatur am Leben bleibe. Wenn die Jagd am 1. September aufgegangen sei, dann würden von den Hühnerhunden mehr junge Hasen gegriffen, als vom

---

[1]) Mosers Archiv IV. Regulatif zur Holz-, Mast- und Jagdordnung für Schlesien vom 10. 4. 1756, erlassen am 26. 3. 1788.

Jäger geschossen. Die allgemein verbreitete Sitte, sich einen Oster- und Pfingsthasen um die Festzeit schießen zu dürfen, werde derartig mißbraucht, daß acht Tage vor dem Fest und acht Tage nachher alles kleine Wildpret ausgerottet würde. Auf den gemeinschaftlichen oder Koppeljagden, an denen auch der Landesherr vielfach beteiligt war, sei an ein Schonverfahren überhaupt nicht zu denken, hier gelte der Satz, was ich nicht nehme, nimmt ein anderer. Für ebenso schädlich hält er das Verpachten der Jagden, da die Pächter, Militärpersonen, Räte, Kaufleute usw., sich nicht allein an der Verödung der Jagden begnügen ließen, sondern „durch beständiges Nebenstreifen auf benachbarte herrschaftliche Reviere alles geschonete Wildpret daselbst mit" verdürben, d. h. mit anderen Worten, daß die Pächter sämtlich wilderten. Bei seinen Vorschlägen zur Abhilfe bleibt nun Mellin natürlich an die Gedankenschablone des großen Grundbesitzers fest gebunden. Das bürgerliche Pack ist von der Jagdpacht gänzlich auszuschließen, nicht einmal den Domänenpächtern will er die Jagd belassen, auch nicht den Bürgern auf den städtischen Revieren: alle Jagden, die nicht von landesherrlichen Jägern beschossen würden, soll der umwohnende Grundadel in Erbpacht übernehmen. Wer nicht vom Landesherrn mit der Jagd beliehen ist, darf weder Jäger noch Hunde zur Jagd halten. So schrieb der Graf von Mellin 1779, zehn Jahre, bevor das Gewitter in Frankreich niederging; den Teufel spürt das Völkchen nie, und wenn er sie am Kragen hätte. Auch dem Grafen von Mellin passiert das Malheur mit der Verwechslung der sittlichen Pflichten, indem er den bürgerlichen jagenden Müßiggängern die Jagd verbieten und sie ihrem Amt und Gewerbe wieder zuführen will, statt den hohen Adel von der Jagd nach Hause zu schicken an den Arbeitstisch, denn hohes Amt legt hohe Pflichten auf[1]).

Die Jagdbedienten.

Wie in allen Zweigen des Handwerks der Lehrjunge bei einem Meister in die Lehre trat, so geschah es auch im grünen Weidewerk. Der Meister hieß Lehrmeister, Lehrherr oder Lehrprinz, und der Lehrbrief des Handwerkers wurde in einen Lehrabschied umgewandelt. Ganz wie im Mittelalter trat auch jetzt noch der Lehrling bei der grünen Gilde als Hundejunge ein. Die eigentliche Lehrzeit dauerte drei Jahre,

[1]) Versuch einer Anweisung usw. Berlin und Stettin 1779, 109—111.

die aber „die drei Behänge" genannt wurden, weil der Junge jedes Jahr vor der Hirschfeiste 5—6 Wochen die Vorsuche üben und den jagdbaren Hirsch bestätigen mußte, und diese Übung das Behängen hieß. Während im Mittelalter der angehende Jäger an einzelnen Orten schon als Kind in die Lehre trat[1]), und das Schreiben und Lesen während der Lehrzeit sich aneignen sollte, kam es im 18. Jahrhundert vor, daß eine Schulzeit der Lehrlingszeit voraufgegangen war. Der Junge sollte lesen, schreiben und rechnen können, wenn er in die Lehre trat, und dieser Eintritt kann daher vor dem 15. Jahre kaum erfolgt sein, wie auch heut die Volksschule ihre Zöglinge im mannbaren Alter erst entläßt. Zweifellos aber waren die meisten Lehrlinge Analphabeten, und ihre vorherige Ausbildung im Lesen und im Schreiben wird nur als stiller Wunsch gegolten haben. Der Lehrling hatte den Stall der Hunde rein zu halten, das Futter zu bereiten und zu verabfolgen, die Hunde zu tränken, zu kämmen und zu bürsten und sie auszuführen. Auch der Pferdestall des Lehrherrn unterstand der Obhut des Hundejungen. War der Junge des Morgens nicht zeitig aus dem Bett, so brachte ihn der herbeischleichende Lehrprinz mit der Hundepeitsche auf die Beine, die auch sonst mit dem Rücken des Lehrlings eine fleißige Bekanntschaft unterhielt, wie auch die harten Hände des Lehrprinzen mit den zarten Wangen des Jungen häufig in schwunghafte und innige Berührung traten. Bei einer solchen sichtigen, hörhaften und fühlbaren Offenbarung der väterlichen Liebe durfte der Junge nicht „das Maul gleich hängen" lassen, sondern mußte frisch und dankbar an die Arbeit gehen, und außerdem hatte er für das so offensichtlich betätigte Wohlwollen sich erkenntlich zu zeigen durch Entrichtung eines Lehrgeldes, dessen Höhe ich leider nicht angeben kann. Nach dem zweiten Jahre rückte der Hundejunge auf zum Lehrburschen, nach dem dritten zum Jägerburschen. Während der Hundejunge und Lehrbursche nur den Gurt tragen durften, wurde der Jägerbursch der Hornfessel für würdig erklärt in der Voraussetzung, daß er „das Hiefhorn" blasen konnte.

Die eigentliche Lehrzeit war hiermit im allgemeinen wohl beendet, und doch auch wieder nicht, denn zum gelernten Jäger wurde der Lehrling erst durch die Wehrhaftmachung mit dem Hirschfänger, und diese

[1]) Vgl. Band I. 157. Foix will den Lehrling schon im Alter von 7 Jahren einstellen.

konnte erst erfolgen, wenn er hirschgerecht geworden war. Wenn der Lehrprinz sich des Jungen fleißig angenommen und den Unterricht nicht auf die kurze Zeit des Behängens in jedem Sommer eingeschränkt hatte, dann war der Junge nach drei Jahren auch wohl hirschgerecht, wie denn z. B. Carl v. Heppe nur eine Lehrzeit von drei Jahren gelten läßt[1]). Leider rechtfertigte der Lehrprinz durchaus nicht immer das in ihn gesetzte Vertrauen; „da nimmt mancher einen Jungen ein paar Jahre zu sich, aber wozu? zum Pferdeputzen, Dreschen oder Mistfahren. Sind die Jahre vorbey, so hänget man ihm einen Hirschfänger und Hornfessel an, alsdenn ist der Jäger fertig. Das Lehr-Geld ist gegeben; aber kein sonderlicher oder wol fast garkein Begriff ist von der Jägerey da [2])". Fleming verlangt, daß der Jägerbursche, der das Hifthorn tragen durfte, jetzt erst anfange, sich hirschgerecht zu machen, den Leithund führen, den Hirsch ansprechen, vorsuchen und bestätigen lerne, ferner schießen und das Zeug aufstellen, und daß er außerdem die elementarsten Kenntnisse der Forstkultur sich aneigne. Diese Kenntnisse wurden ihm nicht von dem Lehrherrn beigebracht, er mußte selbst sie zu erwerben suchen durch Befragen bei den Zeugknechten, den Förstern, den Köhlern und den Zimmerleuten [3]). Den Unterricht im Ansprechen, Vorsuchen und Bestätigen pflegte der Lehrherr in den ersten drei Jahren wohl persönlich zu erteilen, damit suchte er das Einarbeiten der Leithunde und die praktischen Vorarbeiten für die herrschaftlichen Jagden zu verbinden. Hatte der Junge einen Hirsch bestätigt, dann wurde dieser gesprengt, der Junge mußte dreimal ins Horn stoßen, wenn er den Hirsch vorüber flüchten sah, und „Juch Hirsch!" schreien, damit im Ernstfalle die hohen Herren wußten, daß ein Hirsch zu erwarten sei. „Wenn nun gegen Mittag umb 10 oder höher die Hitze steiget, die Gefährde austrocknen, der Leithund matt, und des jungen Jägers Magen hungerig und durstig werden, so wird mit demselben wiederumb nach Hause gezogen, bey ihrem Lehrmeyster gespeyset, und nach dem Essen wechselsweise mit dem Baß-Glas und Hüffthorn in gutem Wein oder Bier beliebige Gesundheiten herumb getruncken, oder mit Pürsch-Rohren umb die Wette nach dem Ziel geschossen, Kegel geschoben

[1]) Carl v. Heppe, Aufrichtiger Lehrprinz oder praktische Abhandlung vom Leithund. Augsspurg 1751, 222—223.

[2]) H. W. Döbel, Jäger-Practica, 1. Anhang, 103.

[3]) H. F. v. Fleming, Der vollkommene teutsche Jäger. Leipzig 1719, 252—255.

und viele andere Lustbarkeiten mehr angestellet." [1]) Man sieht in wenig Worten hier das ganze Behagen des zünftigen Jägerlebens angedeutet. Nach der Vorsuche glaubten die alten Herren, ein zweifelloses Recht zu haben auf Erholung, auf leckeren Schmaus und heitere Geselligkeit, um dem inneren Menschen das Gleichgewicht zurückzugeben, welches die Arbeit „alteriert" hatte. Nicht viel anders drückt sich Carl v. Heppe aus. „Die Lehr und Jägerpursche mußten vor Alters die Pferde warten, den Steigbügel halten, bei Lustbarkeiten und Zechgelagen der alten Jäger, wenn sie die Gesundheit getrunken, allemal lustig und scharf in die Hüft- und Rüdenhörner stoßen, und darauf den Waldschrey tun, wie es bei dem Abjagen gebräuchlich ist, den Jägern Ziel und Scheiben setzen, den Schuß zeigen, laden und viel anderes mehr, ansonsten setzten ihnen die Lehrprinzen mit etlichen Ohrfeigen, Haarzupfen, oder ein paar Jägerstreichen mit der Hundspeitsche den Kopf zurecht und zogen damit gute Jäger aus ihnen[2])".

War nun der hohe Tag erschienen, an welchem die Lossprechung oder Wehrhaftmachung vor sich gehen sollte, dann hatte der Lehrling entsprechend dem Gesellenstück im Handwerk ein Probejagen einzurichten, einen jagdbaren Hirsch zu suchen, zu bestätigen und einzustellen. Fand die Herrschaft beim Abjagen, daß der Lehrling den Hirsch richtig angesprochen und ihn richtig vor das Rohr getrieben hatte, dann stand der Wehrhaftmachung nichts im Wege, anderenfalls mußte später der Versuch erneuert werden. Das Zeremoniell des Wehrhaftmachens ging vor sich in Gegenwart der versammelten Jägerei. Die Flügel- und Hifthörner begrüßten den Lehrling und der Lehrherr hielt ihm eine Ansprache, die mit der Frage schloß: „Willst du wehrhaft gemacht werden?" Die Antwort war natürlich „Ja"! Dann gab der Lehrprinz ihm die letzte Maulschelle und sprach: „Die vertrage von mir und sonst von niemand mehr"; zugleich überreichte er ihm den Hirschfänger mit den Worten: „Wehr dich damit deiner Feinde, doch unnütze Händel meide."

Es folgten die Glückwünsche der Jägerei und selbstverständlich ein reicher Schmaus, dessen Kosten der neue Jäger zu bestreiten hatte.

---

[1]) Fleming, cap. vom Hundejungen, 258 f. Baß-Gläser oder Paß-Gläser waren schlanke becherförmige Gläser, die mit etlichen Ringen oder Päßen gegürtet waren. Der Trinker mußte in Absätzen die Flüssigkeit aussaugen von Paß zu Paß, und verfehlte er das Ziel, mußte er weitersaugen bis zum nächsten Paß.

[2]) v. Heppe, 244—246.

„Da muß nun die liebe Mama mit was herausrücken, daß der Sohn so herrlich bestanden und seine Probe abgeleget hat: Alsdann hat er gewonnen, da wird nun auf solchen Schmauß was gutes zu essen, gebrathenes und gesottenes, Pasteten und allerhand Gebackenes zugerichtet, ein Tönngen guter Meißener Wein angeschafft und die nechsten Kunst-Pfeiffer bestellet: der Herr Ambtmann, Herr Magister, sein Lehr-Meister, item der Herzens-Papa, und die liebe Mama, der es am meisten kostet, nebst anderen ehrbaren Frauen, und schöne Jungfrauen werden eingeladen, über Tische wird der große Willkomm und des Herrn Oberjägermeisters Gesundheit nicht vergessen: Worbey nun mit dem Hüfthorn freilich geblasen sein muß. Nach Essens geht der Tanz an, und müssen alle Voltesir-Sprünge hervorgesuchet werden, biß man diese Lustbarkeit auch überdrüssig. Hat man sich nun ein hübsch Mägdgen ausgesehen, und gut Patronos, welche diesem jungen Jäger etwan zu einem Försterdienst, und eines Adjuncti Stelle verhelfen, kan es endlich mit der Zeit geheyrathet werden. Sonst aber ist auf was ungewisses nicht zu bauen und besser eine Zeit lang ledig zu bleiben, sich noch in der Welt etwas zu versuchen, etwaan in mittelst bei großen Herren Dienst anzunehmen".[1])

Viele Jägerburschen gingen nach der Wehrhaftmachung auf die Walze oder auf die Reise, wie der feine Jäger sich auszudrücken liebte. Einen Paß und eine Empfehlung von höchster oder allerhöchster Stelle in der Tasche, zog der Jägerbursch von Hof zu Hof, von Jägerhaus zu Jägerhaus, trat bald hier, bald da auf unbestimmte Zeit in Dienst und suchte fremden Brauch sich anzueignen. Ein reisender Jäger hatte das Recht, zum Zehrpfennig sich einen Hasen, ein Huhn, eine Ente, einen Fuchs, oder sonst ein Wild der kleinen Jagd von der Straße aus zu schießen, sofern die Entfernung nicht größer war, als die aufgedockte Hornfessel von der Straße aus ins Land hinein reichte[2]).

Von den reisenden Jägern unterschieden war der Reisejäger, der nur die Jagd auf das kleine Weidwerk gelernt hatte, also nicht hirschgerecht war [3]); er hieß auch wohl Feldjäger, Lauf-, Flug- oder Federschütze, Hühner- oder Wachtelfänger, auch Windhetzer und Otterfänger. Wie überall die menschliche Natur aus Trägheit und aus Mangel an

[1]) H. F. v. Fleming, Der vollkommene teutsche Jäger. 1719. I. 260.
[2]) C. v. Heppe, 258.
[3]) Vgl. Band I, 156.

Witz in Äußerlichkeiten Unterschiede sucht, um die eigene Person zu erhöhen auf Kosten der anderen, so hielt sich auch der hirschgerechte Jäger für unendlich erhaben über den Reisejäger und gönnte ihm nicht die Anrede als „Kamerad", die bei der Jägerei sonst üblich war, und heute sich im Offiziersstand noch erhalten hat. Auch sollte der Federschütze keinen Hirschfänger und keine Hornfessel tragen, beides wohl mit Recht, denn er brauchte diese Instrumente nicht, die als Abzeichen galten für die hirschgerechte Jägerei; darin lag auch keine Geringschätzung, auch der Falkner hatte weder Horn noch Weidner getragen und doch dem Hirschgerechten gleichgestanden. Der eigentliche Grund für die Geringschätzung lag im größeren Alter der Hirschgerechten und in ihren Beziehungen zum Landesherren, denn immer kommt die Dienerschaft des Höhergestellten sich überlegen vor gegenüber der Dienerschaft der Minderhohen; und doch wurde die hirschgerechte Jägerei mit der Zeit von der Reisejägerei verdrängt und aufgefressen, in dem gleichen Maße, wie die Demokratisierung der Nationen vor sich ging. Die gesteigerte Nachfrage nach Reisejägern machte auch die Hirschgerechten duldsamer; mancher von ihnen nahm eine Stelle als Federschütze an, wenn er an den Fürstenhöfen kein Unterkommen fand, und in der Mitte des 18. Jahrhunderts wurde von einem „guten Jäger" verlangt, daß er Bescheid wisse sowohl auf der hohen als auch auf der niederen Jagd[1]).

Kam unser Jägerbursch von seiner Reise zurück an den heimatlichen Hof, und hatte er sich tüchtig umgesehen an Deutschlands Fürstenhöfen, dann konnte er sich um eine Anstellung bewerben, die ihm bei einiger Gunst der Herrschaft und des Oberjägermeisters auch bewilligt wurde. In der Regel war das Amt eines Besuchknechtes die erste Würde, zu welcher sich der Jägerbursch erhob. Er hatte in dieser Eigenschaft die Vorsuche zu üben und das Bestätigen mit dem Hund, auch beim Einstellen eines Jagens und beim Abjagen mußte er hilfreiche Hand leisten. In der Eigenschaft als angestellter Jäger, sei es nun als Besuch- oder Zerwirkknecht, oder sonst in einer Rolle, erhielt der Bursch sein erstes Gehalt. Der Kostenvorschuß, den der Lehrling leisten mußte, war also gar nicht unerheblich und wohl geeignet, unbemittelte Elemente

---

[1]) C. v. Heppe, 170. Der Graf von Mellin unterscheidet hirschgerechte deutsche Jäger, französische Jäger (Parforcejäger), Fasanenjäger, Federschützen, Vogelfänger und Falkoniere. Versuch einer Anweisung zur Anlegung, Verbesserung und Nutzung der Wildbahnen. 1779. 196.

von der Laufbahn fernzuhalten. Der junge Jäger mußte nicht nur 3—6 Lehrjahre und noch einige Wanderjahre aus eigener Tasche leben, sondern auch drei Jahre lang ein Lehrgeld zahlen und obendrein wohl ab und zu „tractieren" und das Wohlwollen des allmächtigen Lehrherrn durch Geschenke dauernd rege halten. Je nachdem Vakanzen eintraten, konnte der Besuchknecht hoffen, in die oberen Ämter eines Hof- oder Oberjägers, Hegereiters, Pürschmeisters oder Leibjägers zu kommen, und den vielumworbenen Abschluß bildete die Bestallung als Wildmeister oder Oberförster.

Das Amt eines Hof- oder Oberjägers brachte mit sich, daß der Träger den Aufenthalt am Hofe nehmen mußte; er war die rechte Hand des Oberjägermeisters, sein Adjutant, den er auf die Forstämter entsandte, um Erkundigungen einzuziehen über die Möglichkeit und die Aussichten eines Jagens; ihn kommandierte er ab, die eingestellten Jagen und die Hauptjagen einzuleiten, das Wild zusammenzutreiben, die Netzstatt herzurichten, und durch ihn ließ er auch das Abjagen leiten, obgleich er äußerlich die Würde wahrte und den Befehl sich vorbehielt, etwa in der Weise, wie der kommandierende General das Wort ausspricht, welches der Chef seines Stabes vorher für ihn dachte. Der Hegereiter war meistens ein berittener Jagdaufseher, aber auch mit den Funktionen eines reitenden Försters betraut; es gab reitende Förster und solche zu Fuß. Auch die Försterstellen pflegten mit den Besuchknechten besetzt zu werden. Der Oberkommandeur des Jägerhofes war der Pürschmeister, er hatte die Hunde und das Jagdzeug, u. A. auch den Raubtiergarten zu verwalten; ihm unterstanden die Hundejungen, die Hundeknechte und die Jägerburschen, der Wagenmeister mit den Zeugknechten, die Handwerker des Jägerhofs, die Seiler, Schneider, Holzarbeiter, Schmiede, der Torwärter und auch der Schankwirt, der im Jägerhof die Schankgerechtigkeit versah. Wenn Serenissimus den Hirsch oder den Auerhahn pürschen wollte, hatte der Pürschmeister ihn zu führen[1]), und wenn die Hofküche Verlangen trug nach frischem Wildpret, wandte sie sich an den Pürschmeister, der durch seine Jägerburschen den Abschuß dann bewirken ließ. Er selber unterstand dem Oberjägermeister. Die Hundeknechte standen den Besuchknechten im Range gleich,

[1]) Die Jägersprache brauchte die Worte pürschen und schießen gleichwertig; sie sagte also „den" Hirsch pürschen und nicht „auf den" Hirsch; der Begriff des Schleichens trat erst später hinzu.

sie hatten die Zwinger zu verwalten, die Namenbücher zu führen, die Hunde auf die Meiereien, Vorwerke, Mühlen, Schäfereien und in die Schenken „zu legen", ihre Pflege fortgesetzt zu überwachen, sie zu besuchen und bereit zu halten, wenn sie gebraucht wurden. Die Hundeknechte waren es, welche den oben erwähnten Schwindel mit den Hunden trieben, obschon sie mindestens so gut bezahlt wurden wie die Förster. Es kamen auch besondere Zerwirkknechte vor, meistens wohl alte Besuchknechte, welche das Zerlegen und das Einsalzen bei den großen Jagden zu überwachen hatten; ihnen stand das Jägerrecht zu, und sie hatten die nächste Anwartschaft auf eine Stelle als Oberjäger oder Oberförster.

Alle diese Ämter waren bürgerlich, ihre Träger hatten silberdurchwirkte Hirschfängergurte, Hornfesseln und Oberröcke, während die des Adels mit Gold durchzogen waren. Teils waren die Jagdbeamten zu Fuß, teils waren sie beritten. Unter die Bezeichnung „Fußknechte" fielen die Hundejungen, Wagenmeister, Jägerburschen, Hundeknechte, Besuchknechte, und Zerwirkknechte, auch ein Teil der Förster. Beritten waren die reitenden Förster, die Hegereuter, und meistens auch die Hofjäger, Oberjäger, Pürschmeister, Wildmeister und Oberförster[1]). Die Zeugknechte habe ich fortgelassen, weil sie keine gelernten Jäger waren.

Neben diesen Jagdämtern für das bürgerliche Pack gab es nun auch solche für den Adel. Der junge Adlige trat als Jagdpage in den Dienst des Fürsten und wurde zeitweilig abkommandiert, um bei einem Besuchknecht die Arbeit mit dem Leithund zu erlernen. Er bekam die Livree geliefert, auch etwas Geld, für das er die wichtigsten Dinge sich selbst beschaffen mußte, wie „Wäsche, Perücken, Puder und Jasmin, Schuhe und Strümpfe". Trotz seines Adels trug er einen grünen Rock mit Silberstickerei, aber auch eine silberdurchwirkte Hornfessel, und auf der Reise und der Jagd durfte er sich sogar den Hirschfänger umgürten.

---

[1]) Vorstehende Angaben sind zum größten Teil entnommen aus Flemings deutschem Jäger I, 197—198, 252, 253, 261—165, 267, 287. II. 128—29 u. a. O. Eine genaue Abgrenzung der Pflichten und ressortmäßigen Zuständigkeit läßt sich nur bei einigen Ämtern geben, da sowohl die Bezeichnung der Ämter, auch als ihre Zuständigkeit von Hof zu Hof erheblich schwankte. Die beste Auskunft erteilt Fleming, doch ist auch er nicht klar und wirft namentlich die Hof- und Oberjäger mehrfach durcheinander. Hofjäger, Oberjäger, Meisterjäger standen sich im wesentlichen gleich und waren befähigt, ein Jagen einzurichten und zu leiten. Wildmeister und Oberförster waren Revierverwalter und standen sich ebenfalls im Range gleich. Vgl. auch Döbel, II. 47 I.

Gewährte der Herr Papa einen Zuschuß, dann konnte der adlige Junge sich einen bürgerlichen Jungen halten, der ihn bediente und auch seine Pferde mit dem Nötigen versah.

Die eigentliche Tätigkeit des Pagen lag am Hofe, wo er eine Bedientenrolle spielte. Der würdevollste Dienst war das An- und Auskleiden des Fürsten, den er auch bei Tisch und auf der Jagd bediente. Es setzte „in der Küchen" gelegentlich auch Hiebe; der Page hatte diesen Raum bei jeder Mahlzeit zu betreten, um die Speisen abzuholen, und dieses abgelegene unterirdische Inferno wurde nach der Analogie des Fegefeuers zur seelischen Reinigung durch körperliche Schmerzen um deswillen als besonders geeignet angesehen, weil daselbst nur Küchenknechte und Küchenfeen beschäftigt waren, bürgerliches Pack, vor dem man sich nicht zu genieren brauchte, weil es keine Ehre im Leibe hatte und viel zu dumm war, um sich zu belustigen über den Konflikt des leidenden hinteren Körperteils mit der Würde eines adligen Bedienten. Während des Behängens war der Page im Revier, und wie er in der Küche klein war, zeigte er sich in der Freiheit groß, „wovon bei Kindtaufen und Hochzeiten manches hübsche Bauernmägdgen Nutzen und Lust zu genießen hat", die Lust natürlich nicht zum wenigsten aus dem unvergänglichen Gefühl der Ehre. So sorgte schon der junge Adlige mit seiner besten Kraft selbstlos für die Veredlung unseres Volkes.

Auch der Page wurde wehrhaft gemacht, jedoch nicht mit dem Hirschfänger, sondern mit dem Degen, auch nicht vom Lehrherrn, den er ja nicht hatte, sondern vom Minister, früher mit, dann ohne Backenstreich. Er hatte auch keinen Schmaus zu geben, sondern der Fürst zog den neugeschaffenen „Kavalier" an seine Tafel. Der Kavalier wurde zum Jagdjunker ernannt, und blieb in dieser Eigenschaft am Hofe, ohne über seine Pflichten recht ins klare zu kommen. Mit der Jagd hatte er wenig zu tun, gelegentlich wurde er als Bote gebraucht[1]). Wollte der Fürst oder die Fürstin ihn wirklich in Dienst nehmen, bekam er den „Charakter als Kammerjunker" zugewiesen, und wenn er auch hierzu nicht zu brauchen war, wurde er zur Truppe abgeschoben und mit einem Fähnlein belehnt[2]).

Als Kammerjunker hatte er den Türsteherposten im Vorzimmer des Fürsten zu bekleiden, die Besucher anzumelden, dem Fürsten voran-

[1]) Fleming I. 289.

[2]) Ebenda, 265 f.

zugehen, wenn dieser zu Fuß, ihm voraufzureiten, wenn er zu Wagen, aber ihm nachzureiten, wenn er zu Pferd sich irgendwo hinbegeben wollte[1]). Bei Tisch hatte er den Stuhl zurechtzurücken, auch wohl den ersten Trunk zu reichen und die Schüssel zu halten, in welcher nach dem Essen sich der Fürst die Hände wusch, sofern nicht der Hofmarschall dieses hohe Amt sich vorbehielt. Nach der Tafel hatte er dem Fürsten Hut und Handschuhe zu geben, beim An- und Ausziehen des Fürsten hatte er „gegenwärtig" zu sein, d. h. er hatte ihn an- und auszukleiden, wie denn am Wiener Hof nur „Kammerherren", d. h. Grafen und Freiherren den Kaiser an- und auskleideten, ihm sogar die Strümpfe und die Schuhe an- und auszogen, während die Kammerdiener nur die Kleider zurechtlegten [2]).

Durch diese Berührung mit den höchsten Herrschaften und die stramme Haltung in der Front hatte nun der Jagdjunker die nötigen Fähigkeiten sich erworben, um eine leitende Stellung im höheren Forstdienst auszufüllen, bei nächster Vakanz zum Forstmeister ernannt zu werden, und mit Glück und Gunst zum Oberforstmeister, und vielleicht zum Oberjägermeister aufzurücken, und den Titel eines Oberstjägermeisters, oder eines Oberhof- oder Oberlandjägermeisters zu erhalten, wobei immer mit der Länge des Titels das Gefühl der Würde wuchs [3]).

[1]) Das adlige Bedientenhum war aufgekommen mit der Ausbildung der Landesherrschaft, es galt die Sitte, daß Reichsfürsten adlige Bediente haben mußten, einen ritterlichen Hofstaat, die übrigen freie oder hörige Leute. Vgl. v. Maurer, Gesch. d. Fronhöfe, II. 37—38. Eine ähnliche Bildung beobachten wir gegenwärtig bei den Geldfürsten Nordamerikas, die in den Head-servants sich Oberbediente halten, die wieder zu ihrer Aufwartung Unterbediente haben. Die Oberbedienten sind der Butler oder Kellermeister, die Wirtschaftsdame, die Zofe, der Kammerdiener oder Kämmerer, und der Oberkutscher oder Stallmeister. Zu dem Posten der Wirtschaftsdame nimmt man gern Damen des europäischen Adels.

[2]) Franciscus Philippus Florinus, Oeconomus prudens, 1751. I. 85, 162.

[3]) Außer den vorstehend aufgeführten Jagdämtern gab es noch eine ganze Anzahl minder wichtiger, deren Bedeutung aus dem Wortsinn ohne weiters verständlich ist. Am kursächsischen Hof hatte der Oberhofjägermeister 1731 dem Range nach die vierte Würde inne unter den elf Oberhofchargen. Es unterstanden ihm die Hof- und Landjägermeister, 26 Oberforst- und Wildmeister, ferner die verschiedenen Pürsch- und Wildmeister, Proviantverwalter, Jagdschreiber, Hofjäger, Jagdpagen, Aktuare, Fouriere, Jagdbesuchsknechte, Hegereuter, Wagen- und Zeugmeister, Leibschützen, Jagdknechte, Fasanenwärter, Löwen- und Bärenwärter, Jagdpfeifer, Jägerbursche, Jagdzeugknechte, Jagddiener, Jagdseiler, Wagner, Schneider, Schmiede, Karren- und sonstige Knechte. Schwappach, Handbuch, 637.

Wir sehen „in der hohen Zeit der Jagd" die Fähigkeit zum Amt von der Berührung mit dem Landesherrn ausstrahlen. In Frage kam natürlich nur der Adel, der Grundbesitz, das Epigonentum der einstigen Eroberer und ihrer Dienerschaft, sie nur durften die Ämter verwalten, welche Geld und Ehre brachten, während die eigentliche Arbeit, auch in der Jägerei dem bürgerlichen Pack belassen blieb. Was der Jagdpage lernte, mußte der Besuchknecht ihm beibringen, und im übrigen war kaum mehr erforderlich, als die Berührung mit der allerhöchsten Stelle, etwas Intriguantenhaftigkeit und Selbstvertrauen, weil das Gedankenschema durch die lange Übung der Jahrhunderte so fest und eng begrenzt sich forterbte, daß Neuerungen nicht zu fürchten waren, und alles wie am Schnürchen ging. Wenn nur auf reines Blut gehalten wurde, konnte es nicht fehlen, daß der neue Forstmeister im Geiste seines Amtsvorgängers weiter wirkte, die Hände und den Kopf freihielt von Arbeit, und in intimer Fühlung mit dem Hof die Schwierigkeiten leicht beseitigte. Die größte Sorge war darauf gerichtet, im Herbst beim Hauptjagen Serenissimo die nötige Zahl von Opfern vorzuführen, damit der hohe Herr als Schütze glänzen oder sich auch blamieren konnte, und dabei doch die Klagen abzulenken, die über Wildfraß nicht verstummen wollten, denn Serenissimus war nicht serenus, wenn solche Laute in der Molltonart an seine Ohren klangen und die Behaglichkeit des Daseins schädigten[1]). Gleichwohl verlangte er im Schirm der Schießlust zu genügen, und der Forstmeister hatte immer noch nicht das Wild so weit gebracht, daß es nicht geäst hätte und ohne Äsung feist geworden wäre! Diese verdammte Klemme konnte die Herren zuweilen in Verzweiflung bringen; sie untergrub die beschauliche Stille auf der Forstmeisterei, und wenn Serenissimus geschimpft hatte über die geringe Zahl von guten Hirschen, dann gab es vier Wochen Regenwetter in der waldumrauschten Einsamkeit, Diana und Söllmann krochen mit eingezogenem Schweif umher und gemahnten den Beschauer, daß selbst das Leben eines Herrn von altem Adel, eines gewesenen Pagen und Jagdjunkers, nicht gänzlich frei war von den Leiden aus dem Begehr des großen Grundbesitzes und dem unhöflichen Schematismus der Natur.

Die weimarische Forstordnung von 1775 bestimmte, daß bei der Beförderung zum Oberförster die fürstlichen Büchsenspanner und Jagd-

[1]) v. Wagner, Jagd in Württemberg, 280. Die Herzöge verlangten gute Wildstände, andererseits sollten aber keine Klagen über Wildschaden entstehen.

lakaien nicht übergangen werden sollten[1]). Die Förster und Hegereiter wurden nicht als ehrlich angesehen. Das Bürgertum in den Städten reagierte auf die Schikanen, die es von den unteren Organen des Polizeistaats zu erleiden hatte, mit der Ächtung dieser Klasse. Wie die griechischen Bürger die Stadtwache aus Sklaven besetzten, so drückten die Deutschen ihre Verachtung dadurch aus, daß sie den Kindern der Landgerichts- und Stadtknechte, der Gerichts-, Fron-, Turm-, Holz- und Feldhüter den Eintritt in die Zunft verweigerten, die Leute selber in beständigen Verruf erklärten, sie nicht in ihrer Gesellschaft duldeten, in der Kirche sich nicht neben sie setzten, sie als Vermieter nicht unter ihr Dach aufnahmen, und die Leiche stehen ließen in ihrem letzten hölzernen Hause aus „sechs Brettern und zwei Brettchen", und sie nicht zu Grabe tragen wollten. Förster, Holzknechte und Flurschützen gehörten zu den Ausgestoßenen; 1732 wurden sie vom Kaiser für gildefähig erklärt, 1734 mußte in Braunschweig das Gebot erneuert werden, während Wasenmeister, Abdecker und deren Kinder 1772 erst durch kaiserliches Mandat ehrlich wurden[2]). Das Verhalten des Bürgertums war zu begreifen, wenn auch in keiner Weise zu entschuldigen. Das Wunderbare ist nur, daß sich die Fürsten die Auffassung des Bürgertums zu eigen machten. Selbst Friedrich der Große erklärte 1746, daß er niemals eine so niederträchtige Heirat wie die eines Leutnants von B. mit einer Heidereitertochter zugeben werde, dagegen aber die Verbindung eines anderen adligen Leutnants mit einer Doktorswittwe nur als eine **Mésalliance** anzusehen und möglichst zu vermeiden sei, da man sonst bald lauter bürgerliche Offiziere bekommen könne[1]).

Die Förster und Heidereiter ergänzten sich vorwiegend aus der Jägerei, aber sowie sie den Nimbus der Diana verloren hatten, war das Interesse auch erloschen, denn Forstverwaltung war nicht fein, schmeckte nach Arbeit; nicht einmal den grünen Rock durften die Forstbeamten tragen, wie sich unten zeigen wird. Andererseits müssen die Leute es auch arg getrieben haben. Neben den gelernten Jägern drängten sich verdorbene Kutscher, Reitknechte, Müller, Schäfer und Gärtner in den umworbenen Beruf. Der kleine Edelmann, der einen gelernten Jäger weder beschäftigen noch bezahlen konnte, machte aus diesen Klassen

[1]) Schwappach, 512.
[2]) v. Maurer, Gesch. d. Städteverfassung, II. 447.
[3]) W. Pfeil, Die Forstgeschichte Preußens, 1839. 62.

ein Faktotum sich zurecht, das auch die Jagd versah, steckte es in einen Jägerrock und trat nun äußerlich fein auf mit einem uniformierten Jäger. Sobald indessen diesem Jäger von Edelmanns Gnaden sich Gelegenheit bot, bei einem größeren Grundbesitzer oder Landesherrn in Dienst zu treten, verließ er seinen alten Herrn und vermehrte in der landesherrlichen Försterzunft nun „die unehrlichen Leute“[1]).

Das preußische Reglement von 1754 sagt, daß die Kulturstellen von den Forstbedienten zur eigenen Fruchtgewinnung benutzt würden, daß die Feldjäger vom Korps zu Pferde und zu Fuß wilddiebten usw. Es sollen künftig nur ehrliche Leute zu Forstbeamten angenommen werden[2]). Sogar noch 1788 wird in der schlesischen Holz-, Mast- und Jagdordnung vorgeschrieben, daß kein Lehrbursche wehrhaft gemacht werden solle, der vorher nicht vom Forstbedienten des Distrikts geprüft worden sei. „Wir hoffen hierdurch die Entstehung so vieler schlechter Subjekte, welche zu ihrem erwählten Metier wenig und zu anderen Ständen garnicht mehr nützen, immer mehr zu vermeiden und den Zweck zu erreichen, daß weniger, aber tüchtigere Leute in diesem Fache zugezogen werden.“ [3])

Fleming widmet den Betrügereien der Jagd- und Forstbedienten ein eigenes Kapitel; die Jäger wilderten, entboten die Bauern eigenmächtig zum Frondienst, stellten mißliebige Leute auf gefährliche Posten (vermutlich beim Abjagen?), jagten das Vieh der Bauern aus dem Walde und trieben ihr eigenes hinein, stahlen das der Herrschaft gehörige erlegte Wild, ließen das gehetzte Wild von den Hunden reißen, um es als Wolfsriß zu behalten, stahlen die Mast aus dem Walde, ließen die herrschaftlichen Hunde hungern und verbrauchten den Hafer selbst, ja, sie scheuten nicht zurück vor Wegelagerei, überfielen die Reisenden, plünderten sie aus und Fleming spricht sogar von Mord. Das Sündenregister der Förster ist noch länger[4]).

Die oberen Stellen waren der Bestechlichkeit kaum weniger zugänglich als die unteren, nur wurde etwas mehr die Form gewahrt. Wenn ein Herr von Donnershausen einen Auerhahn schießen wollte, dann suchte er durch Geschenke sich den hohen Forstbedienten zu verbinden,

---

[1]) H. W. Döbel, Jägerpraktika, 1746. 112.

[2]) Bernhardt, Gesch. d. Waldeigentums, I. 222, 224.

[3]) Mosers Archiv IV. Dies Examen war keine Neuerung, sondern nur das Wiedererwecken eines alten eingeschlafenen Brauches. Döbel, Anhang, 104 l.

[4]) Fleming II. 245—247.

er lud ihn dann zu einer ausgedehnten Kneiperei, und wenn um die Morgenstunde mit gläsernen Augen die Freundschaft geschlossen, und durch Bruderkuß kreuzweise besiegelt war, dann war auch schon der Auerhahn bewilligt, und die Schwierigkeit lag nur darin, am andern Tage die Errungenschaften der Bezechtheit festzuhalten und zu verhüten, daß sie im aschgrauen Elende der Katerstimmung aus dem schmerzenden Haupt des Forstmeisters entschwanden[1]).

Ein wüstes Strebertum entadelte die Jägerei, und wie im 16. und 17. Jahrhundert in Frankreich bei Fouilloux, Salnove und Ligniville, so finden wir im 18. Jahrhundert bei Fleming und Döbel die Klagen über den Verfall der Jägerei. Fleming klagt, daß der Adel an der Jagd kein Interesse zeige. „Viele von den jungen Herren, die bey einem Wildmeister oder Oberförster die Jägerei lernen, ziehen auf die Behängen nur der Lust und Motion wegen, tun nicht viel anderes, als daß sie fressen, sauffen und mit den Grasemägden herumspringen, obgleich ihre Eltern vor ihre Information viel Geld bezahlen, und ihnen Pferde und Diener halten... Kommt es auf den andern Tag, so hat der junge Herr nicht Lust aufzustehen, denn von dem vielen Schwärmen, Toback-rauchen und Sauffen ist der Kopff schwer, von dem Courtesiren sind die Glieder schwach. Resolviren sie sich endlich zum Auffstehen, so wissen sie nicht recht, was sie vor Schlaf und Müdigkeit anfangen sollen, sie geben auf nichts recht Achtung. Sie sind verdrüßlich, und da muß der arme Leithund öffters herhalten, bald wird er von ihnen zum Couchie machen geschlagen, bald mit Füssen gestossen, bald mit dem Hänge-Seil über den Hauffen gerissen, daß er Schaden nimmt, zum wenigsten blöde wird, und seinem zugehörigen Hof-Jäger nicht gar viel nütze ist." Am Ende wurde dann doch die Schuld dem Jäger beigemessen, der den adligen Jungen auszubilden hatte, denn die Eltern wollten nicht zugeben, daß der Junge nichts tauge. Konnte er sich am Hof nachher nicht halten, wurde er Soldat, um sich endlich eine Frau zu nehmen und auf seinem Mistbeet zu verbauern. Fleming klagt wie jedes Zeitalter über den Verfall der guten alten Zeit, da auch die adligen Jungen strenger wären erzogen worden. „Versahen sie es in manchen Stücken, und zwar etwas gröblich, so setzte es Haar-Collationes, ja sie mußten wohl gar bisweilen

---

[1]) Vgl. Fleming I, 11.

[2]) Fleming II. 147—148.

die Peitsche empfinden. Durch dieses alles aber wurden sie besser gezogen und zu geschicktern Jägern gemacht, als nach der heutigen Methode."

Ich bezweifle nicht, daß die Klagelieder Flemings sehr berechtigt waren, bestreite aber, daß der adlige Junge im 16. und 17. Jahrhundert ein besseres Mitglied der menschlichen Gesellschaft war. Immer hatten faullenzen, saufen und huren für vornehme Eigenschaften gegolten, und um ihretwillen war der deutsche Adel vom Auslande verachtet worden. Man lese was Brant, Erasmus, Fischart, Moscherosch, Murner, Schweinichen und Grimmelshausen schreiben. Schon der Verfasser des Jagteufels lacht im 16. Jahrhundert über die Selbstgefälligkeit der Junker, die in der Jagd eine Schule für den Krieg erkennen wollten, sie, die auf der Jagd bequemer und üppiger zu leben pflegten als daheim. Selten hat sich die Gedankenleere irgendwo so sichtlich offenbart, als in der mechanischen Wiederkehr der aus dem Altertum entlehnten Meinung, daß die Jagd eine Vorschule des Krieges sei.

Den Klagen Flemings schließt sich Döbel an. „Es kommen so viele Stümpler und Beinhasen unter der Jägerey daher, daß viele die Jägerey und das Weidwerck garnicht lernen; sondern sie lauffen nur mit beyher, und lernen bei Gelegenheit etwan eine Flinte losschießen, als dann sind sie schon Jäger, haben dabey brav Maulwerck, ob gleich die Thaten sehr schlecht sind, und bekommen öffters doch wohl eher Dienste, als ein rechtschaffener Jäger, der was versteht. ... Wie ich mich denn auch von meiner Jugend her zu entsinnen weiß, daß wir Weide-Sprüche hatten, da wir denn bei vorfallenden Gelegenheiten, sowol bei dem Vorsuch als Zusammenkünfften, einander mit Weidesprüchen complimentirten, begegneten und anredeten, auch hierbey öffters examinierten .... es wußte auch einer den andern hierdurch auszuforschen, ob er würcklich was verstünde."[1]) Im Anfang des 18. Jahrhunderts sind die Weidesprüche ausgestorben. Die Ursache lag im Untergang des Zunftwesens; das Handwerk, von dem Geist der neuen Technik belebt, drängte durch das Verlagssystem hindurch zum Fabrikbetriebe hin, zur Zentralisierung der Antriebskraft und Vereinheitlichung der Produktion.

Statt der Weidesprüche, durch welche die Zugehörigkeit zur grünen Zunft erwiesen wurde, kamen die Uniformen auf, der gleiche Rock als ein äußerliches Abzeichen der Zugehörigkeit zu einem bestimmten Herrn.

---

[1]) Döbel, Jägerpraktika, Anhang 103—104.

Jehova zeichnete das auserwählte Volk durch Abschneiden der Vorhaut aus, die Markgenossen zeichneten die Knechte durch Abscheeren des Haares, Schlitzen der Nase, Abschneiden der Ohren, oder Einbrennen eines Zeichens auf der Haut. Das gleiche Mittel wandte Karl der Große auf die Hunde an, die Kirche rasierte ihre Leute am Hinterkopf, und in dem höheren Kulturzustande ist es die gleiche Kleidung, der Rock des Herrn, der die Zugehörigkeit bezeichnen muß. Die unfreien Hofbeamten hatten zwar stets den Rock ihres Herrn getragen, aber die Röcke waren nicht gleichmäßig gewesen. Aus der alten Sklaverei mit der Verstümmelung der Knechte war man herausgewachsen, und eine neue, straffer organisierte Form der Sklaverei kam erst auf mit der Zentralisation des Staatsgedankens im 18. Jahrhundert. Bei den Jägern war von alters her im Sommer ein grünes und im Winter ein graues Wams üblich gewesen, weil das der Jagdbetrieb so mit sich brachte; der Adel trug das Wams mit Gold durchwirkt und der Knecht mit Silber, Horn und Hirschfänger hatten beide an der Seite, aber der Schnitt des Wamses war nicht gleich gewesen, der Farbenton nicht ganz identisch, Bein- und Kopfbekleidung wichen ab. Die Jagdgemälde in den Miniaturen des 14. und 15. Jahrhunderts zeigen kaum zwei Figuren mit der gleichen Kleidung. Noch Fleming sagt, daß mit der Rangordnung die Kleidung auch geregelt worden sei, daß aber die meisten sich nicht kleideten wie sie sollten, sondern wie sie wollten und konnten. Erst in der Mitte des 18. Jahrhunderts wurden die Vorschriften strenger auch in der Jägerwelt. Als fürstliche Bedientenschar war die höfische Jägerei von alters her gewohnt gewesen, des Herrn Rock zu tragen. Sie empfand es daher nicht als Herabwürdigung, daß der individuelle Wert des Jägers in einen gattungsmäßigen umgewandelt und mit der steigenden Integration der Staatsmaschine auch die Jägerei äußerlich schärfer organisiert wurde; aber wie im Heer der Landesherr den uniformen Rock selbst hatte anziehen müssen, um ihm das Schimpfliche zu nehmen, so ging er auch hier mit gutem Beispiel vor und machte den gattungsmäßigen Rock zu einem Ehrenkleide.

Je mehr sich die Jägerei in der neuen Uniform gefiel und vom Landesherrn gegen die Bevölkerung bevorzugt sah, desto mehr suchte sie aus ihrer neuen Pflicht ein Recht zu machen und sich zu einer Adelskaste abzuschließen. Mißliebig sah der Pürschmeister, sah der Hofjäger, wenn sie im Bewußtsein ihrer Würde gewichtigen Schrittes sporenklirrend durch die Gassen gingen, den Wasenmeister und die Stadtwache im grünen Wams vorüberziehen. Und auch im Walde selbst! Da war ein Förster, der nie die Jägerei erlernt hatte, der früher Kutscher gewesen war und die Kammerjungfer geheiratet hatte, die von dem Herrn ein Kind im Leibe trug, und auch dieser Streber trug den uniformen grünen Rock und putzte sich äußerlich heraus wie ein gelernter Jäger. Das subalterne Amt, die vom Schloßherrn befruchteten Mädchen zu versorgen, fiel im allgemeinen sonst den geistlichen Herren zu, die sich zu solch einem Werke der Barmherzigkeit und Liebe aus innerer Neigung wohl berufen fühlten, sonst wäre es schwer verständlich, wie es kam, daß gerade sie die Auszeichnung genossen. Pastor Kindleben in Glinicke schrieb 1775: „Wenn Patronen einem armen Kandidaten, der vielleicht Mühe hat unterzukommen, unter der Bedingung zum Predigen annehmen, daß er eine berüchtigte Person, z. E. eine Maitresse, eine Kammerjungfer und dergl. heirate und dabei ihm vielen anderen Beistand (?) und andere Beförderung versprechen" usw.[1]) — so — könnte man den Nachsatz bilden — war das kein vereinzeltes Vorkommnis, sondern ein typisches Beispiel für die hohen Gesichtspunkte, von denen der Adel bei der Ausübung des Patronats sich leiten ließ. Er sorgte auf diese Weise für die Hebung der sittlichen Kraft im Volke nicht nur durch den Mund des Priesters und durch die Blutauffreuzung, sondern auch durch das lebendige Vorbild einer vom christlichen Geist durchglühten Ehe im Schlosse wie im Pfarrgebäude. Macaulay äußert sich im gleichen Sinne: Der junge Geistliche mußte das Amt durch eine Art von Simonie erkaufen, welche den Spöttern drei oder vier Menschenalter einen unerschöpflichen Stoff darbot. „Die Frau hatte gewöhnlich im Dienste des Patrons gestanden und er mußte von Glück sagen, wenn sie nicht zu sehr in dessen Gunst gewesen war. Ein Hausmädchen ward gewöhnlich für eine passende Lebensgefährtin eines Pfarrers betrachtet."[2]) Das war die Errungenschaft der Reformation, auf welche unsere Geistlichen so stolz zu sein vorgeben. Der Schutz der Geistlichen durch die römische Genossenschaft war fortgefallen, und der Adel war zu roh und zu ungebildet, um den Wert eines geschulten Geistes richtig einzuschätzen. Bei Tisch mußte der Kandidat sich an den einfachsten Speisen genügen lassen. Sobald die Torten und Rahmkuchen erschienen, zog er sich zurück,

[1]) D. Paulus, Friedrich Wilhelm II. Kassel 1886, 28.

[2]) T. B. Macaulay, Gesch. von England. Braunschweig 1868, I. 319.

und erwartete die Aufforderung zur Rückkehr, um seinen Dank abzustatten und der gnädigen Frau die Hand zu küssen, die ihm das Beste vorenthielt.

Der Unfug mit der Verallgemeinerung des zünftigen Jägerkleides mußte aber abgestellt werden, wenn die edle Jägerei nicht handwerksmäßig werden sollte, herabsinken in bürgerliche Kreise. Im Jahre 1681 erklärte der böhmische Landtag: „Schlüßlichen, in Betrachtung, daß das Weydwerk eine adeliche Lustbarkeit ist, bei Verwirkung 20 Schilling Straff, kein Unehrlicher, als (salvo respectu) Schäffler, Schinder, Scherge und dergleichen Gesindel sich der gleichen Kleidung gebrauchen solle." Ähnlich so äußert sich Kaiser Leopold 1688 in einem Patent, in welchem er von „unehrlichen Leuten" spricht. Im Jahre 1701 wurde das Verbot des grünen Rockes sogar auf die Förster ausgedehnt, welche die Jägerei nicht zunftgemäß erlernt hatten; 1710 untersagte Hessen-Kassel den Hirschfänger allen Jägerburschen, die nicht hirschgerecht und wehrhaft gemacht waren, 1718 schloß Württemberg sich an, und ihm folgten nach und nach die anderen Staaten.

In der Zusammenstellung der Jägerröcke zeigten die Herren nicht immer einen glücklichen Geschmack. Württemberg wählte Grasgrün mit Ponceaurot, Hessen-Kassel Grün mit Karmoisinrot, Baden Grau mit Grün, Preußen wählte 1786 grüne Röcke und grüne Westen, lederne oder paille tuchene Hosen und lange Stiefel, für den Hut eine schwarze Kokarde; noch andere begnügten sich mit Grün ohne Beimischung, einige trugen den grünen Rock das ganze Jahr hindurch, andere hielten an der alten Sitte fest, für die Hirschjagd Grün und für die Saujagd Grau zu wählen. Die Parforcejäger trugen meistens besondere Uniformen, ebenso taten es die Falkner. Auf gleiche Farbe in den Meuten hatte schon der Parforcejäger des Mittelalters Wert gelegt, und endlich ward die uniforme Zusammenstellung auf die Pferde übertragen, wie denn z. B. auf dem Hubertusfest nur Schimmel geritten werden durften. Die Uniform wurde hoffähig, der Jagdjunker behielt sie an, auch für den Dienst als Türsteher, auch beim An- und Auskleiden des Herrn brauchte er sich keine besonderen Gewänder mehr zu halten und sparte eine Menge Ausgaben, die früher unvermeidlich waren. Das Gehalt blieb spärlich, immerhin aber war es höher bemessen bei der Jägerei als bei anderen Bedientenklassen [1]). Das Weidemesser wurde von den oberen Jagd-

[1]) Vgl. zu der Jägerkleidung den Aufsatz in Mosers Archiv III. 1788.

bedienten meistens noch getragen, daneben aber kam der Hirschfänger schon auf, zunächst bei den Subalternbeamten, welche das Wild abzufangen hatten, das Serenissimus mit seinen Kavalieren auf dem Lauf nicht totgeschossen, sondern nur verwundet hatte. Der jagdbare Hirsch mußte mit dem Hirschfänger, der geringe mit dem Genickfänger getötet werden, und für das Schwarzwild war die Saufeder die übliche Waffe, obschon zum Abfangen verwundeter Sauen auch der Hirschfänger diente [1]).

Die alte typische Form des Hifthornes oder Jägerhornes hatte sich in verschiedene Unterformen gespalten, seitdem es üblich geworden war, die Hörner aus Metall zu fertigen. Vom Kleinen zum Großen aufsteigend unterscheidet Fleming Jagdt-Zinken, Rüden-Hörner, Mittelhörner, Flügelhörner und das ringförmig geschlossene große Jagdhorn. Döbel teilt das Hifthorn ein in Zinken, Mittelhörner, halbe Riede-Hörner und gantze Riede-Hörner. Er sagt, daß das Hifthorn mehr zum Staat, als zum Gebrauch getragen wurde. Bei der Parforcejagd war das große Jagdhorn oder Waldhorn im Gebrauch, das Überlandjagen hatte aufgehört, statt seiner gab es hier und dort nur noch die Brackenjagd auf kleines Wild. In Schwaben und einigen anderen Landesteilen führten die Rüdenknechte das Hifthorn auch, um die Saurüden und Hetzhunde beim Sauhetzen zusammenzurufen, wenn sie versprengt waren, an anderen Stellen wurden auch für diesen Zweck die Waldhörner gebraucht. Das alte Hifthorn, ohne dessen Klang früher keine Jagd im Walde denkbar war, das mit seinem hellen Ton die Herzen der Jäger und der Hunde belebt und entzückt hatte, war nun herabgesunken zum Blasinstrument beim Einrichten eines eingestellten Jagens! Dennoch blieb das Hifthorn das Zeichen der hirschgerechten Jägerei, vielmehr als das Seitengewehr, denn den Hirschfänger trugen auch „Pfuscher, Schuhputzer und Schreiberjungen". In dem Maße wie der Hund aufhörte, die Seele der Jagd zu sein, und das eingestellte Jagen und das Schießen auf lebende Scheiben mit Weidmannskunst verwechselt wurde, schwand die Bedeutung des Hifthorns auch dahin, es war das Zeichen der hohen Jagd gewesen. Mit dem Klang des Hornes war der Laut der freijagenden Meute geschwunden, und mit beiden die Poesie der Jagd. Nur der Knall der Büchse wurde noch gehört, der poesielosen Wurfmaschine, der Geist der Jagd ward abgelöst vom Handwerk, die Kunst

[1]) Döbel, Anhang 105.

des hetzenden Jägers verdrängt von dem Gewerbe des Wildtreibers, und an der Stelle des feierlichen Signals „Hirsch tot" rollten durch den Wald die Salven der Schießer.

Auch die Perücke hatte in ihrem Siegeszug vor der Jägerei nicht Halt gemacht, dieses sichtbare Seitenstück der hörbaren Kanzleisprache war gerade hier so unpraktisch wie möglich, nur auf dem Laufplatz beim Massentöten genierte sie nicht, sie war die Begleiterscheinung der Arenajagd und ein Zeichen des Verfalles. Bei Fleming trägt fast jeder Jäger die Perücke, während Friedrich Wilhelm I. sie in Preußen untersagte und ersetzte durch den Chinesenzopf, über den wir uns jetzt so gerne lustig machen. Eine Perückenordnung aus Hessen-Kassel vom Jahre 1709 hat uns Moser aufbehalten, die auch einen Einblick in die Rangordnung gewährt.

Erfindungreich hatte Serenissimus die Erlaubnis zum Tragen der Perücke von einer Steuer abhängig gemacht und für diesen Zweck die Menschheit in drei Teile eingegliedert. Der erste Teil zahlte jährlich einen Taler und umfaßte die oberen Beamten, die geheimen und Regierungsräte, die Oberforst- und Jägermeister, die Professoren der theologischen und juristischen Fakultät, und von den Militärbedienten die Generale und die Obersten. Die zweite Klasse zahlte 21 Albus und 4 Heller sie umfaßte die anderen Räte und Professoren, die Militärbedienten abwärts bis zum Kapitän und Rittmeister und die Forstbedienten bis zum Oberförster, ferner die Bürgermeister, die Hof- und Kammerbedienten und wohlhabenden Kaufleute. In der dritten Klasse stehen Offiziere und Lakaien, Kornetts und Förster, alle Bürger und sonstige Untertanen. Der fürstliche Lakai stand in gleichem Range mit dem Offizier und mit dem Fabrikanten; im übrigen aber fällt die bescheidene Stellung der Generale und Obersten hier auf, die ihrer staatlichen Bedeutung entsprechend eingegliedert waren, und erst in Preußen durch Friedrich Wilhelm I. in eine falsche Position gerieten, welche ein Zeichen des Militarismus ist.

Eine Verschmelzung der Forst- und Jagdverwaltungen trat meistens im 17. Jahrhundert ein, in der Personalunion des Oberjägermeisters. Auch die Forstmeister hatten die Verwaltung der Jagd, während die unteren Ämter meistens noch getrennt verblieben. Wir haben gesehen im vorigen Kapitel, daß der absolute Staat eine Geburt der freien Arbeit war im Gegensatz zu dem nackten Erobererstaat des Mittelalters, des

Verlangens nach einer Integration der gemeinschaftlichen Kräfte und einer Vereinheitlichung des staatlichen Lebens. Der Machtzuwachs, der dadurch an die Krone fiel, hatte die Grenze des Zweckmäßigen mehrfach überschritten, so namentlich beim Jagdregal, und es war die Aufgabe der Juristen, aus der Quelle des römischen Rechts den landesherrlichen Ansprüchen die scheinbar logische Einkleidung zu geben. Sie machten sich beliebt und drangen bald in alle Ämter ein. In dem Kampf der Krone gegen den Adel und die ständischen Gewalten war nächst der Söldnertruppe die Feder der gelehrten Herren die beste Waffe, und die Folge war, daß die ständische Verwaltung abgelöst wurde von einer persönlich-militärisch-juristischen, deren Folgen bis in die neue Zeit sich erstreckt haben in der Form des Militarismus und des Assessorismus. So finden wir auch in der Forstverwaltung den Juristen sitzen, die Forstbeamten wurden seine Referenten. Ohne die Brille der Rechtsgelehrsamkeit konnte der höhere Beamte nicht die Staatsmaschine lenken, sofern er nicht von Adel war [1]). Der forstliche Unterricht lag noch im Argen. Die gelehrten Zünftler an den Universitäten hatten ihre Köpfe zu voll von der Metaphysik des Aristoteles, von Substanz und Akzidenz, Bewegtem und Bewegendem, von Entelechie, Form und Stoff, Idee und Schein, Sein und Nichtsein, sie steckten viel zu tief in Kurialstil drin und mußten viel zu viel an äußere Formen denken, an Schnörkel und an Schnallenschuhe, an Zöpfe und Perücken, als daß sie das Auge freibekommen hätten für die Bedürfnisse eines erwachenden Volkes, für Technik und Arbeit, Gewerbe, Land- und Forstwirtschaft. Erst mit dem Sturz des Adels im 19. Jahrhundert bahnte sich der Umschwung an, leise und schüchtern erst, aber dennoch zum Segen für die Wirtschaft unseres Volkes und das langsame Erblühen nationaler Kraft und Größe.

---

[1]) „Das Forstbeamtentum, herausgewachsen aus dem unwissenden Jägertum, erfreute sich des Interesses der höheren Stände von dem Augenblicke ab nicht mehr, wo es das Jägertum überwand." Bernhardt, Gesch. d. Waldeigentums. II. 164. Diese Überwindung erfolgte in der zweiten Hälfte oder am Ausgang des 18. Jahrhunderts. Bei Döbel, der Jagd und Forstkultur behandelt, halten beide Teile sich das Gleichgewicht. Er untersucht die Frage, ob die Jagd- oder die Forstgerechtigkeit vorzuziehen sei und bleibt allerdings in der alten Anschauung noch stecken. Er betont, daß „die Jagdgerechtigkeit ein großes auf sich" habe, „und der Holtz- oder Forstgerechtigkeit vorzuziehen sei". Dennoch verlangt er schon, daß der hirschgerechte Jäger auch holzgerecht sein müsse. Jägerpraktika, Anhang I. 110—113.

Jagdliche Bräuche.

Bevor wir Abschied nehmen von der Jägerei und zur Jagdausübung schreiten, müssen wir der jägerlichen Bräuche kurz gedenken, weil in ihnen sich der Geist der Jägerei abspiegelt, ihre Geselligkeit, ihr Streben, ihre Freude, ihre sittliche und intellektuelle Bildung und Unbildung. Da ist zunächst das Fuchsprellen zu erwähnen, das wieder nur eine Teilerscheinung des allgemein beliebten Prellens war, und das darin bestand, daß zwei Reihen von Menschen von Angesicht zu Angesicht sich gegenüberstellten und zwischen sich ein großes Tuch in horizontaler Lage hielten. Bereite Hände warfen ein lebendes Wesen auf das Tuch, und dieses Opfer wurde nun durch Nachlassen und Anziehen des Tuches „geprellt", d. h. in die Luft geschleudert und wieder aufgefangen, und wieder hoch hinausgeworfen, wobei es natürlich auch danebenfallen konnte; so lange wurde das Opfer geprellt, bis ihm die Sinne schwanden, es konnte Gott danken, wenn es mit heilen Knochen aus diesem Kampf der im- und repulsiven Kräfte endgültig wieder auf die Erde kam. Sancho Pansa wurde geprellt von den Gästen der Schenke, welche als Schwungmaschine die Bettdecke des Gastwirts sich geholt hatten. Da sie fanden, daß für eine richtige Flughöhe die Zimmerdecke zu niedrig war, schleppten sie das Opfer auf den Hof. Dort legten sie den armen Sancho auf die Decke und begannen ihn in die Höhe zu schwingen und zu prellen wie einen Hund am Fastenabend [1]). Diese Unterhaltung war dem geistigen Hochstand des Adels im 17. und 18. Jahrhundert angemessen. Herren und Damen nahmen daran teil, zumeist freilich nur in tätiger Weise, aber es kam auch vor, daß ein Mitglied der Jagdgesellschaft, das gegen die Weidmannssprache sich vergangen hatte, noch im 18. Jahrhundert „auf einer Ochsenhaut zur Lust geprellet" wurde, daß ihm Kopf, Rücken und Beine weh taten [2]). Die Lust des Fuchsprellens ward mit Feierlichkeit eingeleitet, wie ja auch beim Ketzerbrennen das Te Deum niemals fehlen durfte. In langer Reihe, geschlechtlich gepaart, zogen die Preller und die Prellerinnen in grüner goldbestickter Kleidung unter den Klängen der Parforce- und Hifthörner in einen fest umgrenzten Raum, dort machten sie rechts und links Front, so daß dem Männlein stets ein Fräulein gegenüberstand, und jedes Pärchen hielt ein Schwungtuch zwischen sich,

[1]) Don Quijote I. Cap. 17. Übers. von W. Soltau.

[2]) Fleming, Teutscher Jäger I. 281.

während die Augen vor Lust und Erwartung blitzten, und schelmische Worte hin und wider flogen. Dann wurden die unglücklichen Opfer dutzendweise in den Hof gelassen, Füchse, Hasen, Dächse, Marder, Iltisse, sie wurden hin und hergejagt und unter dem Jubel der Gesellschaft so lange in die Luft geschleudert, bis sie mit zerbrochenen Gliedern regungslos am Boden lagen, oder kümmerlich sich fortzuschleppen suchten in der Hoffnung, einen Unterschlupf zu finden, der sie aus dieser Hölle retten konnte. Um die Knochenbrüche zu verzögern und die Lust recht auszudehnen, ward die Arena eine halbe Elle hoch mit frischem Sand beschüttet, „damit die Kurtzweile desto länger dauren mögte...., denn sonst würde die Lust bald zum Ende gehen, wenn die armen Thiergen in dem Herunterfallen den Kopff auf die Steine schlügen, oder den Rückgrad und das Creutz, oder die Läuffte zerbrächen". Wie mitleidig! „Sollte aber die Herrschaft unpäßlich seyn, oder die Gemahlin wäre in Wochen, und die fremde Herrschaft befände sich etwan kräncklich, so wird das Fuchsprellen zu besserer Commodité der Herrschaft auf dem Schloßplatz vorgenommen, und die Herrschaft sehen aus ihren Gemächern dem Fuchs-Prellen mit Vergnügen zu, und delectiren sich an den vielfältigen Lufft-Sprüngen und Capriolen der Füchse und Hasen, und dem Umfallen und Stolpern der Cavaliers und Dames, zumahl, wenn die in heimlichen Kästen verborgene Sauen unter sie gelassen werden, da bey den disponirten Reyhen und Gliedern eine ziemliche Confusion erwecket, und also groß Gelächter verursacht wird.... Die Sauen machen bey den Dames unter den Reifröcken einen solchen Rumor, daß nicht zu beschreiben."[1]) Florinus nennt das Fuchsprellen eine „Fürst-Adeliche Lust"; nach seiner Auffassung dient „dieses in die Höhe Schupffen und scherzhaffter Passatempo denen Adel und fürstlichen Personen, bevorab dero Frauenzimmer, durch das Gelächter die Brust zu räumen und zu erleichtern, folglich der Gesundheit über die massen". „Der Abzug von dieser Lust, und der Schluß ist, daß die lieben Füchse, die solche gute Schwüng gemacht und ihre Herren und Frauen so gewaltig oblectiret, da sie ohnedem ganz entkräftet und matt, ja die armen Weysen mit Drömeln und Garrots gar zu tod geworffen, oder denen das Glück noch besser will, gepyrscht, tapffer und Weydmännisch ihr Leben vollends aufgeben."[2]) Wem fällt das grauenvolle Bibelwort nicht ein: „Eure

[1]) Ebenda, II. 183.

[2]) Francisci Philippi Florini, Oeconomus prudens, 1751. V. 260.

Furcht und Schrecken sei über alle Tiere auf Erden!" Das Christentum hatte kein Mitleid mit der Kreatur, und Schopenhauer sah nicht mit Unrecht die Hölle und ihre Qualen in dem Leben der Tiere verwirklicht, die in des Menschen Hand gegeben waren.

Ein anderes jägerliches Vergnügen war das Weidblatt oder das Pfunde geben. Wenn nach beendetem Massenmord die feine Gesellschaft über den blutgetränkten Laufplatz schritt, um die Strecke zu besichtigen, oder auf dem Schlachtfeld selbst mit gutem Appetit ein Frühstück eingenommen wurde, dann war die Höflingsschar darauf bedacht, den allerhöchsten Herrn zu unterhalten und ihm die gute Stimmung zu bewahren, in welche das Totschießen des vorbeigejagten Wildes ihn versetzt hatte. Schon während des Abjagens hatten strebsame Herren und Damen ihr Ohr beständig angestrengt, um irgendwo einen Fehler gegen die Weidmannsprache aufzuschnappen, und wie die Spinne aus dem Netz auf die gefangene Fliege, stürzten sie auf das ahnungslose Opfer zu, um es anzuklagen vor dem Oberjägermeister, der die Rolle der komischen Figur als Richter und Weibel von Amtswegen zu übernehmen hatte. Der verurteilte Sünder mußte nach dem Abjagen sich über einen toten Hirsch hinstrecken, ein paar Jäger schlugen ihm die Rockzipfel über den Rücken und zogen ihm die Hosen stramm und unter dem Klang der Hörner trat der Jägermeister dann hinzu, zog den Hirschfänger vom Leder und versetzte dem Verbrecher mit der flachen Klinge drei Hiebe auf den Hintern, indem er jeden Hieb mit einem Hinweis auf die Instanz verbrämte, zu deren Wohlbefinden er verabfolgt wurde. Beim ersten Hieb: „Ho, ho, das ist vor meine gnädigste Herrschafft"; beim zweiten: „Ho, ho, das ist vor Ritter, Reuter und Knecht", und beim dritten: „Ho, ho, das ist das edle Jägerrecht." Wie die Einleitung wurde auch der Schluß der feierlichen Handlung stilisiert mit Waldgeschrei und Musikbegleitung, und der Gestrafte mußte gute Miene machen, Scham und Schmerz verbeißen, und unter komischem, verlegenem Grinsen für die gerechte und gnädige Strafe seinen Dank aussprechen. Darüber hatte Serenissimus dann seine unbändige Freude, und die Hofgesellschaft schüttelte sich vor Lachen. Es kam auch vor, daß die Strafe sich in Ehrung wandelte, wenn der allerhöchste Herr in eigener Person die Gnade hatte, die Hiebe auszuteilen, was zumal dann mit Vorliebe geschah, wenn das lockende Strafobjekt weiblichen Geschlechtes war, oder einem hohen Minister angehörte. War das Opfer eine „Dame", so trat vorher der Hofjäger hinzu und legte der gestreckten zierlich das Oberkleid und das Unterröckchen oberhalb des Teiles nieder, der sonst zum Sitzen diente. Die allerhöchste Person erteilte die drei Pfunde ohne Weidgeschrei, „nur zu ihrer Kurtzweil". In den meisten Fällen beruhte der Vorgang auf vorheriger Verabredung, und es ist bezeichnend für den sittlichen Hochstand der adligen Gesellschaft, daß sich immer Kreaturen fanden, deren Stolz, wenn auch nach unten aufgeblasen, doch nach oben hin so kriechend war, daß er sie niederzwang in die schimpfliche Stellung eines Schuljungen, und ihre Manneswürde zum Gespött des Hofes machte. Keine andere Nation hat diesen sinnvollen Brauch gekannt, in keiner hätte sich auch das adlige Bedientenpack gefunden, das zu dieser unwürdigsten aller Unterhaltungen sich hergegeben hätte [1]).

Auf das jagdliche Ordenswesen kann ich nur kurz eingehen, weil es kulturgeschichtlich unbedeutend war und eigentlich nur dazu diente, den hohen Herren mit dem zopfigen Zeremoniell der Ordensfeier eine Abwechslung zu bieten in dem öden Einerlei eines geistesarmen Lebens, das nur zu früh ausklang in den schmerzerfüllten Klageruf des übersatten, von 700 Weibern geliebten Königs Salomo: „Siehe, es war alles eitel, und Haschen nach Wind und kein Gewinn unter der Sonne!" [2]) Neuer Gehalt des Lebens und beständiger Wechsel mußten geschaffen werden, im geistigen Hochstand dem der anderen Freuden gleich, wie denn der alte Stagirite schon sehr richtig sagt, daß Vergnügen jedem Menschen durchaus nur das gewähre, was seiner Natur entsprechend sei. So wurde das Ordenszeremonienwesen in ein farbiges Kapitel aufgebauscht, und ihm ein jagdliches Vergnügen angehängt, dem dann ein äußerlicher Aufputz neuen Reiz verleihen mußte.

Als der Herzog Gerhard von Berg im Jahre 1444 am 3. November, dem Tage des heiligen Hubertus, einen Sieg erfochten hatte über Arnold v. Egmont, stiftete er dankbar den Hubertusorden, doch ohne jeden Beigeschmack von Jagd. Dieser Orden löste sich nach 150 Jahren auf. Im Jahre 1702 folgte die Gründung des Hubertursodens in Württemberg, der diesmal allerdings ein Jägerorden war. Der Herzog ernannte die Ritter, deren Aufnahme in den erlauchten Kreis mit äußerlichem Ernst, aber in bunten Kleidern und mit reichem Schaugepränge vor

[1]) Fleming, Teutscher Jäger I. 281. II. 256. — Döbel, Jägerpraktika 746, II. 45. — C. v. Heppe, Lehrprinz 358.

[2]) 2. Prediger 2, 11.

sich ging. Kanzler, Sekretarius und Zeremonienmeister setzten feierliche Mienen auf, dem Ritter wurden die Satzungen zum Schwören vorgelegt und durch die Wichtigtuerei ans Herz geschlossen. Er empfing auch einen Orden, den er schamerglüht sich auf der Brust befestigte, um mit einer schlechten Rede oder Danksagung und einem übertriebenen Lob des Ordens den feierlichen Aktus zu beschließen. Am nächsten Tage entfaltete der Orden dann das eigentliche Feld der Wirksamkeit. Es ging zur Jagd hinaus in Feld und Heide, und um auch hier die ernste Feier eines Festes zu bewahren, mußten die Damen statt der Röcke Hosen auf die Beine ziehen und den Gaul dazwischen klemmen. Nur die Karikatur der Frau war fähig, das Fest des Heiligen mit Würde zu begehen. Und weil von je Verworrenheit und Unklarheit im Denken für geistige Tiefe ausgegeben wurden, wollte man die Tiefe wenigstens durch Unklarheit ersetzen. Aus diesem Grunde verordnete die Ordens-Regul, daß die Damen das Kommando führen mußten, und in dem Wirrwarr und dem Durcheinander, das daraus entstand, erkannten dann die andachtsvollen Jünger des heiligen Hubertus stilles Walten. Den Schluß des Festes bildete der körperliche Trost, das Küchenwerk im Jägerhofe, gebratene Rehe und Fasanen, die den Ordensrittern die Gewißheit gaben, daß Leib und Seele noch zusammenhielten, und daß ein gutes, deutsches Weidewerk im Orden Geltung habe, hie und allewege. Horrido! Friedrich August von Sachsen und Eberhard Ludwig von Württemberg feierten das Fest acht Tage [1]) lang.

Noch ein dritter Hubertusorden wurde 1708 in Bayern gestiftet zum Andenken der Wiedervereinigung der Rheinpfalz mit dem Stammlande. Dieser Orden hat gleich dem ersten keine jagdliche Bedeutung und scheidet daher für unsere Zwecke aus.

Sehr spät erst kam der heilige Hubertus zu der Ehre, der Schutzpatron der Jagd zu sein, die er bei Lebzeiten mehr verwünscht hat als begünstigt; aber die Geschichte hat Humor und führt zuweilen auch ein Lustspiel auf. Wie wir im ersten Bande sahen [2]), verehrten unsere Ahnen neben anderen Gottheiten auch eine Göttin der Jagd, der sie bis ins 7. und 8. Jahrhundert Opfer brachten und Feste feierten, eine Göttin, die Arrian als Artemis und Gregor v. Tours als Diana be-

---

[1]) Fleming, Teutscher Jäger II. 254. — Döbel, Jägerpraktika II. 116.

[2]) Band I, 27.

zeichnen, und deren wahrer Name uns nicht überliefert ist. Auch im Ardenner Walde herrschte dieser Gottesdienst, gebildete Jäger nannten die Göttin Diana Arduenna, und ihr Kultus wurde von dem glaubenseifrigen Bischof Hubert oder Huprecht von Lüttich nach Möglichkeit verfolgt und ausgerottet.

Alles was über die Vorgeschichte dieses Bischofs verbreitet ist, gehört der Fabel an, er war nicht Jäger, auch nicht Herzog von Aquitanien und hatte auch kein Erlebnis mit einem Hirsch. Eine kleine Kapelle oder Cella in Audagium im Ardennerwalde war baulich von ihm ausgebessert worden, dort siedelten sich Mönche an und gründeten ein Kloster; dann holten die Begeisterten die Knochen des frommen Bischofs Hubert in das Kloster, das fortan den Namen nach diesem heiligen Hubertus trug. Spätere Mönche haben den frommen Menschen, den Gegner des Dianakultus, in der Legende zu einem Jäger umgewandelt und die Eustachiussage auf ihn angewandt, die viel älter war, und aus dem zweiten christlichen Jahrhundert stammte. Der Zusammenhang der alten Sage mit der neueren Legende ergibt sich schon daraus, daß beiden Heiligen, Eustachius wie Hubertus der 3. November zugewiesen wurde. Dürer hat noch den heiligen Eustachius gemalt, aber Fouilloux weiß schon zu erzählen, daß Hubertus ein Jäger war, und daß zu seinem Andenken die große Hundezuchtanstalt im Kloster eingerichtet wurde [1]), aus welcher die Hubertushunde stammten, weiße und schwarze, letztere meines Erachtens eine Nachkommenschaft der alten Steinbracke, von der schon Xenophon und Gratius Faliscus schreiben. In den Ardennen ist Hubertus vielleicht schon lange der Schutzpatron der Jägerei gewesen; er wird dann mit dem heiligen Eustachius verschmolzen sein, der mit Hirsch und Kreuz eine bekannte Erscheinung war in den christlichen Kirchen und Kapellen, weil er zu den 14 Nothelfern gehörte. Im Jahre 1749 erschien in Köln ein Buch, welches die Bekehrung des Hubertus schildert, und es gewinnt den Anschein, als wenn es der Romantik vorbehalten blieb, ihn zum Schutzpatron der Jäger zu erklären, ihn, der die Jagd verwünscht hat und bekämpft, der nichts als ein dressierter Eiferer gewesen ist, wie tausend andere mit ihm [2]).

---

[1]) Fouilloux, la venerie 1573, 9.

[2]) Die meisten Angaben über den heiligen Hubertus habe ich dem Aufsatz von H. Uhlenhuth entnommen in „Das Weidwerk im Wort und Bild“ Neudamm, 1905.

Die Jägerei des 18. Jahrhunderts steckte tief im Aberglauben, der fast alle Schichten der Gesellschaft noch durchdrang, weil die Leuchte der Naturwissenschaft in die Ecken und die Winkel und die finsteren Kellerräume der Behausung des menschlichen Geistes mit ihren befreienden Strahlen noch nicht gedrungen war. Wenn wir absehen von den zum Teil erspekulierten Religionen, die sich offenbarte nennen, können wir sagen, daß alle religiösen Bräuche ihren letzten Ursprung haben in dem Totenkult. Das jugendliche Volk verliert nicht den Zusammenhang mit seinen Toten, die als Geister, heilige Dämonen, Engel, Teufel und Götter beständig in das Leben eingreifen; allgemein besteht der Glaube, daß die Hilfe der Geister für bestimmte Zwecke zu erlangen sei, und aus dieser Annahme erwächst die Zauberkunst. Der Mensch, dem die Gesetzmäßigkeit des Weltenlaufs noch ein Geheimnis ist, dem der Anatom noch nicht die Nervenbahnen aufgedeckt, der Physiologe nicht die Wellen nachgewiesen hat, die nach und von dem Zentrum durch den Körper strömen, ist in der Vorstellung befangen, daß die Seelenkräfte und die Körperkräfte eines Menschen in allen Teilen seines Körpers gleichmäßig enthalten seien, ganz und ungeteilt an jeder Stelle, darauf beruht der Glaube von der Aneignung der Kräfte eines Toten durch das Aufessen von Körperteilen, eine Sitte, die wir bei vielen jugendlichen Völkern finden, von welcher uns schon Herodot berichtet [1]), die wir heute noch im Abendmahl der Kirche sehen können, welche die Eigenschaften Christi durch Aufessen von Mehl und Trinken von Wein an Stelle von Fleisch und Blut, nicht etwa symbolisch, sondern wirklich in die Seele überführt. „Nach der Wandlung ist auf dem Altare der Leib und das Blut Christi unter den Gestalten von Brot und Wein wahr-

---

Auch bei der Legendenbildung über den Dom zu Lübeck spielt der Hirsch mit dem goldenen Kreuz eine Rolle. Karl der Große hatte an der Stelle des jetzigen Domes gejagt und einen starken Hirsch gefangen, dem er die Freiheit schenkte, nachdem er ihm ein prächtiges Halsband umgelegt hatte. „Vier Jahrhunderte später hält sich Heinrich der Löwe in derselben Gegend auf und sieht einen Hirsch beständig an dieselbe Stelle kommen. Er fängt ihn und sieht mit Staunen zwischen dem Geweih ein goldenes Kreuz ragen mit einer Inschrift, die den Namen Karls des Großen enthält. An dieser Stelle läßt er den Dom bauen." A. Holm, Lübeck 1900. 105.

[1]) Herodot I, 216 erzählt von den Massageten, daß die Greise von der Sippe geschlachtet und aufgegessen werden. Andere Beispiele gibt Spencer, Soziologie I, 321—327. Hier liegt auch der Grund, der zu Menschenopfern führt: die Toten und die Götter wollen Dienerschaft und Speise haben.

haft [1]), wirklich und wesentlich gegenwärtig.“ Auch in die Gegenstände, welche mit dem Körper des Toten in inniger Berührung standen, gehen die Kräfte ein, vor allem in sein Gewand und seine Werkzeuge, eine Ansicht, die noch heute im Glauben an die Reliquien lebendig ist.

Gleichwie nun der Mensch die Kräfte der Toten sich aneignen kann, so ist er auch imstande, eine Macht über sie zu gewinnen, wenn er Teile ihres Körpers besitzt, und diese Auffassung gilt nicht nur für die Toten, sondern auch für die Lebenden. Im schlimmsten Fall muß eine Nachbildung des Toten hinreichen, immer aber beginnt der Zauberer damit, daß er sich einen Teil von dem Körper seines Opfers zu verschaffen sucht, seien es auch nur Haare oder Nägel, oder ein Kleid, ein Werkzeug, oder daß er sich ein Bild anfertigt, und nun unter bestimmten Förmlichkeiten die Verrichtungen an diesen Teilen vornimmt, von denen er will, daß sie dem Opfer widerfahren sollen. Auch der Name ist ein Teil des Toten, der Mensch glaubt an eine Verbindung zwischen Ding und Wort und legt dem letzteren ein eigenes Wesen bei, ein Schritt, der um so weniger uns überraschen kann, als ihn die Philosophie noch heute tut, nicht nur die Platoniker, die den allgemeinsten, leersten Abstraktionen, wie dem Schönen, Wahren, Guten eigenes Leben geben, sondern auch die Realisten, welche schon in den Zeiten der heiligen Scholastik die Gattungen zu eigenen Wesen stempelten, und endlich die ganze idealistische Pastorenphilosophie des 19. Jahrhunderts, die immer aus dem Himmel auf die Erde kam, um oben allgemeine Begriffe einzufangen, in der Form des Andersseins ihnen Wirklichkeit zu verschreiben und das Wesen der Gottheit in die Narrenjacke des menschlichen Denkens einzuzwängen. Von der Logoslehre will ich schweigen. Wenn die Hexe von Endor den Namen des Toten ruft, so übt sie einen Einfluß auf ihn aus und zwingt ihn zum Erscheinen [2]); nicht anders steht die Sache, wenn Kaspar in der Wolfsschlucht den Samiel beschwört. Geisterbeschwörung und Zauberei gehen allmählich in Wundertaten über, wie sie alle jugendlichen Völker haben, und wie sie zur Belehrung für das gläubige Gemüt in der Bibel und Legende für wenig Pfennige

---

[1]) Katholischer Katechismus für die Diözese Breslau und den Delegaturbezirk, 93.

[2]) „Samuel aber sprach zu Saul: Warum hast Du mich unruhig gemacht, daß Du mich heraufbringen lässest?“ 1. Samuel 28. Vgl. ferner Odyssee X.

zu kaufen sind [1]). Ein folgerichtiges Denken ist hier nicht vorhanden; es bleiben immer Lücken offen, welche das gläubige Gemüt mit geschlossenen Augen einfach überspringt, weil es im Rausch der Mystik bleiben möchte.

Hans Friedrich von Fleming, „burg- und schloßgesessen auf Böcke, Martentin und Zebin, Erbherr auf Weißach und Gahro", steht einerseits dem Aberglauben skeptisch gegenüber; vortrefflich sagt er, man setze sein Vertrauen auf etwas, das leichter als die Luft, zerbrechlicher als das Rohr, vergänglicher als eine Wasserblase, ein bloßer Schatten, ja mit einem Worte gar nichts sei. Andererseits aber steckt er selbst noch tief im Aberglauben drin, den er zurückführt auf ein heimliches Verständnis mit dem Geist der Finsternis, und den er erkennt an der Anwendung von Worten, den bekannten Zauberformeln. Fleming sagt: „Es ist bekandt genug, daß unter den Jägern mancherley Zauberwerck und abergläubisch Wesen vorgehet: Bald wollen sie einander die Büchsen versprechen, bald sich an demjenigen auf eine empfindliche Art rächen, der ihnen an ihrem Gewehr einen Possen gethan; bald wollen sie ein Wild schiessen, welches im Walde umfallen soll, wenn sie nur zu ihrem Fenster heraus einen Schuß gethan. Da wollen sie die Kugeln täuffen, die hernach niemals fehlen, und von sonderbarer Würckung seyn sollen; da beten sie gewisse Narren-Possen, wenn sie früh auf die Jagd gehen, um glücklich zu seyn; da wollen sie sich auf eine unzulässige Art die Gunst des Frauenzimmers zuwege bringen, da wollen sie auf eine abergläubische Art ihre Büchsen zurichten, und was dergleichen sündliche und abergläubische Possen noch viel mehr sind, die unter gottlosen Jägern im Schwange gehen. Sie bemühen sich solche Künste aus dem Helden-Schatz, aus den Claviculis Salomonis, und andern dergleichen Büchern zu lernen."

Diese vernünftige Ansicht schwächt nun Fleming dadurch ab, daß er selbst anfängt, Rezepte zu verschreiben, wie man „auf eine zuläßige

---

[1]) Höchst unterhaltend überboten sich Moses und Aaron mit den Magiern des Pharao in Wundertaten, bis die ersteren sich überlegen zeigten in der Erzeugung von Ungeziefer; 2. Mos. 7—8. Christus jagte eine Legion Teufel in eine Herde Borstenvieh, die darob wild wurde: die Teufel „fuhren in die Säue; und die Herde stürzte sich von dem Abhange in den See und ersoffen". Lucas 8, 33. Erst hatten die Juden im Namen Salomos die Teufel ausgetrieben, und nachher taten die Christen es in Jesu Namen.

und natürliche Art denjenigen bösen Leuten, die aus Neid und Mißgunst ihrem Nächsten zu schaden und ihn ins Unglück zu stürtzen, einen Possen thun, so, daß er kein Wild fällen kann, ... entgegen gehen könne". Wenn die Büchse verdorben ist, vielleicht, weil der Jäger versehentlich Ohrenschmalz ins Rohr gebracht hat, oder weil sie im Bett gelegen und „Atome angezogen" hat, oder weil eine Frau in der Zeit ihrer monatlichen Reinigung entweder das Rohr inwendig berührt oder das Werg angefaßt hatte [1]), mit dem das Rohr gereinigt wurde, dann mußte der Jäger das Rohr eine Zeit lang in fließendes Wasser legen, einen Sperling aus demselben schießen mit Vogeldunst und mit dem Schweiß desselben das Rohr sauber auswischen. Wenn aber das Rohrböswillig verdorben war und böse Leute dem Jäger „einen Weydemann gemacht" hatten, so daß kein Wild zu töten war, ob man auch gleich getroffen hatte, dann half nur „ein sympathetisches Pulver" aus Tragant und Vitriol, mit dem das Werg vor dem Auswischen des Laufes bestrichen werden mußte. Dann gehörte ferner ein Rauch dazu, der in der Küche auf dem heißen Herd aus Haaren, Schweinekot und Ochsenklauen mit schändlichem Gestank entwallte; in diesem Höllendunst wurde der Flintenlauf geräuchert, und wenn der Rauch mit dem sympathetischen Pulver zusammentraf, dann empfand der Zauberer „so große Schmertzen in den Augen und Gestank in der Nase per Antipathiam", daß er sich einstellte und bald um Gnade bat. „Soll er Reissen im Leibe haben, streuet man das sympathetische Pulver in den nassen Laufft, wie er loßgeschossen, giesset recht scharffen rothen Wein-Essig in den Laufft, steyffet alles feste zu, und setzet die Büchse bey Seite im Winckel, so wird sich der Thäter bald melden." „Hat man nur wenig Bluts von ihm, so kan man dem Patienten Hitze und Kälte erwecken."

Die ursprünglichen Zaubermittel waren durch die Praxis bei der Jägerei mehrfach verändert worden und entstellt, dennoch läßt sich noch im 18. Jahrhundert der Kern erkennen, wenigstens in dem Bemühen, sich an dem Unheilstifter zu rächen und ihm ein Leid zu tun. Die Hauptsache war, auch hier von dem Körper des Opfers einen Teil

---

[1]) Der Glaube an die Unreine der Frau in der Zeit der Menstruation findet sich schon in der Bibel. „Wenn ein Weib ihres Leibes Blutfluß hat, die soll sieben Tage unrein geachtet werden; wer sie anrühret, der wird unrein sein bis auf den Abend. 3. Mose 15. 19.

sich zu beschaffen; in dem Blut ist dies Verlangen nach ersichtlich ausgesprochen, aber auch in dem Rauch kehrt diese Ansicht wieder, wenn auch ohne Bewußtsein des Zusammenhangs. Die Haare, welche mit dem Schweinekot und den Ochsenklauen gemenget werden, sind ursprünglich Haare des Opfers gewesen, und indem der Jäger diese Haare einem gräulichen Gestank aussetzte, verursachte er den gleichen Gestank in der Nase des Opfers. Wenn der Jäger ein Wild in seinem Walde bannen wollte, zog er „einen Nagel aus einem Grabe, der an einem Sarg gesteckt"[1]), und steckte diesen in eine frische Wildfährte. Hier mußte der Nagel den Körperteil ersetzen. Ursprünglich war der Nagel aus dem Sarge eines berühmten Jägers herausgezogen worden, von dem die Sage ging, daß er das Wild in sein Revier zu bannen wisse. Da die Toten bewacht wurden und ein Körperteil schwer zu erlangen war, mußte der Nagel vom Sarge einen, wenn auch unvollkommenen Ersatz leisten; allmählich verlor sich der Zusammenhang, und es wurde nun der Nagel aus einem beliebigen Sarge herausgezogen. Es gab Jäger, die, um viel Wild zu fangen, aus Metall das Bild eines Mannes sich fertigten, der in der rechten Hand einen Bogen hielt, auf welchem der Pfeil lag. Beim Gießen oder Stechen wurden dann die magischen Worte ausgesprochen. Wir sehen hier das Bild eines berühmten Jägers aus dem Mittelalter in Wirksamkeit, durch welches der Zauberer den Geist des Verstorbenen zu Hilfe rief. Das Tragen eines Amuletts beruhte auf demselben Glauben; meistens waren es Teile von toten Menschen oder Tieren, die der Jäger bei sich trug; er hoffte dadurch die Macht der toten Wesen zu erlangen[2]). Nicht ohne weiteres verständlich ist es, daß die Jäger besonders glücklich sein sollten, denen die Mutter von der Schleimhaut des Neugeborenen, oder von der Nabelschnur etwas aufbewahrt und ins Kleid genäht hatte, ebenso die Jäger, denen es gelungen war, „etwas von dem Primo Menstruo, oder ein Stücklein von dem Hembde, welches auf diese Art illuminiert, von einem Mägdgen zu bekommen"[3]). Der Jungfrau wurden von den Germanen besondere, Kräfte zugeschrieben, ich erinnere nur an ihre Tätigkeit als Meerweiber, Schwanenjungfrauen, Waldjungfrauen, Nornen und Walkyrien, aus der heidnischen Zeit der durchgeistigten Natur wird die Zauberkraft des

[1]) Vgl. Fleming II. 179—182.
[2]) H. Spencer, Soziologie, I. 300.
[3]) Fleming II. 127—128.

Jungfernhemdes vermutlich überliefert sein. Es wäre von Interesse, die Sage vom wilden Jäger hier noch zu berühren, ihre Wandlung vom jagenden Wode und Frau Gauden zum jagenden Teufel und verfluchten Jägermeister Hackelberend, doch würde mich der Gegenstand zu weit vom eigentlichen Thema abführen, das nur in dem Nachweis bestehen sollte, daß in der Jägerei der Aberglaube weit verbreitet war. Fleming berührt auch die Sage vom wilden Jäger und sucht sie natürlich zu erklären; er verweist auf den Ton des Sturmes, der, wenn er die Wipfel faßt, sein Lied gar oft so hell erklingen lasse, als ob in ein Hifthorn gestoßen werde; er verweist auf das Bellen der Hunde im Nachbardorf, auf das nächtliche Reiten von Reisenden und Buschkleppern, bekennt dann aber doch, daß auch Satan sein Spiel darunter habe. In schöner, frommer Weise rät er dem Jäger, keine Furcht zu haben; wenn er sich seinem Gott befohlen habe, und in der Ausübung seines Berufes sei, dann könne der Satan ihm kein Haar krümmen, der Schutz der heiligen Engel werde ihn beschirmen vor dem Schaden, den ihm böse Geister antun könnten [1]). Das Wesen der Religion ist immer rein und fromm und tief gewesen, unselig sind allein die Auswüchse, wie sie die Adelskaste der Priester schuf, sei es unter dem Namen eines Bischofs oder Leviten, die Gott zum Eiferer machten, zum Menschen ihrer Art, der in Zorn geriet, wenn der Bauer nicht „Bischöfliche Gnaden" sagte.

Ähnlich wie Fleming äußert sich Döbel über den Aberglauben. Sein Werk erschien im Jahre 1746. „Sympathie und Antipathie" waren die Kräfte, mit welchen der Aberglaube sein Hokus Pokus trieb, und Döbel erklärt denn auch ganz offen, „das ist gewiß, daß in der Sympathie und Antipathie sehr vieles steckt, und in der Natur viel verborgen ist". Auch Döbel hat das Pulver aus „Vitriol und Gummi Tragant", auch er will in die Ferne wirken [2]), wenn er ein wenig Blut vom Opfer hat.

---

[1]) Fleming soll auf seinen Gütern ein wunderliches Leben geführt, seine Bauern uniformiert, und der Herzogin von Sachsen-Weißenfels nicht nur den Krieg erklärt haben wegen eines Grenzhirsches, sondern den Krieg auch tatsächlich ins Werk gesetzt haben. Vgl. Bernhardt, Gesch. d. Waldeigentums I. 256, der auf Henne am Rhyn verweist, Kulturgesch. d. neueren Zeit 1871, II. 57. Nach dem teutschen Jäger zu urteilen war ja Fleming überzeugt, daß es zweierlei Menschen gab, bürgerliche und adelige, im übrigen aber hatte er vielfach ganz vernünftige Ansichten und ein freies und frommes Gemüt.

[2]) Döbels Sympathie und Antipathie haben nichts zu tun mit den anziehenden und abstoßenden Kräften, mit welchen die Naturwissenschaft um jene Zeit durch

Wenn ein Rohr nicht tödlich wirkt, so schießt er eine Schlange aus demselben und hat fortan im Rohr den „kalten Brand". Läßt man eine Blindschleiche im Rohr sterben, und schießt man diese dann heraus, dann hat das Rohr „den heissen Brand". Wo eine Kugel aus einem Rohr mit heißem Brand trifft, ist handbreit um den Schuß herum das Wildbret „als wie entzündet und verbrannt, wodurch auch sogleich das Tier kranket und endet"[1]). Der Glaube an den heißen Brand war so allgemein verbreitet, daß sogar die Herrschaften Stellung dazu nahmen und dem Jäger den heißen Brand zuweilen nicht gestatten wollten, obschon derselbe nicht für schädlich galt und nur das Aussehen des Wildbrets darunter litt. Die Hilfe der Schlange ist darauf zurückzuführen, daß diese in der Volksreligion überall für göttlich galt, weil das Volk in ihr einen zurückgekehrten Toten sah. Die Gewohnheit der Schlange, in die zu ebener Erde gelegenen Wohnungen zu kriechen, in jedes Loch und je nach Umständen in einen Flintenlauf zu schlüpfen, mag den Gedanken an ihre Hilfsbereitschaft wachgerufen haben, wo es galt, die Schußleistung des Laufes zu verbessern[2]).

Auch bei anderen Rezepten, die Döbel gibt, läßt sich der ursprüngliche Zusammenhang nachweisen. Der Aberglaube blühte in Deutschland uneingeschränkt bis zum Ausgang des 17. Jahrhunderts, bis zum Tode des großen Ketzerrichters Carpzow, der im Jahre 1666 in Leipzig starb. Das Christentum unterstützte den Aberglauben durch seine Lehre von den Wundern und seine gefälschte Legendenliteratur. Schon 1563 hatte Weyer in Kleve geschrieben gegen Zauberei und Hexenwesen; ihm folgte Montaigne 1587, Charron 1600, denen sich Bayle und Malebranche anschlossen. Colbert ließ keine Klagen auf Zauberei mehr annehmen, und die Juristen beschwerten sich darüber. In England nahm der Aber-

Newtons Schüler bereichert wurde unter dem Namen der Attraktion und Repulsion. Auch die Lehre von der Fernwirkung ist ihm fremd geblieben, die von derselben Schule eingeführt wurde; er braucht das Wort Fernwirkung ganz naiv und ohne wissenschaftliche Beigedanken.

[1]) H. W. Döbel, Jägerpraktika, 1746. Anhang 116.

[2]) Bezüglich der Hilfe und Vermenschlichung der Schlange sei nur erinnert an die Schlange der Eva, des Moses, des Äskulap, der Athena, des Erechteus; auch in der nordischen Sage ist die Schlange heimisch. Vgl. Band I, 172. Eine Menge Sagen erzählen von der Vertauschung der Gestalt zwischen Menschen und Schlangen. Gute Schlangen wurden verehrt, Hausschlangen zu töten brachte Unglück. Vgl. J. Grimm, Deutsche Mythologie 569—572.

glaube mit dem Siege der puritanischen Bewegung eine riesenhafte Größe an, Hobbes und Glanvet eiferten dagegen, aber 1736 erst wurden die Hexengesetze abgetan. In England hatte man die Hexen meist erwürgt, ehe man sie auf den brennenden Holzstoß warf, auf dem Festlande aber scheiterte jeder Versuch, eine leichtere Todesart einzuführen. Man sagte, ihr Verbrechen sei Verrat gegen den Allmächtigen, und es sei eine Mißachtung Gottes, sie mit einer leichteren Todesart zu strafen. Wenn die Menschen ihre Mitgeschöpfe als verdammt ansahen vom Allmächtigen, dann erstarb in ihnen die schwache, glimmende Flamme des Mitleids, und die Religion wurde zur Quelle der Grausamkeit [1]). Mit keinem Wort hat Luther sich der unglücklichen Frauen angenommen, im Gegenteil! Erst 1701 erschien das Buch von Christian Thomasius „vom Verbrechen der Zauberei", in welchem er die Auffassung des Carpzow zu bekämpfen suchte: „Das ist die alte Freistatt der akademischen Unwissenheit, daß alle diejenigen Wirkungen, welche nicht füglich aus der akademischen Naturlehre erklärt werden und mit den Vollkommenheiten Gottes nicht übereinzustimmen scheinen, notwendiger Weise dem Teufel müssen zugeschrieben werden." [2]) In Preußen war es der Soldatenkönig, der das Verbrennen der unglücklichen Frauen untersaget, in Österreich Maria Theresia, obschon noch bis ins 19. Jahrhundert hinein im Rahmen der katholischen Kirche die Scheiterhaufen knatterten.

Es kann daher nicht wundernehmen, daß in der Jägerei der Aberglaube so lange wirksam blieb, da der weitaus größte Teil der Jäger die geistige Höhe der Zeit nicht zu ersteigen pflegt. Wenn die Jägerei auch heute nicht das Wild mehr bannen will, Büchsen versprechen, Freischüsse tun, Weidemänner setzen, so ist sie doch nicht frei vom Glauben an üble Vorbedeutungen, und heut noch zweifelt mancher Jäger, ob eine Flinte treffen kann, wenn eine Frau darüber stand, und ob er nicht lieber umkehren soll, wenn ihm ein altes Mütterchen begegnet. Allem Aberglauben lag ursprünglich ein Schein von Sinn zugrunde, eine Beziehung zum Zusammenhang der Welt, wie er sich in den Köpfen

---

[1]) Lecky, Gesch. d. Aufklärung in Europa. 1866. I. 67—69, 83—96, 104.

[2]) Vgl. Curt Müller, Hexenaberglaube und Hexenprozesse in Deutschland. Reclam, 71, 72. — Hand aufs Herz: ist es heut anders? Heute mißbrauchen Gelehrte ihre Eigenschaft als Mitglied des Hauses der toten Hand, um auf ihre Kollegen das „Kreuzige ihn" zu rufen.

malte ohne die genauere Kenntnis der Natur, in letzter Linie eine Beziehung zu den Toten; und wie die Jägerei noch heut befangen ist vom Duft der blauen Blume, die in der Romantik fernem Lande wächst, so hat sich auch der Aberglaube in der Einsamkeit von Feld und Wald lebendiger gehalten, als in den lichtdurchglühten Arbeitsstätten des vereinten Lebens.

Die Technik der Jagd.

Die großartigste Jagdveranstaltung in einer Zeit, da sich der Landesvater für den einzigen Jäger hielt, und das Abschießen des Wildes, sofern er es nicht selbst bewirken konnte, durch seine Bedienten nur vollziehen ließ, war das sogenannte Hauptjagen. Auch die Bedienten durften wenig schießen, und um den Abschuß selber zu bewirken, ohne die ganze Zeit mit Schießen auszufüllen, welche ihm die Verwaltung seiner eigenen Angelegenheiten, die man Regierung nannte, übrig ließ, neben den dringenden Pflichten im Dienste der Mätresse und der italienischen Oper mit ihrem Kastratentenor, war es unvermeidlich, das Wild zusammenzutreiben, um auf diese Weise wenigstens die Zeit zu sparen, die für den Jäger mit dem Aufsuchen verbunden war. Wenn dann zwei bis drei Bediente mit dem Laden der Büchsen beschäftigt wurden, so daß dem hohen Herren die Arbeit des Tötens nur verblieb, dann konnte er allerdings in kurzer Zeit jene fürchterlichen Schußlisten erzielen, welche an den ägyptischen König Ramses II. gemahnen, der 100 000 Feinde mit eigener Hand erschlug. Der Fleischergeselle, der im Schlachthof ein Schwein nach dem andern stach, oder mit der Axt in kraftvoller Schwungbewegung Dutzende von Ochsen niederschlug, stand zweifellos im Dienste der Kultur; er sagte sich, wenn er beim Töten war: „Was ich hier mache, ist nicht schön, doch ist es notwendig, weil der Mensch mit einem Raubtiergebiß nicht ohne Fleisch bestehen kann, ergo machen wir die Sache in der Stille ab.“ Hier hatte das Volk das richtige Gefühl. Beim Töten der wilden Tiere dagegen lag die Sache anders, hier blähte sich der Jäger auf mit seinem Können, hier stellte er sich ins Licht der breitesten Öffentlichkeit, verwandelte die frühere Pflicht des Tötens in ein Fest der Freude, und ließ den Landesvater mit Musikbegleitung auf die Tiere schießen, die dieser sich auf Kosten seiner Untertanen zum fürstlichen Plaisir herangezüchtet hatte. Die Vorbereitungen zu einem

Hauptjagen waren sehr umfangreich und dauerten 4—5 Wochen[1]). Das Jagdzeug mußte vom Jägerhof nach dem zu treibenden Revier gefahren werden, die Bauern mußten zum Frondienst aufgeboten werden, und die Jägerei verließ ihre Posten bei den verschiedenen Forst- und Jagdämtern und zog sich zusammen an der einen Stelle, die nun auf Wochen hinaus zum Schauplatz ihrer Taten ward. Mit der Aufgabe, das Wild zusammenzutreiben und das Jagen einzustellen, wurde der älteste Hofjäger betraut, Oberjäger, Meisterjäger, Wildmeister, wie nun der Titel gerade war; er quartierte sich mit seinem Stabe in einem Dorfe oder Gutshof ein in nächster Nähe des zu treibenden Reviers, und in den Nachbardörfern lagerten die Bauern, die aus weitem Umkreis hier zusammengezogen waren, und deren Zahl sich oft nach Tausenden belief. In jedem Dorf, wo Bauern lagen, waren auch Jäger einquartiert, am Abend und am Morgen hatten die Bauern Appell, ein Jäger verlas die Namen, und wer fehlte, ward bestraft. Die würdige alte Dingstätte unter der Dorflinde, an welcher die Vorfahren der Fröner als freie Männer frei das Recht gesprochen und gewiesen hatten, sah jetzt ein übermütiges Bedientenvolk mit Schreien und mit Fluchen wichtig tun, und die ihrer Hauswirtschaft entrissenen Bauern, die den Rock bezahlten, den der Jäger trug, in unwürdiger Weise anbrüllen, stoßen und schlagen. Einsichtsvolle Landesherren kannten ihre Pappenheimer und pflegten vor jedem Hauptjagen den Befehl neu einzuschärfen, daß die Zahl der Fröner nicht über die Gebühr bemessen, die Leute auch nicht ohne Not zu lange aufgehalten, nicht schlecht behandelt, nicht geschlagen werden sollten, nicht ohne Not in Leibes- und Lebensgefahr gebracht, und daß namentlich die Herren Jäger nicht die Pflicht zum Frönen in ein lukratives Geldgeschäft verwandeln sollten[2]); aber was vermochte so ein Scheinbefehl bei einer Jägerei, die sich vor Strafe sicher fühlte in dem Bewußtsein ihrer Würde, das fürstliche Vergnügen einzuleiten!

Die erste Arbeit hatten die Besuchknechte zu leisten. Sie mußten den besten Wildstand zu ermitteln suchen, weil das Anlegen der Treiberlinien sich danach richtete. Mit dem Leithunde umzogen sie in aller Frühe Tag für Tag die Waldränder, und namentlich hatten sie auf jagdbare Hirsche ihr Augenmerk zu richten, d. h. auf Hirsche von zehn und

---

[1]) Döbel, Jägerpraktika, II. 46 l. Stellenweise waren auch ebensoviel Monate für die Vorbereitungen erforderlich. v. Wagner, Jagdwesen, 338—346.

[2]) Fleming I, Anhang 6 r.

mehr Enden. Der vorsuchende Jäger hatte die Hirsche nach der Endenzahl tunlichst genau anzusprechen, und im einzelnen zu melden, wieviel jagdbare und wieviel schwache Hirsche, Tiere und Kälber in diesem oder jenem Dickicht standen. Wenn Wild bestätigt war, ward schnell die Treiberkette angelegt, um alles Wild allmählich nach dem einen Platze hinzudrängen, der für das Totschießen bestimmt war. Wo ein Trieb aufhörte, wurde zur Verhütung des Rückwechsels eine Linie von Federlappen aufgehängt, und in dieser Weise ging es weiter Tag für Tag; von allen Seiten her wurde das Wild zusammengetrieben, bis das Revier so klein geworden war, daß Lappen, Netze und Zeuge hinreichten, um es gänzlich einzustellen[1]). Meistens war der innere Wald von Alleen und Stellwegen durchzogen, welche fleißige Fröner Jahre vorher zugerichtet hatten, auf diesen Stellwegen machten jedesmal die Treiber Halt, um sich auszurichten, ganz zu machen, und dann geschlossen wieder vorzugehen.

Der leitende Hofjäger befehligte den rechten Flügel, sein erster Adjutant den linken, sein zweiter die Mitte. Die Jäger durften nicht weiter auseinander stehen, als der Ton des Hifthornes zu hören war, der die Bewegungen der Treiberlinie lenkte. In langer Kette schoben sich die Treiber vor, womöglich in der Breite, oder doch der halben Breite des Reviers, und auf jedem Stellweg wurde abgefragt, ob Wild zurückgewechselt wäre. Oft hatte sich das Wild nicht treiben lassen, war durch die Treiberlinie gebrochen und bis an die Einstellung, und wenn diese nur aus Lappen bestand, auch wohl noch darüber hinaus geflüchtet, „durch die Lappen gegangen", und die mühevolle Arbeit mancher Tage war umsonst gewesen! Da stand nun der arme Hofjäger im Bewußtsein seiner Würde, aber auch in der Kneifzange seiner Verantwortlichkeit vor der ungwissen, bangen Wahl, ob er das Wild verlorengeben und weiter treiben, oder die Arbeit erneuern und die Treiber wieder an die Brame schicken sollte. Die Bauern waren oft nicht frei von Schuld, sie scheuchten das Wild nicht, sondern ließen es absichtlich durch, um sich an dem Hofjäger zu rächen für all die Liebe und Güte, die ihnen durch den Herrn im Lauf der Jahre widerfahren war, jeder hatte mit ihm eine Abrechnung. Ungefähr wußte der Hofjäger ja auch, wessen er sich zu versehen hatte; so dicht als möglich verteilte er die Jäger in der Treiber-

[1]) Döbel II. 41 f.

linie[1]), aber wenn alle Vorsicht nicht geholfen hatte und Wild zurückgewechselt war, dann machte sich der Grimm in einem Donnerwetter Luft, in dem der Seele Seligkeit verschworen wurde, und ungezählte Flüche prasselten gleich einem Hagelwetter nieder auf die äußerlich bedrückte, innerlich aber grinsende Treiberschar. Wenn aber alle sinnigen Vergleiche der Treiber mit gezähmten Tieren nicht geholfen hatten, die erste sittliche Wallung verraucht war, und das Wild trotzdem noch immer draußen blieb, dann war die Frage zu entscheiden, ob im vorwärts oder im zurück das Heil des Jagens zu erwarten stand. War das zurückgewechselte Rudel stark gewesen, vielleicht ein Trupp von Hirschen oder ein Rudel von Sauen von 20 oder 30 Stück, und drängte nicht die Zeit, dann wurde meistens wohl zurückgegangen. Dabei konnte es vorkommen, daß die Besuchknechte von neuem einkreisen mußten, und daß ein Tag verloren ging, ehe das Außentreiben wieder angelegt werden konnte. Darum hießen diese vorbereitenden Treiben „verlorene Treiben", weil Wild und Arbeit oft verloren gingen. War der Trieb geglückt und kein Wild zurückgegangen, dann kam vom rechten Flügel das Kommando „stell her, stell her", und eilig wurde das Zeug der hinteren Stellung abgebrochen und in der neuen Schneise aufgestellt.

So lange das Wild nur mit Lappen umstellt war, lag immer die Gefahr des Ausbrechens vor, zumal in der Nacht, und deswegen mußte die Lappstatt scharf bewacht werden. In weitem Bogen zogen sich im nächtlichen Dunkel die Lagerfeuer hin, gespenstisch jagten die Lichter in den Kronen der Bäume, hunderte von Menschen lagen müde in dem weichen Laub und kauten an einem Stückchen trocknen Brodes, das sie vor Wochen mitgenommen hatten, als das Aufgebot sie forttrieb von den Ihren. Erst wenn das Jagen soweit eingezwängt war, daß die hohen Netze oder Tücher hinreichten zum Einstellen, und die Lappen ausgeschaltet wurden, war es möglich, auch die Wache einzuschränken auf etwa 50 Bauern und eine Anzahl Jäger.[2]) Diese wachten Nacht für Nacht am Außenrand des Zeuges, sie hatten auf die Tücher und die Leinen acht zu geben, die angezogen oder nachgelassen werden mußten, je nachdem das Wetter feucht oder trocken war; bei Witterungsumschlag war die Wache beständig auf den Beinen,

[1]) Fleming I. 273.

[2]) Döbel, II. 41 r und 49 r.

um dem Spuken der koerzitiven Geister zu begegnen. Ein Hofjäger und ein Oberförster ritten in der Nacht die Stellung auf und ab, bei Tage wurden sie durch einen Jagdjunker und einen Pagen abgelöst[1]). Die letztgenannten Herren waren von Adel und mußten nachts doch ihre Ruhe haben, während bei dem Hofjäger kein Mensch sich darum kümmerte, wenn er drei Wochen lang nicht aus den Kleidern kam. Der Herzog Ludwig Rudolf von Braunschweig ließ keinen Jäger, gleichviel ob Meisterjäger oder Bursch, des Nachts vom Jagen fort, alle mußten Nacht für Nacht beim Zeuge bleiben, so lange das Jagen dauerte[2]). An allen Höfen aber mußten die Jagd-Schneider und Jagd-Seiler beständig in Bereitschaft sein, denn es kam vor, daß die Sauen sich durch die Tücher zu schlagen suchten, und die Füchse die Netzmaschen anschnitten. Vielfach führten Handelsstraßen und öffentliche Wege durch das eingestellte Jagen, dann mußte an jedem Ein- und Austritt eine Wache stehen, die meist aus einem Zeugknecht und vier Bauern gebildet wurde. Kamen Leute oder Wagen, so wurde die Unterleine gelöst und hochgehoben, und nach dem Durchgang wieder festgemacht. An Markttagen konnte der Verkehr sehr störend sein, und ein findiger Zeugknecht sah hierin ein gutes Mittel, um Erpressungen zu üben. „Es gehöret sich aber nicht Trinck-Geld zu erpressen, oder ein lang Examen da anzustellen, deswegen ein verständiger Mensch darbey gehöhret, so die Leute nicht brutalisire, oder anschnautze, sondern einen Jeden seine Strasse, doch in aller Stille, reysen lasse.“ [3])

Während nun ein Teil der Bauern dem Zusammentreiben des Wildes wochenlang die Tage und die Nächte, und meistens in der Zeit der Ernte, opfern mußte, war ein anderer Teil mit dem Aufstellen der Arena beschäftigt, in welcher das Totschießen erfolgen sollte. Diese Arena bestand aus drei Teilen, dem Zwangtreiben, der Kammer und dem Lauf. Sie hatte den Grundriß einer nicht zu langen, in der Mitte etwas eingeschnürten Wurst, und wurde rings mit hohen Tüchern eingestellt. An der eingeschnürten Stelle war die Arena durch das sogenannte Quertuch in zwei Teile geschieden, deren einer den Lauf umfaßte, während der andere zunächst die Kammer und im hinteren Teil

---

[1]) Fleming I. 274 r.

[2]) Döbel II. 49 r. Er spricht dort allerdings vom Bestätigungsjagen, doch macht er die Angabe ohne Einschränkung.

[3]) Fleming I. 275 l.

das Zwangtreiben enthielt, das von der Kammer durch ein Tuch oder Netz geschieden wurde. In das Zwangtreiben wurde das Wild zuletzt hineingedrängt, um hier sein Schicksal zu erwarten. Dieses letzte Treiben war das schwierigste und mühevollste, weil das Wild immer wieder durch die Treiber brach und der Trieb mehrmals wiederholt werden mußte. Immer peinlicher mußte nachts das Wachen vor sich gehen, denn je länger das Wild im Zwangtreiben stand, desto vertrauter wurde es und desto mehr versuchte es sich durchzuschlagen. Unablässig zogen in der Nacht die Jäger rund um die Arena, auf der Schulter eine eiserne Pfanne an langem Stil, in welcher Kienholz brannte[1]). Sobald das Zwangtreiben geschlossen war, jagte ein Kurier ventre à terre zum Oberjägermeister in die Residenz und brachte ihm die Meldung, wieviel Wild im Treiben stehe, von welcher Art es sei, und daß die gnädige Herrschaft baldigst kommen möge, um Wild und Jäger von der allgemeinen Spannung zu befreien.

Inzwischen hatte ein Jagdfourier das Unterkommen für den Hof geschäftig vorbereitet, entweder in einem Jagdschloß oder auf einer Domäne, wobei natürlich auch die umliegenden Güter und Dörfer einen Teil von dem überaus zahlreichen Troß verpflegen mußten. Nicht nur war „die hochfürstliche Herrschaft" begleitet von einem Schwarm von Hofbeamten und Hofdamen, von „Cavalliers und Hoffstatt", großen und kleinen Bedienten mit ihren „Kutzschen, Carossen, Bagage, Küchen- und Kellerwagen, Kutsch-, Hand- und Reit-Pferden", sondern auch die Jägerei der 1. Klasse, die adlige, stellte ein zahlreiches Personal, das jetzt erst auf der Bildfläche erschien, nun die Arbeit fertig war: der Ober-Jägermeister, die Land-Jägermeister, Forstmeister, Jagdjunker, Jagdpagen, sowie auch noch ein Schwarm von Oberförstern, Besuchknechten und Bedienten mit Pferden und Wagen. Die herrschaftlichen Hunde wurden aus dem ganzen Land zusammengeholt, um beim Abjagen in Aktion zu treten, die englischen Hatzhunde, die Rüden, die Finder und die Jagdhunde. Unter dem Geleit der Rüdenknechte und Hundejungen wurden sie aus ihren Pensionaten, den alten Hundelegen, in den Dörfern und den Städten, von den Müllern, Bäckern, Wasenknechten abgeholt und durch frönende Bauern nach der Stätte des Hauptjagens gefahren, oder auch zu Fuß dahin geführt in langsamen, bequemen Tagemärschen.

[1]) Fleming I. 275 r.

Für Pferde und Hunde war das Futter zu beschaffen und vorrätig zu halten, Hafer, Heu und Stroh, Brot und Fleisch, denn die Bauern waren so arm, daß in den „schlechten Dörffern keine Lebens-Mittel und kaum das Brod von dem neydischen (!) Bauer zu erhalten" war. In den größeren Dörfern ließen sich Jagdmarketender nieder, sie schänkten Wein, braunes und weißes Bier, verkauften Brot und Semmeln, Wurst und andere Fleischwaren, an denen nicht nur die „hochlöbliche Jägerey, Jagd- und Forst-Bedienten" sich gütlich taten „für ihr Geld", sondern auch der Schwarm der fremden Gäste, die rings umher zusammenströmten, um das bunte Treiben zu begaffen und beim Abjagen als Zaungäste auf den zahlreichen Wild- und Zeugwagen umherzustehen, die an die Außenseite des Laufes herangeschoben wurden, und so das grausige Schauspiel in der Arena zu genießen. Kamen die höchsten Herrschaften in buntem Aufzug angefahren, schrie Alles ein begeistertes Hurra! und die Herrschaften freuten sich im Stillen über die Liebe ihres treuen Volkes. Die dümmsten Bauern wurden in bunte Kleider gesteckt und mußten der adeligen Jägerei als Ordonnanzen dienen; am sächsischen Hofe hatten sie ursprünglich „stahlgrüne" Mützen getragen, Regen und Sonne hatten die alten Dinger blau gefärbt, und der Volksmund nannte ihre Träger spöttisch Blaumützen. Es versteht sich, daß auch die Jagdhandwerker zum Hoflager gehörten, Seiler, Schneider, Wagner, Schmiede, Riemer, Waffenschmiede, jede Gruppe hatte ihre Werkstatt aufgeschlagen, und auf des Bauern Tenne saßen fremde Gäste. Die heilige Hermandad war vertreten durch die Land-Jagd-Knechte (Gendarmen), sogar ein Jagd-Voigt war zur Stelle, um schleunige Justiz zu üben, rebellische Bauern ließ er „schliessen und feste machen, und einem Verbrecher die Sturmhaube auffetzen". Fahrendes Volk trieb seine Gauklerpossen und die edle Musika, die „Jagd-Hautbois warteten am Morgen wie am Abend dem Herrn Oberjägermeister auf"; wahrscheinlich hatte der Landesvater, dessen Ohr schon etwas feiner war, entrüstet sich die Tuterei verbeten.

In der Mitte des Laufes war für den Landesvater und die Seinen ein Schirm errichtet worden, ein kleines Haus aus Holz, das den fürstlichen Leib beschirmte vor der Rache des angeschossenen Wildes. Der Laufplatz selbst war für die Flucht des Wildes freigelassen, das vor dem Schirme hin und hergetrieben wurde als bewegliche Scheiben für die hochfürstliche Herrschaft, die mit Totschießen „sich divertiren" wollte.

Nichts ist schwieriger, als die eigene Zeit im Lichte der Geschichte zu betrachten; die tägliche Gewohnheit stumpft das Empfinden ab, sie läßt das Ungeheuerliche als natürlich gelten und sieht in ihm zuletzt das einzig Mögliche. So fehlt auch Fleming ganz die Fähigkeit, sich aus Anlaß dieser Mordjagd zu höherer Betrachtung zu erheben: „Dieweil vor uhralten Zeiten grosse Herren und Potentaten auff der Jagd meistens zu Pferde mit flüchtigen Hunden das angeschossene Wild eyfrig, verfolget, dieses aber vor Angst sich zu salviren, über Berg und Thal, Steinfelßen, und Abgründe, Moräste und Sümpffe, tiefe Seen, und Wasser-Ströhme gesetzet, und ihre Flucht genommen; So hat nicht fehlen können, wie in der Vorrede gemeldet, daß manches Unglück hieraus entstanden, welches nachgehends Anlaß gegeben, auf eine bessere Erfindung, und auff eine vor die Herrschaft vergnügtere, sichere und lustige Manier zu dencken, wie nemlich die wilden Thiere auff einen Platz zu bringen, woselbst die Herrschafft ihrer mit Lust erwarthen, dieselben sich vorjagen lassen, und in der Herauskunfft, und dem Vorbeylauffen mit herrlicher Vergnügung (!) schiessen, und sich mit Hetzen divertiren könne: Ist dahero von der hochlöblichen Jägerey ein solcher Richter Platz (!) der Lauff genennet worden." Flemings geschichtliche Angaben sind nicht richtig, die Massenschlächterei ist so alt wie der große Grundbesitz; mehr interessiert uns hier die Tatsache, daß die gleiche Angst beim Adel wiederkehrt, sich der Gefahr der Hetzjagd auszusetzen, die wir im vorigen Jahrhundert schon bemerken mußten, auch jetzt fehlt noch der Wagemut, die Lust an der Gefahr, am frischen fröhlichen Jagen, es herrscht das adlige Philistertum, die beklagenswerte Vorliebe für die sichere „herrliche Vergnügung" auf dem Richter-Platz", für das Töten aus dem Hinterhalt ohne Kunst und ohne Mut. In der Mitte auf diesem Richter-Platz stand nun der Schirm, ein rechteckiges, eingeschossiges hölzernes Bauwerk, das an den schmalen Seiten offen war. An jeder Schmalseite standen 4—6, an jeder Langseite 6—14 Stiele, welche das Dach trugen, und unten durch eine hölzerne Brüstung geschlossen wurden. Der Schirm war bunt gestrichen, mit Reisig, Maien und Guirlanden umwunden und der hohen Bedeutung des Tages entsprechend von dienender Hand aufs Festlichste geschmückt. Der Hof fuhr mit Gefolge auf den Laufplatz, trat in den Schirm und die Wagen fuhren wieder ab. Hinter dem Schirm waren die Kammer- und Leibhunde aufgestellt, während die anderen Fanghunde, die sogenannten englischen Hunde, vor dem Quertuch ihren Posten fanden. Dies oben schon erwähnte Quertuch schied die Kammer von dem Lauf und bestand aus sechs bis acht beweglichen Vorhängen, die auf Rollen liefen und seitlich zusammengezogen und wieder ausgedehnt, geöffnet und geschlossen werden konnten[1]). Jeder Vorhang wurde von einer Blaumütze bedient. Waren die Vorhänge aufgezogen, konnte das Wild von der Kammer aus nach dem Lauf frei durchpassieren; waren sie ausgespannt, war der Durchgang geschlossen. Rechts und links an den Enden des Quertuches hatten der Oberjägermeister und der nächste Würdenträger in Huberto ihre Plätze, um das Quertuch nach Bedarf öffnen und schließen zu lassen, den Zulauf zu regeln und das Töten zu leiten. Vor dem Quertuch wurden auf der Laufseite Sträucher eingepflanzt, eine lebende Hecke, die den Einblick in den Lauf dem Wild verhindern sollte, weil es sonst vorkam, daß das Wild in despektierlicher Weise den Einlauf verweigerte und durch keine Gewalt in die Arena zu bringen war. Das morituri te salutant war der dummen Kreatur nicht beizubringen. In der Mitte vor dem Quertuch nahm die Musika auf erhöhtem Rasensitz die Aufstellung, denn jeder jagdbare Hirsch wurde mit „Trompetten und Paucken angeblasen". Vor den Langseiten des Schirmes waren künstliche Hindernisse aus Gräben und Strauchwerk eingegraben, die das gejagte Wild überfallen mußte. Waren Sauen im Jagen zu erwarten, wurden die Tücher, die den Lauf einschlossen, mit Netzen dupliert, wie ich im vorigen Kapitel schon geschildert habe, damit die Sauen nicht an die Tücher kommen und sich durchschlagen, und damit die Jäger an den Maschen emporklettern und sich vor den schwarzen Kämpen sichern konnten, wenn sie sich außerstande fühlten, ihnen kämpflich zu begegnen. Das Wild war in der Frühe des Tages, an welchem das Totschießen erfolgen sollte, aus dem Zwangtreiben in die Kammer gedrängt worden und stand nun bereit zum Todeslauf.

Die Herrschaft „mit der Gemahlin, frembder Herrschaft, löblichem Frauenzimmer und sämbtlichen Hoffstatt" hatte sich also in den Schirm begeben, vor diesem stellte sich die Jägerei in drei Gliedern nach Rang und Würden auf, selbstverständlich in Gala, „in grüner mit Gold und Silber reich bordierter Livree", mit Hornfesseln, Wald-, Rüden- und Hifthörnern, den Hirschfänger an der Seite. Gnädig winkte der Fürst,

---

[1]) Döbel sagt nicht Quertuch, sondern Rolltuch. II. 44.

und alsobald begann die Jägerei zu blasen; in bestimmten Intervallen wurden die Horntöne unterbrochen durch das Waldgeschrei, das bei einem Hirschjagen „ja ha ha, ja ha!" zu lauten hatte, bei einem Saujagen dagegen „ho, Ri, do, ho ha ho!" ein Silbenbau, der aus hellem oder tiefem Hals in die Welt hinausgeschrien wurde[1]), je nachdem es sich um Rotwild oder Sauen handelte. Im Vollklang dieses Konzertes nahm die Jägerei den Hut unter den Arm und zog im Gleichschritt an dem Schirm vorüber „zu Holz", d. h. durch das Quertuch hinweg in die Kammer hinein. Den Jägern folgten in Reih und Glied die Hunde, die Hatzhunde schwenkten vor dem Quertuch ab und bezogen ihre Schirme, während die Jagdhunde den Jägern folgten bis an die jenseitige Kammerwand. Dort wurde eine Treiberkette aufgestellt, und wenn dieselbe vorrückte, wurden auch die Jagdhunde gelöst. Die Leibschützen und Büchsenspanner hatten im Schirm die Büchsen fertig gemacht, Kugeln und Pulver sich zurechtgelegt und überreichten Serenissimo nunmehr in submisser Haltung eine Büchse.

Verheißungsvoll klingt der Laut der Hunde in der Kammer, „Juch Hirsch!" erschallt der Jägerschrei, und da ertönt auch schon das „bom ta tschintara!" der Musikanten, einen jagdbaren Hirsch verkündend, der nun in eleganten Fluchten die Hindernisse vor dem Schirm überfällt. Bautz! tönt der erste Schuß! Tiere und Kälber folgen dem Hirsch, schnell hintereinander knallen die Büchsen. „Ta bom ta tschintara!" — ein jagdbarer, und noch einer, und noch einer, Pauken und Trompeten sind in Aufregung. Schneller folgen die Schüsse, der Laufplatz füllt sich mit flüchtendem Wild, ratlos fährt es hin und wider, wilde Angst in den Lichtern. Manch ein Geweihter liegt und färbt den Rasen rot, um ihn stürzen Tiere und Kälber, aber gleichzeitig wird die traurige Schar geboren, die nun verwundet um ihr Leben ringt: dort umkreist, von den Hunden gehetzt, ein angeschweißter Hirsch den Schirm auf drei Läufen, der linke Vorderlauf schlenkert um den rechten, dort wälzen Tiere sich im Todeskampf und schlagen mit den Läufen in die Luft, aus zehn Wunden schweißend flüchten andere den Laufplatz auf und nieder, dort

---

[1]) Döbel hat II. 44 und 54 als gewöhnliches Jagdgeschrei einmal die Silben Joho, hoch do, ho!, ein anderes Mal Jo ho! hoch do! hoch do! Aus dem Waldgeschrei für die Sauen ist unser an sich nicht mehr verständliches Horrido hervorgegangen: Ha, der Rüde ist da, ho Ri do, horrido!

schleppt ein Hirsch, durchs Kreuz geschossen, sich auf den Vorderläufen fort, hier ein anderer hat den Hunden sich gestellt und kämpft, während der rote Schweiß ihm aus dem Windfang träufelt. „Ta bom ta tschintara!" ertönt es bei den Musikanten, und wieder knallt es aus dem Schirm. Zwischen dem gefallenen und dem schweißenden Wild tauchen jetzt menschliche Gestalten auf, Jägerknechte, die zurückbehalten sind, um dem verwundeten Wild den Fang zu geben: dem jagdbaren Hirsch den Hirschfänger in das Herz, dem anderen Wild das Messer in den Nacken! Doch ist der Todesstoß nicht immer leicht! Umsonst versuchen sie, an den Hirsch heranzukommen, der mit durchschossenem Rücken sich auf den Vorderläufen schleppt, er schlägt sie ab, die Kraft des Nackens ist noch ungebrochen. „Die Hunde los!" tönt das Kommando. Mit wilder Kampfbegier werfen die Hatzhunde sich in den Kreis des geängsteten Wildes, erschrocken fährt es auseinander, Schüsse fallen, Tiere stürzen, Hunde jagen, Jäger schreien, immer röter wird die Erde: „Ta bom ta tschintara!", neue Scharen werden vorgetrieben, fieberhaft arbeiten die Büchsenlader, Salven rollen, der Pulverdampf stellt sich als dicke weiße Wolke um den Schirm, den Ausblick auf das Schlachtfeld zu bedecken, und notgedrungen macht das Schießen halt. Der Landesvater winkt dem Oberjägermeister, das Quertuch wird geschlossen und die entsetzliche Musik verstummt.

Sechzig, siebzig Tiere decken den grünen Rasen, aber dreißig stehen noch aufrecht auf den zitternden Läufen oder flüchten schweißend hin und wider. Giftig klingt der Meute Laut, und in roten Bächen rinnt das Leben aus den Wunden. Serenissimus gibt die heiße Büchse aus der Hand und befiehlt, die Leibhunde zu lösen, sie sollen den Hirsch mit dem durchschossenen Rücken packen, damit er ihm die Gnade erweisen kann, ihn persönlich zu töten. Pluto und Packan folgen auch dem Rufe ihres Herrn, während die anderen Hunde, wild geworden von dem Lärm und Schweißgeruch, den Wölfen gleich sich auf das kranke Wild verteilen; ein jeder wählt sein Opfer aus und in wilder Hetze geht die Jagd rund um den Schirm herum, ein Planetensystem der Hölle, sich kreuzend und hemmend, in das tolle Durcheinander fallen Schüsse, hier reißen zwei Leibhunde ein Schmaltier zusammen, das laut klagend niederfällt, dort probieren andere die Hinterkeulen eines Hirsches, der vorn mit dem Geweih die Jagdhunde abschlägt. Schwärmer werden losgelassen, um das geängstete Wild zu sprengen, daß sich zitternd in die

Winkel drängt[1]). Endlich treten die Schießer mit der Büchse in der Hand heraus, dem wunden Wild den Gnadenschuß zu geben. Andere steigen zu Pferd und üben sich im Pistolenschießen auf kranke, flüchtende Tiere, wieder andere nehmen Lanzen in die Hand und zeigen ihre Ungeschicklichkeit darin, sie den geängsteten Tieren an falscher Stelle in den Leib zu werfen. Den Schluß muß dann der Jägerknecht doch machen, der, das rote Messer in der Hand, als der Engel der Erlösung waltet in diesem Höllenpfuhl, dessen Qualen kein Dante uns geschildert hat. Zwischen den Schießern, Jägerknechten, Hunden und dem wunden Wild walten die Totengräber ihres Amtes, unaufhörlich gehen die Blaumützen ab und zu, stets vier Mann hoch und eine Bahre auf den Schultern. Am äußeren Ende der Arena wird die Strecke hingelegt, oben an die geweihten Hirsche, nach der Endenzahl geordnet; dann die Tiere und die Kälber, in der zweiten Gruppe die Sauen und zuletzt das Raubzeug, alles mit dem Kopf dem Schirme zugewandt.

Dieses Abschießen von künstlich und mit Absicht aufgezogenem Wilde war keine Tat im Dienste der Kultur, wie sie der Fleischer übt, es war die Betätigung der Lust am Schießen auf lebende Scheiben, ein Fest, ein Divertieren mit Musikbegleitung, eine „herrliche Vergnügung auf dem Richterplatz", und darin lag das tief Beklagenswerte: hier zeigte sich der seelische Tiefstand einer Adelskaste, welche die Herrschaft über das Volk in Anspruch nahm. Sie umgab die Massenschlächterei mit dem romantischen Glanze der Jagd, der große Grundbesitz verrohte hier das Weidewerk in gleicher Art, wie er vor 1000 Jahren es getan hatte, als der große Karl und der fromme Ludwig im zusammengetriebenen Wild gewütet hatten, auch damals war die Massenschlächterei ein Fest gewesen, und all die salbungsvollen Worte, die im Lauf der 1000 Jahre von den Kanzeln niederflossen, hatten nicht vermocht, das seelische Gefühl der großen Grundbesitzer soweit zu läutern und zu reinigen, daß sie zu weidgerechten Jägern sich erhoben hätten.

Indessen ist das Trauerspiel noch nicht zu Ende. Die Hofgesellschaft tritt wieder in den Schirm, ein Wink, das Quertuch öffnet sich, der zweite Akt beginnt, dem zuweilen ein dritter und ein vierter folgten: Hunderte von Tieren wurden vorgetrieben. In Württemberg standen 1748 bei Leonberg 700—800 Stück Wild in der Kammer; als die Herrschaft

[1]) Döbel II. 60 l.

400 Stück umgebracht hatte, war sie müde und brach das Töten ab, denn es war 5 Uhr geworden, der erschöpfte Schwarm der Schießer hatte ein Frühstück eingenommen und sich in eine versöhnliche Stimmung hineingegessen; auch das Grausen wird zum Überdruß! Den Gipfel der Verirrung zeigten die Jagden zu Degerloch im Jahre 1763, deren Vorarbeiten fünf Monate in Anspruch nahmen, und die zu Bärensee im Jahre 1782, bei welcher nach der Gräfin Hohenheim 5000 Stück Wild den Tod erwarteten[1]). Bei einem ganz gewöhnlichen „Hirsch-Brunst-Jagen" zu Heidenheim im Jahre 1790 waren 1000 Mann drei Wochen lang im Walde tätig mit den Vorarbeiten, 21 240 Arbeitstage waren nötig, 73 reitende Boten jagten hin und her, die Meldungen zu machen, und zum Verfeuern in den Nächten brauchte man 2766 Klaftern[2]) Holz!

Und wozu das alles? Die Antwort gibt uns Döbel: „Die hiebevor beschriebene Haupt-Jagen sind zuweilen über die Massen nöthig, aber auch dabey nützlich und plaisirlich. Nöthig sind sie, wenn sich das Wildpret zu sehr mehret, und denen Untertanen das Getreyde, Kraut und Gras von denen Wiesen abäset[3]). Damit nun die Unterthanen dieses alles erhalten mögen; so stehet die hohe Landes-Herrschafft, wenn sie darinn, wie offt geschiehet, aller unterthänigst suppliciren[4]), dahin, daß die Zahl des Wildes eingezogen und verringert werde. Hingegen sind sie auch sehr nützlich, denn dadurch wird nicht nur des Landes-Herrn Zehr-Garten und Küche mit gutem Wildpret versehen, sondern es sind Allerhöchst- und Höchst-Dieselben auch allezeit so gnädigst, daß sie davon das meiste verschencken; die größte Nutzbarkeit aber kömmt daraus, daß der Land-Mann sodann das seine behalten, und die auf den Feldern liegende Onera und Abgaben seiner hohen Landesherrschafft abgeben

---

[1]) v. Wagner, Das Jagdwesen in Württemberg, 346.

[2]) Ebenda 338—346. Dem Leser, der etwa glauben sollte, daß beim Abjagen meine Phantasie mit mir durchgegangen sei, bitte ich, sich die Kupferstiche anzusehen in Fleming I. 278, 304, II. 160 und 164, sowie in Döbel II. 40.

[3]) Schlimm genug, daß es dahin kommen durfte.

[4]) Dieser Konditionalsatz ist bezeichnend für die Denkungsart Döbels, eines herzensguten Kerls, aber eines Bedienten, eines Jagdbedienten, der am sächsischen Hofe in Hubertusburg als Oberpiqueur angestellt war und in dieser Eigenschaft sein Buch geschrieben hat, das er Friedrich August widmete. Schon die Widmung beleuchtet grell die Art des Döbelschen Seelenlebens: „Ew. Königl. Majestät wollen nach dero höchstgepriesenen Clementz Allergnädigst zu erlauben geruhen, daß ich, als ein geringer Wald- und Weidmann, mich demüthigst unterfangen darff, vor dero

kan. Wie nun der Land-Mann den größten Nutzen davon hat; also lassen sich die hohen Landes-Herrschafften daran begnügen, daß sie den Unterthan dadurch soulagiren, und behalten fast einzig und allein das Pläsier vor sich!" Wie rührend, daß die Herrschaften nicht 400 Hirsche selber essen mochten, sondern so großmütig waren, sie zu verschenken an ihre Bedientenschaft, zumal im Sommer, wo das Wildpret am dritten Tage schon anrüchig sein konnte, wenn es nicht gleich ins Salzfaß kam. Andere Herrschaften zwangen die Untertanen zum Ankauf gegen Taxe! Und der Zweck des ganzen Aufwandes? Döbel sagt es ja: „Das Pläsier der hohen Landes-Herrschafften", ein Plaisir von einigen Stunden!

War nun die Kammer ausgetrieben und das Wild getötet, dann kam die Jägerei in der gleichen Ordnung wieder auf den Schlachtplatz zurück, wie sie im Anfang zu Holz gezogen war, nur stellte sie sich diesmal an der anderen Seite des Schirmes auf, sie hatte grüne Brüche auf den Hüten, schrie wieder ihr Walddeschrei und blies mit ihren Hörnern das Massentöten ab. Der Oberjägermeister begab sich zu Serenissimo und überreichte ihm den Bruch, den dieser unbefangen genug war, sich an den Hut zu stecken; dann bedankte er sich bei dem Oberjägermeister „vor das Jagd-Plaisir", welches ihm natürlich nicht der Oberjägermeister, sondern der Hofjäger bereitet hatte. Auch die Schranzen steckten Brüche auf, „alle Cavaliers und hohe Damen", indem sie die stillschweigende Voraussetzung begünstigten, daß sie einen jagdbaren Hirsch getötet hätten, denn nur für einen jagdbaren was der Bruch erlaubt[1]). Die Weiber schossen auf das Wild gleichwie die Männer. Die Jagdgesellschaft begab sich dann zur Strecke und weidete die Augen an der Beute. Die starken Hirsche wurden gewogen, bewundert und gerühmt, wobei der Schütze ein inneres Behagen spürte, das nur beeinträchtigt wurde durch den knurrenden Magen, und wenn nicht der Gesellschaft noch ein angemessenes Vergnügen bereitet werden sollte durch Verklopfen eines adligen Popos, dann ging es jetzt in angeregter Stimmung hin zum

---

geheiligten Thron" (den die Herren durch Glaubenswechsel und Geld gekauft hatten!), „welchen die gelehrtesten Federn alleine zu verehren würdig sind, in allerunterthänigster Ehrfurcht mich zu nahen und ein Werck meiner Hände..... Ew. Königl. Maj. und Churfürstl. Durchl. als ein Opffer und Zeichen meines höchst derenselben in allerunterthänigster Treue bis in die Grufft geweyheten Hertzens zu überreichen" usw. Da kann denn freilich über den Geist des Buches niemand im Zweifel sein.

1) Döbel II. 44 r.

„Jagd-Panquet", das entweder auf der Wahlstatt selbst im Schirm, oder außerhalb des Laufes in einem Zelte angerichtet war. Zum Zeichen, daß die Jägerei nichts war als eine Dienerschaft, mußte sie die Speisen auftragen, Hofjäger und Besuchknechte rannten mit der Suppe hin und her, daß der Bruch am Hute wackelte, und bespritzten sich den Galarock mit Bratensauce; Jagdpagen eilten mit dem Saft der Reben zu dem Hofjägermeister, dem Landjägermeister, den Oberforstmeistern und Jagdjunkern, die secundum ordinem mit ihren Perücken hinter der Herrschaft standen um „aufzuwarten", vorzustehen sagte der gute Schweinichen; der Oberjägermeister hatte die Rolle des Oberkellners, er kredenzte den Wein, um ihn dann „der Herrschaft mit größter Submission" zu überreichen. Hatte sich die Herrschaft satt gegessen und Gesundheiten getrunken, und hatte die Jägerei dazu ihr Horrido geschrien oder auf den Hifthörnern gebührlich laut geblasen, dann durfte sie sich selbst zur Tafel setzen und hatte dann gemeinhin freie Zeche. Das Gelage dauerte bis in die Nacht, und manche Jungfernschaft ging da verloren, es konnte „so genau nicht hergehen"[1]).

Während dieser allgemeinen Fröhlichkeit standen die Zerwirkknechte bei der Arbeit auf dem Schlachthof, denn alles Wildbret mußte aufgebrochen, zerwirkt und zerlegt werden, dann kam es in die Fässer, nachdem es vorher mit Salz eingerieben war. Durchaus nicht immer war Serenissimus so mit Verschenken bei der Hand, wie uns Döbel „submissest" glauben machen möchte.

Das Zerwirken und Zerlegen hatte auch jetzt noch seine Regeln; der Jäger durfte nicht den Rock abziehen oder die Ärmel aufkrempen und mit bloßen Armen an die Arbeit gehen „als ein Schlächter", sogar Hut und Hornfessel mußte er anbehalten[2]). In der Tat wird sich ein Unterschied zwischen der Arbeit des zerlegenden Jägers und der des Fleischers schwerlich finden lassen, wenn er nicht in Äußerlichkeiten gesucht werden soll. Im Mittelalter war man weniger empfindlich gewesen, wie denn Tristan ungeniert die Ärmel umgeschlagen hatte, als er an Markes Hof den Hirsch zerwirken sollte (Bd. I, 232). Jede Kultur, die sich ungestört entwickelt, bildet neue Unterschiede aus; als im Mittelalter das Handwerk hörig war, nahm der Jäger weniger An-

---

[1]) Fleming I. 280 l.

[2]) Döbel III. 114.

stoß an dem Vergleiche mit des Fleischers Tätigkeit; als aber die Zünfte groß und mächtig wurden, sonderten der Grundadel und seine Bedientenschaar sich ab, und wenn auch das Zerwirken der Tätigkeit des Fleischers zum Verwechseln ähnlich sah, so suchte man doch einen künstlichen Unterschied zu schaffen und umgab das Zerwirken mit einem äußerlichen Zeremoniell, mit dem Verbot des Aufkrempens der Ärmel, mit einem würdevollen Ernst und einer gesuchten Wichtigtuerei, die Erasmus im 16. Jahrhundert schon bespottet hat[1]). Das Bewegen des Geweihes vor dem Leithund und das alberne Herbeten der langen Weidesprüche war um 1700 schon in Vergessenheit gekommen[2]), Geist und Geschmack hatten sich doch soweit verfeinert, und über den Meistersang und seine Gedankenschablone schon hinausgehoben. Das alte Jägerrecht auf die Haut und einzelne Teile des Wildbrets war allgemein in Geld abgelöst worden; nur die Lungen will Fleming noch verteilen und die Hunde sollen „ihr Genuß“ bekommen, während das Wildbret „nach Hoff“ gefahren wird[3]). Am nächsten Tage wurden die Tücher, Netze, Federlappen, Zelte abgebrochen, die Zeug- und Küchenwagen zum letztenmal bespannt und die Bauernschaft entlassen, und fortan lag der Wald wieder da in seinem feierlichen Schweigen, neues Gras wuchs auf der schweißgetränkten Stätte, und im nächsten Lenz sangen die Vögel dort ihr Lied so fröhlich und aus voller Kehle, daß kein Wanderer, wenn er ahnungslos den Laufplatz überschritt, auf den Gedanken kommen konnte, daß hier im letzten Sommer Hunderte von Hirschen als blut'ge Opfer hingeschlachtet waren für ein barbarisches Vergnügen.

Mehr und mehr trat beim großen Grundbesitz der Charakter eines Festes in den Vordergrund und an die Stelle der Jagd. Die letztere

[1]) „Darnach siehe nur wunder, was sie für herrlichkeit haben, wenn sie etwan ein Wild zerlegen sollen. Rinder und Hammel mag ein jeder gemeiner Bauer schlachten, aber das Wild nicht ein iglicher, er sey denn einer vom Erbarn Geschlecht. Da kompt denn ein solcher, setzt seinen hut dorthin, bücket, kineet und neiget sich, nimmt seinen Weidplötz (denn mit andern messern tücht es nicht), treibt seine possen, und zerleget ein jedes stück auff seine sondere art und weise, mit großer andacht. So stehen die andern umbher, haben das maul offen, nicht anders mit solchem verwundern und fleißigem auffmercken, als hetten sie alle ir leben lang dergleichen nicht mehr gesehen, so sie doch zuvor wohl hundertmal mehr dabey gewesen. Und wenn es denn einem so gut wird, daß er auch ein stück davon bekömmet, Hilff Gott, da ist's ein köstlich Ding, ein solcher lesset sich düncken, er sey noch eins so Edel, als vorgestern.“

[2]) Fleming I. 280.

[3]) Ebenda, I. 279.

wurde als Episode eingeflochten, der jägerische Geist ging unter in dem allseitigen Bestreben, die Lust der Feste zu vervielfältigen und auf die mannigfachste Weise zu bereichern. Der große Grundbesitz verschwendete mit vollen Händen, wo es galt, sich zu belustigen, und statt die Feste zu vertiefen und zu vergeistigen, suchte er sie in die Breite auszudehnen und durch die Massenhaftigkeit zu wirken. Er stellte sich damit auf die geistige Höhe der römischen Cäsaren. Hier wie dort waren neben den Jagden die Kampfspiele beliebt, und wenn der Fürst des 18. Jahrhunderts an Massenhaftigkeit der Schlächterei neben dem römischen Muster nicht bestehen konnte, so lag das weniger am Wollen als am Können, denn es herrschte beständige Ebbe in der Kasse[1]).

Ein Jagdfest, welches den Geschmack der hohen Herren veranschaulicht, wurde 1719 aus Anlaß der Heimführung der Kronprinzessin von Sachsen in Dresden abgehalten. Der Bastei gegenüber war am Elbufer das Jagdzelt aufgeschlagen, in welchem der König um 12 Uhr durch ein gutes Frühstück sich zum Werke stärkte. Dann kam ein buntes Schiff die Elbe heruntergetrieben, in dem fünf aufgeputzte Weiber saßen, Diana von vier zierlichen Nymphen umgeben; diese stiegen ans Land und erleichterten dem Hofe die Verdauung durch „eine italienische Cantate, so betitult wurde Diana su l'Elba". Dann erhob sich männiglich zur Arbeit des Schießens auf geängstigtes Wild. Hirsche, Kälber, Rehe, Schmaltiere wurden in die Elbe gejagt und mußten an dem königlichen Zelt vorüberschwimmen. Hier wurden sie von den Kugeln der hohen Herrschaften begrüßt, und wenn sie außer Atem und schweißend mit zitternden Läufen an das Ufer stiegen „von denen Cavalliers mit ihren Lantzen und Chevelin (welche von Ihro Majestät dem Koenig selbsten dahin postiret waren) verfolget und erleget". Zum Schluß bestiegen die hohen Herrschaften „aparte Gondeln, und schossen daraus in der Elbe das Wild todt". Nachdem 394 Stück Wild durch ihre Angst und Qual und ihren Tod das Fest verherrlicht hatten, „retournirten die sämtliche hohe Herrschafften nach dero Residentz wieder zurück, und wurde dieser Tag mit einer frantzösischen Comoedie, la princesse d'Elide, beschlossen"[2]).

[1]) An dem Feste, das Titus zur Einweihung des Kolosseums gab, sollen an einem Tage 5000, bei den Festen, die Trajan zur Feier des Sieges über die Dazier veranstaltete, gar 11 000 Tiere getötet worden sein. Eine Übersicht gibt Mongez, Mém. de l'Acad. des Inscript. et Belles-Lettres, tome X.

[2]) Fleming II. 262.

Ein anderes Fest, verbunden mit dem Töten wilder Tiere, fand statt bei Heidelberg am 15. Juli 1788, und zwar oberhalb der Stadt bei Neckargemünd im schönen Neckartal. Im Tale selbst war neben dem Fluß der Jagdschirm aufgestellt nebst zwei Tribünen für vornehme Zuschauer. Auch die herbeigeströmten Untertanen aus den Dörfern standen hier nach Zentschaften geordnet, während die städtische Zuschauermenge am hohen Uferhange sich befand, zu beiden Seiten der Vermachung, in welcher 130 Stück Wild des Todeslaufes harrten. Jede Zent hatte Böller bei sich, die während des Abschießens beständig losgebrannt wurden, und von der aufgebauten Bauernschänke erscholl dazu „das frohe Getöse der türkischen Musik". Die Richtung der Flucht war dem Wild „zwischen den Wänden des Jagdzeugs bis zu dem Herrschaftlichen Schirme schön und zweckmäßig abgesteckt, von der es weder links noch rechts abweichen konnte". Auf dem Abschußplatz wurde dann das Wild „von dem schnellen Geschosse seiner Churfürstlichen Durchlaucht sowohl, als der Gnädigsten Frau Churfürstin (!) mit ausnehmender Fertigkeit ereilet und erlegt."

Nachdem „die Feierlichkeit der Jagd" mit „Lust und Fröhlichkeit glücklich geendet" war, nahmen die hohen Herrschaften im Wirtshause zur Pfalz ein gutes Diner ein mit Musikbegleitung. Dann bestiegen sie ein geschmücktes Boot, um den Neckar stromabwärts nach Heidelberg zu treiben, während an beiden Ufern festliche Bauten und untertänige Grüße ihrer harrten, deren Beschreibung in Mosers Archiv dreißig gedruckte Seiten umfaßt. Eine ganze Flotte von Kähnen schwamm auf dem Neckar, an den Ufern wechselten bunte Bilder, Grotten und Tritonen, Mädchen als Schnitterinnen und Schifferinnen, Gemeinden in Parade, Ritterschlösser mit Aufschriften, römische Tempel und Altäre mit Priesterinnen in weißen Gewändern; Auge und Ohr waren beständig in Anspruch genommen von Blumenbauten, Marketenderzelten, Soldatenweibern, Böllerschüssen, Hurrarufen, Zigeunern, Tänzen, Kegelschieben, Ehrenpforten, Juchzen, Bergknappen und Schäferinnen, Denksäulen, Glockenläuten, Feuersonnen und Raketen, bis endlich bei der letzten Biegung das Schloß auf hohem Berg im Abendsonnenschein sich zeigte und die Fahrt ihr Ende fand[1]).

---

[1]) Mosers Forstarchiv IV. — Wie oft haben wir Studenten diese prächtige Fahrt gemacht und bei der letzten Biegung „Alt-Heidelberg" gesungen; ich glaube

Als drittes Beispiel erwähne ich ein Fest am preußischen Hofe, weniger um den Jagdbetrieb zu zeigen, als nachzuweisen, daß auch in Preußen derartige Verirrungen nicht ausgeschlossen waren, obschon sie dort weniger ins Kraut geschossen sind, als in den kleineren Staaten. Am 28. September 1787 hielt der Erbe des großen Königs im Tiergarten zu Wusterhausen eine Jagd ab, und zwar auf Damhirsche[1]).

---

wir hatten mehr reine Freude im Gemüt, als seine Churfürstliche Durchlaucht bei dem ganzen Festgepränge.

[1]) „Bald nach 9 Uhr Vorm. trafen Se. Kgl. Majestät in Begleitung der Prinzessin Friderike von Preußen Koenigl. Hoheit, des regierenden Herzogs von Weimar H. D. und verschiedener hohen Standespersonen im Thiergarten ein, und so wie seine Koenigl. Majestät sich dem Jagen näherten, ließ sich eine von drey verschiedenen Chören-Hautboisten und Trompetern stets unterhaltene Musik hören, bis allerhöchst dieselben auf dem Lauf angelangt und in dem für sie aufgeschlagenen türkischen Zelte abgetreten waren. Am Thor des Laufs stand der Jagdzeugmeister Hr. Schenk mit 4 Zeugjägern gegen den Schirm rechter Hand; gegenüber der Hofjägermeister Freiherr von und zum Stein, mit der Jägerey in drei Gliedern rangirt." Se. Koenigl. Majestät unterhielt sich eine Zeit lang auf das allergnädigste mit gedachtem Herrn Hofjägermeister und geruhte, die Verzierungen des Laufes zu besehen......„Als nun Se. Koenigl. Majestät befohlen hatten, daß das Jagen seinen Anfang nehmen sollte, zog die rechter Hand des Schirms rangirte und in der reglementsmäßigen Uniform gekleidete Jägerey unter gewöhnlichem Jagdgeschrey, nachdem zuvor das Jagen von dem Herrn Hofjägermeister Freyherrn von Stein, Herrn Grafen von Lindenau und beyden Jagdjunkern Hern. von Massow und von Witzleben angeblasen war, zu Holze, und das Treiben nahm seinen Anfang. Vor dem Rolltuche nach dem Schirm zu waren 22 Arcaden gebauet, die mit Tangel bewunden waren, in deren Mitte, unter einer starken Eiche, ein 20 Fus hohes Gemälde angebracht war, welches die Göttin Diana in Wolken schwebend vorstellte, und der von den Grazien der Namenszug der Koeniglichen Prinzessin auf einem ovalen Schilde vorgehalten wurde. Dieses Gemälde ruhete auf einem bis dahin noch ganz ohne Inschrift seyenden Fußgestelle. Durch die Arcaden flohen gleich beim ersten Treiben einige zwanzig starke Tannenhirsche, welche so, wie das übrige, durch die beiden nachfolgenden Treiben, auf den Lauf gebrachte Wild von Sr. Koenigl. Majestät und dero hohem Gefolge, theils erlegt, theils durch Windhunde einige Rehe gehetzt wurden. Des Herzogs von Weimar H. D. ließen zuletzt eine auf den Lauf gelassene starke Bache auflauffen, und da auch diese erlegt war, zog die sämmtliche Jägerey unter gewöhnlicher Feierlichkeit vom Holze, stellte sich linker Hand des Schirmes, und mehrgedachter Hr. Hofjägermeister nebst denen Herren Cavalieren von der Jägerey, bliesen das Jagen ab. Wie nun hierauf Se. Koenigl. Hoheit das rechter Hand des Schirmes gestreckte Wild besahen, und sich mit dem Herrn Hofjägermeister und Allerhöchstdero Gefolge besprachen, ließe sich während der Zeit tief im Wald eine sanfte Waldmusik von gedämpften Waldhörnern hören. Jedermann wurde aufmerksam, und da es schien, als entfernte sich die Musik immer

Die Form des Laufes konnte naturgemäß verschieden sein, man wählte sie bald eckig, bald rund, zuweilen wurde auch ein gebrochener Lauf angelegt, d. h. ein Lauf mit gebrochener Längsachse, wenn die Örtlichkeit danach beschaffen war. Die eckige Form war beliebt für Sauen, weil die Sauen sich in den Ecken gern zusammendrängen. Quer vor diese Ecken waren Zeugwagen aufgestellt, auf denen die hochfürstlichen Herrschaften sicher vor den Angriffen der Schwarzkittel in das zusammengedrängte Wild hineinschießen konnten. Wir bekommen hier einen Fingerzeig für die Art, in welcher der große Karl und der fromme Ludwig 1000 Jahre früher gewütet haben werden; da sie keine Feuerwaffen besaßen, haben sie Pfeile und Lanzen in den Wildhaufen der Schwarzkittel hineingeschleudert und neben dem Vergnügen eine angestrengte körperliche Arbeit ausgeübt (Bd. I, 105). Die mannhaften

---

weiter, traten mit einemmale einige ganz weiß mit grünem Band besetzt, gekleidete junge Frauenzimmer mit fliegenden Haaren, die mit einer Bandschleife nachlässig gebunden waren, aus den Arcaden hervor. Sie hielten zwey Guirlanden von Eichenlaub und nahmen ihren Weg gerade zu Sr. Koenigl. Majestät und Allerhöchstdero Gefolge. Ihnen folgte unmittelbar die Frau Gräfin von Lindenau in prächtiger Kleidung, die erste Nymphe Dianas vorstellend. Hinter sich hatte sie zwei gleich der ersten gekleidete junge Frauenzimmer, welche ihr die Attribute der Göttin der Jagd nachtrugen, und denen die beiden ältesten Töchter des Oberförster Straube folgten, welche ein weißes zahmes Tannenthier an einem grünen, mit Gold schön gestickten Halsbande führten. Den Zug vermehrten noch sechs junge Frauenzimmer in folgender Ordnung.......... Dann fiel das Rouleau, welches die Inschrift des großen Gemäldes bedeckt hielt herunter und auf dem Piedestal erschienen die Worte: qu'elle regne içi à ma place! Die Musik schwieg und die drey ersten Frauenzimmer schlossen mit ihren Guirlanden einen halben Kreis um selbige. Sogleich zog sich die gesamte Jägerey vom rechten Flügel herum zwischen den Schirm und die davorstehenden höchsten Herrschaften, formierten einen halben Mond und die Frau Gräfin von Lindenau überreichte nach einer kurzen Anrede der Prinzessin Friderike die sämmtlichen Jagd-Attribute und das weiße Tannenthier, welches alles Ihro Koenigl. Hoheit mit den lebhaftesten Zeichen dero Zufriedenheit anzunehmen geruhten...... Seine Koenigl. Majestät ließen hierauf sämmtliche Frauenzimmer in den Schirm unter das Zelt treten und vergnügten sich noch einige Zeit, indem Allerhöchstdieselben verschiedenes, aus zweyen hinter dem Schirm, nach dem Eingang des Laufs zu erbauten Pyramiden hervorgelassenes Feder-Wildpret, Füchse und Hasen schossen. Nach geendigtem Jagen verfügten sich Se. Koenigl. Majestät und allerhöst dero hohes Gefolge unter Vorreitung der sämmtl. Jägerey mit gezogenem Hirschfänger, nach dem hiesigen Koenigl. Jagdschlosse, woselbst an dreyen verschiedenen Tafeln gespeist wurde", usw. Wilh. Gottfr. Moser, Forstarchiv 1788.

Keiler griffen geradezu die Wagen an, wenn sie durch den Zuruf „Huy Sau" gereizt wurden und konnten vom Wagen aus mit der Lanze gestochen, oder mit der Pistole geschossen werden. „Vor alte und unvermögende Herren", sagt Döbel, „ist dieses eine sehr gute Einrichtung, sie können auf dem Wagen sicher und gut sitzen und stehen, auf dem Lauffte überall herumsehen, und die Sauen todtschießen"; das stimmt, Gefahr war nicht vorhanden, körperliche Gewandheit nicht erforderlich. Anders sah es aus bei den berittenen Jagdbedienten, die zu Pferd im Laufe waren und die undankbare Aufgabe hatten, die Sauen aus den unbeschossenen Ecken herauszubringen, zu welchem Zweck sie Schwärmer in den Haufen warfen[1]). Natürlich wurden sie von den Sauen angegriffen, und wenn die größte Gefahr auch für das Pferd bestand, hatten die berittenen Jäger doch oft genug Gelegenheit, Mut und Gewandtheit zu entfalten. Für die hohen Herren war das nichts; die hohen Jäger begaben sich erst in den Lauf, wenn die Gefahr vorüber war: „Wenn dann nun die hauende angehende Schweine und meisten Keyler erleget sind; so setzen sich die Herren auch wohl selbst zu Pferde, und lassen die schlechten Keyler und Bachen auf Lantzen anlauffen, haben auch wohl Chevelins, und werffen ihnen solche im vollen Jagen in den Leib. Artig siehet es aus, wenn oben unter der Schärffe derer Lantzen kleine Fähnlein angemacht sind. Denn wenn eine Saue anläufft, bricht die Lantze, und lauffen sie alsdann noch auf dem Lauffte herum, und hat manches zwei bis drey Fahnen auf sich stecken."[2]) In der Tat, sehr artig muß das ausgesehen haben; die Spanier liebten solchen Scherz beim Stiergefecht, im heiligen römischen Reiche deutscher Nation aber

[1]) Vgl. hierzu Döbel II. 60.

[2]) Ebenda, 65 r. Das Auflaufenlassen eines hauenden Schweines galt für ein Zeichen besonderer Kühnheit und wurde keineswegs so allgemein geübt, wie die Romantiker der Jagd uns glauben machen wollen. Storch, der selbst noch gelernter Jäger war, äußert sich dazu wie folgt: „Nachträglich wird noch erwähnt, daß bei Winterjagen ein kühner Jäger, um seine Bravour zu zeigen, sich die Erlaubniß ausbittet, ein wildes Schwein mit dem Fangeisen anlaufen zu lassen, und zwar unter den Augen der höchsten Herrschaften und der um den Lauf versammelten Zuschauer... Es ist leicht zu erachten, daß ein solches gefährliches Unternehmen nur ein unerschrockener und kraftvoller Mann wagen kann. J. W. Storch, Gesch. d. Forst- und Jagdwesens im Großh. S.-Eisenachischem Kreise. 1841. 143. Es handelte sich also um einen Theatercoup. Ganz ebenso äußerte sich im Mittelalter der Graf von Foix (Bd. I, 271—272).

war alles weidgerecht, was zum Pläsier der hohen Herren dienen konnte. Da die Sauen sich nicht für verpflichtet hielten, zum allerhöchsten Gaudium zu sterben, waren sie oftmals aus der Kammer nicht herauszubringen, diese mußte abermals geteilt, d. h. verkleinert werden, und Jäger, Bauern und Hunde hatten alle Kräfte aufzubieten, um die klugen und mutigen Schwarzkittel vor das Rohr der Schießer zu jagen[1]).

Interessant ist die Bemerkung Döbels, daß man im 18. Jahrhundert beim Haupt-Sau-Jagen das Hochwild, welches mit in die Kammer geraten war, durch Abteilen vorher auszulassen pflegte; wir sehen hier das gleiche Verfahren, welches der Verfasser des Roy Modus schon im Anfang des 14. Jahrhunderts empfahl und durch einige Hunde zu bewirken suchte (Bd. I, 237). Waren zu beiden Seiten des Laufplatzes Kammern angelegt, so konnte das Wild aus einer in die andere flüchten, in diesem Falle hatte man ein Kontrajagen; war der Laufplatz durch einen See ersetzt, oder den abgestellten Teil eines Flusses, entstand das Wasserjagen, wegen der bequemen Art, in welcher das im Wasser langsame und unbeholfene Wild getötet werden konnte, beliebt beim Wiener und beim Württemberger Hof, auch in Dresden haben wir das Wasserjagen gefunden als ein Tieropfer großen Stils zur Ehre der jungen Frau des Kurprinzen.

Nicht alle Tage konnte Serenissimus Hauptjagen abhalten, weil die Felder dann in den Zustand der Wildnis zurückgefallen, und die Bauern völlig zu Jagdtreibern geworden wären; die Jägerei hätte verzehnfacht werden müssen, und wo hätten alle Opfertiere hergenommen werden sollen, wenn der Herr an jedem Tage Dutzende und Hunderte zusammenschoß? Als Ersatz mußten daher Bestätigungsjagen dienen, die im Grunde nichts als kleine Hauptjagen waren, aber doch derartig eingeschränkt, daß sie sich in ebensoviel Tagen zusammentreiben und einstellen ließen, wie das Hauptjagen Wochen und Monate erforderte. Wenn der hohe Herr auf Bestätigungsjagen sich beschränkte, konnte er allenfalls zweimal in der Woche seiner Schießlust Genüge tun. Er zog mit zehn bis zwölf Fudern Zeug auf die Sommerfrische in eine waldreiche Gegend, und sandte die Besuchknechte nach allen Richtungen strahlenförmig aus. Kam von einer Seite her die Meldung, daß ein lohnender Fang in Aussicht stehe, dann wurden flugs die Lappen und die Netze in das gemeldete

[1]) Döbel II. 66.

Revier gebracht, und die Bauern der nächsten Dörfer zum Treiben aufgeboten. Nach vier bis fünf Tagen konnte Serenissimus sich nach gutem Frühstück in den Lauf fahren lassen und zeigen, was er im Schießen gelernt hatte. Quer- oder Rolltücher fielen fort, weil weniger Wild vorhanden war; die Hunde ängstigten das Wild und jagten es so lange in der Kammer und auf dem Lauf umher, bis eine wohltätige Kugel oder das Messer des Zerwirkknechtes das Wild seiner weltgeschichtlichen Bestimmung näher brachte, den Magen der begeisterten Jäger zu füllen, dazu dann mit den Hifthörnern geblasen wurde, welches so vortrefflich klang, „als die beste componirte Partie, so von denen unvergleichlichsten und berühmtesten Virtuosen gespielet wird“ [1]). Für die Kosten eines Hauptjagens konnten wohl zwanzig Bestätigungsjagen abgehalten werden. Billiger noch und einfacher war aber das „eingestellte Jagen“ oder Kesseljagen. Dasselbe hatte den Vorzug, daß es sich an einem Tage einrichten und abjagen ließ. Der ganze Witz bestand darin, einen Waldteil, in welchem Wild steckte, mit Netzen zu umstellen. Wußte der Jäger in seinem Revier Bescheid und kannte er den Standort seines Wildes, bedurfte es gar keiner Vorsuche. Wenn den großen Grundbesitzer am Abend die Lust anwandelte, am nächsten Tage ein eingestelltes Jagen abzuhalten, so brauchte er nur an die Jägerei die entsprechende Weisung zu geben. Am nächsten Vormittag, wenn er ausgeschlafen hatte, erhielt er dann die Meldung, daß das Jagen stünde. Darauf begab er sich hinein ins Jagen mit seinen Cavalliers, mit Hatzhunden, Jagdhunden und Saufindern, stellte sich an und ließ die jagenden Hunde los, dann ging die Jagd so lange hin und her und durcheinander, bis er des Schießens Begier gekühlt hatte. Sauen wurden von Treibeleuten vorgetrieben oder von Findern gestellt und dann geschossen; wollte der Herr „zum Plaisir“ sie abfangen, wurden sie vorher von den Hatzrüden gedeckt. Döbel nennt diese Art des Schießens auf stundenlang geängstigtes Wild „recht plaisirliche Jagen“, zumal sich Rot- und Schwarzwild, Rehe, Hasen und Raubwild beieinander finden konnten. Wurden die Netze fängisch gestellt, damit das Wild in die Netze fallen sollte und gefangen werden, um dann mit Schießen und Messern tot „gestochen“ zu werden, entstand das Netzjagen, das Fleming beschreibt und anwendet auf Hirsche, Schweine, Wölfe, Rehe, Füchse und Hasen [2]).

[1]) Döbel, II. 55.

[2]) Fleming, I. 305.

Auch die Tierkämpfe sah die Jägerei des 18. Jahrhunderts als Jagden an. Döbel wie Fleming nennen sie Kampfjagen; wie oben schon bemerkt, wurde in den großen Topf der Jagd- und Weidgerechtigkeit von der gelernten Jägerei in servilster Weise alles hineingetan, was mit Tieretöten irgendwie Bewandtnis hatte. „Das Plaisir vor hohe Herren" war das Kriterium, und wenn auch im Herzen der gelernten Jäger der Widerspruch sich regen mochte, die armen Teufel standen ja in Brot und Sold, und das jagdliche Gefühl der hohen Herrschaften und das, was ihnen Lust bereitete, blieb doch in letzter Linie ausschlaggebend. Löwen, Tiger, Auerochsen, Büffel, Bären, Wölfe und wilde Sauen waren so dumm, sich zum Gaudium blasierter Menschen zu zerfleischen, „wann zuweilen eine hohe Landes-Herrschaft ein Beylager, Heimführung, Nahmenstag oder Geburts-Tag bey Anwesenheit frembder Herrschaft, oder andern Festin zu halten und zu celebriren pflegen" [1]. Auch Hengste, Maulesel und Bullen mußten herbei; den letzteren band man Schwärmer an die Hörner, die angezündet die gutmütigen Kerle reizen, sie „rasender und toller machen" sollten; man warf Schwärmer unter die Tiere, ließ angezündete Strohmänner hinab und suchte sie durch Schrecken und durch Schmerz in Wut zu setzen. Waren die Tiere vernünftiger als die Menschen, oder waren sie müde und hatten sie das Morden satt, dann ließ man Hunde unter sie, die sie durcheinander jagen und zu neuem Kampfe reizen sollten. „Dieses ist nun ein Plaisir vor die großen Herren und Damen, die dann in ihren Logen stehen und solches mit Lust ansehen, welches zuweilen wohl etliche Stunden dauert". „Wenn der Herr die Thiere selbst fänget; so bläset die Jägerey mit ihren Hüfft-Hörnern hierbey (!), und endet sich alsdann dieses Divertissement, dergleichen an großen Höfen zum Zeitvertreibe sowol derer Herren als Damen öffters geschieht, bald mit vielen, bald auch nur mit etlichen wilden Thieren" [2]. Döbels Werk erschien in erster Auflage 1746, war dem Könige von Sachsen gewidmet und erlebte neue Auflagen bis zum Ausgang des Jahrhunderts. Diese blutigen Vergnügungen waren also der höfischen Gesellschaft angemessen, als das Volk schon in Fabriken emsig beieinander saß [3]) und durch seiner Hände und

[1]) Fleming, I. 292.

[2]) Döbel, II. 74—75.

[3]) Vgl. mein Buch „Die Technik als Kulturmacht in sozialer und in geistiger Beziehung. 1906. 178.

seines Geistes Tätigkeit den Grundbau legte zum heutigen Glanz des Deutschen Reiches, als die deutsche Dichtkunst ihren Adlerflug begann und der große König im Austausch der erhabenen Gedanken mit den führenden Köpfen Frankreichs die geistigen Fäden zog vom Havelufer zu den Gestaden des Genfer Sees.

Das sogenannte Streifjagen oder die Streifhatze galt dem Schwarzwild, das vorher bestätigt sein konnte, oder nicht. Die Jägerei war meist zu Pferde, einige Finder und vier oder fünf Hatzen wurden mitgeführt, jede aus 8 bis 10 Hunden zusammengesetzt. Vor dem Dickicht, in welchem die Sauen steckten, wurden die Finder gelöst, und auf deren Laut hin wurde die erste Hatze losgelassen, der die Jäger folgten, zu Pferde und zu Fuß, um die Schwarzkittel abzufangen, nachdem die Hunde sie gedeckt hatten. Diese Jagd ergab erhöhten Reiz durch die Gefahr, die allerdings in erster Linie die braven Hunde auszuhalten hatten, von denen manch einer zum Krüppel geschlagen wurde. Hier galt das alte Wort: Wer Schweinsköpfe essen will, muß Hundsköpfe dran wagen. Die Herrschaft freilich hielt sich meist zurück und schaute dem Getümmel vom Pferde, oder auch vom Wagen aus zu, so daß Döbel von dieser Jagdart sagen konnte, „so ein Herr etwan alt oder unvermögend ist, können sie doch ihr Plaisir mit diesem Jagen allezeit haben" [1]). Daher nennt er dieses Jagen auch, wenn es bestätigt ist, „vor einen großen Herrn am commodesten", denn der große Herr konnte alsdann „mit größter Commodität etliche Sauen an einem Tage hetzen" [2]). Die verfluchte Kommodität war nun einmal von der Jagd der Deutschen nicht zu trennen!

Die uralte Treibjagd nennt Döbel Klopff-Jagen, sie stand bei der gelernten Jägerei nicht hoch im Ansehen, weil sie keine besondere Geschicklichkeit erforderte. Fleming empfiehlt das geräuschlose Einlappen des Wildes, welches dann vorsichtig dem Schützen zugetrieben wird.

---

[1]) Daß dieses Plaisir aber auch für hohe Herren bedrohlich werden konnte, wenn sie zu Pferd und nicht zu Wagen waren, erzählt Winckell von dem Herzog von Anhalt aus dem Jahre 1782. Diesen berittenen Herzog nahm ein Schwein an, und da er statt jeder Gegenwehr oder Flucht sich darauf beschränkte, die Beine hochzuziehen, schlug das Schwein wiederholt dem Pferde in den Bauch. Das edle Tier stand regungslos und opferte sich für seinen Reiter, ob bewußt oder unbewußt, lasse ich dahingestellt, aber bei einem Seitensprung hätte der Herzog mit den hochgezogenen Beinen natürlich unten gelegen. A. v. Winckell, 1865, I. 269.

[2]) Döbel, II. 78.

Die Treibjagd hoher Herren war natürlich mit einem großen Aufwand verbunden, mit berittenen Jägern zur Leitung der Jagd, wobei auch die obligaten Hatzen nicht fehlen durften, die losgelassen werden sollten, wenn Schwarzwild gesund oder verwundet die Treiberwehr durchbrach. Der Fürst hatte seine Leibhatze in der Nähe seines Schirmes.

Die Jagdordnung in Württemberg vom Jahre 1718 gab für die Treibjagd Vorschriften. Die Schützen mußten Zettel ziehen, nach dem Ziehen [1]) durfte niemand mehr ins Jagen gehen, um Unglück zu verhüten; niemand durfte in den Trieb schießen bei Strafe des Strohwisches. Wer eine Geiß schoß, mußte einen Dukaten an die Jägerei zahlen, und wer überhaupt nichts anderes schoß, ward dem Strohwisch unterworfen. Dieser Strohwisch war ein Zeichen der Schande und der Strafe; Frauen von schlechtem Lebenswandel mußten öffentlich Krone und Zöpfe aus Stroh tragen, und gleiche Bedeutung hatte der Strohwisch bei der höfischen Jagdgesellschaft in Württemberg. Wer stets gefehl. hatte, mußte zunächst am „Abend bey der Assemblee am Katzentischlein speisen. Auf diesen Tisch wurde ein ausgestopffter Hasen-Balck zum Spaß auffgetragen, welcher eine höltzerne Flinte auf der Schulter hatte". Außerdem kam dann u. a. noch ein Strauß von Stroh hinzu, der dem schlechten Schützen ins Knopfloch gesteckt wurde. Diesen Strauß mußte der arme Kerl auf den folgenden Jagden tragen, bis er einen Treffer aufzuweisen hatte. Die besten Schützen wurden zu Jagdkönigen ernannt und konnten von den schlechten Schützen sich bedienen lassen, und diese „durfften sich bei des Herzogs Ungnade nicht darwider setzen". Man sieht, die feine Gesellschaft hatte ihre eigenen Gebräuche und ihren eigenen Geschmack.

Birschen und Anstand waren bei der fürstlichen Jägerei wenig Sitte. Döbel widmet ihnen nur ein kleines Kapitel „vom Pürschen oder Schiessen", und faßt das Schleichen oder Birschen mit dem Anstand kurz zusammen. „Das Pürschen ist nicht nur vor grosse Herren, sondern auch denen Jägern ein Plaisir und Nutzen"; die Jäger hatten das Recht zum Schießen, aber meist nur an den Grenzen, wo sie sich gegenseitig um das Wild zu betrügen suchten. Fleming gibt die Schußzeichen an, läßt auch krank werden, setzt aber, wenn ich ihn recht verstehe,

---

[1]) Soll wohl heißen nach dem Anstellen oder Anblasen. Die Vorschriften finden sich in Mosers Archiv I.

den Bluthund auf die Fährte, d. h. den frei, ohne Leine suchenden Schweißhund [1]). Fleming kennt auch die Nachsuche an der Leine und empfiehlt sie für den Fall, daß die Grenze nahe sei; „ist aber die Grenze weit abgelegen, so kann das Thier mit einem loßgelassenen Blendlinge verfolget werden“ [2]). Döbel hängt dem kranken Wild mit dem Hunde an der Leine nach, um ihn zu lösen, wenn das Wild noch wieder flüchtig werden sollte, ganz wie es der moderne Jagdbetrieb verlangt. Ebenso macht es Florinus [3]), und diese Tatsache ist um so merkwürdiger, als im Jahre 1748, d. h. zwei Jahre nach dem Erscheinen des Döbelschen Werkes die Nachsuche an der Leine am Kaiserhof in Wien noch nicht bekannt war [4]). Die Angaben Flemings lassen erkennen, daß auch in Sachsen die Arbeit an der Leine nicht aus Menschlichkeit bewirkt wurde, nicht in dem Bemühen, still ans kranke Wild heranzukommen und es durch eine Kugel zu erlösen, ohne ihm die Qual der Hetze anzutun; sondern aus praktischen Erwägungen, man wollte die Beute nicht verlieren, wenn die Gefahr vorlag, daß die Hetze über die Grenze gehen konnte. Der Jäger schoß den Hirsch auch auf den Ruf, welchen er entweder auf einem hölzernen Instrument, einer Muschel, oder einer Bierkanne hervorbrachte.

Im 16. Jahrhundert war die Jagd zur Brunstzeit allgemein beliebt gewesen, doch wurde sie auch im 18. Jahrhundert viel geübt. Weiden und Wälder wurden in der Zeit der Brunst gesperrt, die Herrschaft fuhr hinaus ins Jagdschloß, niemand durfte die Idylle dieser Tage stören und die Herrschaft mit Regentenpflichten öden, es war bei strenger Strafe jede Störung untersagt, und vor allem durfte kein Untertan die Herrschaft „mit Supplicen überlauffen“. Im Walde ward der hohe Herr vom Pürschmeister geführt, „durch beschleichen, kriechen oder andere Vorteile“; hatte der Pürschmeister ihn mit Führen, Ziehen, Schieben, Drehen, Flüstern, Winken, Zeigen wirklich zum Schuß gebracht, und war der Hirsch gefallen, dann ward er „zur Pracht, daß er von der Herrschafft erleget worden sey, auff dem Pürschwagen gehöriger Maaßen geführet und nach Hoffe geschicket“ [5]). Es ist gerade, als wenn der hohe

[1]) Fleming, II. 177—78.
[2]) Ebenda, I. 176.
[3]) Florinus, 1751, V. 170.
[4]) G. Landau, Beiträge z. Gesch. d. Jagd, 23—26.
[5]) Fleming, I. 282—23.

Adel alles zu vermeiden geschworen hatte, was ihn irgendwie in den Geruch eines weidgerechten Jägers bringen konnte; er traute sich nicht einmal einen Hirsch allein zu birschen, immer stand er da als der passive Teil, der gefahren, geführt und geleitet werden mußte, der alle jägerliche Kunst den Bedienten überließ und sich trotzdem für einen großen Jäger hielt ob seines Privilegiums, zu schießen! Das Geweih der geschossenen Hirsche wurde auf einem Brett befestigt und diente als Zimmerschmuck.

Hiermit kann ich die eigentliche deutsche Jagd auf Edelwild und Schwarzwild wohl beschließen. Wir müssen noch einen Blick auf die Parforcejagd werfen, die an manchen deutschen Höfen eingeführt war, ob sie gleich niemals so recht heimisch wurde. Die hohen Herren waren zu bequem, sie liebten nicht das angestrengte Reiten, und obschon sie dieses den Piqueurs überlassen und selbst der Jagd im wiegenden Galopp gemächlich folgen konnten und durch Kupieren in der Nähe bleiben, oder gar im weichen Wagen sitzen [1]), so war diese Art des Jagens im allgemeinen doch zu anstrengend für sie, und nicht nach ihrem versauerten Geschmack.

Fleming glaubt sich geradezu entschuldigen zu müssen, daß er sich beikommen läßt, von der Parforcejagd etwas zu vermelden; dieselbe sei ein „gefährliches Jagen" und ihre Beschreibung möchte ihm „als einem teutschen Jäger nicht zuzukommen noch anständig zu sein scheinen" [2]). An anderer Stelle deklamiert er auch davon, daß „hohe Landesfürsten unzehlbare vielfältige Unglücksfälle auf der Jagd wilder Thiere gehabt" und daß man deswegen (!) bequemere Mittel erfunden habe, „worinnen mit besserer Sicherheit hoher Herrschaft das Wild gejaget wird". Die armen Kerls, haben sie wirklich ein paar Knochen gebrochen? Dann war es allerdings die höchste Zeit, daß die hohen Tücher erfunden wurden, „eine der vornehmsten Jagdgezeuge, worinnen die wilden Thiere umbstellet und mit Vergnügen auf unterschiedliche Art erleget werden" [3]).

Fleming verteidigt die Jagd in hohen Tüchern gegen den Vorwurf

---

[1]) Keißler erzählt aus dem Jahre 1731 in seinen neuesten Reisen, 2. Aufl. II, 1470, daß die Kurfürstin von Bayern ihren Mann auf allen Jagden zu begleiten pflegte, den Parforcejagden folgte sie im Wagen, und wenn ihr Kutscher sie rechtzeitig zum Hallali brachte, bekam er regelmäßig einen Max d'or oder $7^1/_2$ Gulden.

[2]) Fleming, Teutscher Jäger, I. 294 f.

[3]) Ebenda, I. 214 f.

der Franzosen: les Allemands ne font que la chasse meurtrieuse. „So stelle ich dannoch einem jeden Unpartheyischen zu judiciren frey, ob nicht unser teutzsches Jagen, und Umstellung der Tücher oder des Jagd-Zeugs eine höchst rühmliche Invention sey, vermittelst welcher von einer hohen Landes-Obrigkeit mit weit besserer Bequemlichkeit (!) sowohl in ihrer zarten Jugend, als in ihrem kranken Zustande, oder bey ihrer beschwerlichen Leibes-Constitution, ja auch wohl gar in ihrem hohen Alter das verlangte Wildpräth mit größter Commodität (!) aus ihrem Schirm nach Dero Gefallen erleget werden könne; Und ein solcher junger Printz in seiner zarten Blüthe oder ein corpulenter unbehelfflicher, kräncklicher, oder auch ein Alter Eißgrauer Herr, an deren Wohlsein und Leben viel Land und Leuten gelegen, sehr großen Schaden nehmen, wenn er durch das schnelle Piquiren der flüchtigen Pferde und Wilde stürtzte, Arm oder Bein zerbräche, oder gar auff der Stelle todtbliebe, würde also schlechte Lust oder Profit bey solchem Jagen seyn....... Glaube dahero wegen vieler traurigen unglücklichen Todesfälle, so von Piquiren herkomme, es musse der böse Geist dieses erdacht haben." [1]) So urteilt einer der ersten deutschen Jagdschriftsteller des 18. Jahrhunderts: er stellt die höchste Jagdart aller Zeiten wegen der damit verbundenen Gefahr als ein Werk des Teufels hin! Kinder, Kranke und Greise gehören nicht auf die Jagd, Herr v. Fleming, und die dritte Gruppe, in welche nach Ihrer Ansicht der hohe deutsche Adel zerfiel, die Herren mit beschwerlicher Leibeskonstitution, die korpulenten und unbehelflichen Schmerbäuche hätten besser getan zu Hause Holz zu hacken, als das edle Wild zusammentreiben zu lassen und in Massen zu ängstigen, und zwischen den beklemmenden Atemzügen „zur Lust und Ergötzlichkeit des Gemüthes" mit zweifelhaften Schüssen zu quälen. Ihr hoher Adel machte sich aus dem Massetöten ein Vergnügen, Herr von Fleming, auf den ehrenwerten Namen eines Jägers hatten diese Herren kein Recht! Sie hetzten und ängstigten nicht ein Stück Wild, wie der Parforcejäger es tat, sondern sie hetzten auf dem Laufplatz und im eingestellten Jagen, und im Kampfjagen Dutzende und Hunderte zugleich, ohne etwas wie Mitleid oder Ekel zu empfinden. Trotzdem fehlt es nie an Gründen, wenn man sich vor einer Sache scheut, und die Nachwelt hat es denn auch fertig gebracht, der Parforcejagd den Vorwurf der Grausamkeit zu machen

[1]) Ebenda, 212—13.

und die elende Massenschlächterei, die immer unter dem Ehrennamen der deutschen Jagd fungierte, mit dem Mantel des Schweigens und der heuchlerischen Liebe zu bedecken. Während auf dem Laufplatz und im eingestellten Jagen das Wild stundenlang durcheinander gehetzt und gejagt wurde, dauerte die Parforcejagd auf den einen Feisthirsch im Durchschnitt auch nicht länger, oft kaum zwei Stunden, oft war sie in dreiviertel Stunden, oft in einer halben schon beendet; es kam allerdings auch vor, daß sich die Jagd 6, 8 und 9 Stunden hinzog, doch ergab sich diese Dauer meistens aus dem Zeitverlust, der mit dem Ausmachen des Hirsches verbunden war, mit dem Besiegen der Wechsel und Widergänge, er war keineswegs durch beständiges Jagen ausgefüllt. Nehmen wir an, daß zu einem Hauptjagen 400 Stück Wild zusammengetrieben und geängstigt waren und in der Kammer standen zum Paradelauf, und daß der Abschuß und das Abfangen, die ganze Arbeit der Flinten und der Messer in zwei Stunden beendet worden sei, trotzdem es gewöhnlich länger dauerte, dann ging in dieser Zeit die Jagd beständig hin und her, bald auf dem Lauf, bald in der Kammer, meistens an beiden Orten zugleich; dazu kamen die schlechten Schüsse, die Wunden und Schmerzen des Wildes, das Packen durch die Hatzhunde, das Knallen der Büchsen, das Geschrei der Treiber, die Pauken und Trompeten, und das ganze tolle Durcheinander von Wild und Schweiß und Pulverdampf, abfangenden Jägern und bellenden Hunden, Erscheinungen, durch welche das eingeschlossene Wild wohl ebenso geängstigt wurde wie auf der Parforcejagd der eine jagdbare Hirsch. Mögen auch 200 Stück Wild in der ersten Stunde vom Leben zum Tode befördert worden sein, dann blieben immer noch 200 Stück übrig, welche auch in der zweiten Stunde noch Angst und Schmerzen auszuhalten hatten. Zum mindesten kann man hier 200 Angststunden setzen gegen die 2—8 Angststunden bei der Parforcejagd. Auch die bestätigten Jagen hatten mehr Angststunden aufzuzeigen als die Parforcejagd, und während diese immer in weidgerechter Art den wehrhaften Hirsch verfolgte, litten im Bestätigungsjagen die schwachen Tiere und die Kälber auch [1]). Die Parforcejagd ist von Grau-

[1]) Es kam vor, daß schwache Hirsche, Tiere und Kälber durch eine „Schnappe" aus dem Lauf gelassen wurden, d. h. durch einen von zwei Mann bedienten Vorhang in der Wand der hohen Tücher, der im günstigen Moment geöffnet, dann aber sofort wieder geschlossen wurde. In diesem Falle wurden also die Tiere und Kälber nicht getötet, die Angst aber hatten sie zur Genüge durchgekostet.

samkeit nicht freizusprechen; grausamer aber waren die Jagdmethoden, die der deutsche Adel liebte, namentlich der hohe, grausamer, kunstloser und weniger weidgerecht.

Im Anfang des 18. Jahrhunderts war die Parforcejagd an 12 deutschen Höfen zur Einführung gekommen, zuerst in Hannover bzw. Celle, weil ja Hannover mit England durch Personalunion verbunden war, und in England die Parforcejagd in Blüte stand; dann in Schwerin, in Potsdam, in Hubertusburg, in Dessau, in Ballenstedt, in Weimar, in Nymphenburg, in Ludwigsburg bzw. Schlothwiese, in Darmstadt und in Arholzen; dann ist die Jagd der Fürsten Öttingen noch zu erwähnen und die in Kassel, die erst später zur Einführung kam. Da die Meuten aus Frankreich und England stammten, gab es in den ersten Dezennien des 18. Jahrhunderts auch nur französische Piqueurs und englische Huntsmen an den Höfen; noch 1751 wurde von Darmstadt aus der Oberhofmeister nach England geschickt, um Pferde und Hunde zur Parforcejagd zu kaufen; er kehrte zurück mit 6 Pferden und 18 Koppeln Hunden [1]). Döbel rühmt aber 1746 die deutsche Jägerei, daß sie die Fremden verdrängt hätte und ihr Handwerk ebensogut verstünde wie das Ausland. Der Kostenaufwand für die Parforcejagd war nicht unerheblich, namentlich, wenn der große Grundbesitzer die eigene Würde dadurch glaubte erhöhen zu können, daß er mit adligen Personen sich umgab, die für die Jagd nur Ballast waren. Wovon sollte der Adel aber leben, wenn nicht Stellen für ihn geschaffen wurden, die der Bürger und der Bauer zu bezahlen hatten? So pflegte denn mit dem Personal für die Parforcejagd ein Kommandant verbunden zu sein, der nichts zu tun hatte, als allenfalls die Rechnungen zu unterschreiben, die der Sekretär ihm fertig vorlegte; ferner ein Jagdjunker, den der Fürst als Adjutant und Kammerdiener ausnutzte, und drittens noch ein Jagdpage, der seine weidmännische Verwendung in der Küche fand beim Bratentragen. Selbstverständlich konnten diese Ämter auch vervielfacht sein. Ihnen folgte der Oberpiqueur, der oberste Jäger, dem die Besuchknechte und Piqueurs unterstellt waren, die Hunde- und die Stallknechte, der Zwinger und der Pferdestall, kurz gesagt: der ganze Jägerhof, der speziell für die Parforcejagd eingerichtet wurde. Zum Leiten der Meute waren 3—4 Piqueurs, zur Vorsuche 3—4 Besuchknechte vorhanden, ein Hundeknecht und mehrere Hunde-

[1]) G. Landau, Beiträge zur Gesch. der Jagd, 22.

jungen sorgten für den Zwinger, eine Magd futterte und molk die Kühe, welche die Milch für die jungen Hunde lieferten; ein Bereiter hatte des Fürsten Pferde einzureiten, ein Sattelknecht das Sattel- und das Zaumzeug zu verwalten, ihm zur Seite stand ein Sattler; für den Hufbeschlag war ein besonderer Hufschmied da, der auch zugleich als Roßarzt diente, und ein Sporer sorgte für das Eisen an Zaum- und Sattelzeug. Zur Bedienung der Pferde war eine Anzahl Knechte nötig, die Döbel auf 28 Köpfe überschlägt. Hundejunge, Hundeknecht, Besuchknecht, Piqueur, Oberpiqueur war bei der Parforcejagd die Stufenfolge in der Laufbahn der subalternen Jägerklasse.

Der Aufwand, welchen die Parforcejagd erforderte, war gestiegen gegen den Bedarf im Mittelalter, allerdings nicht erst im 18., sondern schon im 16. und 17. Jahrhundert, wie denn Franz I. wohl den größten Luxus bei dieser Jagd entfaltet hat. Aber während der Graf von Foix im 14. Jahrhundert drei Pferde verlangt für den veneur [1]), fordert Döbel für den Piqueur schon deren fünf, und die gleiche Zahl für die adligen Herren, und für den Fürsten sogar acht [2]). Während im Mittelalter die Meute aus zwölf Hunden zu bestehen pflegte, rechnet Döbel schon mit hundert Hunden [3]). Dieser Aufwand ist um so auffälliger, als die Parforcejagd nicht mehr im offenen Gelände geritten wurde, wie im 12. bis 17. Jahrhundert in Frankreich oft geschah, sondern im eingezäunten Park, der mit Alleen und Schneisen durchzogen, mit Wildfuhren, Brücken, Dämmen und Fähren versehen war. Vielleicht hat der größere Reichtum des 18. Jahrhunderts, hat das angesammelte Kapital hier eingewirkt. Die Kosten für die Parforcejagd betrugen in Hessen-Darmstadt pro Jahr 30—40 000 Gulden [4]): dabei war meistens Ebbe in der Kasse, und im Jahre 1729 sah der Fürst sich gezwungen, den Hoffaktor, d. h. wohl den Bankier um hundert Gulden anzupumpen. Auch in Württemberg beliefen sich die jährlichen Kosten für die Parforcejagd auf 35—40 000 fl. [5]). Das war nun freilich etwas viel; wenn aber die Herren für die Weiber

---

[1]) **La chasse de Gaston Phoebus, comte de Foix par J. Lavallée, Paris 1854, chap. 45.**

[2]) Döbel, II. 92 l.

[3]) Vgl. Band I, 207—208. — Döbel, II. 92 r.

[4]) Landau, 19—21.

[5]) v. Wagner, Jagdwesen in Württemberg, 393—405. Dort wurde die Parforcejagd 1764 abgeschafft.

etwas weniger verausgabt hätten, dann wären die Mittel für die Parforcejagd wohl nicht unerschwinglich gewesen [1]).

Die Technik der Parforcejagd war seit dem Mittelalter ziemlich unverändert geblieben; ich verweise auf das Band I, 211—36 Gesagte und beschränke mich hier auf die wenigen Punkte, in denen die Technik des 18. Jahrhunderts von der des Mittelalters sich abweichend gestaltet hatte. Vorauf möchte ich bemerken, daß die Herren ungeniert auf Kolbenhirsche jagten, die Jagdordnung also selber nicht beachteten [2]). Eine Vorsuche war im allgemeinen wohl noch üblich, stellenweise allerdings auch nicht [3]); und während im Mittelalter der Besuchknecht nach der Meldung an den Frühstückstisch sich setzt, geht er im 18. Jahrhundert schnell zurück, um seinen Hirsch zu bewachen. Bemerkenswert ist der Umstand, daß nicht nur die Meute während des Jagens mit französischen Worten geleitet wurde, sondern auch der Leithund bei der Vorsuche, und daß Döbel dies Verfahren für richtig hält, obschon die Leithundarbeit von alters her in Deutschland heimisch war, wenn auch wohl nicht in gleichem Maße wie in Frankreich. Zum Einjagen der jungen Hunde hetzt Döbel einen Hirsch in einem eingestellten Platz. „Hat man nun keine Jagd-Zeuge, so schießet man einen Hirsch an und nimmt etliche alte Hunde mit unter die jungen, jaget solchen vollends todt, und läßt sie selbigen verzehren.“ [4])

[1]) Der Landgraf Friedrich II. von Hessen-Kassel (1760—85) zahlte der aus Paris bezogenen, vom Herzog von Bouillon abgedankten Mätresse ein Jahrgehalt von 10 000 Talern. Rechnet man außer dieser maitresse en titre noch die Kosten für die Schönen 2. Grades und die unerläßlichen Geschenke, dann kommen die Kosten für die Parforcejagd wohl heraus. Auch in der Kostenhöhe blieb Frankreich das unerreichte Ideal der deutschen Landesherren. Die Jagdliebhaberei kostete dem Könige von Frankreich in jedem Jahre elf bis zwölfmal hunderttausend Francs, von denen man wohl ziemlich die Hälfte auf die Parforcejagd rechnen kann. Die andere Hälfte ist auf die Jagd in hohen Tüchern und die Beize zu verteilen. Wenn auch in Frankreich die Parforcejagd stets bevorzugt wurde, so war doch auch die Massenschlächterei nicht ausgeschlossen; diese klammert sich mit beiden Händen an den großen Grundbesitz und zerrt an seinem Purpurmantel. Ludwig XVI. schrieb am 31. August 1781: „Heute 460 Stück getötet“; im Jahre 1780 erbeutet er 20 534 Stück, 1781 ungefähr ebensoviel; im Laufe von 14 Jahren 1254 Hirsche und 189 251 andere Tiere. H. Taine, Die Entstehung des modernen Frankreich, übersetzt von Katscher, I. 140.

[2]) Fleming, I. 295 r. Das weiche Geweih war ein gesuchtes Liebesmittel gegen Impotenz.

[3]) Döbel, II. 92 r.

[4]) Döbel, II. 101 r. und 102 r.

Wir stehen hier an einem wunden Punkt der Jagd, der allbekannten Grausamkeit des Jägers, ein Wild absichtlich krank zu schießen, um die jungen Hunde daran zu arbeiten. Im 16. Jahrhundert verletzte der Jäger dem Hirsch zu diesem Zweck die Schalen und den Lauf. Das Krankschießen kommt heut noch vor und wird in aller Öffentlichkeit geübt bei der Prüfung von Schweißhunden, und mehr vielleicht noch im verborgenen Revier. Es ist schwer, ein vernichtendes Urteil über diese Grausamkeit zu fällen, wenn weidgerechte Jäger sie handhaben und Menschen von Einsicht und Gefühl an solcher Prüfung teilnehmen, ohne daß sich ihr Gewissen rührt. Der Schluß liegt nahe, daß das Verfahren sich nicht gut umgehen lasse, und daß der Zweck die Mittel heilige. Leider ist der Zweck hier das Vergnügen, und es kann die Frage nicht von der Hand gewiesen werden, ob das Vergnügen einer sehr begrenzten Zahl von Menschen, die den Schweißhund noch gebrauchen können, in sittlicher Hinsicht ein ausreichendes Schwergewicht ergibt, um die bewußte Grausamkeit zu entschuldigen, ob es nicht möglich wäre, den Schweißhund auf der gesunden Fährte soweit abzuführen, daß er im Ernstfall auch die schweißige Fährte hält, und hiernach auch die Prüfung einzurichten.

Döbel will die Meute nun am krankgeschossenen Wild einjagen, und es scheint, als wenn solche elende Jagd im 18. Jahrhundert gar nicht selten war. Sie hieß das Bilbaudiren. Im Jahre 1787 äußerte sich ein dem Namen nach mir unbekannter deutscher Graf in Schlözers Staatsanzeigen über diesen Punkt wie folgt: „Das sogenannte Bilbaudiren ist die grausamste von allen Jagden. Ein Hirsch wird von einem sehr guten Schützen durch einen Schuß leicht verwundet, und die Hunde werden auf die blutige Spur gebracht, auf welcher sie viel eifriger nachjagen und auch das arme Tier viel gewisser fangen. Ein so gejagter Hirsch ist gar nicht zu genießen. Diese Jagd ist mit dem nötigen Nachsuchen mit dem Schweißhunde nicht zu verwechseln. Das Bilbaudiren geschieht blos zur Lust der nachreitenden Herren und Damen.... Wenn die großen Herren an die Seelenwanderung glaubten, so würden sie gewiß befürchten, nach ihrem Tode bilbaudirt oder par force gejagt zu werden [1]); oder auch befürchten ein Parforce-Pferd, wo nicht gar ein Bauer zu werden [2]). Es ist freilich bequemer, aber doch gewiß nicht

[1]) Oder in der Arena eines Hauptjagens gehetzt, verwundet und von neuem gehetzt, gepackt und totgestochen zu werden.

[2]) Das war allerdings das Schlimmste!

beruhigender, 40—50 Jahr lang Menschen und Vieh zu quälen, blos nach Lüsten und Begierden zu leben und am Ende eines versardanapalisirten Lebens seine ganze Schuld einem andern aufzubürden. Da weiß der Confessionarius schon Rat." Der letzte Passus bezieht sich wohl auf die Aberkennung der Willensfreiheit und die Luthersche Prädestination.

Eine wesentliche Abweichung von der französischen Jagd des Mittelalters ist darin zu sehen, daß nicht der Besuchknecht mit dem Leithund den Hirsch lanciert, sondern einige Piqueurs mit drei bis vier der besten Meutehunde ihn hochmachen. Steht der Hirsch nicht allein, so sollen einige Jäger lancieren und die anderen „carbiniren", d. h. quer vorreiten. „Wenn dann die Hirsche losbrechen, so muß der, welcher nur am ersten dazu kommen kan, suchen darunter zu jagen, damit man die Hirsche separire, und alsdann muß wohl Achtung darauf gegeben werden, wo der rechte Hirsch hinkommt. Wo man denselben nicht angemercket, so wird immer fort lanciret, bis man sich versichert, daß man die rechte Fehrte vom Hirsche, oder denselben am Leibe und Gehörne gesehen habe. Kriegt nun der Jäger die rechte Fehrte zu sehen, ruft er: Volez... bekommt er den Hirsch in die Augen, ruft er Tajo, und juchet, und verbricht die Fehrten; sodann werden die Lancier-Hunde arretiret und abgenommen, während der Zeit die Meute herbeigeholet und auf die rechte Fehrte angeleget wird." [1])

Döbel kennt und erwähnt auch die ältere Art des Lancierens, bei welcher der Besuchknecht den Hirsch hoch macht, die wir auch bei Fleming finden. Es scheint aber, als wenn Döbel der ersteren den Vorzug gibt. Der Grund liegt offenbar darin, daß Döbel nur von Parkjagden spricht, bei denen es sich um eine beschränkte Zahl von Hirschen handelte, die der gesamten Jägerei längst bekannt und vertraut waren, ehe es zum Jagen kam, so daß jeder lancierende Piqueur den gewählten Hirsch nach Fährte und Aussehen ansprechen konnte. Im freien Revier würde es geradezu unverständlich sein, warum nicht der Besuchknecht lancieren sollte, der allein den Hirsch beobachtet, vorgesucht und bestätigt hatte, der die Fährte genau studiert und in den meisten Fällen auch den Hirsch in der Nähe gesehen hatte, während die Piqueurs nur beim Lancieren die Fährte betrachten und bis zur Anjagd sich dieselbe einprägen konnten, was bei hartem und begrastem Boden wohl oftmals schlecht gelang.

[1]) Döbel, II. 103.

Das Forcieren bietet wenig Neues. Der alte Brauch, dem Jagdherrn und „hohen Standes-Personen" nach dem Tod des Hirsches einen Lauf zu überreichen, wurde immer noch gehandhabt, denn der tiefe Bückling verschaffte „ein gutes Gratial". Bei der Parforcejagd galt auch noch das Jägerrecht. Nach Döbel kam der Ziemer meistens auf die fürstliche Tafel, aber „eine Keule oder Braten gehöret einem Piqueur um den andern hievon, die Flancken oder Eisbeine, Mehrbraten, Kehlbraten, die Zunge und das Herz gehört dem Besuchknechte, das Unschlitt und die Haut wird unter sie beyderseits getheilet." Um die Hunde begierig zu machen, war auch der Birkhahntanz mit dem abgeschnittenen schweißigen Hirschkopf vor der Meute noch in Übung, während das zerschnittene, für die Hunde bestimmte Wildbret bedeckt blieb von der Haut. Dann wurde diese fortgezogen und „das Genüß" den Hunden freigegeben. „Im Anschießen", d. h. wohl kurz vor der Freigabe des Genießes, wurde den Hunden zugerufen Ha la lit!, und zugleich geblasen, während sie bei der Mahlzeit fleißig „caressiret" wurden [1]).

Waren die Hunde und die Pferde gefuttert und getränkt, abgerieben und eingedeckt, dann vereinigte nach der Jagd die angenehme Pflicht der Selbsterhaltung die gesamte Jägerei, natürlich in zwei Klassen, die eine im Schlosse, die andere wohl im Jägerhof, und an beiden Orten wurde die Jagd nochmals „in Discoursen repetiret", oder „wenn der Wein ins Oberstübchen kam, mit starkem Disputiren wiederholet"; in diesem Punkte waren die Jäger konservativ geblieben, und wenn sie auch in jagdlicher Kunst der Jägerei des Mittelalters nicht mehr recht gewachsen waren, in der Arbeit der Kinnbacken hielten sie ihr die Stange.

Nachdem die hauptsächlichsten Jagdarten auf Rot- und Schwarzwild besprochen sind, lasse ich, nach Wildarten geordnet, noch einige

---

[1]) Vgl. hierzu Band I, 231 u. f. — Döbel, II. 106—7. Fleming gibt ein anderes Jägerrecht, I. 303—4, hat aber abgeschrieben, wie er selber sagt und bringt hier nichts aus erster Hand. Seine Quellen waren französisch, während Döbel deutschen Brauch uns überliefert hat. Döbel war der Sohn eines Försters, der zuerst im Erzgebirge angestellt war und dann im Harz. Der Sohn wurde 1699 geboren, 1717 wehrhaft gemacht, also mit 18 Jahren. Er war 1723 in Blankenburg (Harz) und 1725 in Dessau tätig als Jägerbursch. Im Jahre 1733 oder 1734 finden wir ihn als Oberpiqueur in Hubertusburg. Er wohnte in Reckwitz und schrieb auch dort sein Buch, das wohl für die deutsche Parforcejagd als die beste Quelle gelten kann. Bernhardt sagt, daß er in den Stürmen des Siebenjährigen Krieges verschollen sei und wir nichts wissen über seinen Tod. Vgl. A. Bernhardt, Geschichte des Waldeigentums, I. 253.

gedrängte Angaben folgen über die Art, wie diese Wildarten gejagt wurden. Über den Bären kann ich nur wenig mitteilen; er kam in den großen Waldungen noch immer vor, so im Thüringer Walde, speziell im Rudolstädtischen soll der letzte 1797 erlegt worden sein. Im bayrischen Wald zwischen Rachel und Arber erlegte ein Revierförster von 1760—99 selber 37 Bären, und fast ebensoviele sein Bruder. Erst im Jahre 1833 ist in diesem Waldgebirge der letzte Bär erbeutet worden [1]). Auf die Jagd des Bären gehe ich nicht ein, weil weder Fleming noch Döbel etwas Erwähnenswertes zu sagen wissen, und auch die sonstige mir bekannte Literatur aus eigener Erfahrung nichts erbringt. Anders steht es mit dem Wolf, den wenigstens Döbel oft genug gejagt hat.

Der Wolf hielt sich in Deutschland, namentlich in der Ostmark bis weit ins 19. Jahrhundert, meistens aber nur als Wechselwild. Im Winter zog er aus den zusammenhängenden Waldungen hinab in die Vorhölzer und trabte unstet zwischen den Dörfern und Gehöften hin und her. War ein Wolf gesehen worden oder gespürt, dann mußte das ganze Personal des Forstbezirkes kreisen, Förster, Schützen und Fußknechte, und auch die Waldarbeiter mußten helfen, die Pech- und Teerbrenner, Ziegelstreicher, Glasbrenner, Hammerknechte und Köhler; an einem vorher bestimmten Orte war Zusammenkunft, hier wurde an den Forstmeister Bericht erstattet, der nun im günstigen Fall die Jagd beschloß. Eilends gingen Boten in die nächsten Dörfer, auf jedem Kirchturm ward die Sturmglocke gezogen, der muntere Takt der Dreschflegel verstummte, mißtrauisch und seufzend ergriffen die Bauern ihre Spieße, Äxte, Knüppel und gingen nach der Kirche, um durch den Schnee in geschlossenem Aufgebot nach dem Walde auf die Wolfsjagd zu marschieren. Von der Oberförsterei rückten die Wagen mit den Netzen aus, mit Frostbohrern wurden die Löcher für die Stellstangen gegraben, die Wölfe eingestellt und dann von den Bauern mit Geschrei, Trommelschlag und Pfeifen so lange hin und her getrieben, bis sie in die Netze fielen und von den aufgestellten Posten mit alten Hellebarden totgestochen, oder mit Äxten und Knüppeln erschlagen wurden. Unwillkürlich drängen sich hier Zweifel auf, ob wohl die Wölfe so dumm gewesen sind, so lange zu warten, bis diese umständliche Maschinerie in Ordnung war. Schon das Abspüren durch ungelernte Leute, dann das Anfahren und Aufstellen der Netze

---

[1]) J. Wimmer, Geschichte des deutschen Bodens, Halle 1905. 326.

auf dem harten Boden mußten den scheuen Wolf aufmerksam machen, zumal die Netze doch auch wohl im Oberwind zu stellen waren. Daher ist es denn begreiflich, wenn Fleming am Schluß seiner Erzählung ganz naiv bemerkt: „Es wird öffters nach einem Wolff vier wochen gestellet, ehe er gefangen wird.“ Wechselte er zwischen bestimmten Wäldern hin und her, dann konnten die Bauern in beiden Revieren wochenlang um eines Wolfes willen von der Arbeit abgehalten werden. Erinnern wir uns, daß die Jägerei zu ihrer Ungeschicklichkeit auch noch den Mißbrauch fügte und gewissenlos Sturm leuten ließ, wenn sie anderes Wild jagen oder Erpressungen verüben [1]) wollte, dann erhalten wir ungefähr ein Bild von der Schädlichkeit der Wölfe, weniger durch den Schaden an Wild und Haustieren, als durch den großen Arbeitsverlust der zur Landfolge alarmierten Bauern [2]). Döbel hat mit dieser Jagdart bessere Erfahrungen gemacht, zumal in Württemberg. In zwei bis drei Stunden standen die Netze und er selbst hat „viel Wölffe daselbst mit fangen helffen.“ Er will auch Hauptjagen auf Wölfe abhalten. Da der Wolf die Windleinen der hohen Netze und Tücher und auch die Netze selber durchzuschneiden pflegt, mußten nächtliche Feuer in großer Zahl unterhalten werden, und von Feuer zu Feuer mußten Posten stehen, die mit Fackeln auf und nieder gingen. Gruben, Selbstschüsse, Tellereisen und Schießhütten waren im Gebrauch, Döbel hat auch noch den Wolfsgarten, einen eingehegten Platz mit Eingangsöffnungen, die vermöge einer Schnur und Stellvorrichtung von einer Hütte aus geschlossen werden konnten. Die Wölfe wurden durch eine Schleppe herbeigelockt, und sobald sie im Garten waren, fielen die Türen hinter ihnen zu [3]).

Das Reh wurde von der zünftigen Jägerei wenig beachtet, Döbel erwähnt es zwar mehrfach, ohne aber die Jagd eingehender zu behandeln. Das Blatten will er mit der „auswendigen Schale der Birken, oder auch, wiewohl weniger gut, mit Buchen-, Birn- oder Äpfelbaumblättern“ bewerkstelligen, künstliche Instrumente erwähnt er nicht [4]). Leider war die Heckenjagd mit ihrem Schlingenfang noch immer nicht verschwunden [5]),

---

[1]) G. Landau, Beiträge zur Geschichte der Jagd, 1849. 174.

[2]) Vgl. hierzu Fleming, I. 306.

[3]) Döbel, II. 126—34.

[4]) Parzival blattete im 13. Jahrhundert auf einem Blatt, vgl. Bd. I. 269. Von der Anwendung des Blattes rührt ja die ganze Bezeichnung her.

[5]) Vgl. zur Erläuterung Bd. I. 189 u. f.

ein redendes Zeichen für das unweidmännische Gefühl des niederen Adels, denn an den großen Höfen und bei der gelernten Jägerei war der Schlingenfang wohl kaum noch im Gebrauch. Döbel beschreibt die Errichtung eines Rehhagens, d. h. einer Hecke zum Rehfang, nennt diese Jagdart aber ein „schlecht Plaisir". „Anerwogen wenn man die Mutter gar bald todtschlägt, woher sollen die Kinder kommen? Jedoch ob mir zwar diese Jagd nicht im Geringsten gefällt; so bin ich doch viel zu wenig, solches anders zu reguliren, und wird ein jeder, der dergleichen besitzet, wohl in seinen Privilegiis und Gerechtigkeit bleiben." [1]) An anderer Stelle rühmt Döbel das Wildbret des Rehes und rät, in Feldhölzern Gehege anzulegen, d. h. das Reh zu schonen, wenigstens die Ricken, und auch die Böcke nicht alle abzuschießen. Nach Fleming wurde das Reh im Netzjagen gern gefangen, der Bock aber auch geschossen [2]); das Reh gehörte meist zur kleinen Jagd, die „denen von Adel" gestattet war.

Auch den Hasen umstellt Fleming mit Netzen, um ihn in die Maschen zu jagen; er sagt aber selbst, daß sie mit dem Netzjagen „gar zu sehr vertilget" würden und riet das Klopff-Jagen, d. h. unsere Treibjagd mit Schrotschuß anzuwenden, oder auf flachen Feldern sie mit Windhunden zu hetzen, mit dem Habicht zu beizen, oder in Gruben und Schlingen zu fangen. Die beiden letzten Fangarten nennt Fleming erfreulicherweise selbst eine schimpfliche Methode. Im Windhetzen waren die Franzosen, Engländer und auch die nordischen Nationen den Deutschen überlegen, „weiln sie uns mit ihren flüchtigen Pferden weit vorkommen". Auch hier also war das schnelle Reiten nicht bei der deutschen Jägerei zu finden, und wenn auch der Grund an der Pferdezucht gelegen haben mag, so hingen doch wohl beide Erscheinungen zusammen. Das Hetzen ward noch in der alten Weise ausgeübt: die Hetzer ritten in einer Reihe mit angemessenem Abstand über das Feld, und in derselben Reihe koppelweise verteilt befanden sich die Hunde. Stand ein Hase auf, wurde die nächste Koppel losgelassen und einige Reiter folgten, während die anderen unbekümmert weitersuchten. Döbel rät, am Morgen vor dem Hetzen die Hölzer zu verlappen, damit die Hasen auf den Feldern bleiben. Der Hase läuft in der Not gern bergauf, und weil die Berge meist bewaldet waren, entkam er dort den Hunden oft, zum nicht ge-

---

[1]) Döbel, I. Anhang 98.

[2]) Fleming, I. 306—7.

ringen Ärger der Jäger. Es pflegten daher manche Hetzer oben an den Bergen einen Strick Hunde bereit halten zu lassen, um sie dem Hasen entgegenzuwerfen. Fleming nennt dieses Verfahren „nicht so gar redlich gefochten“ und läßt auch hier wieder einen Schimmer von menschlichem Gefühl durchblicken, der um so angenehmer berührt, als er bei all dem Massentöten in der hohen Jagd vermißt wurde. Ebenso billigt Fleming das Verbot, im tiefen Schnee zu hetzen, weil der Hase wegen seiner kurzen Läufe im weichen Schnee schlecht fortkommt, „welches ein vernünftiger Jäger von sich selbsten judiciren und schonen können wird“ [1]). Auch die Parforcejagd auf den Hasen wird von Fleming kurz beschrieben, dabei sagt er aber nicht, ob sie in Deutschland geübt worden sei. Da ich in Band I [2]) und im vorigen Kapitel die Hasenjagd mit der Meute besprochen habe, kann ich an dieser Stelle sie um so eher übergehen, als ich ihre Anwendung in Deutschland bezweifle. Der Oberpiqueur Döbel weiß nichts von ihr und wäre doch der berufenste gewesen. Fleming hat hier wieder einmal abgeschrieben, wie er überhaupt aus Büchern viel entlehnt.

Döbel gibt die Anweisung, wie Hasen lebend zu fangen sind; er stellt Fallnetze quer über die Stellwege (Schneisen) und läßt durch Treiber die Hasen gegen die Netze jagen, weil es zuweilen einem Herrn gefällt, „die Hasen bey dem Fuchs-Prellen zu haben, oder die Hasen mit kleinen Hunden zu hetzen“ [3]). Auch das Hasenlauschen ist bei Döbel noch in Übung, bei welchem der Hase in die Netze gejagt wurde durch Anwendung von kleinen Glocken [4]). Er nennt es „eine gute Invention“ und will auch Rehe damit fangen. In der Rammelzeit will Döbel, unweidmännisch genug, Hasen aufs Reizen schießen, den Rammler, indem er den Schrei der Häsin, und diese selbst, indem er den Schrei des jungen Hasen nachahmt. Der Leser sieht, daß selbst in der gelernten, aufgeblasenen Jägerei die Begriffe über Weidgerechtigkeit noch oft im argen lagen, nicht nur beim Gemetzel auf dem Lauf, sondern auch bei der Niederjagd.

---

[1]) Fleming, I. V. 309. Fleming hat übrigens bei der Windhetze aus Hohbergs Georgica curiosa ungeniert abgeschrieben, ohne die Quelle anzugeben.

[2]) Bd. I. 274—75.

[3]) Vgl. Fleming, Bd. I. 277. Das rohe Fuchsprellen ist oben beschrieben unter „jagdliche Sitten“.

[4]) Vgl. Bd. I. 277.

Der Luchs war im 18. Jahrhundert in Deutschlands großen Wäldern noch gar kein seltener Gast. In Thüringen sind in einem Revier, dessen Größe ich allerdings nicht angeben kann, von 1740—1780 noch etwa 30 Stück geschossen worden; der letzte deutsche Luchs ist 1846 im bayrischen Walde erlegt worden, abgesehen von einzelnen Überläufern aus Rußland in den östlichen Provinzen [1]). Er wurde bei Schnee eingekreist, mit Netzen umstellt und gefangen oder geschossen. Man erlegte ihn auch beim Reizen, indem der Schrei der Drossel nachgeahmt wurde, die sich in einer Schlinge gefangen hat [2]), oder auch das Klagen des Hasen; auch das Tellereisen ward auf den Luchs gestellt, wenn etwa der Jäger, durch das Lärmen der Krähen oder Häher aufmerksam gemacht, einen Riß des Luchses gefunden hatte, zu dem der letztere voraussichtlich zurückkehrte [3]).

Den Biber fing Döbel mit dem Tellereisen, das er auf den Wechsel legte, „wo er aus seiner Burg steiget"; der Jäger verstellte den Paß auch wohl mit Netzen, wenn der Biber außerhalb beschäftigt war und jagte ihn mit Hunden dann nach Haus, so daß er in die Netze fiel, oder er stellte die Netze um den Bau und um die Burg herum, und vertrieb den Biber mit Dachshunden aus seiner Burg, damit er in die Netze fallen konnte [4]).

Der Dachs wurde vor seinem Bau im Tellereisen und in Schlagbäumen gefangen, die der Jäger vor die gangbarsten Röhren stellte;

---

[1]) J. Wimmer, Geschichte des deutschen Bodens, 324.

[2]) Eben wo ich die Korrektur lese, kommt die Nachricht, daß der Reichstag in zweiter Lesung das Verbot des Drosselfanges in der Schlinge angenommen hat. Endlich kommt die Schlinge weg, — leider nicht ohne den Widerspruch der Jägerei!

[3]) Döbel, II. 135.

[4]) Döbel, II. 136. Ich habe hier einen halben Irrtum gutzumachen, der mir im 1. Bande, S. 46, aus der Feder geflossen ist. Ich habe dort gesagt, daß der Biberhund des bayrischen Volksrechts nicht der heutige Dachshund gewesen sei, sondern ein beweglicher kräftiger Hund, der das Wasser liebte, etwa im Sinne unserer Otterhunde. Nach der Stelle im Döbel muß ich zugeben, daß der Biberhund der Bayern auch auf den Dachs gebraucht sein kann, nur darf man nicht an eine bestimmte Rasse denken, und vor allem nicht an unsere heutigen weichen Dachshunde, die fast allgemein das Wasser scheuen; es wird sich wohl um einen kleineren Hund beliebiger Rasse gehandelt haben, vielleicht um eine kleine Bracke, die sowohl auf Biber als auch auf Dachs unter der Erde zu brauchen war. Noch Florinus verwendet die gleiche Hundeart auf Dachs und Biber, 1751. V. 185.

er legte auch nachts die Hauben in die Röhren und hetzte den Dachs hinein, und grub ihn aus vor dem Dachshunde. Die Röhren, welche in die Tiefe gingen, riet Döbel mit Holz abzudecken, ehe die Grube wieder zugeworfen wird, damit der Bau erhalten blieb, und Dächse und Füchse sich nicht in andere Reviere zogen [1]).

Ihm war der Fuchs ein gerngesehener Gast; er nennt ihn das allerverschlagenste, listigste und betrüglichste Tier. „Und indem er mit denen andern, die er so hertzlich lieb hat, daß er sie in dem innersten seines Leibes zu haben hefftig verlanget, absonderlich aber mit denen Hasen gleichsam zu spielen scheinet; so erhaschet er sie unversehens, und erzeiget ihnen solche Gewogenheit, daß sie seiner so leichte nicht mehr vergessen können." Genau so machen es die Menschen, ja noch schlimmer, denn diese hegen und pflegen das Wild erst, bis es feist geworden, und dann erst tritt die starke Liebe ein, welche das Wild im Innersten des Leibes zu besitzen wünscht. Der Jäger grub den Fuchs vor den Hunden aus dem Bau, er hetzte ihn auch aus, damit er sich in Netzen fangen sollte. Döbel hat auf diese Art zuweilen „etliche" gefangen, wohl zwei bis drei aus einem Bau, und hat den Hund bei tiefem Schnee in der Weidetasche hinausgeschafft. Der Fuchs wurde beim Aushetzen auch geschossen, ebenso beim Reizen, auf dem Anstand und am Luderplatz, er wurde im Eisen gefangen, in Schlagfallen und Gruben, und rücksichtslos mit Krähenaugen vergiftet [2]).

Auch den Fischotter fing der Jäger im Tellereisen und anderen Fallen, auch in Netzen in der Art des Bibers, er schoß ihn auch im Winter auf dem Anstand an den Schlupflöchern, die der Otter sich im Eise [3]) offen hielt.

Beim Federwild eroberte das Flugschießen neben den alten Jagdmethoden mehr und mehr das Feld neben dem Fang mit Netzen und der Beize. Fleming sagt: „Ob wohl das Lauff- oder Flug-Schießen dem Feder-Wildpräth schädlich, und mehr für eine Lust, als Menage zu halten; Weile öffters viel Vögel getroffen, so nicht gleich fallen, und dennoch unnütz verderben müssen, sonderlich wann in der Bruth- oder Lege-Zeit alte Hühner unbesonnen geschossen werden, so ist es dannoch an sich selbst eine schöne, und herrliche Wissenschafft, darinnen

[1]) Döbel, II. 138.
[2]) Döbel, II. 139—48.
[3]) Ebenda, II. 149—50.

absonderlich die Frantzosen trefflich geübt den Ruhm haben, und vor diesem allhier zu Lande gantz unbekannt gewesen" [1]). Trotzdem diese Wissenschaft sehr schön und herrlich war, wurde sie noch wenig geübt, und das Fangen überwog das Schießen der Rebhühner auch in der Mitte des 18. Jahrhunderts noch bei weitem. Das Treibzeug mit dem Hamen, der Tyraß, das Steckgarn und das Hochgarn sind nach Gestalt und Anwendung im vorigen Kapitel beschrieben worden, ich darf daher die Bekanntschaft mit den Netzen hier voraussetzen. Döbel nennt den Hühnerfang mit dem Treibzeug „das vornehmste Stück beim kleinen Weidewercke", weil „hierzu schon ein wohlexercirter Jäger gehöret". Der Jäger suchte die Hühner mit dem Hunde auf, und stand der Hund, dann legte er auf der anderen Seite vorsichtig das Treibzeug. Beim Fang mit dem Tyraß brauchte er nicht nur den Hund, sondern auch den Habicht. Der stehende Hund ward abgerufen und der Habicht auf die Erde gesetzt; dann ging der Jäger um die Hühner herum und lockte den Vogel, so daß derselbe gerade über die Hühner ziehen mußte; zur Sicherheit wiederholte der Jäger diesen Trick noch einmal nach der anderen Richtung hin und erzielte nun, daß die armen geängsteten Hühner „wie Steine so feste und stille" lagen. Dann überdeckte er sie mit dem Tyraß.

Döbel hat noch selbst den Habicht abgetragen und beschreibt auch das Verfahren, das sich im allgemeinen streng an die Methode hält, nach welcher Friedrich von Hohenstaufen die Falken abtrug, ein Verfahren, das ich im ersten Band geschildert habe [2]). Döbel setzte dem Vogel die Haube [3]) auf und legte ihm die Kurzfessel [4]) an, und trug ihn so lange auf der Hand umher, bis der Vogel sich entschloß, in dieser Stellung zu kröpfen [5]). Um ihn schneller zahm [6]) zu machen, wurde das Umhertragen auch in der Nacht nicht ausgesetzt, und sollte es drei Nächte dauern. Durch das fortgesetzte Wachen und Hungern ward der Vogel „nach etlichen Tagen" mürbe, und nach dem Prinzip, der Klügere gibt nach, ließ er sich herbei, die ihm gebotene Nahrung anzunehmen. Dann trug

---

[1]) Fleming, I. 341.

[2]) Bd. I. 250 u. f.

[3]) Der Falkner sagte, der Vogel wird gehäubt.

[4]) Wurfriemen hießen diese sonst.

[5]) Der Habicht ätzt eigentlich, er kröpft nicht.

[6]) Der Falkner sagte nicht zahm, sondern locke oder bereit.

der Jäger ihn ins Freie und an belebte Orte, und wenn der Vogel hier vertraut war, band der Jäger ihn an einen Faden, und lockte ihn auf größere Entfernungen zum Kröpfen. Endlich mußte der Vogel ohne Faden auf den Ruf des Jägers kommen [1]), und damit war er für die Hilfeleistung bei der Jagd auf Hühner abgetragen. Döbel empfiehlt den Habicht sehr, zumal er ihn auch bei der Schießjagd anwendet, wie wir gleich sehen werden, und äußert sich wie folgt: „Und ob es gleich scheinen möchte, als wenn der Habicht etwas zu erhalten koste; so bedeutet dieses ja so viel nicht, wenn man solchen eben nicht mit Tauben allein, sondern auch mit Krähen und Dohlen erhält. So braucht man ja auch nicht den Habicht Jahr aus und ein zu haben; sondern man fänget sich gegen die Zeit, wenn er gebraucht werden soll, erst einen ein, und kann selbiger in 14 Tagen hierzu schon gebraucht werden, verdienet und bringet seine Kosten wieder doppelt ein, zu geschweigen, daß man sich dabey auch besondere Vergnügung machen kann" [2]). Döbel verstand auch, die Hühner mit dem Habicht oder Blaufuß zu beizen. Zu seiner Zeit pflegten noch aus Brabant und vornehmlich aus Falkenwerth die Falkner an den Höfen vorzusprechen und Vögel abzutragen, sie brachten auch fertige Vögel mit, und ließen sich dieselben „recht theuer bezahlen". Doch war die Falkenjagd nicht mehr in Blüte, mit dem Rittertum war der Lebensnerv ihr abgeschnitten, und Döbel erwähnt sie nur noch nebenbei. Er rät, die Habichte, Blaufüße und Sperber selbst einzufangen und abzutragen, das können „wir hier zu Lande ohne große Kosten selbst tentiren". Hasen, Fasanen, Enten, Krähen, Milane und Reiher seien zu beizen, jedoch gehöre viel Fleiß zu dieser Beize, mehrere Falken oder Vögel und etliche Leute, die an vielen großen Höfen noch gehalten würden [3]).

[1]) Der Habicht kommt oder fliegt nicht zum Jäger, sondern wird gerufen. Vgl. zu 1)—5) die Weidmannssprache des Elias Meichßner von 1541 in F. Kluge, Unser Deutsch. Leipzig, 1907.

[2]) Döbel, II. 189.

[3]) Einer dieser Höfe, der wohl zuletzt den sterbenden Glanz der Falkenjagd mit modernem Putzpulver zu erhalten suchte, war der Hof zu Kassel. Dort hatte Landgraf Karl das Schloß zu Wabern erbaut, das in einer weiten Ebene lag, welche sich zur Beize trefflich eignete. Landau sagt darüber folgendes: „Landgraf Friedrich zog stets mit einem zahlreichen und glänzenden Gefolge von Hof-, Militär- und Jagdbeamten, mit seinem französischen Theater, seinem Ballet und den italienischen Sängern der Hofkapelle nach Wabern. Der Fürst und alle Vornehmen des Gefolges, vor allem aber die zur Falknerei gehörigen Beamten trugen hier besondere Uniformen: scharlach-

Neben dem Fang der Hühner im Treibzeug, Tyraß, Steck- und Hochgarn mit und ohne Habicht wurde nun auch das Schießen ausgeübt, und hierbei auch der Habicht gern verwendet. Sobald der Jäger an dem Hunde merkte, daß er Hühner in der Nase hatte, kam er mit dem Habicht dicht heran und warf ihn nach den Hühnern, wenn sie aufstanden. Zuweilen schlug der Habicht auch ein Huhn, jedenfalls aber brachte er durch sein Erscheinen die anderen dazu, in die nächste Deckung einzufallen, und dort festzuliegen. Durch den Hund wurden sie einzeln hochgemacht und von den umstehenden Jägern geschossen. „Noch plaisanter" findet Döbel die Jagd bei Schnee, weil der Jäger die Hühner da von Ferne liegen sah und schon im Sitzen unter sie schießen konnte. Wieviele dabei krank geschossen wurden, die nachher verludern mußten, hat Döbel sich wohl schwerlich klargemacht. Wollten die Hühner nicht halten, warf er auch hier den Habicht, und erzielte dadurch, daß er nachher auf die liegenden Hühner schießen konnte, ohne daß sie aufstanden. „Also ist dieses ein recht nützlich Werck, dieweil man auf diese Art auch denen

---

tuchene Röcke und Kragen von hellblauem Sammet und mit silbernen Tressen besetzt, wozu bei den notabelsten dann noch die weiße Frisur mit dem schwarzseidenen fast fußlangen und breiten Haarbeutel kam. Auch die zum Hof erwählten Damen, namentlich die Prinzessin Charlotte, die Generalin v. B. u. a. trugen diese rote Kleidung und gleich den Herren Hüte mit Reiherbüschen. Da stets auch mehrere Regimenter Truppen herangezogen und in der Umgegend einquartiert wurden, so sah man in dieser Zeit den buntesten Wechsel von militärischen Manövern und Paraden, Schauspielen und Konzerten, ländlichen Belustigungen und üppigen Tafeln mit der Beize nach Reihern und anderen Vögeln wechseln, überhaupt sich einen Luxus und eine Pracht entfalten, wie sie, Gott sei Dank, jetzt nicht mehr Sitte sind. Landgraf Friedrich hatte 1762: 1 Oberfalkenmeister, 1 Falkenjunker, 1 Falkenpagen, 4 Falkenknechte, 3 Falkenburschen und 1 Reiherwärter zu Wabern, welche 1772 noch durch 1 Falkenjunker, 1 Falkoniermeister und 1 Milanen- und Krähenmeister vermehrt wurden. In Hessen-Kassel folgte die Falknerei mit 100 anderen Dingen des Luxus dem L. Friedrich II. in die Gruft." Vgl. Landau, Beiträge zur Geschichte der Jagd, 339—40.

Aus den rein äußerlichen Anzeichen der Uniformen kann man schon auf den Verfall der Jagd schließen: bei der Falkenjagd scharlachrot mit hellblau, beim Hauptjagen grün mit karmoisinrot, und dann die Jäger und andere Landeskinder verschachert nach Amerika, um von dem Sklavenhandel die bunten Uniformen zu bezahlen!

Auch am Württemberger Hof bestand die Falkenjagd noch im 18. Jahrhundert, doch kann ich nicht sagen, wann sie abgeschafft wurde. Nach Wagner, Jagdwesen, 387, hatte Eberhard Ludwig anno 1710—14 folgendes Personal: 2 Meisterfalkoniere, 5 Falkenknechte oder Piqueurs, 2 niederländische Jungen, 2 teutsche Jungen und 2 Klepperknechte.

allerbeschossensten Rebhühnern Abbruch thun kan"; nützlich wohl, ob aber schön? Im Winter haben die armen Hühner einen so schweren Kampf ums Dasein zu führen, daß sie oft zu ihrem Feinde, dem Menschen in den Garten und auf den Hof kommen, und um ein Körnlein bitten. Menschliche Regung sollte die Hand zurückhalten, die ihnen um die Zeit schaden will. Döbel empfiehlt die Anlage von Rebhühnergehegen, fängt die Vögel im Herbste ein und läßt sie im Frühjahr brüten. Zuerst werden die Jungen gefüttert, dann fallen sie auf die Felder, bis im Winter die Fütterung von neuem beginnt.

Mit dem Aufkommen der Schießjagd wurde nun auch die Dressur des Hühnerhundes eine andere. Bisher hatte es zwei Sorten von Hühnerhunden gegeben, deren eine den Namen Vogelhund oder Beizhund führte, und nur zum Stöbern bei der Beize diente, oder auch bei der Hasenhetze mit Windhunden. Der Falkner folgte diesen Hunden mit dem Vogel auf der Hand, der Hetzer mit den Windhunden am Riemen, und obschon die Herren beritten waren, so liebten sie doch einen kurzsuchenden Hund. Aus diesem Grunde bevorzugten sie eine kleine Hunderasse, die nicht so viel Feld nehmen konnte, die sogenannten Stöberhunde, die nicht vorzustehen, sondern nur zu stöbern brauchten, aber kurz vor dem Reiter hin und her arbeiten mußten, damit dieser rechtzeitig den Falken werfen konnte, wenn ein Vogel oder ein Hase hoch wurde. Die andere Rasse der Hühnerhunde diente für den Netzfang; sie hatte die Aufgabe, die Hühner aufzusuchen und vor ihnen so lange still zu stehen oder zu liegen, bis der Jäger herangekommen war, und entweder sein Treibzeug gestellt, oder die Hühner samt dem Hunde mit dem Tyraß überzogen hatte. Diese Hunde konnten größer sein, und der Jäger sah es gern, wenn sie viel Feld nahmen [1]). Ich brauche wohl nicht besonders zu betonen, daß auch der Falkner die Hühnerhunde statt der Stöber brauchen konnte, „vorliegende Hunde" werden schon im 14. Jahrhundert bei der Falkenjagd erwähnt. Andererseits wurde die kleine Rasse auch bei der Netzjagd gebraucht, da sie vorstehen lernte, sogar bei der Schieß-

[1]) v. Hohberg, Georgica curiosa. Nürnberg 1682. 604—5. Florinus sagt, daß ein Stöber nicht weiter suchen dürfe als 10—30 Schritt. Er will verdorbene Hühnerhunde als Stöberhunde brauchen, oeconomus prudens, V. 171. Viel Gewicht ist auf die Aussage des gelehrten Herrn nicht gerade zu legen, der das Kapitel über die Jagd im Florinus zusammengeschrieben hat. Er hat seinen Geist getränkt aus Fouilloux, Clamorgan, Hohberg, Aitinger u. a.

jagd war sie gern gesehen, weil sie langsam suchte und die Schützen gern dem Hunde nahe waren. Die kleine Hundeart war der heutige Wachtelhund, der Spaniel, während der große Vorstehhund aus der Bracke hervorgegangen ist, die sich gelegentlich auch später noch in einen Vorstehhund verwandeln mußte, obschon die Zucht des Hühnerhundes bereits im Ausgang des 16. Jahrhunderts mehrfach eine konstante war.

Ich muß es mir versagen, auf die Geschichte des Jagd- und Hühnerhundes näher einzugehen, weil die spezielle Verwendung der Hunde nicht in den Rahmen dieses Buches fällt. Ich will aber kurz die Hauptpunkte der damaligen Dressurmethoden berühren, denn Döbel ist der erste deutsche Schriftsteller, der die Dressur eingehender behandelt, und außerdem sprechen bei der Abführung des Hühnerhundes kulturgeschichtliche Momente mit ganz eigener Art. Zunächst einige Daten aus der verwickelten Geschichte dieser Hundeart.

Aus dem Namen der Rasse kann nicht ohne weiteres auf die Beschaffenheit geschlossen werden, denn die Namen wechselten vielfach und wurden oft durcheinander geworfen. Jedenfalls sind Stöberhunde und Vorstehhunde so alt wie Falkenjagd und Netzjagd, und in den Volksrechten der Friesen wird der Habichthund bereits genannt als kleine Bracke [1]), vermutlich der spätere Spaniel. In der Literatur des Mittelalters sind die Hunde mehrfach nachweisbar. Gesner, der um die Mitte des 16. Jahrhunderts schrieb, kennt nur den Vogelhund, den er auch Wachtelhund und Forstendhund benennt. Colerus unterscheidet am Ausgang des 16. Jahrhunderts aber schon den spanischen Hund und den Rebhühnerhund; Aitinger hat 1653 den Stauber und den Hühnerhund, Hohberg 1682 den Beißhund und den Wachtelhund (Hühnerhund), und Fleming unterscheidet 1719 den Stöber oder Spionhund und den Hühnerhund. C. v. Heppe sagt 1751 geradezu, daß die Hühnerhunde auch Wachtelhunde genannt würden, daneben hat auch er den Stöber- oder Spionhund. Auch Florinus hat einerseits den Stöber und andererseits den Hühner- oder Wachtelhund.

Mit der Zeit fing man an, bei der Schießjagd den großen Hunden den Vorzug zu geben, weil der Vorstehhund auch apportieren sollte, und zwar nicht nur das Huhn, sondern auch den Hasen, und der damalige

---

[1]) Lex Frisionum, Tit. 4. 4. Canem acceptoricium vel braconem parvum, quem barmbraccam vocant etc.

Spaniel für diesen Zweck zu klein und schwächlich war. Begünstigt wurde die Verwendung der großen Hunde dadurch, daß sie bei der Wasserjagd in Übung waren. Als noch niemand sonst an die Verwendung der ungefügen Feuerrohre auf fliegendes Wild dachte, wurden sie auf Enten schon gebraucht, an die der Jäger sich heranschlich, wenn sie auf dem Wasser lagen; auch in einem verblendeten Kahn, oder auf einem Floß hinter einer Schilfwand suchte er mit seiner Karthaune sich zu nähern, um auf das schwimmende Wild den Schuß zu wagen. Diese Jagd war schon im 16. Jahrhundert üblich. Hier wurden die Wasserhunde gebraucht, sie mußten das geschossene Wild aus dem Wasser holen, und so kam es, daß das Apportieren bei der Wasserjagd schon früh in größerem Umfange zur Ausbildung gelangte. Schon Gesnerus und Colerus kennen neben dem Spaniel und Hühnerhund den Wasserhund, den letzterer auch Schießhund nennt [1]), und der nach Aitinger auch als Apportierhund bei der Schießjagd auf Hühner gebraucht wurde.

Neben der Wasserjagd waren auch bei der Landjagd Apportierhunde von alters her im Brauch gewesen, allerdings nicht in so ausgedehntem Maße und vorwiegend nur bei großen Herren; sie hießen Pirschhunde, waren nach Täntzer eine Kreuzung von Windhunden und Doggen und dienten dazu, das angeschossene Wild zu fangen, gingen aber auch ins Wasser [2]). Der Blendling, d. h. die Kreuzung „von den starken Arten" diente zum Apportieren der Hasen [3]), und der Schießhund zum Apportieren des Federwildes [4]). Dieser konnte, wie schon gesagt, ein Wasserhund sein oder ein Hund, dessen Kunst auf das Land beschränkt blieb. Allmählich suchte der Hühnerschütze Apportieren und Vorstehen in einem Hunde zu vereinigen, dem Hühnerhunde das Apportieren beizubringen, oder dem Wasserhunde das Vorstehen, oder die

[1]) D. C. Gesner, Tierbuch, Zürich 1563: Von den Hunden. J. Coleri Calendarium perpetuum etc. Wittenberg 1632. 582. Die erste Auflage erschien nach Roth von 1595—1602.

[2]) Täntzer, Der hohen und niederen Jagd Geheimßnib. Kopenhagen 1682. 16—17. Täntzer verwendet seine Kreuzung von Windhund und Dogge als Pirschhunde zum Greifen von angeschossenem Wild, auch von Rehen; es liegt die Vermutung nahe, daß sie auch auf Hasen gebraucht wurden. Florinus, oeconomus prudens, 1751, V, braucht die Bezeichnung Pürsch- und Schießhunde bald getrennt (171), bald gleichbedeutend (172); der Pürschhund soll in der Größe eines Wasserhundes sein.

[3]) Döbel, I. 113.

[4]) Carl v. Heppe, Aufrichtiger Lehrprinz usw., 1751. 12—13.

Hühnerhunde aufzukreuzen, teils mit den Schieß- und Wasserhunden, teils aber auch mit den Pirschhunden, den großen Blendlingen, aus welcher Kreuzung die „coloßartigen Hühnerhunde" dann entstanden sind, von denen 1793 Jester spricht [1]). Gute Hühnerhunde waren selten, auch in der Zeit, in welcher sie noch nicht zu apportieren brauchten. Aitinger sagt, ein guter Vorstehhund sei nicht mit Geld zu bezahlen, und es mache Mühe und Arbeit, die Stöber und Hühnerhunde „vorständig" zu machen [2]). Hohberg nennt die Wachtelhunde (Hühnerhunde) „unter allen Jagthunden fast die teuersten und die am seltensten wohlgeraten" [3]).

Noch im 17. Jahrhundert und weit ins 18. hinein ward von den Hühnerhunden nur Suchen und Vorstehen verlangt. Aitinger fordert, daß der Hund Huhn und Wachtel suche und stehe; er fährt dann fort: „es richten auch viel die Hunde, vor einem Hasen im Lager zu stehen, also ab, daß sie ihnen desto besser den Schuß halten". Hier taucht der Hase also auf, vom Apportieren aber sagt auch Aitinger noch nichts; nur bei der Wasserjagd lassen die Wildschützen die wilden Gänse und Enten vom „Schießhundt" holen, nachdem sie dieselben mit „Geschrodt" geschossen haben. Auch Hohberg verlangt vom Vorstehhunde nicht das Apportieren, er soll nur Hühner und Wachteln stehen; Hohberg erzählt sogar den Vorfall als eine besondere Merkwürdigkeit, daß ein Edelmann in Brescia eine Vorstehhündin mit Namen Mosca gehabt habe, „die hat, wenn sie eine Wachtel oder Rebhuhn unter dem Tirasse erwischt, solche nicht erwürgt, sondern sie ihrem Herrn, er sei gleich zu Fuß oder zu Pferd gewesen, zugetragen, aufgesprungen und solche lebendig in seine Hand überliefert". Der Leser beachte wohl, nicht in Deutschland, sondern in Italien war diese Merkwürdigkeit passiert, und Hohbergs Werk erschien im Jahre 1682. Da Gesner, Colerus, Aitinger und Hohberg darin übereinstimmen, daß der Vorstehhund nur suchen und vorstehen solle, und auch Fleming noch im Jahre 1719 nichts vom Apportieren sagt, kann wohl kein Zweifel obwalten, daß die Aufgaben, das geschossene Wild zu suchen und zu bringen erst im Laufe des 18. Jahrhunderts an den Vorstehhund herangetreten ist. In Frankreich scheint es nicht anders

---

[1]) Schon 1715 ist die Rede von den großen Hunden, die gar zu schwer seien und nicht aushalten könnten. Georgica curiosa III. 352. Fortsetzung von Hohberg.

[2]) Aitinger, Vom Vogelstellen, 41—44.

[3]) v. Hohberg, Georgica curiosa, 605.

gewesen zu sein. Die Ausgabe von Chasse et Peche vom Jahre 1743 hat einerseits die vorstehenden oder vorliegenden Hunde, die mit hoher Nase jagen und vor dem Wilde stehen, die dazu dienen, die Hühner und die Wachteln aufzufinden, und andererseits die Spaniels, die mit tiefer Nase suchen, Kaninchen hetzen, aber auch gut auf Flugwild sind [1]). Auch hier ist nichts gesagt von Apportieren.

Aitinger richtete 1653 die Hunde in der Weise ab, daß er sie durch Drohungen und Schläge zuerst dahin brachte, ein vorgelegtes Stückchen Fleisch nicht eher zu fressen, als bis die Erlaubnis gegeben wurde. Dann band er ein lebendes Rebhuhn an einen Faden, ging mit ihm aufs Feld und ließ dasselbe vor dem Hunde laufen, letzteren aber vor dem Huhn sich niederlegen. Dieses Arbeiten mit dem gefesselten Huhn hält auch Döbel noch fest, es war das sogenannte „Vorlaß geben". Hatte der Jäger kein Huhn, dann nahm er „ihren Koth". Dieses kostbare Produkt wurde überhaupt viel angewandt und den Hunden oft und kräftig in die Nase gerieben, „damit sie sich des Geruchs desto stärker annahmen". Die nächste Übung war das Suchen; stieß der Hund die Hühner auf, dann wurde ihm zuerst verziehen, bald aber setzte es Hiebe. Stand der Hund, dann ward er abgerufen und belohnt. Da die alte Brackennatur noch in den Hunden steckte, waltete auch allgemein die Neigung vor, beim Suchen die Nase tief zu halten. Um ihnen das abzugewöhnen, ward „ein hölzernes Gäbelein" an ihrem Kopf befestigt, d. h. eine Art Maulkorb in der Art angelegt, daß vor dem Fang des Hundes ein Stab frei in die Luft ragte, mit dem er auf den Boden stieß, wenn er die Nase senken wollte. Dieses Mittel war in der Zeit vom 16. bis 18. Jahrhundert allgemein üblich. Beim Unterricht wurde der ungelehrige Hund „abgebläwet" und dann wurde er an die Kette gelegt.

Aitingers Angaben zur Abrichtung der Hunde sind sehr oberflächlich; der erste Schriftsteller, der eine eingehendere Schilderung gibt, ist Döbel [2]); er unterscheidet die ältere deutsche Methode von der neueren französischen, setzt aber bei beiden als selbstverständlich voraus, daß der Hund auch apportieren müsse, und auch C. v. Heppe sagt 1751, daß die Hühnerhunde apportieren lernten. Dieser Gebrauch ist also in der Zeit zwischen Fleming und Döbel, zwischen 1719 und 1746, d. h. in der ersten Hälfte

---

[1]) Amusements de la Chasse et de la Peche. Amsterdam et Leipzig 1743. II. 152.

[2]) Florinus beschränkt sich darauf, Aitinger abzuschreiben, 1751. V. 295.

des 18. Jahrhunderts zur Ausbildung gelangt. Die ältere deutsche Methode nennt Döbel das Abrichten, die französische das Dressieren, und wie neben der Parforcejagd auch die Schießjagd auf laufendes und fliegendes Wild aus Frankreich übernommen wurde, so bürgerte sich der ganze französische Wortschatz für das Abrichten der Hunde bei uns ein, der trotz aller Betonung deutsch-nationaler Bestrebungen bis heute noch nicht ausgerottet ist, und neuerdings sogar durch englische Brocken ergänzt wird.

Auch Döbel unterscheidet den Spionhund (Spaniel) vom Hühnerhunde; ersterer muß ebenso gut revieren wie der Hühnerhund, aber immer kurz suchen, weil „man ihn nicht vollkommen zum Vorstehen halten" konnte, denn der Spaniel wurde sowohl im Holz, als auch im Felde und hohen Getreide auf junge Hühner, Fasanen und Wachteln gebraucht, und sogar ins Wasser geschickt.

Die ältere Dressurmethode suchte die Neigungen des Hundes zu verwerten und den Zwang zu vermeiden. Der Jäger ließ den jungen Hund zuerst einen Ball, zusammengewickelten Lappen oder dergleichen spielend bringen, warf den Gegenstand dann scheinbar fort oder versteckte ihn, und ließ den Hund das Verlorene suchen. Auch hier wurde ihm ein Stück Brot oder Fleisch vorgelegt, das er bringen und nachtragen mußte, ohne es zu verschlucken. Der Hund mußte couché machen und auf das Kommando Stich! sich erheben. Anfangs ließ man ihn unter Hühnern und Wachteln fleißig herumjagen; hielt er die Nase tief, so kam das Gäbelein in Anwendung, das Döbel Schnabel nennt. Das Hasenhetzen dem Hunde abzugewöhnen, blieb nun freilich auch nichts anderes übrig, als die Peitsche. Der Jäger mußte den Hund vor dem Lager couché machen lassen und „mit der Peitsche brav prügeln", auch nahm er den Hund an die Leine und brachte sogar das Stachelhalsband in Anwendung. Es folgte dann das „Vorlaß geben". Einem Huhn oder einer Wachtel band der Jäger einen Faden an den einen Ständer, ließ den Vogel eine Furche hinunterlaufen und band ihn fest; dann brachte er den Hund an der Leine und unter Wind heran, ließ ihn stehen oder sich legen und überzog dann Huhn und Hund mit dem Tyraß. Stieß der Lehrling bei der freien Suche Hühner auf, mußte er couché am Hühnerlager machen, und zur besseren Erinnerung gab es Hiebe.

[1]) Der Name Spion kam aus dem Französischen von espion, Spion.

Der Hund mußte sich abrufen lassen für den Fall, daß der Jäger das Treibzeug stellen wollte, auch mußte der Hund Wachteln, Fasanen und Schnepfen stehen. Zur Wasserarbeit ward der Vorstehhund auch jetzt noch ungern gebracht, weil die Meinung bestand, daß die Nase darunter leide. Ein auf diese deutsche Art gearbeiteter Hund mußte in zwei bis drei Jahren „recht ferme" sein.

Der deutschen Art des Abführens trat nun das französische Dressieren gegenüber, die Schnellabführung vermöge des verstärkten Zwanges, durch welche der Hund in einem Sommer so viel lernen mußte, als „der andere mit Gutem in zwei oder drey Jahren". Bedingung war die gute Anlage, denn „alles kann ihm der Jäger beibringen, nur keine Nase und keine Lust zur Suche, und während der auf alte Weise abgeführte Hund zuweilen Launen zeigte, durfte der dressierte das nicht wagen. Die Dressur begann an der Leine; auf das Wort ici mußte der Hund zum Jäger kommen, der ihn „karessierte"; wollte er nicht gehorchen, bekam er „derbe Schläge". Zum Apportieren wurde ein mit Bindfaden umwickelter Strohwisch oder dergleichen dem Hund zunächst in den Fang gegeben, dann ließ der Jäger ihn den Strohwisch bringen: „Läßt er es fallen, oder will er es nicht annehmen, so kriegt er Schläge." In dieser Weise mußte der Hund den Strohwisch auch bringen, wenn derselbe mit Raubvogelfedern gespickt war, die ihm „sehr zuwider sind", ferner mußte er Stahl, Eisen, Steine, Raubvögel usw. aufnehmen und bringen. „Sollte er sich aber mit der Leine und der Peitsche nicht wollen zwingen lassen, so nehme ich ein Halsband mit eisernen Spitzen.... Mit diesem Dressirhalsbande kann man den stärksten und härtesten Hund zwingen. Wenn er nicht recht thun will, rückt man ihm die Stacheln an den Hals, daß auch bei harten Hunden der Hals roh wird, und Haut und Haare abgehen. Wenn sie nicht recht dran wollen, muß man sie auch wohl ein Paar Tage liegen lassen und mit guter Heilsalbe schmieren. Dies greift aber auch den hartnäckigsten Hund vollkommen an." Ebenso ward der Hund gezwungen ins Wasser zu gehen. Die Jagd im Felde wurde auch hier mit dem Vorlaß eingeleitet, vor dem der Hund das Stehen lernte; „hinterher laufen muß er nicht, sonst wird ihm das Dressirhalsband angemacht und er hierauf zum Lager gebracht und gestraft."

Das Dressieren unterschied sich also vom Abrichten im wesentlichen dadurch, daß der Eigenwille des Hundes von vornherein gebrochen wurde unter verstärkter Anwendung der Peitsche und des Stachel- oder Korallenhalsbandes. Döbel sagt: „Es will zwar mancher ein Flug- oder Federschütze heissen und hat niemals einen fermen Hund. Wenn er nur einen Hund hat, der es bald brav herausjagt, daß man dann etwan einmal drunter schiessen kan, oder da man sich hingestellt, wo sich die Hühner zusammen ruffen, so wird aufgepaßt, und lauffen sie zusammen, drunter gefeuert, und also manches Huhn zu Schanden geschossen. Der Hund sucht und apportiret es nicht, dort verfaulet es. Desgleichen werden die Häsgen angeschossen, mit dem Hunde hinter drein gehetzt, dieser kommt damit aus den Augen, fänget und frisset selbigen auch wol selber auf. Dergleichen schöne Wirtschaft findet man heutiges Tages gar vielfältig; aber was macht es? Mancher ist viel zu commode, daß er sich mit dem Hunde viele Arbeit machte, und die kleinen Herrschafften nehmen Kutscher, Reit-Knechte, Müller, Schäfer und dergleichen allerhand unwissende Leute, und übergeben ihnen ihre Reviere.“ [1]) Für die Kommodität der hohen Herrschaften war Döbel sehr besorgt, aber für seinesgleichen will er sie nicht gelten lassen.

Mit der weidgerechten Ausübung der Niederjagd war es also nach dem Urteil Döbels schlecht bestellt. Zunächst die Hunde! Sie standen nicht vor Hühnern, hetzten die Hasen und fraßen sie auf! Der Leser wolle sich vergegenwärtigen, was ich schon oben sagte, daß der Vorstehhund hervorgegangen ist aus der Bracke [2]), die ihre ursprüngliche Raubtiernatur auch beim Jagen beibehalten durfte, indem sie ihrer angeborenen Leidenschaft folgte und nur Gehorsam auf Horn und Ruf zu leisten hatte. Fing oder griff sie ein Wild, so fraß sie es auf ohne Umstände, wenn der Jäger sie nicht hinderte; und diese ursprünglichsten Instinkte bestärkte der Jäger sogar, indem er die Meute mit dem Fleische des erjagten Wildes pfneischte, und namentlich den Schweiß den Hunden stets zu trinken gab. Auch der Leithund, der Windhund und der Bluthund bekamen stets ihr Genießen. Wie anders beim Vorstehhund! Dieser sollte nicht mit tiefer Nase suchen, sondern mit hoher, er sollte das gefundene Wild nicht verfolgen, es nicht greifen, sondern davor stehen bleiben, das geschossene Wild sollte er aber bringen, das verwundete suchen und greifen und bringen, das Huhn dabei nicht drücken, es lebend

[1]) Vgl. hierzu Döbel, I. 105—12.

[2]) Ein Stamm des deutschen Vorstehhundes ist hervorgegangen aus dem Bluthund, dem späteren Schweißhunde; auch Blut- und Schweißhund aber führen auf die Bracken zurück, von denen es verschiedene Arten gab.

übergeben, den Hasen aber totbeißen, weil er ihn ohnedem nicht tragen konnte; nie durfte er vom erlegten Wilde fressen, ob er auch in dichtem Gebüsch und in völliger Einsamkeit den Hasen fing, dennoch mußte er ihn unverletzt zum Jäger tragen.

Die Grundsätze beim Abrichten der Hunde hat nicht ein einziger genialer Kopf erdacht, sie sind das Ergebnis einer Entwicklung und haben langsam sich herangebildet. So will Fleming noch in der Befangenheit des Hetzers auch den Hühnerhund mit Schweiß, Herz, Lunge und Leber der Hühner pfneischen, und „wenigstens den frischen Koth ihm öffters vorlegen". [1]) Erst nach und nach erlangte die Jägerei völlige Klarheit darüber, daß die Methode des Abführens beim Hühnerhunde in eben dem Maße eine andere sein mußte, wie das Ziel sich geändert hatte, und daß es ein schwerer Fehler gewesen wäre, die eben erst erprügelte Enthaltsamkeit des Hundes durch das Genießen wieder aufzuheben. Es ward vom Hühnerhund nicht weniger verlangt, als daß er seine ganze Natur verändern, die angeborenen Instinkte zähmen und den Willen in die Schule der Erinnerung, d. h. des Geistes nehmen, das Triebleben dem Denken unterordnen, und in bewußter Weise sittliche Handlungen vollführen sollte im Dienste einer höheren Gewalt, die für ihn der Jäger war, wie für diesen Jehova, der Landesvater und der Staat. Das Mittel zu dieser Umwandlung war freilich hart, es war in letzter Linie die Peitsche und das Korallenhalsband, das dem Hunde nach Döbels Angabe den ganzen Hals und womöglich die Behänge wund machte und zum Eitern bringen konnte, und wieder auf den Schorf gelegt, den angeborenen Trieb des Hundes durch immer wiederkehrende, arge Schmerzen brach. Wir müssen uns vergegenwärtigen, daß die Hunde des 17. und 18. Jahrhunderts nicht so leicht abzurichten waren, wie der heutige Vorstehhund, der aus einer langen Ahnenreihe hervorgegangen ist und in kleinen, aber stetigen Änderungen von Geschlecht zu Geschlecht dahin gelangte, seine Neigungen umzuformen und einen anderen Charakter zu erwerben. Aus natürlicher Anlage stand damals kein Hund die Hühner. Von der damaligen Arbeit der Dresseure kann sich der Jäger eine Vorstellung verschaffen, wenn er versucht, eine Bracke, einen Schweiß- oder Fuchshund zum Vorstehhund heranzubilden, was

---

[1]) Fleming, I. 177.

im 17. und 18. Jahrhundert noch oftmals vorgekommen ist [1]). Aitinger sagt, Hunde, die nicht „der Art von Hühnerhunden", seien nur „beschwerlich und mit großer Mühe abzurichten". Die Arbeit des Dressierens war damals schwerer als heute, dafür wurde weniger verlangt, aber auch dieses Wenige mußte in einer Weise aus dem Hund heraus entwickelt werden, die wir heute grausam nennen würden.

Diese Grausamkeit wurde geübt, um das Vergnügen des Menschen zu erhöhen, weil der Jäger mehr Lust empfand beim Schießen als beim Fang der Hühner. Darum mußte der Hund apportieren lernen, und aus dem Apportieren ging das Verlorensuchen ganz von selbst hervor. Die Jagdmethode des Schießens war an sich schon grausamer, als die des Fangens mit dem Treibzeug oder dem Thraß, und in dieser Hinsicht weniger weidgerecht, wenn sie auch weniger den Massentod begünstigte, und durch den Einzeltod der Hühner, und durch die Kunst der Schützen feiner wurde. Bei dem Fang der Hühner hatte das Volk eine kurze Angst wohl auszuhalten, aber wenig Schmerzen, während bei der Schießjagd immer ein Teil der Hühner nur verwundet und erst nach längerer Zeit gefunden wurde, oder auch der Nase des Hundes ganz entging und eine langwierige Krankheit durchzumachen hatte mit Wundfieber und Eiterung, von welcher das Huhn nach längerer Zeit genesen, an der es aber ebensogut auch sterben konnte [2]). Sieht man ab von den Massenschlächtereien, dann hat bei der Jagd des großen Haarwildes das Feuer-

[1]) Ich verweise auf die französische Bezeichnung des Vorstehhundes als braque d'arrêt. In einer nach dem Tode des Verfassers herausgegebenen Fortsetzung des Hohbergschen Werkes vom Jahre 1715 wird neben den langhaarigen Hunden ausdrücklich die Bracke genannt als Hund, der vor dem Falkner das Geflügel aufjagen mußte, also als Stöberhund zu dienen hatte. Hier liegt der Zusammenhang mit dem späteren Vorstehhunde. Vgl. Herrn v. Hohbergs Georgica curiosa III. Nürnberg 1715. 352.

[2]) Döbel sagt I. 118: „Seit dem das Pulver und Bley, und das Lauffen und Flugschiessen aufgekommen; so ästimiret mancher das Fangen nicht, und spricht wohl, ich habe mehr Plaisir, wenn ich was schieße, als wenn ich es in den Fängen todt finde." Hier also beruhte das Vordringen der Schießjagd nicht auf dem Bemühen eines weidgerechteren Jagens, sondern auf dem Plaisir des Jägers. An anderer Stelle war die menschliche Trägheit Schuld. Döbel betont die viele Mühe, welche die Alten mit dem Fangen hatten. Aitinger sagt, daß der Hühnerfänger manchmal einen halben Tag lang hinter dem Schild stehen konnte, um die Hühner ins Treibzeug zu drängen, und gleichwohl sie schließlich abstieben sah. Das Schießen war bequemer und interessanter als das Fangen, darin liegt der Hauptgrund für den Sieg der Schießjagd.

rohr insofern segensreich gewirkt, als die Einzeljagd dadurch bevorzugt wurde, die Schwierigkeiten größer, oft sogar absichtlich größer wurden, die ganze Jagd vergeistigt wurde, und der Sinn für Weidgerechtigkeit ins Wachsen kam. Beim Federwild dagegen ist es zweifelhaft, ob der Sieg der Flinte über das Netz ihm durchschnittlich eine leichtere Todesart geschaffen hat, es wird zu schlecht geschossen, und das Huhn muß oft für unsere vermehrte Lust mit schweren Schmerzen büßen.

Zu dieser Grausamkeit trat nun die strenge Behandlung des Hundes noch hinzu, nicht nur bei der Dressur, sondern auch im Jagdbetrieb. Jetzt ward die Lust der Hühnersuche geschädigt durch den traurigen Anblick des verschlagenen Hundes [1]). Es ist wohl als sicher anzunehmen, daß den Jäger oft die gleiche Schuld traf wie den Hund, wenn dieser nicht gehorchen wollte, weil sich der Jäger nicht verständlich machen konnte und allzueilig die Geduld verlor; die Hiebe kriegte aber nur der Hund, und nicht der Jäger. Gab es keinen andern Weg, als Peitsche und Koralle, den Geist des Hundes abzurichten und einen weidgerechten Jagdbetrieb in der Art zu erzielen, daß auch das krankgeschossene Wild mit leidlicher Sicherheit gefunden werden konnte, dann war ein Übel hier vorhanden, das durch den höheren Zweck geheiligt war; lieber mochte der eine Hund sechs Monate leiden, als daß Hunderte von angeschossenen

---

[1]) Döbel, I. 103: „Ich kann einen Hund, den ich vorhero nicht zu Hause dressiret, draussen im Felde so geschwinde und eher überschlagen, als im dressiren, dergleichen ich von mehreren als einem gesehen, daß, da sie ihre Hühnerhunde zu dressiren aus Unwissenheit nicht vermocht, draussen im Felde selbige sodann durch allzu viele Schläge in solchen Stand gesetzt, daß, wenn sie gerufft haben: Komm her, sie von ihm weg gelauffen, oder weit draussen im Felde liegen geblieben, und ihrem Principal nur von ferne nachgefolget sind. Hat sich aber dieser nach dem Hunde umgekehret, ist er wieder dorthin gegangen."

Fleming sagt I. 178: „Es ist ebenfalls der Hühnerhund in seiner strengen Secte und sclavischen Zucht, mit stetem schmiegen und biegen beschweret, öffters angeleget, und so er das geringste versehen, wird er offt mit der Ruthe geschlagen."

O. v. Münchhausen, Der Hausvater, 1766, II. 506 rühmt die Liebe und Treue des Hühnerhundes „gegen den oft barbarisch und mehr als viehisch mit ihm umgehenden Herrn." Dann heißt es: „Man kann, deucht mich, einen klugen, gut angeführten Hühnerhund nicht wohl handeln sehen, ohne ihn lieb zu gewinnen, und einen gewissen Verstand, den er zeiget; seine Vorsicht, um den Feind recht zu beschleichen; seine Aufmerksamkeit, ob auch sein Anführer seine Handlung gut heiße; sein Gehorsam, wenn er, da er auch am aller hitzigsten ist, abgerufen wird; seine Gedult, womit er die verdiente Strafe empfängt."

Hühnern und Hasen elend verkümmern mußten, oder erliegen im einsamen Todeskampfe mit Krähen und vierbeinigem Raubgesindel. Gab es aber einen andern Weg, die Hunde abzurichten, ebenso sicher und dauernd abzurichten, wie hier mit Peitsche und Korallen, dann gebürten dem Jäger selber die Korallen, der den Weg kannte und ihn nicht beschritt.

Neben der mangelhaften Hundedressur trug die Schuld an der unweidmännischen Ausübung der Niederjagd das unentwickelte Gefühl des Adels, der in dem einzelnen Wilde nicht die Seele sah, nicht die Angst und Schmerzen fühlende Kreatur. Von der Nachsuche nach angeschossenem kleinem Wild ist bei den Schriftstellern vor Döbel kaum die Rede; noch Fleming nimmt ohne weiteres an, daß die angeschossenen Vögel, die nicht gleich fallen, „unnütz verderben" müssen [1]); und auch Döbel sagt beim Dressieren nichts über die Nachsuche und erwähnt sie nur so nebenbei, wo er davon spricht, daß „grosse Herren das kleine Weidwerck exerciren". Dort heißt es: „Wie manches Huhn, Schnepfe, Wachtel und dergleichen, so angeschossen wird, muß nicht verfaulen und sonst umkommen, wenn man es nicht mit dem Hunde sucht und findet." [2]) Auch hier handelt es sich nicht um das Mitleid mit der Kreatur, sondern um den Braten. Der Adel ließ die Jagd durch Kutscher und Bediente üben, die von weidgerechtem Jagen keine Ahnung hatten, und Döbel sagt, daß „dergleichen schöne Wirtschaft gar vielfältig" zu finden war. Hätte der Adel für sein Wild ein Herz gehabt, dann hätte er über dem Wild die Hand gehalten und dafür gesorgt, daß es nicht krankgeschossen still „verfaulen" mußte. Lerchen, Finken und andere Singvögel wurden in Massen gefangen und verzehrt, Sangfinken wurden in grausamer Art geblendet, im 18. Jahrhundert ebenso wie in früherer Zeit. Döbel gibt genaue Anweisung, Mitleid kennt er nicht [3]). Beim Massenfang der kleinen Sänger stand der große Grundbesitzer wieder obenan [4]). Um die Sache zu verschlimmern, ward der Vogelfang auch im Frühjahr ausgeübt, wenn die Vögel zum Brüten schreiten wollten.

[1]) Fleming, I. 341.

[2]) Döbel, I. 105.

[3]) „Alle kommen sie nicht davon, sondern es crepiret mancher von dem Blenden und den Schmertzen." II. 235.

[4]) „Zum Voraus muß ich gestehen, daß hierzu (zum Lerchenfang) vieles Garn und Netze erfordert werden und ist dieser Fang nur für große und reiche Herren; denn ein Unvermögender kann ihn nicht in behörigen Stand setzen. Soviel er aber gleich erfordert, soviel bringt er doch auch ein, indem darinnen keine Lerche davon

Auch sonst war die Handhabung der Jagd durchaus nicht immer weidgerecht, sie litt vielfach darunter, daß die Schonzeit nicht beachtet wurde. Es wurden auch vor Beginn der Schonzeit, d. h. vor Fastnacht „an vielen Orten die alten Thiere, Bachen, Rehe und Häsinnen, die nun bald setzen sollen, todt geschossen, nach Trinitatis aber die alten Thiere von den Kälbern weggeschossen, die letzteren gehen sodann hin und verkrüppeln, oder die Raubthiere fressen sie auf" [1]). Den Abschuß besorgten meistens wohl die angestellten Jäger, und sie schossen zuviel ab, weil der Adel sie zu schlecht bezahlte, und sie vom Schußgeld leben mußten; „mancher Jäger und Schütze muß pur vor das Schieß-Geld und Accidens dienen"; da war es denn kein Wunder, wenn der arme Teufel nahm, was er bekommen konnte. Eine schlimme Folge hatte gerade das Accidens, das aus den Häuten und dem Fallwild bestand, welche dem Jäger gehörten. Diese Unsitte führte den Jäger dahin, Fallwild künstlich zu erzeugen. Auch das angeschossene Wild, das nach Verlauf von 24 Stunden erst gefunden wurde, galt für Fallwild, und nun ließen die Jäger das angeschossene Wild verkümmern und fanden es erst, wenn der Termin verstrichen war [2]). Das war die zünftige Jägerei im 18. Jahrhundert! Alle Jahre oder alle halbe Jahre wechselten die Jäger ihre Stellen. Die Schuld an diesen Zuständen trug der Adel, der das unweidmännische Verfahren duldete und seinen Jäger auf schlechte Wege wies, wie früher wohl der Fabrikant die Arbeiterinnen auf den Weg der Schande, und wie auch der Adel die Mädchen seines Dorfes zwang, ihm sechs, auch zehn Jahre lang als Gesinde zu dienen für einen Lohn, bei dem sie nicht bestehen konnten.

Der Graf von Mellin klagt bitter über das unweidmännische Verfahren, das im Lande eingebürgert sei: „Man kann gegenwärtig in Ländern großer Herren in Deutschland viele Meilen Waldungen durchreisen, wo die schönsten Gelegenheiten für Wildpret sind, und dennoch selten etwas oder höchstens nur Streifwildpret antreffen. Dieses wird dazu noch, anstatt ihnen Ruhe zu gönnen, mit der größten Begierde verfolget, alles, was sich nur etwas mit Gewehr oder Schießen abgeben kann, es seyn Hirten oder Schäfer, Müller oder Gärtner, bewafnet

kommen kann (!). Vor grosse Herren giebt es eine Lust, wenn selbige eine gute Quantität Lerchen bei einander sehen und fangen können." Döbel, II. 200—201.

[1]) Döbel, Anhang I. 119.

[2]) Göchhausen, Notabilia venatoris. Nordhausen 1710. 185.

hinter diesen sich unglücklich verirrt habenden Wildpret aufgehoben, und als wenn es das schädlichste, gefährlichste Raubtier wäre, verfolget, bis es, nachdem es von Grenze zu Grenze nachgesetzt, geängstet, erhitzet, zufälliger Weise einmal angeschossen, endlich für Mattigkeit stürzet, oder diesen ermüdeten Schützen entkommt, in ein anderes Refier überfliehet, wo man es ebenso nachlauffet, bis es allen diesen Mördern entspringt und in seinen alten Stand zurückkehrt." [1]) Das war die Jagd des Landadels. Die Ursache erblickt Mellin in dem Verfall der Jägerei; er sieht gegenwärtig den Zeitpunkt, „daß wenig große Herren an der Jagd ein Vergnügen finden, ...nun weichliche Musik, wie Fleschier in einer seiner Reden Opern und Concerte nennt, und das ewige Kartenspiel der Zeitvertreib der Höfe geworden, so hat der Adel, der immer dem Beispiel seines Fürsten folget, diesen Geschmack auch angenommen, ist weichlich geworden und wird es bleiben und immer mehr werden, bis der Verfall der deutschen Nation ihm die Augen öffnet."

Der Verfall der deutschen Nation war längst im Gange, nicht sowohl des Bürgerstandes, als vielmehr des Bauernstandes und des Adels, und ein Mittel, um dem Bauern die Lebenskraft zu nehmen, war seit Jahrhunderten die Jagd gewesen. Auch daß der Adel verweichlichte, mag richtig sein, aber die Jagd konnte ihn nicht davor bewahren; das mußte die ganze Auffassung des Lebens tun, die Art der Kleidung, der Nahrung und der Wohnung, die Art, wie er die Waschungen vollzog, das Baden, das Frühaufstehen und die Bewegung in der freien Luft bei der Arbeit auf dem Felde. Mellin stichelt unverkennbar auf den großen König hin, und sehr mit Unrecht, denn Friedrich hat seinen Körper nie gepflegt, nicht einmal geschont; aber seine Freude am Flötenspiel und geistigen Genüssen war dem beschränkten Geist des Landadels nicht angemessen, dieser amüsierte sich besser auf der Jagd und war wütend, daß der König feinere Genüsse vorzog, und nicht wie andere Fürsten das Land in einen Wildpark wandelte. Um nun seine Muße auszufüllen, hat Mellin wenigstens im Geiste mit dem Wildpark sich beschäftigt, und ein Werk über die Anlage und Unterhaltung solcher Parks uns hinterlassen [2]), aus dessen

[1]) Versuch einer Anweisung usw. Berlin und Stettin 1779. Der ungenannte Verfasser ist Graf Mellin.

[2]) Versuch einer Anweisung zur Anlegung, Verbesserung und Nutzung der Wildbahnen, sowohl im Freien als in Thiergärten. Mit 118 Kupfern. Berlin und Stettin. 1779. Das Werk erschien anonym.

Inhalt einige Angaben herausgegriffen werden mögen, um auch hier den Jagdbetrieb zu zeigen, ehe wir vom 18. Jahrhundert Abschied nehmen.

Auch Fleming sagt einiges über die Anlage von Tiergärten, von denen er einige kannte, die eine, auch zwei und drei Meilen im Umfang hatten. Der Platz soll nicht ganz eben sein, sondern „mit Thälern, fliessendem Wasser und Teichen versehen". Dickungen sollten abwechseln mit Wiesen, damit „das Wildpräth sich nicht allein auf den Wiesen divertiren und wechseln möge, sondern auch geraumen Platz zum Schertzen finde." [1]) Genau so hat tausend Jahre früher der Sachse Angilbert den Brühl zu Aachen uns geschildert [2]), in welchem Kaiser Karl die Massenschlächterei zu halten liebte. Ein solcher Tierpark war meistens „mit Pallisaden" umgeben, in der Mitte stand ein Lusthaus, und von hier aus gingen strahlenförmig die Wege ab, so daß die Herrschaft nach jeder Richtung hin das Wild erblicken konnte, wenn es über die Wege zog. Außer dem Lusthaus befanden sich noch allerhand kleine Bauten im Park, von denen Mellin zunächst das Blockhaus nennt, das äußerlich einem aufgeklafterten Haufen Holz gleichsehen sollte, inwendig aber ein sauberes, heizbares Kabinett besaß [3]). Ein anderes Bauwerk war das Mooskabinett, aus Steinen aufgeführt, außen mit Moos und inwendig mit Muscheln bekleidet, an der Decke saß ein Spiegel. Eine Augustinerhöhle wurde „als finsterer Durchgang" aus Holz und Baumrinde erbaut, und war gedacht als Zufluchtsort eines Eremiten im Walde. Eine Kanzel sollte den Ausblick auf die Wiese geben, wo abends das Wild auszutreten pflegte. Gerne legte der Jagdliebhaber die Kanzel auf vier Pfählen an um einen starken Baum herum, der durch den Boden wuchs und mit seiner Krone und seinem Schatten die Insassen bedeckte. Ein Dianatempel, rund, an der einen Seite geöffnet durch zwei Säulen, und im Hintergrund mit einem Standbild der Diana, ein Obelisk, geschmückt mit Hirschgeweihen, eine Ruine, ein Angelhäuschen und eine Eremitage, deren Wände außen mit Moos und Austernschalen bedeckt, deren Dach aus Stroh bestand, deren Innenräume aber wohnlich eingerichtet waren, vervollständigten die architektonische Ausstattung des Parkes, zu der dann noch die Wohnung des Wärters, eine Fütterung für das Wild

[1]) Fleming, II. 303.

[2]) Vgl. Bd. I. 104.

[3]) „Dann aber ließ ich allerschönsten Frauen
Vertraut bequeme Häuslein bauen." Mephisto.

und ein Pürschhaus traten, das als Schießhütte diente. Das alles war gewiß sehr reizend! Weniger schön war nur die Art, in welcher der hohe Adel auch hier die Jagd zu üben liebte. Gerade beim Parkwild ist der Abschuß eine eigene Sache, denn je mehr der Mensch mit dem Wilde in nahe Berührung kommt, desto persönlicher werden die Beziehungen, und wenn nun gar einzelne Tiere vertraut sind und ohne Scheu sich füttern lassen, dann muß der Gedanke, diese Tiere totzuschießen, um sie in dem bellenden Magen zu begraben, ein Gefühl der Unlust hervorrufen, über welches um so schwerer hinwegzukommen ist, als der Reiz der eigentlichen Jagd hier fehlt, und es sich nur um Schießen handelt. In einem Parke sollten die Tiere die Gäste des Besitzers sein, zur alten Familia rustica gehören. Die größte Freude des Jägers sollte darin liegen, dem Wild den Aufenthalt so angenehm wie möglich zu gestalten und es vertraut zu machen auf den Äsungsplätzen, und als erste Grundbedingung für dieses reizende Ziel darf auf den Wiesen nie geschossen werden. Der Adel hatte für diese Auffassung kein Verständnis. Gerade an dem Äsungsplatze wurde die Kanzel angebracht. „Weil man hoch stehet, so hat das Wildpret keinen Wind von den Menschen, sondern kommt oft ganz nahe bei der Kanzel. Es ist eine sehr angenehme Art zu pürschen, welches auch die Damen, die an der Jagd ein Vergnügen finden, auf eine bequemere Art tun können." [1]) Auch hier finden wir wieder die bequeme Art betont, die dreimal verdammte Kommodität, die Fleming und Döbel stets im Munde führen. Das Pürsch- oder Schießhaus stand an der Fütterung, und damit der hohe Herr gemächlich und im Warmen schießen konnte, wenn draußen das Wild im kalten Schnee vertrauensvoll an die Raufen trat, hatte das Pirschhaus natürlich einen Kamin. Auch das Schleichen, das wir heute Pürschen nennen, übte der hohe Herr in einer Weise, die von einer Jagd nichts übrig ließ. Ein Forstbedienter, dem Stände und Wechsel vertraut waren, mußte den Herrn an die Orte fahren lassen, wo der Stand des Wildes war. Wenn das Parkwild nicht beunruhigt ist, dann pflegt es bald vertraut zu werden, und Döbel sagt, es „sieht dem vorbeifahrenden Wagen mit stolzer Ruhe zu": bis es eines besseren belehrt wurde durch den heimtückischen Schuß! Auch hier wieder ist keine Spur von einer Kunst des Jagens zu erkennen, nichts als bequeme Schießerei: Der Forstbediente mußte den

---

[1]) Mellin 55.

hohen Herrn heranführen, und dieser geruhte dann zu schießen, und der Bruch am Hut wird nicht ermangelt haben, den ganzen Wonneschauer eines deutschen Jägers ihm durch den Leib zu gießen, bis sich die hohe Intuition wieder in die Schußliste entlud.

Rückblick.

Wir sehen im Ausgang des Mittelalters den allen Hofverband zerfallen, der aus dem angemaßten Rechte der Eroberer erwachsen war, aus der bewährten Praxis in der Zeit der Naturalwirtschaft, die unterworfene Bevölkerung zum Arbeitstier zu machen und die Fluren an die Sieger zu verteilen, d. h. an die Verwandten, Bedienten, Krieger und Priester des Eroberers. Die glücklichen Vasallen traten auf als Stände gegen den arm geschenkten Herrn und zwangen ihn, nach ihrem Wunsch und Willen zu verfahren, bis das erstarkende Gewerbe eine vermehrte Integration der staatlichen Kräfte forderte, und aus ihr heraus die neue monarchische Gewalt geboren wurde. Das große wirtschaftliche Gesetz der fortschreitenden Teilung und Vereinigung der Arbeitsformen kann nur Wirklichkeit erlangen in einer gut geschmierten Staatsmaschine mit flottem Austausch der Produkte und ungehindertem Verkehr. Die Lokalgewalten der Gutsbesitzer mußten gebrochen werden, an die Stelle des geteilten Lebens mußte ein vereintes Leben treten, eine Regierung mußte das vereinte Leben regeln, und aus dieser Aufgabe ging das Beamtentum hervor. Der harmlose Adel hatte im Bunde mit den Städten die Beamtengeister selbst gerufen, als sie aber kamen und ihn Stück für Stück der alten grundherrlichen Macht entkleideten, da wurde ihm doch bange; er schalt und wetterte, es kam zu den schier endlosen, gelehrten und ungelehrten Streitigkeiten zwischen der Beamtenmacht und der alten ständischen Gewalt, in denen der Adel unterliegen mußte, weil er das Rad der Technik bremsen wollte, und den Fortschritt nicht vertrat. Er konnte nichts hinüberretten in die neue Zeit, als einen Namen mit mehreren Silben, ein Bodeneigentum, und das alte gute Recht, den Bauern zu verprügeln. Neben dem neuen Staatsgedanken wurden die privaten Rechte schärfer abgegrenzt; an dem Boden, den der Adel als Lehen erbberechtigt innehatte, erwarb er das formelle Eigentum, die zugehörige Arbeitskraft ward mehr in seine Hand gegeben, indem sich unter dem Segen der Kirche der Übergang aus der Hörigkeit in die Leibeigenschaft vollzog.

Jeder Zuwachs, den die Regierung erfährt, verhindert mit der Zeit Reformen. Es wächst nicht nur beständig der herrschende Teil auf Kosten des beherrschten, sondern der gewachsene Teil will sich auch in seiner Macht behaupten, und der Fortbestand der eigenen Existenz gilt ihm für wichtiger, als das gemeine Wohl. Die differenzierenden Kräfte der produktiven Arbeit, welche das Leben schaffen, das Leben in seiner Schönheit und Mannigfaltigkeit, das pulsierende Leben der Kultur, werden unterbunden in ihrer freien Wirksamkeit, um schließlich zu erstarren, ein Zustand, wie ihn das 18. Jahrhundert zeigt. Alle Kraft geht aus vom Hammer und vom Pfluge, von der Arbeit unter dem Dach und auf dem Felde. Der integrierende Teil kann nur zusammenfassen, kann nur die gegebene Kraft verwerten, kann nur regeln, eigentlich fruchtbar ist er nicht. Beamtentum und Heer sind notwendige Übel, notwendig, aber Übel, unsittlich ist es, wenn sie herrschen. Dient diese Herrschaft dem Interesse einer Minderheit und nicht dem Wohl des Ganzen, dann haben wir die Klassenherrschaft, die sich auch Adelsherrschaft nennt; fällt diese Herrschaftsform zusammen mit einem Aufschwung in der Technik, dann wird die gewerbliche Arbeit unter die Kontrolle der Adelsklasse, d. h. des Staates genommen, es entstehen die Merkantilsysteme und der Staatsbetrieb. Der Adel als Minister wird zum Unternehmer, erobert neuen Einfluß auf die Staatsmaschine und lenkt nun die Gesetzgebung nach seinem Willen. Ist der Adel aus Eroberung hervorgegangen, hat er als Grundbesitzer sich entwickelt, war er Kriegerstand, dann tritt der Militarismus auf, solange noch die tote Hand regiert, und die Staatsbetriebe und der Sozialismus unserer Staaten stellen sich dar als militaristische Teilerscheinungen. Der Militarismus ist durchaus verschieden von kriegerischer Tüchtigkeit, er beschränkt die allgemeine Freiheit zum Wohl der Adelskaste. Der Schutz des Bestehenden, der Adelsherrschaft ist sein Ziel, dem sich die Organe des Staates beugen müssen. So tritt er uns im 18. Jahrhundert gegenüber. Der Geist des Volkes ward verdummt durch Kirche, Schule, Presse, die natürliche Urteilskraft gebrochen, und durch Schlagworte wie Ideale, höchste Güter, Vaterland wurde das Volk berauscht zum Opfermut für seine Herren, deren Eigentum mit seinem Blut zu schützen, angeblich seine höchste Zierde war. Fleming sagt sehr richtig, daß wir die Jagd ausüben in der Weise, daß wir ein Tier gegen das andere hetzen, den Hund, die Meute gegen Hirsch und Schwein. In der gleichen Weise herrschten die Eroberer im Staate.

Immer ließ ein Teil des Volkes sich auf den andern hetzen, auf den inneren Feind, das hieß dann: „Die Armee ist sicher", und der tertius gaudens war der Adel.

Der Militarismus sucht soziale Unterschiede, es blüht das Zeremonienwesen, die sklavische Form des Grußes und der Anrede, es blühen Titel, rangmäßig festgestellte Tracht, der halb dienstliche Verkehr auch im gesellschaftlichen Leben, die Geringschätzung der nicht beamteten, die Aufgeblasenheit der Abzeichen und Orden. Die Quelle der übertriebenen Höflichkeit ist stets die Furcht, das Zeremonienwesen ist meistens unsittlich und unfähig der Menschenwürde. Unter der Herrschaft des Adels sind nicht die Kämpfer da, um das Volk zu schützen, sondern das Volk ist da zur Ernährung der Kämpfer, und der Mißbrauch der Gewalt, den im Mittelalter der Gutsbesitzer gegen den Bürger sich erlaubte, übt in einem stark integrierten Staate der Adel als Gesamtheit aus. Die Bösen ist man los, das Böse ist geblieben.

Die Zentralisierung der Staatsgewalt hatte auch die Jagd dem Fürsten vorbehalten, wenigstens die hohe. Das Jagdregal war entstanden im 16. und 17. Jahrhundert, erreichte aber erst im 18. Jahrhundert seine schärfste Ausbildung. Das Jagdrecht der Städte und des Adels wurde beständig zurückgedrängt, und das landesherrliche Bedientenfum in seiner Eigenschaft als hirschgerechte Jägerei war zu einer Plage für das Volk geworden. Ein guter Wildstand galt als einziges Ziel der grünen Gilde, die Einzäunung der Felder war verboten; mit unmenschlicher Grausamkeit bestrafte der hohe Schießer jeden Mann, der außer ihm ein Wild zu töten wagte, er peitschte ihm den Rücken in blutige Fetzen, oder hing ihn kurzweg an dem Galgen auf. Die Fronen wurden immer drückender und häufiger, weil mit der schärferen Ausbildung des Regals der Jagdbetrieb sich konzentrierte, und die Vorbereitungen mehr Arbeitsaufwand forderten. Zum schlimmsten Mißbrauch gaben die Fronen häufige Veranlassung, sie riefen die Bestechlichkeit ins Leben und untergruben die ohnehin nur oberflächliche Moral der hirschgerechten Jäger. Diese Klasse war eine äußerlich aufgeblasene, innerlich hohle Bedientenschar, zu Durchstechereien jeder Art erbötig. Das Übermaß des Leidens rief am Ausgang des Jahrhunderts eine Bewegung im Bürgerstande hervor, die auch den Adel mit ergriff, auf die Einschränkung der landesherrlichen Jagden abzielte, und auf eine Bändigung der hirschgerechten Jägerei.

Mit dem Erstarken der Eigentumsbegriffe ward die Jagdfolge zurückgedrängt, sie machte Halt vor dem Revier der hirschgerechten Jäger und zeigte unzweideutig, daß hirschgerecht und weidgerecht verschiedene Begriffe waren. Wir sehen hier die traurige Tatsache neu bestätigt, daß die Humanität nicht gleichen Schritt hält mit der Zivilisation, mit dem Übergange der Kultur aus der grundherrlichen und priesterlichen Fassungsweise in die bürgerliche Form. Ward auch die Folge früher nicht geübt aus Menschlichkeit, sondern um des Bratens willen, so hatte sie doch die Leidenszeit des kranken Wildes abgekürzt, und ihre Beschränkung war im Interesse des wunden Wildes als ein Rückschritt anzusehen. Auch sonst ist Mitleid als Motiv bei der Geburt der Weidgerechtigkeit, wie sie die Jagdordnung erstrebte, fern geblieben. Die Weidgerechtigkeit hat sich entwickelt aus einer rationellen Ausübung der Jagd mit Rücksicht auf den größten und dauernden Nutzen. Äußerlicher Formelkram war wichtiger als die seelische Vertiefung im Gemüt des Jägers. Wehe dem Besuchknecht, der beim Töten auf dem Lauf dem jagdbaren Hirsch Erlösung mit dem kleinen, statt mit dem großen Messer bringen wollte; aber kein Mensch wallte auf in sittlicher Entrüstung, wenn er im freien Waldrevier den kranken Hirsch ganze 24 Stunden sterben und im Wundbett sitzen ließ, um ihn zum Fallwild und zum Accidens zu machen, und sein Einkommen zu erhöhen auf Kosten seiner Menschlichkeit.

Die Ausbildung der Lehrlinge war ungenügend; der Lehrprinz steckte das Lehrgeld ein und mißbrauchte den Jungen zu häuslichen Diensten, zum Mistfahren sagt der Vater Döbel. Mit der Entwicklung der Schießjagd kamen die Reisejäger zu höherer Bedeutung neben der gelernten Jägerei, neben dem Hirschgerechten wurde der Federschütze gesucht, der oft aus der Klasse der Kutscher und Reitknechte hervorgegangen war, wegen seiner größeren Anspruchslosigkeit aber den Hirschgerechten beim niederen Adel verdrängte. Die gelernte und die ungelernte Jägerei waren durchaus nichts anderes, als eine herrschaftliche Bedientenklasse, die nur im Ansehen stand, solange sie im Amte war und für das adlige Vergnügen sorgte. Sobald der Jäger aufrückte zum Förster, schwand jegliches Interesse an seiner Person, und kaum genoß er noch ein ehrliches Begräbnis. Fürstliche Lakaien rückten auf zum Oberförster! Endlich wurde die ganze Jägerei in einheitliche Uniformen eingekleidet, und neben dem lebendigen Kanonenfutter in eine willenlose Herde umgewandelt, die man verkaufte nach Amerika.

Die adligen Jagdämter waren ein Seitenstück zu den Sinekuren in der Regierung und im Heer, sie schossen stets ins Kraut, wo deutsches Weidewerk im alten Sinne Geltung hatte [1]).

Die Sitten und Freuden der adligen Jägerei waren roh und abstoßend. Beim Fuchsprellen zerbrachen sie den geängsteten Tieren mit lautem Gelächter die Knochen, und beim Weidblatt verklopften sie sich mit unbändiger Lust den Popo. Das Ordenswesen mußte, wie so oft im Leben, durch äußerlichen Prunk und lächerliche Wichtigtuerei den Geist ersetzen, der im Gegensatz zu ihm in den bürgerlichen Vereinen wirtschaftlich und wissenschaftlich kräftige Früchte trieb. Der Aberglaube durchtränkte die gesamte Jägerei, sie bannte das Wild in ihr Revier, schoß es aus dem Fenster, ohne es zu sehen und verhexte sich gegenseitig die Flinten.

Als die wichtigste Veränderung des Jagdbetriebes ist das Verbot der Hetzjagd anzusehen, des alten Überlandjagens, das im Mittelalter die Freude und das Entzücken des Jägers war [2]). Immer war es die Hetzjagd, die neben der Falkenjagd gefeiert und besungen wurde, der Klang des Hornes und der Laut der Hunde, der Kampf zwischen der Schnelligkeit und der List des Hirsches einerseits, und dem Spürsinn und der Ausdauer der Hunde andererseits. Im Wesen war trotzdem die deutsche Jagd des Mittelalters Fang- und Netzjagd gewesen, nie aber war die hohe Jagd im Netz das Zeichen jägerlicher Kunst, nie war sie weidgerecht in höherem Sinne; sie galt als Küchenjagd und wurde oft der hirschgerechten Jägerei belassen, während der Adel sich an dem Jagen der Hunde freute, und an dem Flug der Vögel. Die Ausübung der Netzjagd wuchs in gleichem Maße mit den fürstlichen Revieren, bei deren Ausdehnung ein Zusammentreiben des verstreuten Wildes mit obligatem Todeslauf nicht zu umgehen war, wenn der Fürst als

---

[1]) Als der Herzog von Pfalz-Zweibrücken in der Klemme saß, beschloß er als verständiger Mann, seinen Haushalt einzuschränken. Es hieß in seiner Bekanntmachung vom 5. Juni 1787: „Wir haben dabey erwogen, wie sehr es uns betrüben würde, bey weiterer Vorschreitung in der von uns beschlossenen Verminderung unserer Dienerschaft, sogar auf diejenigen Personen, welche weder Unserer Person, noch dem Staat notwendige Dienste leisten, deren Besoldungen mithin als bloße Gnadengehalte anzusehen sind, etwas zu entziehen, so lange noch Hofnung übrig ist, durch persönliche Sacrifice, die Unserm Herzen am wenigsten kosten, Unsere auf das Gemeine Beste gerichtete Absicht zu erreichen.“ Mosers Archiv 1788.

[2]) Vgl. Bd. I. 199 f., 327.

der berufene Schießer des Landes eigenhändig das Wild töten wollte. Der große Grundbesitz, der durch seine Massenschlächterei immer der Ruin des weidgerechten Jagens war, hat in seinem Auswuchs zum Regal die deutsche Jagd zum Massenmord herabgewürdigt, und die hirschgerechten Jäger waren seine Schergen.

Im 16. und 17. Jahrhundert haben wir das Überlandjagen schon im Verfall gesehen, in Österreich schon verboten, und jetzt nun wurde es an vielen Orten gänzlich abgeschafft, verdrängt vom Massenmord in hohen Tüchern, der zur Schande für die deutsche Jägerei unter dem Namen der deutschen Jagd gepriesen wurde von den ersten Jagdschriftstellern des 17. und 18. Jahrhunderts. Die ganze sittliche Versunkenheit des Grundbesitzes tritt uns hier entgegen, er entschleiert seine schöpferische Ohnmacht selbst auf jenem Felde, das er von jeher als sein Eigentum betrachtet hat, als den geheiligten Acker seines herrschaftlichen Tempels. Das Gefühl war roh. Wo die Massenschlächterei gedämmt wurde, blieb doch die Netzjagd immer noch die hofgerechte Art des Jagens, denn sie war kommode, war bequem, erforderte nicht Anstrengung, und „Commodité für höchste Herrschaften" erklang als Weidgeschrei der Jägerwelt. Zuerst ließ der Schießer von Gottes Gnaden die Tiere einfangen, dann fuhr er hin und schoß sie tot; war Gefahr dabei, dann trat er in den Schirm oder erkletterte den Zeugwagen. Die Hauptjagen, die Festinjagen, die bestätigten und eingestellten oder Kesseljagen waren alle geboren aus dem gleichen Geist: Schießen auf gefangenes Wild, das nicht mehr flüchten konnte, auf lebende Scheiben, Arenaschlachten ohne Gefahr, Schießen aus Lust am Treffen und am Töten. Wären die Scheiben nicht lebendig gewesen, hätten die Tiere nicht den Schmerz empfunden, nicht die Angst gezeigt und den verzweiflungsvollen Trieb, ihr Leben zu erhalten, es wäre dem Grundbesitz nicht eingefallen, sich als Schießer hier zu produzieren. Tote Scheiben? Ohne Reiz!

Wie kindisch, wie servil und albern klingt im Angesicht der wohlgepflegten commodité und der besorgten Vorsicht bei Gefahr die Märe von der wilden Jagd und Weidelust, „die in Absicht auf die Stärke und Tapferkeit heldenmütigen Prinzen und hohen Standespersonen zu recommendiren" war [1]). Mit den jagdlichen Vergnügungen in Netz und Tuch standen die Tierkämpfe auf gleicher Stufe. Daneben kamen

[1]) Florinus 1751. V. 162.

Streifjagen vor, die fraglos einen höheren Charakter trugen, aber blutig und grausam waren durch das rücksichtslose Opfer der mutigen und treuen Hunde. Die Treibjagd wurde wenig ausgeübt, und die freie Birsch war herabgesunken bis zu einer Karikatur der alten Kunst, indem der hohe Schießer sich von seinem Jäger führen ließ, bis er das Wild vor sich als Scheibe sah: „So, jetzt kannst du schießen!" Im Wildpark schoß der hohe Herr an der Fütterung, natürlich von der Kanzel! Alle Kunst wurde herausgebracht aus dem fürstlichen Jagen, alle Schwierigkeiten wurden ausgekehrt, wie der Braten auf dem Tisch, so wurde dem hohen Herrn das Wild im Walde vorgeführt, und immer von neuem vorgeführt, bis er getroffen hatte; und bei diesem Töten und Verwunden von zusammengetriebenen, geängsteten Geschöpfen empfanden diese Menschen eine Lust [1])! Der geistlose Militarismus jener Zeit, der die Furie des Krieges in ihrer ganzen Scheußlichkeit auf die wehrlose Bevölkerung hetzte, im Bauern und Soldaten nicht den Menschen achtete, konnte auch nicht im Wild die Kreatur verehren, die gleich dem Menschen zur Lust am Leben und zur Vervollkommnung der Art geschaffen wurde. Weidmännisches Gefühl ist menschliches Gefühl, bezogen auf den Tod des Wildes, dem höfischen Adel waren beide Arten fremd, er war nicht weidmännisch, denn sein Herz schlug nicht in schnelleren Schlägen, wenn er den Schmerz des Wildes sah.

Ein Schamgefühl durchglüht die deutsche Brust, die sich beglückt sieht in der Lust des Schaffens und in dem Zauber der Gefahr sich wachsen fühlt an Geist und Kraft, wenn sie von der kläglichen Beklemmung liest,

---

[1]) Zum Beweise, daß ich bei der oben gegebenen Schilderung des Abjagens nicht übertrieben habe, führe ich noch das Urteil eines Augenzeugen an, des reaktionären Grafen Mellin, dessen Seelenleben aber doch schon so weit vorgeschritten war, daß er beim Töten auf dem Laufplatz Mitleid und Ekel fühlte. „Ich für mein Teil finde an dem großen Hauptjagen, wozu das Wildpret von weitem her und mit vielen Kosten zusammengetrieben und wohl Jung und Alt einige hundert Stücke an der Zahl, todtgeschossen wird, kein Vergnügen. Das viele Wildpret presset und dränget sich wie zahmes Vieh zusammen, und es ist jämmerlich, wenn nun mitten in diese Klumpen hineingeschossen wird, und man siehet, wie sie sich herumschleppen, herum hinken, sich ängsten, nicht mehr fort können oder stürzen. Das menschliche Herz wird bei einer solchen Schlachterei von Mitleiden beweget (leider nicht!), und es fühlet kein Vergnügen (leider doch!), wehrlose Geschöpfe, denn der größte Teil dieses Wildprets bestehet doch aus Tieren, Schmaltieren und Kälbern, zu erlegen und abzufangen." Versuch einer Anweisung zur Anlegung von Wildbahnen 1779. 197f.

mit welcher deutsche Jäger ihre Herrschaft fernzuhalten suchten von der Zugluft der Gefahr, wie sie den Herrn in Watte wickelten, damit er nur kein Zahnreißen bekam! Das Wort gefährlich war ein Schreckenswort, groß waren die Herren im Bedrücken ihrer Untertanen. Deswegen war auch die Parforcejagd nicht beliebt, und von allen freien Staaten, die das Deutsche Reich in eine Adelsrepublik verwandelten, waren nur zwölf bis zur Parforcejagd vorgeschritten, und auch da wurde sie vorsichtig nur im Park geritten, entkommen konnte nicht der Hirsch, wenn auch Jäger und Hunde nicht viel taugten [1]). Jeder vernünftige Mensch hätte einen Standpunkt billigen müssen, der die Parforcejagd ablehnte aus Rücksicht auf die Kosten; aber dieser Standpunkt ist schwer nachweisbar, in solchem Falle hatten die Herren auch meist kein Jägerblut. Selbst der sparsame Soldatenkönig fragte bei der Jagd nicht nach den Kosten, und die hohen Schießer waren sehr verschwenderisch.

Wenn wir den Inhalt der Jagdordnungen vergleichen mit den Schriften der Alten, insbesondere mit denen des Xenophon [2]), Virgil und Horaz, wenn wir lesen, daß schon die Jagdordnungen des 17. Jahrhunderts den Schlingenfang verboten haben und das Hetzen der Hasen im tiefen Schnee, während die Jäger des Altertums nicht nur diese Fangarten unbedenklich übten, sondern noch vie Ärgeres zuließen,

[1]) Fleming ist ein Duckmäuser der schlimmsten Art, immer hat er die Gefahr im Munde; dennoch gibt er das Urteil eines Franzosen wieder über die deutsche Jagd, das mir wichtig genug erscheint, um es im Auszuge hier abzudrucken: „Die Teutschen jagen oder rennen nicht par Force, sondern machen nur mörderische Jagden: Sie sind sehr mißgünstig und eifersüchtig auff die Jagd, und verbieten solche bei Strafe des Lebens, wenn sich Jemand im Gebiethe seiner Herrschaft untersteht zu schiessen, nicht so sehr in Betracht der Jagd, und des Schiessens, als nur umb zu verhindern, daß das Wildpräth aus ihrem Gebiethe nicht verjagt werden möge..... Erwählen also diejenigen Höltzer und Gebüsch, in welchen sie jagen wollen, einige erwehlen roth Wildpräth, darauf sie a parte jagen, andere schwartz Wildpräth, welches sie furieux ermorden, wenn sie feiste sind, denn sonst jagen sie keines, weil sie nicht gut zum einsaltzen sind: Warten also bei jeder Art Wildpräth so lange, bis Küche und Keller voll sind..... Des halben es auch machet, daß dieses Volk, die Teutschen, sich nicht die Mühe giebt zu jagen, wie andere Nationes, dieweil sie gern commode (schon wieder!) und ohne Mühe und Unkosten das Plaisir zu fangen haben wollen.“ Fleming, Teutscher Jäger, Kap. vom hohen Jagd-Gezeug.

[2]) Die Schrift über die Jagd, welche bisher dem Xenophon zugeschrieben wurde, fällt nach dem Ergebnis der neueren Sprachforschung in eine spätere Zeit, etwa in die des Hadrian. Der Verfasser ist unbekannt. Ich verdanke diese Mitteilung der Güte des Herrn Prof. Norden in Berlin.

dann könnte man wohl zu der Auffassung gelangen, daß wir im 17. und 18. Jahrhundert schon die Alten an Feinfühligkeit erreicht hätten, und doch würde dieser Schluß ein übereilter sein. Die sozialen Verhältnisse waren andere in der römischen Kaiserzeit und in der Zeit der Haarbeutel, sie warfen ihre verschiedenartigen Schatten auch auf das weite Feld der Jagd. Das demokratische Altertum hat am freien Tierfang festgehalten, während bei uns die Menschendienerei dahin gelangte, dem Landesherrn das Wild zum Eigentum zu geben. Aus diesem unlogischen Recht der Fürsten erwuchsen schnell Verbote für die Untertanen und allgemeine Vorschriften, welche den Fang der Tiere nach dem Prinzip des größten Nutzens regelten. Aus diesem nackten Egoismus ist das Verbot des Schlingenfanges zu erklären und des Hetzens der Hasen im tiefen Schnee, menschliche Regungen sind dabei fremd geblieben. Tatsächlich hat der Schlingenfang in Preußen als zulässige Jagdmethode bis 1870 noch bestanden, und im Dohnenstiege blüht er heute noch![1])

Die Wissenschaft ist eine Begleiterscheinung des technischen und sozialen Lebens, eine Folge der Teilung der Arbeit und der Spezialisierung der menschlichen Tätigkeit. Sie steht in Wechselwirkung mit dem Volke, aus welchem sie erwachsen ist, nicht nur in materieller, sondern auch in geistiger Beziehung; indem sie feste Gesetze an die Stelle des Glaubens und Meinens fügte, hat sie die Atmosphäre gereinigt vom Aberglauben und den Schreckgespinnsten einer rohen religiös-fanatischen Metaphysik. Trotzdem unterliegt sie selbst den größten Schwankungen, und ihre Lehren können auf die Vertiefung des Gefühls vorübergehend einen hemmenden Einfluß haben. Eine solche Wirkung hatte die naive Ansicht des Descartes, daß die Tiere empfindungslose Mechanismen wären, Maschinen ohne Innenleben, die allein nach mechanischen Gesetzen beurteilt werden könnten. Solche Lehre mußte dem Mißbrauch und der Rohheit im Verkehr mit Tieren Tür und Tor aufmachen. Der hohe Adel konnte sich darauf berufen, daß ihm der Leibmedikus gestern Mittag zwischen Braten und Käse einleuchtend erörtert habe, daß die Tiere kein Gefühl besäßen nach der neuesten Annahme der Wissenschaft, er konnte das Totschießen auf dem Laufplatz dann mit der größten Seelenruhe üben, tatsächlich so, als wenn er auf

[1]) Inzwischen in zweiter Lesung durch den Reichstag abgeschafft! S. o.

bewegliche Scheiben schoß. Natürlich blieb die Meinung des Descartes nicht ohne Widerspruch. Schon Leibniz machte durch seine Monadenlehre den Unterschied zwischen Tier und Mensch zu einem graduellen, und im Jahre 1742 trat eine ganze Gesellschaft von Tierfreunden auf, die wesentlich in diesem Sinne schrieben. Dagegen zeigt die jagdliche Literatur noch keine menschliche Regung und behandelt das Wild nach der biblischen Lehre von der Furcht und dem Schrecken. Erst Jester und Winckell, die um die Wende des 18. Jahrhunderts in das 19. das Wort ergriffen, haben weichere Töne und genügen dem modernen Gefühl. Wir dürfen sagen, daß die Feinfühligkeit der Alten im Verhältnis zu den Tieren und dem Wild im Anfang des 19. Jahrhunderts wohl erreicht wurde.

Im großen und ganzen blieben die oberen Klassen von dem sozialethischen Prozeß des Bürgerstandes unberührt. Sie hatten ihre eigene Welt, die höfische; sie lebten nach dem Rechte des Eroberers von der Arbeit des Volkes, und lebten um so besser, je mehr der Reichtum des Volkes wuchs und ihnen eine Luxusentfaltung möglich machte, die immer neue Hofämter ins Leben rief, immer neue Unterschiede setzte und zuletzt in dem geistlosen Formel- und Zeremonienwesen des 18. Jahrhunderts endete. So konnte es kommen, daß der Stand der Bürger die herrschende Kaste der Grundbesitzer an Intelligenz und feinem seelischen Gefühl bei weitem überholte, und in der Jagd ein Ausdruck blutiger Instinkte rege blieb, die noch wuchsen mit der Ausdehnung des höfischen Lebens an Umfang und an Breite, und ausgeschlossen blieben von der allgemeinen Einbildung des Geistes, die im bürgerlichen Leben sich vollzog. Auf die Jagd konnte der dritte Stand so gut wie keinen Einfluß üben, sie war fast gänzlich im Besitz der Fürsten und des Grundadels. Während der dritte Stand in seinen Dichtungen ein Bild des Lebens gab, während Lessing den Laokoon schrieb, Winckelmann die Antike entschleierte, Kant die Kritik der reinen Vernunft ersann, Goethe und Schiller in die Harfe griffen, stand der hohe Adel auf dem Lauf und suchte seine Lust im Totschießen von eingefangenen Tieren, nicht einzelnen, sondern Dutzenden und Hunderten!

In Württemberg hatten die Fürsten wie in der Liebe und im Geldbedarf, so auch in der Jagd den Bogen soweit überspannt, daß er zerbrach. Die Stände klagten und bekamen Recht beim Reichsgericht; 1770 kam es zum Erbvergleich, kraft dessen der ganze Wildstand abgeschossen wurde. An anderen Stellen hatten die Fürsten eingesehen, daß es so nicht weiter ging. Ich erinnere an das oben schon erwähnte Beispiel von Pfalz-Zweibrücken, gleichwohl war der heroische Entschluß zur Sparsamkeit nur äußerlich. Die Verbindlichkeit der Bauern, die landesherrlichen Jagdhunde zu ernähren, dauerte in Zweibrücken bis zur Franzosenherrschaft fort, und der schnelle Verlust des linken Rheinufers, und die unglaublich schnellen Fortschritte der französischen Revolutionsheere wurden zum guten Teil herbeigeführt durch den unerträglichen Druck, den die Jagd auf die Bevölkerung ausübte, die in den Franzosen die Befreier sah aus der tausendjährigen Sklavenzeit unter der Hand der Franken. Das herzogliche Schloß auf dem Karlsberge bei Zweibrücken wurde von den wütenden Bauern zerstört und dem Erdboden gleichgemacht, der prachtvolle Bau ist buchstäblich verschwunden [1]), wie vom Fluch des Sängers in der Uhlandschen Ballade das Schloß „so hoch und hehr!"

[1]) v. Maurer, Gesch. d. Fronhöfe, III. 451.

3. Kapitel.

Der Übergang zum Industrialismus.

1800—1850.

Die Jäger und ihr Recht.

Der dritte Stand hatte in Frankreich die mehr als tausendjährige Herrschaft der Franken Chlodowichs gebrochen, die lebendige Macht der Arbeit und des Geistes hatte gesiegt über die träge Macht des Grundbesitzes, die nur bestehen konnte nach verjährtem Recht, als die Folge der Gewalt und der Beschlagnahme des Bodens. Die ganze ungefüge Masse von Wust und Kehricht der veralteten, mit Blut geschriebenen Gesetze, welche diese Zeit der unterdrückten Volksrechte verbrochen hatte an dem göttlichen Adel der menschlichen Natur, verehrten die Bedientenseelen als das geheiligte „Prinzip der Legitimität". Der Erbe der Revolution, das von der Naturkraft des befreiten Volkes emporgetragene Kind des Glücks, Napoleon, bemühte sich mit allen Mitteln, den roten Mantel dieser Phrase um den mit Blut befleckten Leib zu werfen, und eine neue Herrenfolge auf dem alten Keltenthrone zu begründen. Er übernahm das Erbe nicht als der Diener seines Volkes, sondern als der Schüler Mirabeaus, des talentvollen Spiones, der sein Volk für legitimes Geld verraten hatte; als der Schüler Dantons, dieser Spottgeburt eines Justizministers, der die feilen Hände in das rauchende Blut des wehrlosen, gefangenen Adels tauchte; als der Schüler eines Robespierre, der mit verzücktem Augenaufschlag auf dem Schaugerüst der Guillotine die roten Lebensbäche rieseln ließ.

Wie der Genius der Arbeit, Herakles, für den schwächlichen Eurystheus seine Kraft verschwenden mußte, so hatten die Völker ihre

Kraft vergeudet für das Wohlbefinden eines herabgekommenen Epigonentums, und wie das Hemd des Nessos dem Genius der Arbeit Haut und Leib verzehrte, so fraß das Herrschgewand Napoleons den Völkern Kraft und Leben von den Knochen.

Von allen abgelebten Kriegerkasten hatte allein die Kriegerkaste Frankreichs dargetan, daß sie auch Opfermut besaß und neue Gedanken fassen konnte. Hingerissen von dem Wehen der großen Zeit und begeistert von dem Glanz des Völkerfrühlings hatte der französische Adel die Rechte aufgegeben, die ihm überliefert waren durch die tote Hand. Als in der lauen Sommernacht des 4. August 1789 die dunkle Himmelsdecke ihre Sterne glitzern ließ über dem gequälten Volk der deutschen Ebene, da leuchtete der Stern von Frankreich wunderhell und goß sein Licht befruchtend nieder auf die Ufer der Seine. Wann hat der deutsche Adel zu einer Tat sich aufgeschwungen, die sich mit diesem Opfermut vergleichen ließe? Unter den Schlägen von Jena und Eylau mußte die deutsche Freiheit geboren werden, sie mußte sich hervorwinden unter dem Fuße des verjüngten Chlodowich.

In Frankreich war der Zehnte abgeschafft worden, von dem seither die Priesterschaft gelebt hatte, und der Boden, den die tote Hand besaß, war zurückgenommen worden in das Eigentum des Volkes. Über die Gesetze befanden die Beauftragten des Bürgerstandes, das Recht wurde nicht mehr hinter geschlossenen Türen gesucht, sondern öffentlich verhandelt, und Männer aus dem Volke sprachen schuldig oder frei. Das Kartenhaus der Titel, Wappen, Ehrenrechte brach zusammen vor dem Windhauch der Vernunft, eine neue Einteilung des Landes riß das feudale Unkraut mit der Wurzel aus dem Boden, und ein öffentliches Fest schuf die immer künstlich hintertriebene Verbrüderung zwischen dem Teil des Volkes, der die Waffen trug, und dem anderen, der ihn nährte. Ein großer Teil des Adels floh nach Deutschland, seine Güter wurden eingezogen und verkauft vom Volke mit dem gleichen Recht, mit dem bisher die Krone Güter und Vermögen eingezogen hatte. Der Adel schrie um Hilfe an den Höfen, Österreich und Preußen sandten ihre Untertanen an den Rhein, um zu sterben für das Prinzip der Legitimität. „Kaufen Sie nicht zu viele Pferde", sagte der Generalmajor von Bischoffswerder zu den Offizieren des Generalstabes, „die Sache wird nicht lange dauern. Der Freiheitsdampf zerstreut sich schon in Paris; die Armee der Advokaten wird in Belgien bald vernichtet werden, und gegen den Herbst sind wir wieder zu Hause“ [1]). Der Herzog von Braunschweig sprach von einem militärischen Spaziergang, aber die Folge dieses militärischen Bummels war, daß in Frankreich das Haupt des Königs fiel durch Henkershand, und daß die deutschen Lande links vom Rhein an Frankreich kamen. Mit Begeisterung wurden die Franzosen aufgenommen, da das Volk in ihnen die gegebenen Befreier sah.

Rußland und Frankreich, oder richtiger gesagt, Alexander und Napoleon, verteilten in Lunéville das deutsche Land; aber wie es keine rein gute und rein schlechte Handlung gibt, und immer nur eine bedingte Sittlichkeit, so hatten diese Eingriffe das Gute, daß die Zahl der unabhängigen Grundbesitzer gemindert wurde zugunsten lebenskräftigerer Staatsgebilde, und daß in erster Linie der geistliche Besitz zum Opfer fiel, und somit ein Übel aus der Welt entschwand, welches die deutsche Nation aus eigener Kraft noch lange nicht gehoben hätte [2]).

Kläglich hatten die großen Grundbesitzer sich benommen, denen es bei der Neuverteilung an den Kragen ging. Nicht einer von den großen Jägern war dabei, dem es der Mannesstolz verboten hätte, vom bürgerlichen Konsul fremden Bluts ein Land geschenkt zu nehmen, als ob der deutsche Kaiser es vergeben hätte; sie bewarben sich und buhlten und handelten um die bürgerliche Gunst und häuften soviel Schmach auf ihren Nacken, daß der nassauische Beauftragte v. Gagern diese Erniedrigung vergleichen durfte mit dem alten Schimpf des Hundetragens.

Als der neue Kaiser der Franzosen den legitimen Thron bestiegen hatte, erlag er schnell dem Rausch der Macht, genau wie Alexander 2000 Jahre früher auf dem Zug nach Indien. Weder konnte der von freien Griechen umgebene Mazedonier dem Reiz ererbter Rechte widerstehen, noch der von freien Franzosen umgebene Korse; beide zeigten, daß es leichter ist, vermorschte Staaten zu zertrümmern, die nach dem Rechte des Eroberers verwaltet werden, als der Macht der toten Hand zu widerstehen, die jeden Blitz von freiheitlicher Regung packt und ihn hinuntertaucht in die schlammige Masse des geschichtlichen Stromes. Die gesetzgebende Behörde wurde zum Possenspiel herabgewürdigt, die Geschworenengerichte wurden suspendiert, die Presse wurde geknebelt, die Schule wandelte sich zu einer Dressuranstalt für den Ge-

[1]) Schlosser, Weltgeschichte 1898. 15, 102.

[2]) Schon Pufendorf hatte in der 2. Hälfte des 17. Jahrhunderts erklärt, daß eine Änderung der verfilzten Verfassung des Reiches ohne Untergang nicht möglich sei.

brauch des Herrn, indirekte Steuern bedrückten das Volk, der Zeremoniendienst der Kirche kehrte wieder, das heißgeliebte Wort die „Untertanen" wurde neugeboren und in dem Code civil anstatt der „Bürger" eingeführt; Spione horchten und verklagten jedes freie Wort, einen gewaltigen Privatbesitz schuf sich der Herr aus den Domänen der besiegten Fürsten, er kehrte das Prinzip der Legitimität heraus durch die Heirat mit der Österreicherin, und durch das Werde eines neuen Adels mit dem vergilbten Pomp und Zeremonienkram, mit Landbelehnung, Ordenswesen und dem feudalen Bedientenstum, das im vollen dummen Ernst sich für erhabener achtete, als die geschäftige Menschheit an der Arbeit im Dienste der Kultur [1]; nicht brauchte erst das legitime Königshaus zurückzukehren: die Ideale der Revolution waren vordem längst verraucht.

Sechzehn deutsche Fürsten reichten dem Eroberer die Hand zum Bunde und sagten auf seinen Befehl sich los vom alten Reich; er ließ am 1. August 1806 im Reichstage zu Regensburg erklären, daß für den Kaiser der Franzosen das Deutsche Reich nicht mehr bestände. Gehorsam legte Franz fünf Tage später die römisch-deutsche Kaiserkrone nieder; er empfand die Schmach geringer, weil er seit zwei Jahren sich Kaiser von Österreich nennen durfte. Der Titel war der Preis gewesen, den Napoleon zahlte für seine Anerkennung als Kaiser der Franzosen. Görres schrieb: „So starb sanft und selig an einer gänzlichen Entkräftung und hinzugekommenem Schlagfluß, bei völligem Bewußtsein und mit allen heiligen Sakramenten versehen, das heilige römische Reich, schwerfälligen Andenkens. Ach Gott, warum mußtest du denn deinen Zorn zuerst über dies gutmütige Geschöpf ausgießen? Es graste ja so harmlos und so genügsam auf den Weiden seiner Väter, ließ sich schafsmäßig zehnmal im Jahre die Wolle abscheeren, war immer so sanft, so geduldig wie jenes verachtete langohrige Lasttier des Menschen, das nur dann sich bäumt und ausschlägt, wenn mutwillige Buben ihm mit glühendem Zunder die Ohren versengen oder mit Terpentinöl den Hintern besalben."

---

[1]) Der neue Adel wurde als Grundadel geschaffen und erhob sich auf dem für das Volk so schädlichen System der Majorate. Ein Majorat mit Einkünften von 200 000 frcs. ergab den Titel Herzog, ein Majorat mit 30 000 frcs. den Titel Graf; 15 000 frcs. schufen den Baron, 3000 frcs. den Ritter. Dazwischen schob sich der Amtsadel und die Ritterschaft der Ehrenlegion.

So ging das alte Reich ruhmlos zu Ende, es starb an völliger Entkräftung, weil es Erobererstaat gewesen war, gegründet auf der Herrschaft des Krieger- und des Priesterstandes, die unfruchtbare Mächte sind. Immer tiefer war das alte Reich herabgesunken. Die Kaiserkrone war im Mittelalter nicht nur Eigentümerin des Bodens gewesen, sie hatte auch einen Schatz besessen, den Königshort. Als der Boden fortgegeben war in erbliche Hände, war auch dem Kaisertum das Blut geschwunden, und mit ihm schwand der Schatz dahin: das Reich hatte keine Einnahmen. Der alte Kaiser hatte das Gericht gehabt, das Heer, die Amtsgewalt, die Polizeihoheit, die Kirchenhoheit und auch die Finanz. Das alles war vergeben an die Stände. Vor der Wahl mußte der Kaiser sich verpflichten, die Stände bei ihren wohlerworbenen Rechten zu belassen; jegliche Gewalt mußte er erbitten, sofern er nicht auf einer Hausmacht fußen konnte. Jede erobernde Macht, die auf dem Grundbesitz ein Reich erbaut und auf der Herrschaft eines Kriegerstandes, ist in sich faul und altert schnell, die meisten Despotien des Altertums haben an dieser Krankheit sich verblutet. Nur wenn die Technik soweit vorgeschritten ist, daß die Bearbeitung der Rohstoffe das Schwergewicht erlangt über die Produktion des Bodens, sind Reformen möglich durch den dritten Stand, die den Erobererstaat nicht nur verjüngen, sondern ihn auch wieder lebensfähig machen.

Auf der Arbeit des Volkes beruht das neue Deutsche Reich im Gegensatz zum alten, das auf dem Grundbesitz gegründet war, die Arbeit trägt das Reich auf ihren Schultern trotz dem Gepäck vergangener Jahrhunderte, mit dem das Reich sich weiter schleppt. Der Rheinbund hatte neue Mediatisierungen geschaffen; der kleine Großgrundbesitzer wurde dem Willen des großen Großgrundbesitzers unterworfen, von dessen Besitz sein Land umgeben war. Deutschland wurde ebensowie Polen aufgeteilt, und daß die Hohenzollern noch Besitzer blieben, dankten sie nach Napoleons eigenem Geständnis der Rücksicht auf den Slavenfürsten Alexander [1]).

Mit dem Zusammenbruch bei Jena erwachte der auf die Hälfte seines Gebietes verkleinerte preußische Staat aus dem Traumbewußtsein der Leibeigenschaft. Die Herrschaft der Eroberer der Ostmark hatte

---

[1]) Aus dieser Tatsache erklärt sich vieles in der preußischen Politik des 19. Jahrhunderts.

sich in ihrer ganzen Ohnmacht dargestellt, da sie die Kräfte des Volkes nicht in anderer Art zu nutzen sich getraute, als zur Steuerzahlung, zu reichlichen Frondiensten und zu gelegentlichem Sklavendienst im Heer. Mit dem plötzlichen Zusammenbruch von Preußen vergleiche der Leser die heldenmütige Verteidigung von Spanien, das lange Kämpfe durchmachte, ehe es gebändigt wurde, selbst das feudale Österreich hatte wiederholt den Kampf gewagt, ehe es sich überwunden fühlte [1]).

Nach dem Frieden von Tilsit hatte der König seine Minister verabschiedet, um sie zu ersetzen durch Männer, die wirklich etwas leisten konnten. Jetzt begann die große Zeit, jetzt endlich kamen sie ans Ruder, die selbstlosen, großen, herrlichen Menschen, die Schön, Stein, Scharnhorst, Boyen, Gneisenau, jetzt fiel die Untertänigkeit des Bauern, die Unfreiheit der Bürgerschaft, jetzt wurde die preußische Erde gelöst aus den Fesseln der Eroberkaste und freigegeben für den täglichen Verkehr. Schlag auf Schlag folgten die Erlasse, und in der kurzen Zeit seiner Amtsführung, die wenig über ein Jahr betrug, hat Stein den Bauern freigemacht, die Innungsherrschaft aufgehoben, die Bürger auf sich selbst gestellt und dem Adel den Boden aus der Hand gerissen, eine ganz gewaltige Arbeit, bei welcher sich die absolute Monarchie von ihrer besten Seite zeigte. Welche Kämpfe, welche Redeschlachten würden heute nötig sein, um solche grundlegenden Maßnahmen gegen die engherzige Interessenpolitik der Parlamente durchzusetzen? Ich zweifle, daß sie überhaupt erreichbar wären. Parlamentsherrschaft ist nicht für große Umwälzungen da, diese können nur durch Eroberung, Re-

---

[1]) Die talentvolle Tochter Neckers, die Frau von Staël, hatte vorher schon von Preußen gesagt, es habe ein Doppelangesicht, ein militärisches und ein philosophisches. die militärischen Bräuche hätten dem kriegerischen Geiste der Preußen eher geschadet als genützt, denn sie trennten das Heer von der Nation, während die Kraft auf dem Nationalcharakter ruhe. Sie nannte die Deutschen zugleich Soldaten und Stubenhocker, man sieht, der Militarismus stand in üppiger Blüte, vor Jena schon! Heine sagt von der Staël freilich, daß sie nicht unparteiisch beobachtet habe, nur gesehen, was sie sehen wollte, und gehört, was sie hören wollte. Durch ihre barschen Fragen habe sie die bescheidenen deutschen Gelehrten verwirrt. „Was ist ein Geist? sagte sie zu dem blöden Professor Bouterwek, indem sie ihr dickfleischiges Bein auf seine dünnen zitternden Lenden legte. Ach, schrieb sie dann, wie interessant ist dieser Bouterwek! Wie der Mann die Augen niederschlägt! Das ist mir nie passiert mit meinen Herren zu Paris in der Rue du Bac!“ Heine, Deutschland II. Geständnisse.

volution oder Alleinherrschaft geschaffen werden. Und schwer genug ist es dem edlen Manne gemacht worden! Treu hat Preußens Königin zu ihm gestanden, ihrem stillen Einfluß danken wir viel mehr, als wir ermessen können. Sie mußte immer vorsichtig verfahren, denn der König war auf ihre politische Kunst sehr eifersüchtig. Boyen sagt, ohne die eiserne Festigkeit Steins und ohne seine Unabhängigkeit hätte vielleicht keines der Gesetze die Zustimmung des Königs erhalten. An der Spitze der Kommission zur Reorganisation des Heeres standen Scharnhorst und Gneisenau, sie gingen Hand in Hand mit Stein, mußten sich am Hofe aber jeden Schritt mit unsäglichen Mühen erkaufen. Den Offizieren wurde die alte Krämerwirtschaft abgenommen, laut welcher sie die Ausrüstung zu liefern hatten, den Bürgern wurde neben dem Adel das Anrecht auf den Offiziersstand zuerkannt, und der Korporalstock wurde feierlich zerbrochen.

Stein mußte nach kurzer Wirksamkeit den Platz verlassen auf Befehl Napoleons, der seine Güter einzog und ihn ächtete. So kam es, daß der große Mann die Reformen nicht beenden konnte und nur die allgemeine Wehrpflicht noch durch Boyens Bemühungen erreicht wurde. Dagegen gewann Stein nicht mehr die Zeit, die Gerichtsbarkeit der Gutsbesitzer aufzuheben und eine Nationalvertretung zu begründen, ebenso blieb die Bändigung des Adels unerledigt, die Reform des Unterricht's, und die der Jagd. Die Revolution, die in Frankreich Sache des Volkes war, ging bei uns von oben aus, war bureaukratischer Natur und deshalb unvollständig. Wenn man nötig Geld brauchte, wurde eine Verfassung in Aussicht gestellt, und nachher wurde das Versprochene nicht gehalten. Eine Reform der Grundsteuer war angekündigt; aber der patriotische Adel überreichte 1811 eine Adresse, in welcher dem König unzweideutig gesagt wurde, daß er nicht das Recht habe, die Privilegien des Adels anzutasten. Man wies auf Österreich hin, dieses rührend schöne Beispiel von Anhänglichkeit an alte Formen, man betonte, es sei allein der Adel, der das trotzige und aufrührerische Volk im Zaume halte, man appellierte an die Furcht, denn hinter den neuen Freiheiten lauerten „mit gierigem Blick die Harpyien der Revolution" [1]).

Die Politik in Europa wurde immer noch von den persönlichen Interessen der Regenten geleitet, allenfalls wurden die Familien-

---

[1]) Vgl. Boyen, Denkwürdigkeiten. 1899. II. 13—40.

interessen vorgeschoben. Alexander geriet in Zorn, weil dem Herzog von Oldenburg das Land entzogen wurde, von dessen Erträgen er seither gelebt hatte, er war ein Verwandter des Slavenfürsten; aus diesem Grunde durchbrach Alexander die Kontinentalsperre. Nicht lange danach bot er dem König von Preußen ein Bündnis an durch Vermittlung von Boyen, er ließ ihm sagen, daß er in die Lage käme, ihn beim nächsten Frieden aufzuopfern, wenn er auch diese Gelegenheit wieder von der Hand weisen würde, er möge nicht nur an sich selber denken, sondern auch an das Schicksal seiner Familie [1]): von den Völkern keine Spur. Stein ließ sich von Alexander Vollmacht geben und brachte den König endlich zum Vertrage von Kalisch.

Das Volk brach los, das längst den Krieg gefordert hatte. Jetzt fegte zum erstenmal der Sturm einer nationalen Begeisterung über das preußische Land und warf den Kehricht der Jahrhunderte beiseite, alle Stände traten unter die Waffen, Professoren und Beamte stellten sich an die Spitze der Landwehr, der Bauer und der Sohn des armen Tagelöhners eilten zu den Fahnen, um die Fremdherrschaft zu brechen, die wie ein Vampyr an dem Blut des Landes sog. Man hatte ihnen Begeisterung eingeblasen durch die Freiheit von dem Stock des Gutsbesitzers und des Korporals, überraschend schnell erwachte in dem halb vertierten Bauern die unbestimmte Ahnung seines Menschentums. Bürger und Adel waren hingerissen. Männer, die durch ihr Alter vom Waffendienste frei waren, stellten sich in die Reihe der Kämpfer. Stein saß in Dresden als der Leiter vom deutschen Zentralausschuß, umgeben vom Getümmel des aufstehenden Volkes: Fragen, Klagen, Bitten, Anträge, Entwürfe, Pläne machten ihm den Kopf so voll, daß er seinem Sekretär, dem prächtigen E. M. Arndt oft den ganzen Plunder vor die Füße warf: „Zum Teufel mit den verfluchten Narren, die nicht ins Eisen beißen wollen und die deutschen Wunden mit Aktenstößen meinen heilen zu können!“ Gute Freunde und Verwandte wollten einen Neffen oder Sohn beim Zentralausschuß anbringen, damit der Junge sich unter Leitung des Ministers für die höheren Grade ausbilden könne. Die kamen aber schön an: „Die jungen Leute haben jetzt etwas besseres zu lernen; auf den Fechtboden, auf das Schlachtfeld mit ihnen! Das ist die Schule des Tages, sie sollen lernen fürs Vaterland streiten und

[1]) Boyen, Denkwürdigkeiten. II. 172.

sterben [1])!" Das waren herrliche Tage! Abgestreift wurde der Schlafrock, die gottverdammte „Commodité", Begeisterung trat in die Herzen und sprach aus den Augen, sie riß die Zagenden fort in den Strom des nationalen Opfermutes und klang in mutigen Worten von Kanzel und Katheder. Hier dämmerte nach einem schweren, traumvollen Schlaf von tausend Jahren zum erstenmal die Ahnung auf von einem deutschen Vaterlande und einem deutschen Volke. Stein hatte von Preußen wenig gehofft; mit Ekel und Überdruß war er 1809 aus dem Staatsdienst ausgeschieden, die Zetteleien und Umtriebe der brandenburgischen und hinterpommerschen Junker hatten ihn aller Hoffnungen beraubt. Als aber die Preußen 1813 die blutigen Schlachten schlugen, und das preußische Volk auf Leben und Tod gewaffnet stand, da wurde Stein wieder vom Kopf bis zum Fuß ein Preuße und sah in Preußens Erhebung und Vergrößerung nur die künftige Größe und Stärke des deutschen Vaterlandes.

[1]) Stein, dieser Sturmwind, diese große Natur, dem das deutsche Volk nicht rein genug den Dank bewahren kann, seine Schwächen hatte er auch, denn im Grunde seines Herzens ist er doch den Reichsfreiherrn nicht losgeworden und hat damit bei tüchtigen Männern oftmals angestoßen. Auch duckte er vor dem Gerede der Pfaffen. Er fuhr mit Geßler öfter nach dem Zinzendorfischen Gnadenfrei zum Sonntagsgottesdienst, darüber glossierte Schön dann mit den Worten: „Die beiden alten Betväter meinen die Teufel Napoleon, Metternich und Hardenberg mit Bußpsalmen niederbeten zu können." Einmal besuchte der offene, ehrliche Schlosser den Minister Stein. Dieser fragte ihn: „Nun, lieber Schlosser, wie steht's denn daheim bei Ihren Friesen im Lande Jever?" — „O, Exzellenz, es geht ihnen auch schlecht wie im ganzen übrigen Deutschland; aber immer noch viel besser als anderswo: wir haben nur freie Bauern bei uns und gar keinen Edelmann." Und Stein herzlich lachend: „Sie wollen sagen, die Bauern haben sie alle einmal weggejagt oder totgeschlagen, wir beide schlagen einander nicht tot." Als die Schlacht bei Borodina geschlagen war, saß Stein noch in Rußland als der Beauftragte Alexanders und Leiter des Komitees für deutsche Angelegenheiten. Die Kaiserin-Mutter, die stattliche Württembergerin sagte zu Stein: „Wenn jetzt noch ein französischer Soldat durch die deutschen Grenzen entrinnt, so werde ich mich schämen, eine Deutsche zu sein." Stein wurde rot und sagte: „Ew. Majestät haben sehr unrecht, solches hier auszusprechen, und zwar über ein so großes, treues, tapferes Volk, welchem anzugehören Sie das Glück haben. Sie hätten sagen sollen, nicht des deutschen Volkes schäme ich mich, sondern meiner Brüder, Vettern und Genossen, der deutschen Fürsten. Ich habe die Zeit durchlebt, ich lebte in den Jahren 1791, 1792, 1793, 1794 am Rhein; nicht das Volk hatte schuld, man wußte es nicht zu gebrauchen: hätten die deutschen Könige und Fürsten ihre Schuldigkeit getan, nimmer wäre ein Franzose über die Elbe, Oder und Weichsel, geschweige

Als nun die Völker für die Fürsten geblutet hatten, damit diese die bevorzugte Stellung in der Menschheit weiterführen konnten, ernteten sie keinen Dank, und was das Schwert erworben hatte, ward durch die Versammlung in Wien recht gründlich wieder verdorben. Die Griechen waren dankbarer gewesen als die Deutschen, von den Perserkriegen datierte in Athen die Volksfreiheit. Wieder war Deutschland nichts als eine große Landkarte, auf welcher die Herren ihre Striche zogen, ohne Rücksicht auf den stammesmäßigen Zusammenhang der Völker und die Beschaffenheit der Bodenfläche. Eine große Tat aber hat der Wiener Kongreß doch zuwege gebracht, er hat die Priester zur weltlichen Herrschaft nicht mehr zugelassen, der Egoismus war stärker geworden als die Furcht vor dem höllischen Feuer. Die Zahl der souveränen Staaten hatte Napoleon von 269 auf 37 herabgesetzt, und man muß gestehen: wenn diese Errungenschaft nicht mit so grenzenlosem Elend erkauft worden wäre, dann könnten wir im Korsen unseren Wohltäter erkennen, die Geißel Gottes, die das versklavte Volk der Deutschen aufjagte aus der verdammten Hundedemut, nach dem Worte: wen der Herr lieb hat, den züchtigt er. Die 37 souveränen Fürsten und Städte schlossen den Deutschen Bund; es war kein Bundesstaat, auch kein Staatenbund, sondern eine freie Vereinigung von Fürsten und von Städten, ohne daß eine höhere Gewalt über dem Ganzen geschwebt hätte, wie einst im alten Reich. Die Bundesversammlung war im Grunde nichts als eine Polizeibehörde, die sich den Teufel um Wohlfahrtsfragen scherte, die aber die Macht der Gesetzgebung für sich in Anspruch nahm, wenn es galt, die Freiheiten des Volkes einzuschränken [1]).

In Preußen hatte der König im ersten Schrecken vor der demokratischen Bewegung eine freie Verfassung und ein freies Wahlgesetz gegeben; er ließ eine Nationalversammlung wählen, die ihm dadurch dankte, daß sie ihm das Gottesgnadentum absprach und den Junkern ihre Titel. Die gänzliche Unfähigkeit und maßlose Selbstüberschätzung dieser vom König doch berufenen Versammlung führte notwendig dahin, sie wieder aufzulösen. Der König gab eine neue plutokratisch-junkerliche

über den Dnestr gekommen." — Die Dame bezwang sich und antwortete: „Sie mögen vielleicht recht haben, Herr Baron; ich danke Ihnen für die Lektion." Ich entnehme die Beispiele dem Buche von Arndt, „Meine Wanderungen usw.", das bei Reclam erschienen ist und zum Studium angelegentlich empfohlen werden kann.

[1]) L. v. Rönne, Das Staatsrecht der preuß. Monarchie. 1882. II. 487.

Verfassung und ließ auch neue Wahlordnungen folgen, eine immer mehr nach rechts geschoben als die andere, ganz in dem Tempo wie man sah, daß das Gespenst der Revolution in Preußen nicht zu fürchten war. Als dann auch die zweite Verfassung gebührend „revidiert", d. h. verändert war in reaktionärem Sinne, faßte man den Mut, sie zu vollziehen, sie öffentlich bekannt zu geben und den Eid zu leisten. „Das Werk, dem Ich heut meine Bestätigung aufdrücken will, ist entstanden in einem Jahre, welches die Treue werdender Geschlechter wohl mit Tränen, aber vergebens wünschen wird, aus unserer Geschichte herauszubringen", sagte bei diesem feierlichen Akt der beredte Romantiker auf dem Throne Preußens. In der Tat, Tränen fließen heute, geistige wenigstens, aber im umgekehrten Sinne, als der König meinte, Tränen über das Gespenst einer Verfassung, welche die Bankiers und Gutsbesitzer zu Herren des Landes macht.

Es ist eine Tatsache, welche die Geschichte lehrt, daß die politische Unfreiheit nur allzugern in Luxus ausartet und eine Lockerung der Sitten nach sich zieht. Der Geist, der sich im öffentlichen Leben nicht erschöpfen kann, treibt in der geheimen Gesellschaft wilde Blüten. Beispiele geben uns der senatorische Luxus in der römischen Kaiserzeit; der Grundadel sah sich ausgeschaltet in der Politik durch das kaiserliche Bediententum, und die Folge war die Lockerung der Sitten. Ein anderes Beispiel bietet die Restaurationsepoche in England, die den Absolutismus wieder ins Leben rief und ausschweifende Sitten zur Folge hatte. Ein drittes Beispiel können wir im eigenen Lande finden: der Pilz der Wollust wuchs im Walde der Romantik. Die Lockerung der Sitten trat ein zur Zeit, als man Kanzeln aufstellte zur Dämpfung der Geister und der Gendarm die Ordnung aufrechthielt. Friedrich von Schlegel sang seine „dithyrambische Phantasie über die schönste Situation in der schönsten Welt", und der Pastor Schleiermacher schlug dazu die Harfe. „Mir ist es so einleuchtend und klar, daß nichts unnatürlicher für eine Frau sei, als Prüderie (ein Laster, an das ich nie ohne eine gewisse innerliche Wut denken kann)." Schlegel verehrt „die ewigen Substanzen der Leiber", preist den Müßiggang, das Flirten der Götter. „Der Fleiß und der Nutzen sind die Todesengel mit dem feurigen Schwert, welche dem Menschen die Rückkehr ins Paradies verwehren." „Je göttlicher ein Mensch oder ein Werk des Menschen ist, je ähnlicher werden sie der Pflanze; ...diese ist unter allen Formen der Natur die sittlichste und schönste. Und so wäre ja das höchste vollendetste Leben nichts als reines Vegetieren [1]." Nach Hegel drehte sich die Welt im Kreise, auch Schopenhauer segnete die Faulheit, alles verschiedenartige Blüten aus der Zeit einer politischen Unfreiheit und allgemeinen Reaktion.

Während die Fürsten und die Höfe durch ihre Dienerschaft, die Bureaukraten und die Herren der Kanzel das politische Leben des Volkes fesselten und aus jedem freien Verein einen Jakobinerklub erwachsen sahen, stand das deutsche Volk bei der Arbeit, und weil die wirtschaftliche Entwicklung weniger gefährlich schien für den Fortbestand der Herrschaft, so gab die Bureaukratie hier nach und ließ sich vom Verlangen des Volkes in eine Zollgesetzgebung hineindrängen, die äußerst fruchtbar wurde für die Verwirklichung der deutschen Einheit. Hätten die Herren eine Ahnung gehabt von dem Zusammenhang zwischen Technik, Wirtschaft und sozialen Vorgängen, — o! o! Preußen, als die größte Hausmacht, mußte die Führung in Deutschland übernehmen, denn Österreich war unfähig dazu, andernfalls wäre das Schicksal Polens über das deutsche Reich hereingebrochen; und obwohl Preußen nicht wagte, politisch an die Spitze zu treten, hat es doch wirtschaftlich den Kampf gewagt. Seit dem Jahre 1818 mußten die englischen Händler Halt machen vor dem preußischen Schlagbaum und ihre Waren erst verzollen. Andere Staaten schlossen sich an Preußen an zur Erweiterung des gemeinschaftlichen inneren Verkehrs und Verteidigung der äußeren Grenzlinie. In der Nacht zum Neujahr 1834 hielten die Fuhrmannszüge in langen Reihen auf den Straßen der deutschen Einzelstaaten. Um 12 Uhr hoben sich die Schlagbäume, und mit lustigem Peitschenknall setzten sich die Wagen

[1]) Diese Stellen sind aus Schlegels Lucinde entnommen; ich weiß nicht, ob ich noch intimer werden darf. Da es sich aber um die Lockerung der Sitten handelt, die sogar in die Literatur sich Eingang verschaffte, und zwar in der Zeit des Pastorenregiments, will ich eine Probe wagen: „O fliehen Sie nicht so schnell, Lucinde, die Moral wird Sie doch nicht einholen. Du wirst fallen, Liebe! Ich habe dich nicht länger warten lassen wollen. Nun sind wir ja da. Und du bist auch eilig. — Und du sehr gehorsam. Aber jetzt ist nicht Zeit zu streiten. — Ruhig, ruhig! — Siehst du, hier kannst du weichlich ruhen und wie es recht ist. Nun, wenn du diesmal nicht ... so hast du gar keine Entschuldigung. — Wirst du nicht wenigstens erst den Vorhang niederlassen? — Du hast Recht, die Beleuchtung wird so viel reizender. Wie schön glänzt diese weiße Hüfte in dem roten Schein!... Warum so kalt, Lucinde?" Es wird immer intimer, immer reizender, das Ich herrschte im Bett sowohl als in der Moral, und fühlte sich erhaben über die „Grammatik der Tugend".

Liegen hier nicht Vergleiche nahe mit der heutigen Zeit?

in Bewegung. Der deutsche Zollverein umfaßte die meisten deutschen Staaten außer dem feudalen Österreich. Schon damals nannte Friedrich List den Zollverein den ersten Schritt zur Wiedergeburt des Reiches [1]). Während der Papst in Trier den heiligen Rock ausstellte, sagte Ludwig I. von Bayern: „Der Zollverein ist unzerstörbar, viel wichtiger als der Deutsche Bund", und während Preußen in Olmütz aus Angst vor der Revolution politisch duckte, erweiterte es wirtschaftlich den Zollverein. Es läßt sich kaum ein besserer Nachweis bringen für die grundlegende Bedeutung der wirtschaftlichen Vorgänge im staatlichen Leben, als den Vergleich zwischen der politischen Rolle der toten Hand in Preußen und dem wirtschaftlichen Wirken der lebendigen Hand von unten auf. Alle Kraft der Staaten kommt von unten auf, alle Regierung wird vom Volk getragen, geistig und wirtschaftlich ernährt, ob auch die Gewohnheit manches stehen läßt, das besser fallen würde!

Die Einwirkung der neuen Zeit auf die Jagd hat sich nur langsam vollzogen, denn die Blüte der Jagd lag in der Vergangenheit, wie die der Kirche und des Grundbesitzes, und brüderlich umschlungen stand das Dreigestirn, das feuchte Auge sehnsuchtsvoll in die verklungene Zeit gerichtet, da der Bauer für gemein erachtet wurde, und der Hirsch für edel, und das Geschrei des Bauern über Schaden mit einem kräftigen „Halt's Maul, Kerl!" noch erledigt wurde, damit man andachtsvoll dem Orgelruf der Hirsche lauschen konnte!

Daß der König der alleinige Jäger sei im Lande und die Jagdgerechtigkeit von ihm ausgehe, war eine veraltete Rechtsanschauung, die in Preußen noch 1794 durch das Allgemeine Landrecht neu bekräftigt wurde und bis zur Mitte des 19. Jahrhunderts auch gegolten hat [2]). Erst der liberalen Nationalversammlung, die vermöge des allgemeinen, gleichen und geheimen Stimmrechtes gewählt worden war, blieb die große Tat beschieden, bevor die Bajonette Wrangels ihrem Leben ein Ende machten, eine veraltete Macht- und Rechtsform aus der Welt zu schaffen, die schwer wie kaum eine andere jahrhundertelang das Volk

---

[1]) Das englische Parlament bestritt den deutschen Staaten das Recht, untereinander Verträge zu schließen zum Schaden des englischen Handels. Seit diesen Tagen der Einheit ist, wie Pfister richtig sagt, der Engländer ein Feind des Deutschen.

[2]) ALR. § 39. Tit. 16. Teil II. „Die Jagdgerechtigkeit gehört zu den niederen Regalien und kann von Privatpersonen nur so, wie bei Regalien überhaupt verordnet ist, erworben und ausgeübt werden."

bedrückt hatte. Die Nationalversammlung hob das Recht zur Jagd auf fremdem Boden gänzlich auf und stellte als Axiom des Jagens den allgemeinen Grundsatz hin, daß das Recht der Jagd in den Rechten des Bodeneigentums enthalten sei; die Jagd wurde damit wieder, was sie früher gewesen war, ein Ausfluß aus den Grundrechten. Jeder bäuerliche Eigentümer wurde Jäger und war befugt, auf seiner Hufe die für jagdbar erklärten wilden Tiere allein und ausschließlich zu töten und zu fangen [1]). Mit einem Striche wurde ein Unrecht aus der Welt geschaffen, das seine Entstehung der Lust der großen Grundeigentümer dankte, und wie wenig andere Einrichtungen den krassen Egoismus dieser Klasse in seiner ganzen Nacktheit uns vor Augen stellt. Landau sagt von der gesunkenen düstern Herrlichkeit des Jagdregals: „Kaum hat jemals ein Vorrecht bestanden, das schrankenloser, man kann sagen, wahnsinniger mißbraucht worden ist, welches mehr Leidenschaften heraufbeschworen und damit zu mehr Grausamkeiten geführt hat, das in seinen Wirkungen reicher an nachhaltigem Unheil gewesen, das überhaupt schwerer und niederdrückender auf dem Nacken des Volkes gelegen und mehr Leiden und Tränen hervorgerufen hat, als das Vorrecht der Jagd. Wie ein schwarzer Faden zieht es sich durch die Volksgeschichte, blutiger und fluchbeladener, als es bis jetzt noch erkannt worden ist. Jeder vernünftigen Volkswirtschaft Hohn sprechend, hat es mehr als alles andere die Kultur des Bodens niedergehalten und mit der Entwicklung der Landwirtschaft, der Quelle des Völkerlebens, auch den Aufschwung höherer Gesittung gehemmt, denn gerade der beste Schweiß des Landmanns war seine Nahrung.“ [2]) Das Vorrecht des Kriegerstandes, den Hirsch zu hetzen in Wald und Feld, das immer mehr von den Kleinen zu den Großen sprang und tänzelte, um endlich auszuklingen in den großen Grundbesitz geschlossener Territorien, hat die gleiche Entwicklung durchgemacht, wie die anderen Regalien und die meisten öffentlichen Rechte auch, die fast alle aufgesogen und in der Person des großen Grundbesitzers konzentriert worden waren, um zunächst die Einheit des staatlichen

---

[1]) Gesetz vom 31. Oktober 1848.

§ 1. Jedes Jagdrecht auf fremdem Grund und Boden ist ohne Entschädigung aufgehoben.

§ 2. Eine Trennung des Jagdrechts von Grund und Boden kann als dingliches Recht künftig nicht mehr stattfinden.

[2]) G. Landau, Beiträge zur Geschichte der Jagd. 1849. Einleitung.

Lebens anzubahnen; aber kein Regal, kein Recht ist ungeeigneter gewesen, um zur Konzentration des Staatsgedankens mitzuwirken, als das ursprüngliche und natürliche Recht des Menschen, den Kampf ums Dasein auf dem Acker, den er beerntet, durchzuführen gegen die Angriffe der feindlichen Tierwelt. Der Grundherr konnte das Recht der Jagd nur ausüben vermöge einer zahlreichen, weitverzweigten Jägerschar, die sich zum Herrenstande zählte, zur höfischen Verwaltung, aus welcher die Regierung erst allmählich ausgeschieden wurde in dem Maße, wie die Bedeutung der produktiven Arbeit wuchs.

Um die Mitte des 19. Jahrhunderts ging ein Grollen durch die deutschen Stämme, die aus der Macht geborenen autokratischen Regierungen erkannten ein Recht der Massen an, Vertretungen erwuchsen und strichen veraltete Rechte von den Tafeln, wie die junge Nationalversammlung in Berlin. Die Revolution blieb aus, die Herren vom Adel sahen sich an, verwundert erst, dann lustiger, um plötzlich in ein lautes Lachen auszubrechen. War das alles? Vor dieser Hand voll Idealisten war man zu Kreuze gekrochen? „Revidieren wir schleunigst diesen Fetzen von Verfassung, ändern wir das dumme Wahlrecht ab, streichen wir, was feindlich ist, heraus und lassen wir den Wisch als Form bestehen." Es muß zugegeben werden, daß die liberalen Freiheitsschwärmer sich gänzlich unfähig erwiesen hatten, eine positive Arbeit zu leisten in einem Staate, dessen Hälfte aus polnisch-slavischen Gebietsteilen bestand, deren Bevölkerung eben erst aus der Sklaverei entlassen war, die keinen eigenen Willen kannte, die unfähig war, einen politischen Gedanken zu erfassen, und auf Befehl die freiheitlichen Schwärmer in Berlin so gleichgültig zusammengeschossen hätte, wie die vornehmen Herren das Wild in einem eingestellten Jagen.

Das utopistische Jagdgesetz der liberalen Herren hatte nicht nur dem Grundbesitz die Jagd zurückgegeben, sondern auch die Schonzeit und die Folge aufgehoben, und dadurch den Fortbestand der Jagd gefährdet. Man konstruierte sich das Recht aus der Idee und sagte sich ganz richtig, daß die Jagd kein notwendiges Ingredienz des Staates bilde, und daß die freie Herrschaft des kleinen Grundbesitzers über seinen Boden wichtiger sei, als der Fortbestand von wilden Tieren, die alle nur den landwirtschaftlichen Ertrag zu mindern suchten, und an Fleisch und Fellen nicht mehr geben konnten, als sie der Pflanzenwelt entzogen hatten. Die Nationalversammlung stellte den Gedanken der freien Persönlichkeit in Millionen von Bauern höher, als die Lust aus der Jagd in einer kleinen Minderheit. Der eigentliche Jäger blieb ja nach wie vor der große Grundbesitzer; aber der Bauer konnte der Jagd sehr schaden durch den Ansitz an der Grenze, wenn er das Wild abschoß, das abends aus dem Walde trat, um sich zu äsen auf den Feldern.

Dazu kam noch ein anderes Moment. Der dritte Stand hatte eine Geldaristokratie längst in sich abgeschieden, die als die Gläubigerin des Adels und des Staates ihre Macht unzweifelhaft erwiesen hatte, und es half kein Sträuben mehr, man mußte sie als Mitregenten anerkennen. Man jagte die Versammlung von Idealisten auseinander, stellte ein neues Staatsgrundgesetz auf, verzierte es mit einer vorsichtig gehaltenen Wahlordnung und gab der ersten Million reicher Leute die gleichen Machtbefugnisse, wie den acht Millionen ärmeren, die noch als Urwähler in Frage kamen. Seitdem herrscht in Preußen neben dem Junker der Bankier, neben dem Grundbesitz das Geld, der Geist ist ausgeschaltet aus der preußischen Verfassung als zu frei von Vorurteilen und zu demokratisch [1]). Das neue Grundgesetz entstammte dem 31. Januar 1850, am 6. Februar ward es feierlich beschworen, und am 7. März schon war ein neues Jagdgesetz geschaffen, das nicht nur den Fortbestand der Jagd garantierte, sondern auch den Bankbesitzern und den anderen reichen Leuten ihren Anteil am Vergnügen sicherstellte. Man sieht, was den Herren am Herzen lag, und welcher Gegenstand die größte Eile hatte.

An dem Grundsatz, daß die Jagd zum Bodeneigentum gehöre, hatte der Adel selbstverständlich nicht gerührt, denn diese Bestimmung deckte sich vollkommen mit seinem eigenen Interesse. Dagegen war es eine demokratische Idee gewesen, den großen und den kleinen Grundbesitzerstand in einen Topf zu werfen; so weit war man doch, Gott sei Dank, noch nicht. Der Bauernjäger mußte fort, die Jagd war wichtiger, als die Hebung des Volkes, und deshalb waren große Jagdbezirke nötig. Nur ein zusammenhängender Flächenraum von 300 Morgen verlieh dem Besitzer fortan das Recht, die Jagd selbst auszuüben; die Bauern-

[1]) In Frankreich war das fette Bürgertum 1830 schon zur Herrschaft gekommen, das Volk ging leer aus dabei. Die Bourbons, „der gefestigte Grundbesitz" hatten das Wahlrecht abhängig gemacht von einer Steuer von 300 frcs., die Orléans, der Geldadel, hatten die Summe auf 200 frcs. ermäßigt. Der Aufstand im Jahre 1848 war der erste Angriff der Arbeiterbevölkerung gewesen, der erste blutige Kampf zwischen Kapital und Arbeit.

stellen der Gemeinde mußten zusammengelegt und durch einen angestellten Jäger beschossen, oder im ganzen verpachtet werden, wobei als Pächter im Höchstbetrage eine Zahl von drei Personen zugelassen wurde. Dieses Gesetz hat Giltigkeit behalten bis in die neueste Zeit, und andere Staaten sind mit ähnlichen Bestimmungen gefolgt. Durch die Begrenzung des Jagdrechts auf eine Fläche von 300 Morgen ist das Recht zur Jagd der Bevölkerung faktisch wieder genommen worden, und beschränkt geblieben auf den großen Grundbesitz und die Geldleute. Im Deutschen Reiche haben etwa 96 vom Hundert aller landwirtschaftlichen Betriebe eine Größe unter 300 Morgen; 96 vom Hundert der ländlichen Eigentümer und Pächter sind vom Jagdrecht ausgeschlossen, ihre Bodenfläche beträgt mehr als die Hälfte der landwirtschaftlichen Betriebsfläche in Deutschland. Auf diese Felder ergießt sich das moderne Kapital, und wie früher der Grundbesitz dem Bauern das Jagdrecht nahm, so tut es jetzt das Kapital, und zwar in schönster Form von einem Recht, das Grundbesitz und Kapital sich selbst ad hoc gegeben haben. Es ist nicht wahr, daß im Deutschen Reich die Jagd zum Grundbesitz gehört, sie gehört zum großen Grundbesitz, aber nicht zum kleinen, der Bauer wurde vom Recht des Jagens ausgeschlossen.

Obschon in Preußen die Jagd kein Zubehör des Bodens blieb, sobald der bäuerliche Grundbesitz in Frage kam, blieb es doch dem Bauern unbenommen, selbst als Pächter aufzutreten, auch konnten mehrere Bauern sich vereinigen. Selten aber waren so kapitalkräftige Elemente vorhanden, daß sie das mit der Jagd verbundene Risiko tragen konnten, und noch seltener waren sie imstande, gegen die Preise aufzukommen, welche die Finanz für gut gelegene Jagden zahlte. Der Herr Bankier pachtete die Jagd und setzte seinen Jagdaufseher in den Ort, der den Bauern die Hunde und Katzen tötete. Alle veralteten Bestimmungen aus der Zeit der Adelsherrschaft und des Jagdregals wurden wie ein heiliges Vermächtnis aufbewahrt, um auf der Jagd sich als die Herren zu fühlen.

Bei der Vorherrschaft der toten Hand im Deutschen Reich, bei dem Übergewicht des Junkers und des Geldes ist in Preußen einstweilen nicht daran zu denken, daß das Vergnügen dieser Minderheit beschränkt werden könnte zugunsten des Bauernstandes. Immer wieder tauchen die famosen Redensarten aus dem 16. Jahrhundert auf, daß der Bauer durch die Jagd verwildere, seine häuslichen Geschäfte versäume und Gefahr für die Einwohnerschaft herbeiführe. Dazu kommt noch neuerdings die große Einnahme, die der Gemeindekasse zufließt aus der Jagdpacht durch die reichen Herren, ein ganz reeller Grund, dessen Annahme oder Ablehnung aber in das Belieben der Bauern gestellt werden sollte. Noch lange nicht wird in Preußen der kleine Grundbesitzerstand an Macht dem großen gleichen, und noch lange nicht wird in Preußen das Recht der freien Persönlichkeit höher geschätzt werden, als die Rechtsdummheiten der vergangenen Jahrhunderte, welche Macht und Recht nur für den Grundbesitzerstand geschaffen haben. Darum ist die Jägerei konservativ, „konservativ bis in die Knochen", leider nicht immer aus weitem Blick, sondern aus der Engherzigkeit ihrer Interessen und ihres Vergnügens. In Deutschland gibt es etwa 300 000 Jäger und 60 Millionen Einwohner. Auf 200 Einwohner kommt erst ein Jäger, aber das Interesse dieses Jägers legt den 199 anderen Einwohnern empfindliche Beschränkungen auf, die ich hier nicht zergliedern will. Man erträgt diese Beschränkungen nur aus Gewohnheit, die Toten sind es, die da herrschen.

Andererseits muß man eingestehen: sollte die Jagd erhalten bleiben auch in den Dorfgemeinden, dann war das preußische Jagdgesetz vom 7. März 1850 immerhin noch so human, wie es den Umständen nach möglich war, es gestattete sogar die freihändige Verpachtung, wenn die öffentliche nicht gewünscht wurde. Ebenso wie die freie Liebe nicht ohne weiteres Platz greifen kann in einem Staate, wenn Gewicht gelegt wird auf die Nachkommenschaft, ebensowenig ist die freie Jagd in einem Tiefland durchzuführen, wenn ein guter Wildstand erhalten bleiben soll, die Flur beleben als schönster Schmuck der Felder und des Waldes.

Alle Beschränkungen des Jagens hatte das radikale Jagdrecht der Idealisten am 31. Oktober 1848 aufgehoben; die Brackenjagd oder Hetzjagd, das alte Überlandjagen, das stellenweise verboten worden war im 18. Jahrhundert, wurde wieder freigegeben, ebenso der Fang des Federwilds in Garnsäcken oder Hamen, der in Preußen durch das Landrecht aufgehoben war. Es wurde dem Jäger freigestellt, die Tiere in der Schlinge zu fangen, oder ihnen die Läufe zu zerschmettern in der Falle. Uneingeschränkt konnte der Mensch aller Mittel sich bedienen, um die Tiere zu vernichten, jede Grausamkeit stand frei, weder das Gesetz, noch die Sitte linderte die Qualen der gefangenen Kreatur. Erst am 26. Februar 1870 ist in Preußen der Schlingenfang verboten worden, an dem gleichen Tage, an dem die Friedensverhandlungen in Versailles den Anfang nahmen, diesem Tuskulum der Könige Frankreichs aus der Zeit der Adelswirtschaft. Die Geburt des Reiches erlöste das gequälte Wild aus der verräterischen Umarmung der unblutigen Schlinge.

Auch die Jagdfolge ist von den Idealisten aufgehoben worden und im Interesse einer scharfen Abgrenzung des Eigentums bis heut nicht wiederhergestellt. Es blieb den Nachbarn überlassen, untereinander das Recht der Folge auszumachen. Hier lag ein offenbarer Rückschritt vor. Das Allgemeine Landrecht hatte vorgeschrieben, daß dem Nachbarn Mitteilung zu machen sei, wenn krankes Hochwild über die Grenze gezogen war, es hatte auf die Erfüllung dieser Pflicht sogar eine Strafe von fünf Talern angesetzt. Leider müssen wir auch hier wieder feststellen, daß nicht eine Regung des Mitleids diese Vorschriften diktiert hatte, sondern die Achtung vor dem hohen Wild als Gegenstand des Jagdregals, und die Rücksicht auf den Braten: die Bestimmung galt nicht für das Reh und für das kleine Wild, und die Anzeige hatte zu erfolgen auf Kosten der Interessenten, der Berechtigten [1]).

Es war selbstverständlich, daß die Sonntagsjagd verboten blieb, damit das Ansehen und die Würde der Geistlichkeit nicht Schaden litten. Früher hatte das Verbot der Sonntagsjagden einen sittlichen Nebengrund gehabt, der zwar nicht ausschlaggebend gewesen war, nichtsdestoweniger aber einen guten Einfluß üben konnte. Solange der Bauer bei der Jagd als Fröner dienen mußte, und durch die Sonntagsjagd den einzigen freien Tag verlor, an welchem er die müden Glieder ruhen konnte, kennzeichnete sich die Sonntagsjagd als eine unsittliche Anwendung des Herrenrechts. Jetzt aber, da die Fronen aufgehoben waren, lag gar kein Grund mehr vor, die Ausübung der Jagd am Sonntag zu verbieten, sofern sie nicht mit Lärm verbunden war, der die Worte des geistlichen Herrn in ihrer Wirkung schwächen konnte. Mancher Städter, der in der Woche keine Zeit gewann, um auf die Jagd zu gehen, war auf den Sonntag angewiesen, er holte sich an diesem Tage die nötige Spannkraft und die Frische wieder, welche die Tretmühle der Wochentage ihm entzogen hatte. Es war in der Zeit der schlimmsten Reaktion des Jahres 1837, als die Macht der Geistlichkeit in hoher Blüte stand, da wurden die Regierungen in

[1]) ALR. Tit. 9. Teil I. 139—40. Nach Dalcke 17, Anm. besteht diese Bestimmung noch zu Recht; sie gilt bei der Verpachtung fiskalischer Jagden. Vergl. J. Bauer, die Jagdgesetze Preußens, 1906. 14.

Preußen angewiesen, auf polizeilichem Wege dafür zu sorgen, daß die Heilighaltung der Sonn- und Festtage gewahrt bleibe.

Auch die Schonzeit war von den Idealisten aufgehoben worden, sie waren konsequent und sagten „Jagd ist Nebensache". Seitdem sie wieder Hauptsache geworden ist, vermögen wir den radikalen Schwärmern nicht zu folgen. Vordem hatten für die Schonzeit in Preußen neben dem Landrecht die provinziellen Bestimmungen gegolten, je nach der Geschichte der einzelnen eroberten Gaue. Bisher war auch die Gesetzgebung eine provinzielle gewesen, und erst im 19. Jahrhundert fing die Staatsmaschine an, so einheitlich zu arbeiten, daß auch einheitliche Bestimmungen erlassen werden konnten für die ganze Monarchie. Zunächst wurden durch das Jagdpolizeigesetz vom 7. März 1850 die Provinzialverordnungen wiederhergestellt, um am 26. Februar 1870 in das einheitliche Schongesetz überzugehen.

Wie reaktionär und engherzig im Interesse des Jägerstandes, d. h. der kleinen Minderheit von Grundbesitzern und Geldleuten, Offizieren und Beamten die Gesetzgebung des Jahres 1850 gewesen war, zur Zeit, als Manteuffel sich anschickte, nach Olmütz hinzugehen, und das dumpfe Grollen der nach Stahl mit dem „Fluch der Arbeit" beladenen Menschenmassen im kommunistischen Manifest die Luft erzittern machte, ergibt die Tatsache, daß eine Pflicht zur Auszahlung von Wildschaden in dem Jagdpolizeigesetz kein Unterkommen fand [1]). Erst ganz am Ende des 19. Jahrhunderts, im Jahre 1891, nahm das Wildschadengesetz sich der preußischen Bauern wenigstens insofern an, als der Jäger für sein Verschulden haftbar wurde, aber erst dem Bürgerlichen Gesetzbuch blieb es vorbehalten, auch die fahrlässige Schuld heranzuziehen [2]).

Eine veraltete und lästige Bestimmung für das Publikum blieb das Recht der Jäger, frei herumlaufende Hunde und Katzen töten zu dürfen. Derartige Bestimmungen fanden sich in allen Staaten, die ja alle in der vortrefflichen Schule der Regalität und der hirschgerechten Jägerei

---

[1]) Der § 25 des Jagdpolizeigesetzes vom 7. März 1850 besagte:

„Ein gesetzlicher Anspruch auf Ersatz des durch das Wild verursachten Schadens findet nicht statt."

„Den Jagdpächtern (warum nicht Verpächtern?) bleibt dagegen unbenommen, hinsichtlich des Wildschadens in den Jagdpachtkontrakten vorsorgliche Bestimmung zu treffen."

[2]) Vgl. BGB. § 823 und 835.

ihren Geist gebildet hatten. In Dörfern, deren Höfe an die Felder grenzten, konnte das unbeschränkte Herrenrecht, die Hunde und die Katzen totzuschießen, gerade zu in eine Dorfplage sich auswachsen. Man muß bedenken, daß diese Bestimmungen in der Zeit der schreienden Mißstände und der brutalsten Gewalt entstanden waren, und daß sie hauptsächlich dem Schutz der hohen Jagd gegolten hatten, deren Wildarten immerhin doch einen nicht geringen Wert darstellten, so daß der Schade aus dem Tod des Hundes der abgewendeten Gefahr entsprechen konnte.

In der barbarischen Zeit des Mittelalters hatte man die Hunde der Untertanen verstümmelt, um sie am Jagen zu verhindern: Knut der Däne ließ in England allen Windhunden in einem Umkreis von zehn Meilen um die Königswaldungen „die Kniee beschneiden", d. h. er ließ wahrscheinlich eine Sehne durchschneiden am Knie; auch durften nur die Freien Windhunde halten [1]). Im 16. und 17. Jahrhundert mußten alle Hunde geknüppelt sein, sowohl die Hunde, die der Hirt brauchte zum Bewachen der Herde, als auch die, welche der Bauer zum Scheuchen des Wildes nötig hatte. Das Halten von Hunden wurde auch geradezu verboten, oder doch auf Hunde beschränkt, die zum Gewerbebetrieb erforderlich waren, oder als Spielzeug für die Damen dienten. Es wurde dem Bauern untersagt, die Hunde mit ins Feld zu nehmen, so in Weimar 1736 und in Mainz 1744. Damit wurde dem geplagten Manne eine Quelle der Freude und der Unterhaltung abgeschnitten, denn die Gesellschaft eines munteren Hundes in der Einsamkeit, der meistens ja nach Mäusen grub, erleichterte dem Bauern die mühevolle Tätigkeit.

---

[1]) Freemen may keepe greihounds, so that their knees be cut before the verderors of the Forest, and without cutting of their knees also, if they do abside ten miles from the bounds of the forest. Das Gesetz entstammt dem Jahre 1016 und ist zwischen 1598 und 1615 von Manwood neu veröffentlicht worden, und zwar in vorstehender Form, während der ursprüngliche Text dänisch war. Hirtenhunde und kleinere Hunde durften unverstümmelt bleiben. In den Gesetzen Heinrich I. wird das Verstümmeln der Hunde the expeditation of dogs genannt. Nach Odericus Vitalis bestand sie darin, daß dem Hunde die Zehen eines Fußes abgeschlagen wurden. Heinrich II. (1154—1189) ließ ebenfalls die Zehen eines Fußes abschlagen, während an anderen Orten auch die Ballen abgeschnitten wurden. Diese Gesetze, die nicht von den feinen Normannen eingeführt waren, sondern von den roheren Dänen, haben sich gehalten bis in die Tage der Elisabeth und des Königs Jakob. Genauere Mitteilungen gibt R. Jesse, researches into the history of the british dog. London 1866. I. 373—84.

In Weimar wurde 1736 das Verstümmeln der Hunde noch insofern durchgeführt, als den zum Gewerbebetrieb erforderlichen Hunden, den Schafhunden, Haushunden, Metzgershunden die Ohren und der Schwanz abgeschnitten wurden, um sie als konzessionierte zu kennzeichnen. Als die Kunst der Jagd zum Handwerk wurde, und die Wildhege immer mehr überhand nahm, um Massenschlächtereien anzustellen, wurde den Hunden prinzipiell der Krieg erklärt und bei der Entwicklung der Schrotflinte stillschweigend dazu übergegangen, umherstreifende Hunde und Katzen zu erschießen. Später kamen Bestimmungen darüber in die Jagdordnungen und die Provinzialgesetze, und in Preußen sind sie sogar ins Landrecht eingedrungen [2]). Harmlose Spaziergänger, deren Hund etwas vom Wege ablief, kamen in Gefahr, den Hund zu verlieren und sahen sich ständig bedroht, von einem veralteten Herrenrecht des Jagdinhabers. Es konnte nötig werden, Hunde und Katzen zu töten, die gewohnte Wilderer waren, es lag aber die Gefahr zu einem Mißbrauch vor, und eine überlebte und haltlose Bevorzugung des einen Jagdberechtigten auf Kosten von Tausenden, die in Gesellschaft ihres Hundes frische Luft sich holen, die Sinne erfrischen und den Geist beleben wollten. [1])

Die Technik der Jagd.

Der Umschwung, der in der Art der Jagdausübung mit dem Eintritt des 19. Jahrhunderts Platz griff, kann in kurzen Worten als der Sieg

[2]) ALR. Teil II. Tit. 16. § 65. „Ungeknüppelte gemeine Hunde, ingleichen Katzen, die auf Jagdrevieren herumlaufen, kann jeder Jagdberechtigte töten, und der Eigentümer muß das Schußgeld bezahlen."

[1]) Vgl. hierzu Dalcke, Das preußische Jagdrecht, 127 f., ferner J. Bauer, Die Jagdgesetze Preußens, und ferner: Das in Deutschland geltende Recht, revierende Hunde und Katzen zu töten. Diezel äußert sich sehr abfällig über das voreilige Töten der Haustiere: „Ich verabscheue jene Tyrannei und Grausamkeit, mit welcher manche Jäger manchen Hund, der ihnen begegnet, außerhalb der Ortschaften sogleich niederschießen. So giebt es auch viele Jäger, die selbst in den Gärten des Dorfes, wo doch die Katzen der Jagd schwerlich Schaden zufügen können, keine verschonen; ein solches Todschießen kann nur zweierlei Beweggründe haben, davon keiner sehr rühmlich ist, denn entweder geschieht es des Schußgeldes wegen, folglich aus Eigennutz, oder aus einer Art von Herrschsucht und Prahlerei, d. h. um einen besonders großen Diensteifer an den Tag zu legen, vielleicht auch, um dem Pöbel zu zeigen, wie weit die waidmännische Gewalt reiche." Erfahrungen 307. — Diezel hatte zuweilen noch einige überlebte Ausdrücke aus der guten alten Zeit an sich. Sagen wir statt Pöbel Volk, dann ist seinen Ausführungen nur beizupflichten.

der Schieß- und Niederjagd bezeichnet werden. Zwei der größten Jagdschriftsteller stehen als Wächter neuer Interessen und neuer Sitte an dem Eingangstor der neuen Zeit, Jester und Winckell, der erste ein preußischer Oberforstrat, dessen Buch über die kleine Jagd 1793 erschien, der andere ein gelernter Forstmann in Privatstellung, der von seinem reichen Wissen zwei Jahre vor dem Zusammenbruch von Jena dem deutschen Volke Kunde gab. Der Umschwung beruhte zum Teil auf dem Anwachsen der materiellen und geistigen Kultur, insbesondere auf dem Vordringen des Geistes in die Forst- und Landwirtschaft, auf der vorgeschrittenen Technik des Flintenbaues und der Büchsenmacherei, sowie auf der Verfeinerung der seelischen Eigenschaften im Volke und in der Vertiefung des Gemütslebens.

In der Forst- und Landwirtschaft finden wir den allgemeinen Sieg der liberalen Schule und in seiner Folge die Befreiung des Grundeigentums von allen Beschränkungen, von Lasten und Diensten, Holz- und Streu- und Weideservituten. Durch die Übernahme der Domänen und Kammergüter in das Eigentum des Staates [2]), ein Schritt, bei dem die preußischen Regenten vornehm handelten, wurden die landesherrlichen Jagden in Staatsjagden übergeführt, und je mehr die Person des Landesherrn zurücktrat vor dem Staatsbegriff, desto mehr trat auch die Jagd zurück gegenüber den Interessen der Forstwirtschaft. Die Hausväterbücher wichen den Spezialwerken über die Forstwissenschaft, und damit war das Altertum geschlagen, Columella und Palladius. Durch die Forstkultur wurde die Waldnutzung in den Dienst der Allgemeinheit übergeführt, während sie unter der Vorherrschaft der Jagd dem Vergnügen des Grundbesitzers hatte dienen müssen. Männer wie Moser, Laurop, Hartig, Cotta, König, Hundeshagen, Pfeil faßten das Staatswohl ins Auge als das zu erstrebende Ziel, und der große Demokratisierungsprozeß, der mit dem 19. Jahrhundert einsetzte, sah sich erheblich gefördert. Das berufsmäßige Jägertum verschwand aus der grünen Gilde, und die Jagd wurde den Forstbeamten übertragen. Schon im 18. Jahrhundert waren Forstlehranstalten gegründet worden, denen im Anfang des 19. Jahrhunderts andere folgten, sie legten den Grund zum Ausbau der forstlichen Wissenschaft.

---

[1]) Das Kulturedikt vom 14. September 1811 erklärte in Preußen die Privatwaldwirtschaft für frei, leider!

[2]) ALR. in Preußen II. Tit. 14. § 11.

In gleicher Weise erhob sich die Landwirtschaft. Abschaffung der Brache, Aufteilung der Gemeinheiten, Befreiung der Bauern, Anbau von Klee, Lupine, Tabak, Kartoffeln, Stallfütterung, die Begründung des Zuckerrübenbaues und der landwirtschaftlichen Kredite, das waren die Errungenschaften der neuen Zeit. Von 1795—1806 waren die Preise der Güter im Steigen, und der Adel wandte sich der Wirtschaft zu. Bald nach Jena erschien das bedeutende Werk von Thaer: „Grundsätze der rationellen Landwirtschaft", und Schubart wirkte für die Aufhebung der Hut- und Triftgerechtigkeiten. Die alten Lehrstühle der Kameralwissenschaften, die schon im 18. Jahrhundert sich auf allen Universitäten fanden, machten eine Zellenteilung durch, aus welcher einerseits die Lehre von der Wirtschaft des Volkes und des Staates hervorging, und andererseits die Lehre von der Einzel- oder Landwirtschaft. Im Jahre 1810 erhielt Thaer eine Professur an der Universität Berlin, als Fichte seine Reden an die Nation gehalten hatte und die Wiedergeburt, nein, die Neugeburt des deutschen Volkes forderte.

Das Perkussionsgewehr verdrängte die Radschloßflinte, aber 1820 erst wurde das Zündhütchen erfunden. Damit war die Zündung unabhängig von den Regengüssen, und das Blitzen auf der Pfanne hatte aufgehört. Der Fortschritt war ein so außerordentlicher, daß die Erfindung des Hinterladergewehrs durch den Franzosen Lefaucheux, die 1835 schon erfolgte, lange unbeachtet blieb, und erst in den fünfziger Jahren anfing, mit Erfolg die alten guten Vorderlader zu verdrängen.

Es ist wichtig, zu betonen, daß Jester und Winckell vor dem Zusammenbruch bei Jena schrieben. Diese Tatsache läßt erkennen, daß die Umgestaltung der staatsrechtlichen Verhältnisse, welche durch den Löwen Stein geschah, ein wirkliches Bedürfnis war, da vorher selbst in Jägerkreisen der offene Blick erkannte, daß eher eine Absage an die hirschgerechte Jägerei vonnöten war, als die Begünstigung ihrer Traditionen, und eine Fortsetzung ihres gemeinschädlichen Treibens. Es war das Zeichen einer grundlegenden Umgestaltung des jägerischen Empfindens und seiner Ziele, als 1793 der Oberforstrat Jester schrieb, „es ist offenbar leichter, die 72 Zeichen des Hirsches der Reihe nach herzusagen, als einen Hund gehörig zu arbeiten, leichter richtig anzusprechen als nur eine Bekassine zu schießen"[1]). Es war eine Neuerung, daß

[1]) F. E. Jester, Über die kleine Jagd. Königsberg 1793. I. VI. Ich kann Jester nicht beipflichten, das tut aber nichts zur Sache. Das richtige Ansprechen

Jester nur die kleine Jagd behandelte, und sie nicht für den gelernten Jäger schrieb, sondern für den Liebhaber. Eine nicht minder bedeutungsvolle Absage an das alte Regiment finden wir bei Winckell, der scharf betont, daß die Jagd ein Vergnügen sei, und die Nutzung der Grundstücke nicht beeinträchtigen dürfe. „Wir leben, Gott sei Dank, in Zeiten, wo dem Jagdwesen überhaupt engere Schranken gesetzt und auf diese Art dem tätigen Landmann die Früchte seines Fleißes durch viel weniger beschränkte Benutzung seiner Fluren und der ihm so kostbaren Zeit gesichert sind; in Zeiten, wo zum Vergnügen der Großen oder zur Verminderung eines übertriebenen Wildstandes Metzeleien solcher Art weder notwendig noch möglich sind" [1]). Folgt dann die Begründung des Wortes „Metzelei". Das war eine andere Tonart, als die von Fleming und Döbel, die beide noch in Liebedienerei ersterben wollten, während uns hier, wenn auch bescheiden und zurückhaltend, ein offenes Manneswort entgegentritt. Mit dem Ausgang des 18. Jahrhunderts hat das alte System des Massentötens einer feineren und mehr durchgeistigten Art des Jagens weichen müssen, und an die Stelle des Schießens auf lebende Scheiben ist mehr die Kunst getreten, wenn auch in anderen Formen als im Mittelalter. Nur in einzelnen „Leibgehegen" hielt der Tod gelegentlich noch blutige Ernte.

Jester behandelt nicht das Reh, wohl aber den Hund, das Gewehr, das Federwild, den Hasen, das Kaninchen, das Raubzeug einschließlich Bär und Wolf, und zum Schluß die Raubvögel. Die Netzjagd hielt der Schießjagd immer noch die Wage. „Die Rebhühner werden entweder geschossen oder mit Netzen und Garnen gefangen. Das Fangwerk ist gerade diejenige Partie der Jagd, die die mehresten practischen Kenntnisse und Erfahrung erfordert". Jester sagt, daß sie durch Lesen nicht zu lernen sei und bestätigt die auch von Döbel betonte Tatsache, daß die Netzjagd erheblich schwieriger war als die Schießjagd, die sich mehr auf individuelle Fertigkeit beschränkt. Die ganze Richtung der neueren Zeit, welche sich losringt von der Gebundenheit des Mittelalters und in der Betonung der freien Selbstbestimmung ihren Ausdruck findet, des individuellen Lebens der Persönlichkeit, die in der Kunst impressionistisch,

auf hartem, trockenem Boden war sicherlich nicht leicht. Ob Jester es noch konnte?

[1]) G. F. D. aus dem Winckell, Handbuch für Jäger, Jagdberechtigte und Jagdliebhaber. 4. Auflage. 1865. I. 6, 79—80. Die erste Auflage war 1804 erschienen.

wurde, läßt sich auch in der Jagd erkennen, und zwar vorzugsweise in dem Vordringen der Schießjagd gegenüber dem Arbeiten mit Netzen und mit Fallen, weil in der Schießjagd das Individuum seine eigenen Fähigkeiten zeigen kann, während bei Netz und Falle das Gelernte, die Überlieferung mehr zur Geltung kommt. Weidgerechtes Fühlen kommt bei Jester und bei Winckell mehrfach durch, der erste tadelt z. B. die Art gewinnsüchtiger Jäger, zur Winterszeit bei Schnee an die Hühner heranzuschleichen und eine halbe Kette auf einen Schuß zu töten.

Neben dem Fang der Hühner behandelt Jester das Schießen vor dem Hunde, auch gibt er Anweisung, wie der Hühnerhund gearbeitet werden soll. Ich habe schon im vorigen Kapitel darauf hingewiesen, daß die Behandlung des Vorstehhundes mit dem Siege der Schießjagd als ein „schlagendes" Moment für die Bewertung des jägerischen Gefühls sich geltend macht und für die Verfeinerung des Seelenlebens. Jester steht sehr hoch. Das Christentum hat sich nie der Tiere angenommen; was geschehen war, hatte die Aufklärung geleistet. Jester war ein Schüler Buffons und hatte beim Lesen von dessen Schriften zweifellos die sittliche Wärme in sich eingesogen, mit welcher dieser von dem Hunde spricht. Während der Vater Döbel beim Unterrichten des Hundes „derbe Schläge" gab, will Jester die Peitsche „ganz weggelassen" wissen (I, 42), er betont nachdrücklich den Unterschied zwischen dem Ungehorsam, der aus dem bösen Willen des Hundes hervorgeht, und dem anderen, der in der Dummheit des Jägers seinen Grund hat, weil sich dieser nicht verständlich machen kann (47). Leider hatten nicht alle Jäger das Jestersche Gemüt, und die Klage über die Rohheiten der Jägerwelt gerade in dem Verhältnis zwischen Herr und Hund zieht sich wie ein roter Faden durch die Literatur. Ist es heute anders? Vielleicht ja, aber sicherlich bleibt noch viel zu wünschen übrig. Sittliche Roheiten in der Behandlung des Hundes kann man alle Tage sehen, und der Reiz der Jagd liegt für manchen stolzen Jäger zum nicht geringen Teil gerade in der Annehmlichkeit, sich als unbeschränkten Herrn zu fühlen gegenüber dem Wilde und dem Sklaven mit vier Beinen. Diese Herrenmoral muß fallen, wenn sich die Jägerwelt veredeln will, und den Angriffen der Laien widerstehen, nicht nur durch die Macht der toten Hand, die über der Jagd noch schützend schwebt, sondern auch im Einsatz sittlicher Gefühle. Die Jagd ist notwendig, die Tierwelt muß zurückgetrieben werden, wenn die Landwirtschaft gedeihen soll, aber der Abschuß könnte durch ein angestelltes Personal erfolgen. Gerade der Umstand, daß das Töten Freude macht, läßt sich schwer vertreten vor dem Forum der Moral und nur verteidigen durch die Tatsache, daß atavistische Instinkte geltend sind, die noch nicht ausgeschaltet werden können ohne einen empfindlichen Eintrag für die Lebenskraft des Volkes. Übrigens besteht der Reiz der Jagd nicht nur im Töten, nicht nur in der seelischen Spannung mit dem erlösenden Gefühl des Sieges, der Überlegenheit und Macht, sondern auch in den Begleiterscheinungen, im Naturgenuß, im Genuß des Gegensatzes von Natur und Haus, von Land und Stadt, in der Rückkehr zur Ursprünglichkeit, in die von Gott geschaffene Natur im Gegensatz zum Menschenwerk, der Stadt, in dem Gefühl der Freiheit und Geschicklichkeit. Der Naturgenuß kann ohne die Jagd wohl reiner und vollkommener sein, aber er ist von anderer Art, ihm fehlt die innige Verbindung zwischen Tätigkeit und Lust, die bei der Jagd sich zeigt. Nicht nur die Sinne wirken bei der Jagd, nicht nur das Auge und das Ohr, sondern der ganze Mensch tritt in intimere Beziehung zur Natur, sein Wille, seine Fähigkeiten werden eingestellt, und immer mit der Anwartschaft auf Sieg und Lust.

Es ist ein Zeichen für die fortschreitende Vergeistigung der Jagd, daß in den Erzählungen jagdlicher Erlebnisse die Tat des Tötens einen immer kleineren Raum einnimmt, und die begleitenden Umstände den eigentlichen Inhalt bilden. Freilich bleibt das Töten immer das punctum saliens, das ist nicht fortzuleugnen und sollte vom Jäger nie bestritten werden, wenn er nicht in eine schiefe Stellung kommen will. Die Lust an der Jagd ist ein gewachsenes Empfinden, ist angeerbte Neigung, ist die Befriedigung der überkommenen Instinkte unserer Vorfahren. Das gilt zwar für die meisten Arten der Betätigung des menschlichen Geistes, für die Jagd aber in besonders hohem Maße. Wer diese Instinkte nicht besitzt, versteht den Jäger nicht, ihn zu belehren wird vergeblich sein. Auch die kriegerische Neigung stammt aus gleicher Quelle, beide Eigenschaften wurzeln in der Zeit, da Jagen und Raufen sittlich waren, weil nur durch sie das Leben möglich wurde. Die Totschlagslaune wird übergehen in den bewußten Kampf um die sittlichen Güter, welche gefährdet sind im Fall der Niederlage, und die Jagd wird mehr vergeistigt werden, der Inhalt des Erlebens wird mehr auf die Natur, den Reiz der Tierwelt, des Dorfes, des Waldes, des Ackers und des Wassers sich verbreiten, künstlerische und gemütvolle Anregungen werden die Lust an der selischen Spannung des eigentlichen Tötens überwinden, und die Lust am Jagen wird in dem Maße seltener werden, wie feinere und edlere Vergnügungen die Oberhand gewinnen, eine Vermutung, welche die Geschichte der Jagd mehr als wahrscheinlich macht. Wenn der mittelalterliche Grundherr auf der Burg seiner Väter saß und aus Mangel an Geistesbildung nicht wußte, was er treiben sollte, wenn dann ein Tag dem andern glich, immer wieder dort die Sonne auf und dort zur Rüste ging, und wenn der Becher doch die Abendstunden nur erhellen konnte, dann mußte für den Tag die Jagd aushelfen. Wie inhaltreich ist heut dagegen das Leben eines Agrariers auf seinem Rittergut! Er liest die Zeitungen, Journale, vielleicht auch ab und zu ein Werk der Wissenschaft, er hat eine Ahnung von der Wirtschaft unseres Volkes, tauscht kluge Worte in der Kneipe und den Kreistagen, macht Politik und schwärmt für Schutzzölle, schreibt Briefe und fährt gelegentlich auch in die Stadt, um das Theater zu genießen, studiert die Viehzucht, wird zum Schweinehändler, — welch ein Fortschritt gegen früher, und wie ist da die Jagd zurückgetreten! Sie wird mehr und mehr aus der Zahl der begeisterten Jäger in die Hände des angestellten Personals hinübergleiten. Einstweilen aber kommt auf zweihundert Menschen noch ein Jäger, daran läßt sich nicht rütteln. Die Jäger fühlen sich als die Träger der verklungenen Herrlichkeiten, sie haben ein tiefes Gemüt, enthusiastische Fähigkeiten, sie sind patriotisch, dreist und gottesfürchtig, keine schlechten Elemente; sie bilden eine Gruppe, deren Lebenslust und Lebenskraft ein Faktor ist in dem sittlichen Werdegang des Volkes, den wir zurzeit noch nicht entbehren können, weil er auf fester, gewachsener Basis ruht und einen gesunden Regulator bildet in der galoppierenden Schwindsucht der Ästheten.

Leider zeigt sich neben vielem Licht auch starker Schatten. Die Macht ererbter Eigenschaften pflegt nicht vereinzelt aufzutreten und bringt die Roheit der vergangenen Geschlechter mit. Die Jägerei zählt in ihren Reihen Männer von hoher Geistesschule, aber die Mehrzahl setzt sich aus dem Mittelstand zusammen, der in beruflicher Beschäftigung sein Tun erschöpft und auf der Jagd dann die Erholung sucht. Das angeborene Gefühl und die Erfahrungen des praktischen und geselligen Lebens regeln seine Handlungsweise, und bilden die Quelle seiner Sittlichkeit. Hier findet zuweilen noch die Roheit eine Stätte, und Wild und Hund haben dann schwer zu leiden an dem Mangel eines feineren Mitgefühls.

Kehren wir zurück zu der Betrachtung über das Verhältnis zwischen Herr und Hund; es ist zu wichtig, um es mit wenigen Worten abzutun, und jede Veredlung an dieser Stelle hebt nicht nur den sittlichen Wert der Jägerklasse, sondern sie kommt auch unserm Wild zugute und der Vergeistigung der Jägertätigkeit. Jester klagt, daß der Hund vom Jäger schlecht behandelt werde. „Der Vorwurf von Härte und Grausamkeit, den man ihm (dem Jäger) gemeinhin zu machen pflegt, ist hier durch eine Tatsache belegt, die sich weder ableugnen noch rechtfertigen läßt [1]). Es wäre grundverkehrt, das Übel vertuschen zu wollen, und mit beschönigenden Worten abzutun. Tatsache ist, daß Roheit und Grausamkeit beim Unterricht des Vorstehhundes in der ersten Hälfte des 19. Jahrhunderts gar nicht selten waren; die unten angeführten Beispiele von stichhaltigen Urteilen aus der Jägerwelt beweisen das, und wir können uns der Einsicht nicht verschließen, daß Besserung erst in der zweiten Hälfte eingetreten ist. Wie es gegenwärtig damit steht, habe ich hier nicht zu untersuchen, weil das Buch mit der Mitte des 19. Jahrhunderts schließen soll. Es ist aber in hohem Maße erfreulich, auf das Buch von Oswald hinweisen zu können, das 1855 in der Literatur erschien und der mehr oder weniger grausamen Art, den Hund zu unterrichten — Dressieren

[1]) „Die Art und Weise, wie viele Jäger bey der Dressur vorgehen, ist wahre Barbarey. Das Herz des Menschenfreundes empört sich mit Recht über die grausamen Behandlungen, die er oft mit dem armen Hunde vornehmen sieht. Er wird aufgetrizt; mit Peitschenhieben zerfleischt, mit Füßen getreten und warum? weil sein grausamer, aber unwissender Lehrmeister Dinge fordert, die der Hund nicht ahnen kann, weil sie ihm nicht begreiflich gemacht wurden." Jester, 1793. I. 50. Etwa fünfzig Jahre später schrieb A. L. Hohnau in sein Buch „Anleitung zur Zucht und Dressur aller Arten der Jagdhunde" folgendes: „Das Treten und Stoßen mit dem Fuße oder mit dem Flintenkolben, sowie das Aufhängen an der Leine und das barbarische Peitschen muß gänzlich unterbleiben"; es scheint also in der ersten Hälfte des Jahrhunderts die Grausamkeit nicht geschwunden zu sein, denn Hohnau schrieb 1846. Um jeden Zweifel auszuschließen, schrieb Oswald 1855 in sein Buch „Der Vorstehhund": „Das Herz muß einem fühlenden Menschen brechen, wenn er sieht, wie abscheulich der gute Vorstehhund an den Korallen herumgerissen; wie er an denselben bis zum Ersticken aufgehängt; wie er mit knotigen Peitschen geprügelt, wie er mit den Füßen grausam getreten; wie er barbarisch angeschossen wird." Zum Schluß führe ich noch Diezel an: „Leider wird nur zu oft ein mehrere Monate dauerndes Herumzerren des armen gequälten Tieres an der Korallenleine, tägliches Aufhängen und Prügeln bis zur Bewußtlosigkeit für feste Dressur ausgegeben, usw." Erfahrungen aus dem Gebiete der Niederjagd. 1849. 13—15.

nannte man das —, grundsätzlich den Krieg erklärt. Sein Buch machte Schule und hat segensreich gewirkt, wenn auch langsam und allmählich. In der zweiten Auflage von 1873 hieß es: „Wir raten im Interesse der guten Sache, daß nunmehr ernsthaft mit der Anwendung der gegebenen Methode vorgegangen werde. Namentlich erwarten wir zunächst von den Förstern und Berufsjägern, daß sie damit den Anfang machen." Die Methode Oswalds beruhte in Geduld, Beharrlichkeit und Ausdauer. Der Hund hatte ein Halsband um mit stumpfen Korallen, wurde an die Leine genommen und mußte die einzelnen Aufgaben vermöge eines zwar sanften, aber festen Zwanges immer wiederholen, oft bis vierzigmal hintereinander.

Die alten Jäger teilten die Dressur ein in die Stubendressur, die Feld-, Holz- und Wasserarbeit; der Hund mußte Hühner, Wachteln, Hasen, Schnepfen, Enten suchen, bei den ersteren vorstehen und alles kranke und geschossene Kleinwild suchen und bringen. Jester und Winckell haben die feste Dressur. Den ausgehetzten Fuchs läßt Jester von Windhunden greifen und würgen, nicht vom Vorstehhund [1]). Oswald geht noch weiter als die Altmeister, er hat das Apportieren, Suchen, Stehen vor Hühnern, Wachteln, Hasen, auch das Verlorensuchen des genannten Wildes, das Würgen und Bringen des Fuchses, die Arbeit auf der Schweißfährte, das Verteidigen des Herrn, und als letztes folgt auch hier die Entenjagd [2]). Diezel warnt davor, den Hunden zuviel zuzumuten, namentlich wendet er sich gegen die Schweißarbeit des Vorstehhundes; er wundert sich, daß die Vereine „so großen Wert auf einen so heterogenen Gebrauch ihrer Vorstehhunde legen, da sie gewiß der Mehrzahl nach eher sechs- und achtmal Gelegenheit haben werden, einer Hühnerjagd, als einer Hirsch- oder Saujagd beizuwohnen, ihnen daher weit mehr daran gelegen sein muß, daß ihr Hund im freien Felde etwas Vorzügliches, als im Walde bloß die Stelle eines Lückenbüßers übernehmend, kaum das Mittelmäßige leiste." Ebenso tadelt er das Verlangen, daß die Vorstehhunde das Raubzeug würgen sollen, „weil der Haß gegen die Raubtiere, wenn er ihnen nicht gleichsam angeboren ist, sich nur schwer oder gar nicht durch die Abrichtung beibringen läßt." [3])

[1]) Jester, 1806. Teil VI. 140 und 1793. I. 32—64. Winckell, 1865. I. 488—527.

[2]) F. Oswald, Der Vorstehhund. 1873. 1—165.

[3]) C. E. Diezel, Erfahrungen auf dem Gebiete der Niederjagd. 1849. 99.

Namentlich bekrittelt Diezel den Versuch der Dilettanten, die englischen Hunde vielseitig zu machen, da diese nur zum Suchen und Vorstehen gezüchtet waren.

Im 18. Jahrhundert war die commodité das leitende Prinzip für das jagdliche Vergnügen der großen Grundbesitzer; sie hatte sich mit deutschem Blut so vollgefressen, daß sie nur langsam zu vertreiben war, und eigentlich erst mit der zweitfolgenden und dritten Generation einer vermehrten Lust an der Bewegung, dem wonnigen Gefühl der Kraft und Frische weichen konnte, in dem gleichen Maße, wie der Sport in Deutschland Boden fand. In Soldaten und Stubenhocker hatte die Staël die Deutschen eingeteilt; „man fürchtet jede Anstrengung und die Unbilden des Wetters". „Die Öfen, das Bier und der Tabaksrauch bilden in Deutschland um die Leute aus dem Volke eine schwere, heiße Atmosphäre, aus der sie nur ungern heraustreten." [1]) Ein Übermaß von commodité zeigte sich in der ersten Hälfte des 19. Jahrhunderts in der beliebten kurzen Suche der Vorstehhunde. Nicht über 50 Schritte will Hartig haben, Winckell 40—50 Schritte, Oswald begnügt sich mit 30—40 Schritten: „Dieses war, ist und bleibt die richtige Entfernung vom Jäger." [2]) Diezel will den Hund viel Feld nehmen lassen, war aber eine Ausnahme. Der Jagdliebhaber wollte auf alles schießen, was der Hund herausstieß, und wünschte ihn „unter der Flinte" zu behalten; 15 bis 20 Schritte war für diese Herren das Maximum der Suchweite. „Von einigen hörte ich sogar, daß sie ihre Hunde gleichsam nur vor sich hergehen, oder allerhöchstens langsam trollen lassen. Überdies wird auch an solchen Orten diese Jagd in der Regel schon mit dem Monat September beschlossen, weil man sich späterhin nicht mehr die Mühe geben mag, auf freien Ebenen die nun nicht mehr festliegenden Hühner aufzusuchen." [3]) Als Diezel für einen hohen Herrn einen Hund abgerichtet hatte, war er unruhig, wie der Hund gefallen habe, da er sehr wenig Feld nahm. Er schrieb deswegen an den Hofjäger und bekam zur Antwort, daß der Hund sehr gut gefalle und Serenissimus nur zweierlei zu tadeln habe: erstens, daß er sich bisweilen so weit vergäße, die geschossenen Hühner ohne Allerhöchsten Befehl herbeizuholen, und

---

[1]) v. Staël, Über Deutschland, übers. von Habs. I. 39—40.

[2]) Oswald, Vorstehhund, 124.

[3]) Diezel, 37.

zweitens, daß er sich die Schrittsuche noch nicht zu eigen gemacht habe. Die weite Suche haben die englischen Hunde erst ins deutsche Vaterland hereingebracht.

Mit der Weidgerechtigkeit war es nach unserer Auffassung immer noch schwach bestellt. Ich urteile nach den Lehrbüchern, die doch die Höhe der jagdlichen Kultur darstellten, und weniger das Ist behandelten, als das Soll. Wie mag es da in Wirklichkeit erst ausgesehen haben! Ich kann unter weidgerechtem Jagen immer nur eine solche Ausübung der Jagd verstehen, welche den schnellen und leichten Tod des Wildes festhält als obersten Gesichtspunkt, der Nutzen muß durchaus in die zweite Linie rücken. Nur wenn das Mitleid mit dem Schmerz der Kreatur die Lust am Töten und den Gedanken an den Nutzen überwindet, wird die Jagd den Adelsbrief vorzeigen können, der sie in der öffentlichen Meinung als Kulturfaktor bestehen läßt.

Es handelt sich heute nicht mehr um die Vernichtung der Tierwelt, sondern um ihren Fortbestand, der Jäger ist auch Heger, d. h. Züchter. Er behauptet sein Wild zu lieben, und er tötet es [1]). Das tut der Bauer auch mit seinem Vieh, aber er macht sich aus dem Töten kein Vergnügen, das ist der fundamentale Unterschied. Es sind nicht immer die edelsten Instinkte, die im Jäger tätig sind, und um diese nicht aufkommen zu lassen, muß das Mitleid sie beherrschen. Diesen Gesichtspunkt hat die Literatur in der ersten Hälfte des 19. Jahrhunderts durchaus nicht immer festgehalten; namentlich ist Hartig leicht bereit, in erster Linie den Nutzen zu betonen. Eigentlich ist er der letzte Zünftige, der noch aus eigener Anschauung die alte Form der Jagd behandelt, wenn man Behlen nicht als solchen gelten lassen will, der 1835 schrieb, fünfundzwanzig Jahre später als Hartig. Der letztere behandelt nicht nur die Festinjagen und die Parforcejagd noch, sondern auch den Wildpark mit dem ganzen Plunder einer bequemen Schießweise, die er als Jagd bezeichnet: Alleen, Pürschwege und Pürschpfade, die immer frei sein müssen von Laub, Gras und Reisig, damit man „ohne das mindeste Geräusch und so bequem als möglich darauf pürschen gehen kann“. Bequem! Da bist du ja,

[1]) Die Jägerei kokettiert so gern mit ihrer Liebe zum Wild, streichelt am liebsten den Spießhirsch und berechnet dabei in Gedanken, welche jagdliche Trophäe er in einigen Jahren liefern kann! Das erinnert mich an die gemütvolle Bauersfrau, deren Mann gestorben war, und die im Stall mit Schluchzen mühevoll die Worte sprach: „Ihr armen, armen Säu! Wer wird euch nun zu Weihnacht abstechen?“

commodité im fetten Wanst der Faulheit des Jahrhunderts! Natürlich fehlen auch die Kanzeln nicht, in Kirchen und in Wildparks sagte ihnen der Boden ganz besonders zu; sie stehen bei den Wildlecken und Futterstellen, und ebenso locken Pürschhäuschen und feste Schirme zum Schießen ein, ohne die schlaffen Glieder anzustrengen. Zu den Jagdkanzeln will Hartig besondere Schleichwege führen, die verdeckt sein sollen durch Hecken oder Bretterwände! [1]) Wo blieb die Kunst der Jagd? Hartig blieb ein Hofbeamter trotz seiner langen staatlichen Titel. Bei der Hasentreibjagd will er für hohe Herren Blendungen, d. h. Prellnetze aufstellen, wie sie früher im eingestellten Jagen üblich waren. Diese Netze will er nicht nur beim Wald-, sondern auch beim Feldtreiben behalten; er rühmt daß in den württembergischen „Leibgehegen" nicht selten Treibjagden gemacht worden seien, „wobei in wenigen Stunden einige Tausend Hasen geschossen wurden. Dieß würde nicht möglich sein, wenn hinter der Schützenlinie keine Prellnetze stünden." [2]) Das stimmt ja allerdings. Zum Greifen und Bringen der kranken Hasen verwendet er noch einen starken Windhund. Birkhühner und Fasanen fängt er in Schlingen, sogenannten Laufdohnen, „wenn man diese über die Viehpfädchen in den Waldungen stellt". Diese Fangmethode ist allerdings nicht weidmännisch, nach der Ansicht des Königl. Preußischen Staatsrates und Oberlandforstmeisters, Professors Honorarius usw., usw., „weil sich in den Dohnen sowohl Hahnen als Hennen fangen, und letztere doch allenthalben gehegt werden sollten." [3]) Nur der Nutzen war entscheidend, Mitleid blieb noch ausgeschlossen.

Das Töten der Rebhühner im Sitzen, das von Jester getadelt wird, war keine Seltenheit; es trat sogar „oft der Fall ein", daß Paarhühner

[1]) G. L. Hartig, Lehrbuch für Jäger. 1832. II. 36—73. Er leitet die Rentabilität der Wildparks daraus her, daß die Felder des Landmannes nicht verwüstet werden! Allerdings ein Fortschritt. Er verweist auf das Buch des Grafen Mellin, nennt es ein vortreffliches Werk und hat nach dessen Angaben gewirtschaftet. Dabei stellt Mellin eine Bilanz auf, in welcher keine Kosten stehen für Sommerfütterung, nichts für den Unterhalt der Gebäude, Wege usw., nichts für Abschreibung und nichts für das Gehalt des Personals!

[2]) Hartig, II. 413.

[3]) Ebenda. I. 488. Hartig berechnet im 6. Hauptteil nach dem Kostenaufwand, welche Wildarten billiger zu fangen und welche billiger zu schießen seien. Über den Gedanken des Nutzens kann er nicht hinaus. Erst 1870 ward in Preußen die Anwendung der Schlinge untersagt. Behlen, Professor, Forstmeister, verurteilt 1835 in seinem Lehrbuch zwar den Fang der Hasen mit der Drahtschlinge, „die in Gebrauch"

im Frühjahr auf diese Art geschossen wurden, wenn die Herren Rittergutsbesitzer von der Erlaubnis Gebrauch machten, sich einen Osterhasen schießen zu lassen [1]). Hartig fängt die Lerche in Tag- und Klebgarnen, und ebenso den Star. Jester hat bei Wien einem Starenfang beigewohnt, der 2731 dieser lieblichen Sänger ans Messer lieferte. Einen Tadel hat er dafür nicht, lange noch blieb die Lerche jagdbar in den meisten preußischen Provinzen.

Mit der Entwicklung der Gewehrtechnik und der Kultur der Felder wurden die Hasenschlächtereien üblich. Es hat guten Sinn, sich das Urteil alter Jäger über modernen Jagdbetrieb gelegentlich ins Gedächtnis zu rufen, weil die alten Herren den Neuerungen unbefangen gegenüberstanden, und die Macht der Gewohnheit Sinne und Nerven noch nicht abgestumpft hatte. Bose sagt, „die Feldtreiben sind der Wildbahn schädlich. Schon daraus leuchtet ihre Schädlichkeit ein, weil man dabei keinen angeschossenen Hasen nachsuchen kann; sondern alles, was angeschossen nicht gleich auf dem Platze bleibt, verderben und eine Beute der Raubtiere werden muß. Gewöhnlich läuft bei dieser Gelegenheit alles mit, was nur eine Flinte tragen und losschießen kann, und daß dabei mehr zu Schaden als todt geschossen wird, läßt sich leicht denken." [2]) Ähnlich äußert sich Fromberg: „Ich übergehe diese die Hasen hundertweise mordenden Jagden, bei denen oft die Hälfte der entkommenden, anscheinend nicht angeschossenen Hasen eine Beute der Füchse, Raubvögel und Krähen wird, weil in der Regel die wenigsten gefehlt, die meisten hingegen angeschossen worden sind".[3]) Auch Diezel kommt zu dem Schluß: „Ich bleibe bei der Meinung, daß gar mancher Hase, der scheinbar gesund den Kreis verlassen hat und so flüchtig fortgeht, daß niemand für nötig hält, einen Hund nachzuschicken, ich sage, daß gar oft ein solcher Hase den Keim des Todes in sich trägt"[4]).

---

war, läßt sie in Gärten aber zu. Dagegen braucht er die Schlinge ungeniert gegen Fuchs, Schnepfe, Rebhuhn und Haselhuhn. Das absichtliche Krankschießen von Hasen und Füchsen läßt noch Diezel zu, um die Hunde einzujagen! Erfahrungen 495.

[1]) C. A. H. Bose, Die große und die kleine Jagd. 1799. 16. — Fromberg, Die niedere Jagd. 1836. 20, 21. Dieser fährt noch mit dem Schlitten heran und schießt in den Kessel.

[2]) Bose, Die große und die kleine Jagd. 1799. 155.

[3]) v. Fromberg, Die niedere Jagd. 1836. 6.

[4]) Diezel, Erfahrungen, 465. Schlimmere Zustände ergeben sich aus der Klage über das schlechte Schießen. Was hilft alle Mühe, „wenn man bei Schützen, welche

Wer große Kesseltreiben gesehen hat, wird den Mißklang auch empfunden haben, der zwischen der Lust der lachenden Menschen und der Angst und den Schmerzen der Hasen besteht; wenn man sieht, wie im verkleinerten Kessel die kranken Tiere sich zusammendrängen, wie der Schnee vom Schweiß sich rötet, wie hier ein Hase mit durchschossenem Rücken sich auf den Vorderläufen weiter schleppt, dort ein anderer sich krümmt und drückt mit einer Ladung Schrot im Leibe, dann kommt man zu der Einsicht, daß es besser ist, lieber nicht zur Jagd zu gehen, damit gesunde Nerven nicht angesteckt werden von solcher Gefühlsduselei, und massivere Gewissen in guter Gesellschaft bleiben[1]).

Bis zur Mitte des Jahrhunderts bestand der Frondienst bei der Jagd noch fort, erst durch die Nationalversammlung wurde er in Preußen aus der Welt gebracht. Diezel jammert Stein und Bein über die ungefügen Bauern. „Eilen sieht man sie selten eher als bis sie auf dem Heimwege sind." Stundenlang mußten sie in strenger Kälte warten auf das Eintreffen der hohen Herren. „Kommt man mit solchen erstarrten Menschen in die Nähe eines Dorfes, so stürzen sie unaufhaltbar

füglich 30—40 Stücke erlegt haben sollten, kaum ein Dutzend, vielleicht noch weniger liegen sieht?" Die fehlenden 18 bis 28 waren aber zweifellos beschossen worden, und wie viele waren krank? Grausame Jagdart, grausames Vergnügen!

[1]) Zur Veranschaulichung des jagdlichen Treibens, wie es der dritte Stand beliebte, lasse ich eine kurze Schilderung hier folgen, die ich Diezel entnehme, die aber der Augustnummer 1841 der Behlenschen Forst- und Jagdzeitung entstammt. „Die Nachgiebigkeit der Oberbehörden und die täglich wie eine Seuche um sich greifende Jagdmanie haben, im Verein mit obigem Grundsatz von der Notwendigkeit des Hahnentötens, einen Jagdunfug ins Leben gerufen der unter die wirklich bejammernswerten gehört und die nachteiligsten Folgen auf das ganze Revier äußert Wie nur der Schnee geschmolzen ist, und auf den Erderhöhungen trockene Stellen sich bilden, während kaum noch an ein Halten der Hühner zu denken ist, stürmt Hans und Kunz, Säckler und Bürstenbinder, mit ihren Stöbern auf die Felder hinaus. Bald bereitet der große Halbmond seine weiten Flügel links und rechts aus und überall zugleich beginnt die lustige Frühlingskanonade: Dort stürzt eine Krähe, hier hat eine Lerche zum letztenmal gejubelt, da zappelt eine Bachstelze, weiterhin erheben sich die Kibitze hohnlachend höher und höher: einige Glückliche stießen auf Hühner, hallo! — O ihr armen Thiere! Die Schützen sind flink, Hahn und Henne fallen zugleich im Kreuzfeuer. Während dessen stöbern die Hunde der Dilettanten lustig herum, einer giebt Laut hinter Krähen und Bachstelzen und Lerchen her, ein anderer macht sich den Spaß, eine volle Häsin halbtodt zu hetzen, Bürstenbinders Comtesse bringt ein halbzerrissenes Häschen von zu frühem Satz triumphirend ihrem überseligen Herrn, Säcklers Taro heult furchtbar unter den Streichen einer neuen Peitsche und unter den Sporen

in die Häuser, besonders aber in jene, die mit Löwen, Hirschen, Lämmern, Gänsen, Bären, Störchen und ähnlichen Sinnbildern aus dem Tierreiche geziert sind, um sich dort zu erwärmen. Schoppenweise wird nun der verderbliche Branntwein hinuntergeschüttet"[1]). So klang die Unfreiheit des Volkes auch bei den letzten Zuckungen in einen grellen Mißton aus.

Diezel ward von bürgerlichen Leuten in der Nähe von Würzburg zu einem Kesseltreiben eingeladen, einer Jagd, bei welcher keine Fröner zur Verfügung standen. Er ist des Lobes voll über die Ruhe und die Ordnung auf der Jagd und sieht sich veranlaßt, wegen des früher „zugefügten Unrechts förmliche Abbitte zu tun". Und gerade hier auf dieser bürgerlichen Jagd konnte er die Beobachtung machen, daß nicht wie sonst eine zu große Anzahl lahmer Hasen verloren ging[2]). Es zog ein neues Jägerelement herauf, das bestimmt war, den Begriff der Weidgerechtigkeit zu verfeinern und zu vertiefen. Die Adelsklasse und die hirschgerechte Jägerei hat das weidmännische Fühlen über einige papierene Vorschriften in den langatmigen Jagdordnungen nicht hinausgebracht. Vergegenwärtigen wir uns die Vorgänge in Preußen, daß immer der Nutzen ausschlaggebend blieb und nicht das Mitleid mit der Kreatur, denken wir an die Mißhandlung der Vorstehhunde, erinnern wir uns, daß die Jagdfronen erst 1848 aufgehoben wurden, daß die Schlinge erst 1870, der Wildschade erst 1891, eigentlich sogar

---

neumodischer Korallen, weil er nach seiner Schoßhund- und Pudeldressur im Zimmer durchaus nicht begreifen will, was er bei Hühnern und Hasen auf dem Felde soll, und wenn er an der Leine sucht, aus purer Angst seinem Herrn Steine apportirt.

So braust das wilde Heer, schießend, pfeifend, bellend, jagend ängstigend, mordend über das Feld hin, und am Ende vom Spaß findet sich das Facit: 10 Lerchen 3 Krähen, 2 Bachstelzen, 9 Rebhühner sind geschossen, aber unter diesen befinden sich nur 4 Hähne; 30 Häsinnen wurden gehetzt, weil die Herren Rammler sich schon früher aus dem Staube machten, ein kaum gesetztes Häslein wurde von Nimrod mit Haut und Haaren verspeist, und ein anderes von Comtesse angeschnitten und dann großmütig dem Herrn gebracht, drei Hunde aber wurden handscheu geprügelt."

Die gelernten Jäger aber waren blind gegen ihre eigenen Fehler. Auf den Koppeljagden schoß die landesherrliche Jägerei in Sachsen soviel Wild zusammen in heißen Tagen, junge Hühner und Hasen und trächtige Häsinnen, daß es zum Teil fortgeworfen werden mußte. Caro und Diana fingen und zerrissen die Hasen! Bose, Die große und die kleine Jagd. 10—12 f.

[1]) Diezel, Erfahrungen, 435.

[2]) Ebenda, 464.

erst 1900 aus der Welt geschaffen wurde, daß man Lerchen und Stare in Massen fing, dann zeigt sich einwandsfrei, daß menschliches Gefühl in der Gesetzgebung für das Jagdwesen erst im Lauf des 19. Jahrhunderts langsam anfing, seine milde Hand lindernd und lösend auf das Wild, auf Hund und Volk zu legen. Die Jägerpresse hat zur Verfeinerung viel beigetragen, vor allem aber war es die öffentliche Meinung, welche die Reformen schuf, die Vorherrschaft des dritten Standes, der endlich jetzt der erste und der einzige geworden war. Das Recht der Folge besteht noch heute nicht.

Schluß.

Es ist wahr, daß mit der steigenden Kultur immer mehr landschaftliche Bilder dem Fabrikschornstein verfallen, und die Luft vom Dunst geschwängert wird; intensiver wird der Anbau unseres Bodens, und der Wildstand muß zurückweichen, um dem Glück und dem Behagen der menschlichen Bevölkerung das Feld zu überlassen, denn nur durch Arbeit kann Kultur geschaffen werden, und auf die Arbeit muß die Ernte folgen. Die Kultur bringt neues Leiden in vielverzweigter Form, zu ihm gehört der Schmerz der Jägerei, die immer mehr die Poesie der Jagd entschwinden sieht. Die romantische Unberührtheit der Natur beschränkt sich auf immer kleinere Gebiete. Die Verkehrsmittel sind bereit, auch diese zu erschließen, aber nur für den, der Zeit und Geld zu opfern hat. Die heimatlichen Fluren sind von Hühnern und von Hasen noch belebt, nur in dem Walde zeigt sich noch das Reh, mit Ausnahme vereinzelter Gaue, die noch bessern Wildstand haben. So stirbt die Jagd im Kampf mit der Kultur, weil sie schwach ist und in sich unfruchtbar; als Kulturstadium längst überwunden, und als Liebhaberei noch fortgeführt, gleitet sie aus der Hand des Landvolkes in die Hand der reichen Leute; das Geld und der große Grundbesitz beherrschen den Staat, und folglich auch die Jagd. Gleichwohl ist der Grundbesitz in seiner Macht erheblich schon zurückgedrängt, denn mit dem 19. Jahrhundert hat eine neue Ära angefangen. Der Kampf wird weiter gehen, er wird auch gegen die Übermacht des Geldes sich entrollen, und die Jagd wird einst zurückgelangen an den Bauern; wer den Boden baut, hat auch das unveräußerliche Recht, ihn zu beschützen vor dem Angriff anderer Lebewesen. Inzwischen dringt das Kapital noch weiter vor. Wie lange wird es dauern, dann dringt es in die Waldungen des Staates, es wird die Waldjagden erpachten, wie es die Gemeindewaldungen schon heut in Händen hat.

Es wäre sehr zu wünschen, daß dem Volke der Wald viel mehr geöffnet würde, als es heute geschieht, obschon ich nicht verkenne, daß z. B. die Berliner Bevölkerung die ausgedehnte Freiheit sehr mißbraucht. Ohne Gefühl für die Schönheit und die Stimmung der Waldlandschaft lärmt und tobt der wilde Schwarm dahin, und überall wo er gelagert hat, da hinterläßt er die häßlichen Spuren von der Pflege seines Bauches. Dagegen können wir nicht wünschen, daß in den Wald das Kapital eindringt, um auch die Jagd sich anzueignen, wenn auch manche Million auf diese Art vereinnahmt werden könnte. Das Kapital kennt weniger Rücksicht gegen das Publikum, als die Beamtenwelt, und nirgends wird die Jagd schonender, maßvoller und weidgerechter ausgeübt, als in den amtlichen Kreisen. Die Oberförster wie die Förster wohnen vielfach abgelegen, die feineren Vergnügungen der Stadt sind oft schwer zugänglich, Museen, Konzerte, Theater, Vorträge scheiden aus; ein geselliger Kreis, der anregend und bildend wirken könnte, ist nicht da. Gute Bücher kosten Geld, und selbst die Pflege der Musik verstummt sehr leicht im Dorf und in der Einsamkeit der Pflanzenwelt. Wie soll der Geist Erholung finden, wie sich erfrischen von dem Einerlei der Zahlen und dem kalten, harten, stählernen Umgangston der dienstlichen Verfügungen, die auch nicht einmal nur zum Herzen reden? Bleibt nur die Jagd als das örtlich gegebene, mit der ganzen forstlichen Tätigkeit zusammenhängende Vergnügen. Die Lebensfrische, die der Forstmann aus ihr zieht, kommt zwanzigfach dem Staat zugute, und bringt mehr ein auf indirektem Wege durch sachgemäße Holzwirtschaft, als aus dem Pachtgeld für die Jagd zu holen wäre. Selbstverständlich aber darf der Genuß der Jagd nicht den Wirtschaftsbeamten, den Oberförstern vorbehalten bleiben, die eher in der Lage sind, sich geistige Genüsse zu verschaffen, und gerade wegen der stärkeren Durchgeistigung ihres Lebens schon vielfach auf die Jagd verzichtet haben. Die letztere ist das naturgemäße Vergnügen für den kleinen Mann, für das Betriebs- und Schutzpersonal, das weniger die Mittel und die geistige Schule hat, in Kunst und Wissenschaft die Seele rein zu baden; der Förster schöpft im allgemeinen aus der Jagd viel mehr Genuß, als wie der Oberförster, und die jagdlichen Erlebnisse nehmen in dem Bilderzyklus seines Lebens eine viel breitere Stelle ein, als beim studierten Manne, bei dem auch auf der Jagd Naturgenuß und andere seelische Momente in vermehrter Weise einspielen, Genüsse, die er sich allenfalls auch ohne Jagd verschaffen könnte.

Von der Geschichtsschreibung ist die Bedeutung der Jagd bisher nur mangelhaft gewürdigt worden. Weil die Jagd heute nicht mehr ausschlaggebend ist im Völkerleben, so nimmt man an, sie sei es nie gewesen, und vergißt den fundamentalen Unterschied zwischen Eroberer-recht und Menschenrecht, zwischen dem Recht des Schwertes und des Pfluges. Zweitausend Jahre hat das Schwert geherrscht, die rohe Gewalt über den Geist der schaffenden Arbeit. Möchte das deutsche Volk aus seiner eigenen Geschichte die Lehre ziehen, daß ihm kriegerische Eigenschaften nicht verloren gehen dürfen, wenn die Freiheit herrschen soll. Die Freiheit in ihrem weißen Gewande hält das Schwert in der Hand, sie kehrt nur ein bei einem Volke, das sein Leben wagt an ihren Schutz. Die Erobererkaste des Mittelalters, die sich teilte in den Krieger- und den Priesterstand, hatte mit dem Bodeneigentum die Jagd an sich gerissen und nutzte sie aus zu ihrem eigenen Vergnügen und Genuß. Unproduktiv und hemmend wie sie war, die herrschende Kaste, mißbrauchte sie ihre Gewalt, um mit der Jagd das Volk zu quälen; sie mästete das Wild auf dem Acker des Volkes, sie zwang das letztere sogar, ihr noch zu dienen bei der Jagdausübung. Das Jagen selbst ward immer blutiger und massenhafter, je mehr das Bodeneigentum in wenigen Händen sich zusammenschloß, und unter der Form von Landesherrschaften nach autonomem Recht verwaltet wurde. Dies war die sogenannte „hohe Zeit der Jagd".

Bei der Aufsaugung der kleinen Freien durch den großen Grundbesitz im Mittelalter hat die Jagd eine politische Rolle gehabt, deren Wichtigkeit noch lange nicht genügend erkannt wurde. Während bei dem kleinen Manne das Verlangen nach Schutz vor dem großen Räuber das zwingende Motiv war, das ihn veranlaßte, sein freies Eigen in das große Grundeigentum aufgehen zu lassen, war bei dem Krieger und selbst bei dem Priester vielfach nur die Langeweile schuld, das mächtig treibende Verlangen nach Vergnügen, das ihn drängte, die Schirmherrschaft gewaltsam auszudehnen.

Andere Freuden waren damit kaum gegeben. Staatsbegriffe fehlten, das Regiment war ein persönliches, so gingen auch die Wandlungen im Recht zum größten Teil nur von persönlichen

Motiven aus, deren mächtigstes, solange Menschen leben, immer das ungezähmte Verlangen nach Lust und Freude war. Der Prozeß der Aufsaugung des Bodeneigentums durch jagdliches Verlangen fiel in die Zeit des Mittelalters, in die Zeit der nackten Herrschaft der Eroberer, des Lehnstaats und der Kirche.

Mit der steigenden Bedeutung der Arbeit in den deutschen Gauen, mit dem Aufkommen von Handwerk, Tausch und Geldwirtschaft trat im 16. Jahrhundert, zuerst dumpf gefühlt und dann allmählich klarer, das Verlangen auf nach freiem Austausch und Verkehr, nach Beseitigung der lokalen, hemmenden Gewalten, der Macht der Städte und der Gutsbesitzer. Der große Grundherr, in dessen Schirmgebiet die Städte und die Junker nach Stadt- und Landrecht eingebettet lagen, wurde zur Regelung des Verkehrs berufen, und da auch jetzt noch der Begriff des Staates fehlte, wuchs ihm das neue Recht persönlich zu. Mit dem Genie des Egoisten griff er zunächst nach den Regalien, sie brachten Geld, und unter ihnen galt die Jagd für ganz besonders gunstumflossen, weil sie unmittelbar als Quell der Freude diente, während die anderen Regalien in Geld erst umgegossen werden mußten, wenn sie reif sein sollten für den fürstlichen Genuß. Im wohlverstandenen eigenen Interesse konnte der große Grundbesitzer nicht umhin, einen Teil seines Einkommens für allgemeine Zwecke auszugeben, wie ja der Herr der Herde den Schafstall baut und unterhält, der ihm die Schafe birgt, die er dann scheeren will. Ein großer Teil der allergnädigsten Entschließungen wurde aber von dem starken Verlangen nach persönlicher Lust herbeigeführt, und dieser Teil hat dann mit Hilfe dienstwilliger Kronjuristen dem Volk das Jagdregal als Kukuksei ins dürre Nest gelegt. So sehen wir im 16. bis 18. Jahrhundert ein Zusammentreiben des auf Kosten des Bauern gepflegten Wildes aus dem ganzen Lande in feste Vermachungen erfolgen, und das blutige Geschäft des Tötens als Vergnügen durch den Landesherrn geübt. Hier Lachen bei dem Schießen, hallo und horrido, dort still im Volke Klagen, Seufzen, Händeringen, zerstörte Hoffnungen; hier Landesherr und seine Höflingsschar und dort ein Volk in Unfreiheit, Canaille, Untertanen. Es war zum zweitenmal, daß die Jagd zum treibenden Motiv geworden war für die Verschiebung der rechtlichen Verhältnisse, sie hat zur Ausbildung der absoluten Monarchie von oben her erheblich mitgewirkt.

Als der römisch-deutsche Erobererstaat zertrümmert wurde durch den Korsen, da hielt sich von den überlebten Rechten, die eigentlich nur immer Unrecht waren, das Jagdregal bis ganz zuletzt; und als die Nationalversammlung die Jagd dem Volke zurückgegeben hatte, da schlossen Geld und Grundbesitz den Pakt und teilten unter sich das jagdliche Vergnügen. Das Volk blieb ausgeschaltet, der Bauer darf nicht jagen, wenn er nicht Pächter wird. So sehen wir die Jagd beständig aus einer Herrscherhand in die andere übergehen, weil sie Vergnügen macht und Lust gewährt. Im Mittelalter jagte der Vasall, in der neueren Zeit der Landesherr und sein Bediententum, und seit dem 19. Jahrhundert jagen der Gutsbesitzer und der reiche Mittelstand. Eine Vermehrung der Jagdberechtigten ist da, auch hier ist die allgemeine Demokratisierungskurve zu erkennen, aber weniger aufwärtssteigend als in anderen Formen der Betätigung des Menschengeistes. Erst wenn die Jagd als Nebensache gelten, der freie Mut des Bauern höher stehen wird, der Geist des Volkes mehr wert sein, als Reichtum, Geld und Grundbesitz, erst dann wird auch die Jagd dem Bauern überlassen werden, als unveräußerliches Recht, das jeder Bürger übt, dem deutsche Erde Früchte bringt, wenn er sie pflegt mit Geist und Hand.

Wie im 1. Bande lasse ich auch hier zur Erleichterung des Lesens für Leser, die nicht Jäger sind, die Umschreibung einiger Ausdrücke folgen, die im Texte öfter wiederkehren.

Aasjägerei ist die lässige Jagdart, bei welcher das verwundete Wild nicht erlegt wird, irgendwo verendet und verfault.

Äsen nennt der Jäger das Fressen des Rot-, Dam- und Rehwildes.

Anjagen nennt man den Teil der Parforcejagd, bei welchem die Meute auf die Fährte gesetzt wird.

Atzung und Hundelege war die Einrichtung, nach welcher Untertanen die herrschaftlichen Jäger und Hunde zu ernähren hatten.

Beizjagd war die Falkenjagd.

Besuchknecht war der Jägerknecht, welchem das Aufsuchen des Wildes übertragen war.

Bett ist das Lager von Edel-, Dam- und Rehwild.

Blatten ist die Jagdart, bei welcher der Rehbock angelockt wird durch auf einem Blatt hervorgebrachte Töne, wie sie das Schmalreh hören läßt, wenn der Bock es treibt.

Bluthund ist ein Hund, welcher ein blutendes Wild verfolgt und fängt.

Bracke bedeutet jagender Hund, Jagdhund, Spürhund.

Deffences nennt der Franzose die Warten, s. d.

Eingestelltes Jagen ist ein solches, bei dem das Wild vor dem Töten mit Netzen umstellt (eingestellt) wird.

Einkreisen tut der Jäger ein Wild, wenn er den mutmaßlichen Standort des Wildes umgeht, um festzustellen, ob es sich hinaus- oder hineinspürt.

Fang geben heißt soviel wie abfangen, totstechen.

Geäfter sind die hornartigen Absätze beim Schalenwild, die über den Ballen stehen.

Genießen ist die Mahlzeit der jagenden Hunde, die ihnen von dem erjagten Wilde bereitet wird.

Gescheide sind die vom Netz umschlossenen Gedärme des Wildes.

Hecke ist eine Vermachung aus trocknen oder lebenden Pflanzen, die Öffnungen hatte, in denen Netze aufgestellt wurden zum Fang des Wildes.

Jagdbar ist der Hirsch, der am Geweih mehr als acht Enden hat.

Jagdfolge, Folge ist das Verfolgen des verwundeten Wildes über die Grenzen hinaus.

Keiler ist ein männliches Wildschwein von 2—4 Jahren.

Krone nennt der Jäger die oberste Astbildung am Geweih, wenn sie mehr als zwei Enden zeigt.

Lancieren heißt das Aufjagen des Wildes bei der Parforcejagd.

Lappen sind Leinen, an denen viereckige Stücken Zeug befestigt sind; man umstellt damit das Wild, um es an der Flucht zu hindern.

Lauf, Laufplatz ist die Arena, in welcher das gefangene Wild getötet wird.

Leithund ist ein Hund, der den Jäger auf der Spur des Wildes leitet, und dabei an der Leine ist.

Pfalz ist der alte Ausdruck für Balz, Balzjagd, bei welcher der Jäger sich dem balzenden Auerhahn nähert, um ihn zu schießen.

Piqueur heißt in der Parforcejagd der Jäger, welcher die Meute leitet.

Pirschen ist der alte Ausdruck für Schießen.

Relais ist eine Gruppe von Jägern, Pferden und Hunden zur Unterstützung bei der Parforcejagd.

Rosenstock heißt der untere Teil des Geweihes, dicht über dem Schädel.

Rüde war der Ausdruck für einen großen Hund, der eigentlich kein Jagdhund war (Fleischer-, Schäfer- und Hofhund).

Salzlecke ist eine Vorrichtung, durch welche dem Wild Gelegenheit geboten wird, Salz zu lecken, vgl. Sultz.

Schalen sind die hornigen Teile am Fuß des Wildes, der gespaltene Huf.

Schirm ist eine Vermachung, durch welche der Jäger vor dem Wild geschützt (geschirmt) wird.

Schweiß ist das Blut des Wildes.

Spürende Hunde sind Jagdhunde, welche sich durch die Nase leiten lassen.

Strecke ist das in Reihen gelegte tote Wild.

Suhle ist eine schlammige Pfütze, in der sich Edelwild und Sauen an heißen Tagen kühlen.

Sultz vgl. Salzlecke.

Stöber ist kleiner jagender Hund.

Treibzeug ist eine Fangvorrichtung, in welche die Rebhühner hineingetrieben werden.

Tritt ist die einzelne Spur des Wildes.

Tyraß ist ein Netz, mit welchem Rebhühner überdeckt, gefangen werden.

Überlandjagen war der deutsche Ausdruck für Parforcejagd.

Verklüften tut sich der Dachs im Bau, wenn er sich vergräbt.

Vorsuche war das Aufsuchen des Wildes vor der Jagd.

Warten waren Posten, oder Reihen von Bauern zum Scheuchen des Wildes bei der Hetzjagd.

Wechsel heißt der Pfad oder die Stelle, auf welcher das Wild gewohnheitsmäßig hin und her zieht, etwa auf die Felder und zurück. Wechsel, change, ist aber auch das Verwechseln der Fährte auf der Hetzjagd.

Weidgeschrei war der Ruf der Jäger, durch den sie sich verständigten.

Weidner war ein breites, langes Jagdmesser.

Wildbahn, ursprünglich Wildbann, das Recht der Jagd, dann auch gebraucht für den Standort des Wildes, das Revier, und für das Wild selbst.

Windmeister war der Befehlshaber der Windhunde.

Zerlegen ist das Zerschneiden des Wildes.

Zerwirken ist das Streifen des Wildes.

Zeug war der Sammelname für die Netze, Tücher und Lappen zum Fangen, Einstellen des Wildes.

Zimmet ist der Ziemer.

Zu Holz schießen tut der Jäger ein Wild, das er verwundet, und das ihm dann im Holz entkommt.

Die Technik als Kulturmacht

in sozialer und in geistiger Beziehung

Von

Ulrich Wendt

Geh. Oberregierungsrat. Ehemal. Direktor der Reichsdruckerei

Preis geheftet M. 6.— gebunden M. 7.—

Frankfurter Zeitung. Frankfurt a. M. Ulrich Wendts Buch eilt — und darin liegt sein tieferer Wert — unserer Zeit voraus. Wir sind heute noch weit davon entfernt, „der Technik zu geben, was der Technik ist". Ich habe schon gesagt und beklagt, wie wenige der sogenannten Gebildeten und auch der wissenschaftlich Gebildeten heute überhaupt der Technik oder ihren Erscheinungsformen, denen sie fast mit jedem Schritt begegnen, mit dem Willen zur Erkenntnis nähertreten. Unser ganzes Leben ist heute so von technischen Vorgängen geführt und durchsetzt, daß dieses „An der Technik vorbeigehen" tatsächlich als ein unnatürlicher Zustand erscheint. Um so erfreulicher, daß in Ulrich Wendt wieder einer aufsteht und mit Nachdenklichkeit, mit Wissen, mit Eindringlichkeit und Beweiskraft von dem bisher unterschätzten Einfluß der Technik als Kulturmacht redet, von dem Zusammenhang zwischen der Technik und den sozialen und geistigen Erscheinungsformen unserer Kultur, von der Technik als Trägerin der materiellen und geistigen Kultur, als Trägerin des Fortschritts. Wendt weist der Technik eine primäre, führende Rolle in der Entwicklung und Entstehung unserer Kultur an und er beweist sie aus der Geschichte aller Zeiten.

„Glückauf". Essen. In lebendiger und fesselnder Darstellung zeigt uns der Verfasser diesen Einfluß der Technik bei den Griechen und Römern, im Mittelalter, in der neueren und neuesten Zeit. Da er keine Geschichte der Technik schreibt, so ist das interessante Buch nicht nur für Gelehrte und Fachkreise bestimmt, sondern für jedermann wertvoll, der gern die Fortschritte der Völker von neuen Gesichtspunkten aus kennen lernen will.

Grazer Wochenblatt. Möge dieser wertvolle, eigenartige und bahnbrechende Beitrag zur neueren Kulturgeschichte in den weitesten Bildungs- und Gelehrtenkreisen die vollste Beachtung und Würdigung finden.

Mitteilungen des Steiermärkischen Gewerbevereins. So führt uns dieses so aufklärende und tiefsinnige Buch auf den Stufen einer stofflich festgefügten und sprachlich überaus reizvollen Darstellung zu den Höhen eines Problems, welches die geistige Atmosphäre der Gegenwart wie kaum ein zweites mächtig erfüllt. Und so möge denn dieses prächtige Buch mit seinen großen und ergreifenden Ideen in die ganze deutsche Lesewelt hinausziehen und viele, viele denkende und dankbare Leser gewinnen.

„Schiffbau". Das interessant und spannend geschriebene Buch bietet durch die klare, knappe Behandlung des Stoffes und die vielen Streiflichter auf vergangene und gegenwärtige Kulturzustände eine reiche Quelle der Aufklärung. So müßte Geschichte an unseren Schulen getrieben werden!

William Shakespeare
in seinem
Werden und Wesen
von **Rudolph Genée**

Mit einem Titelbild: Shakespeare von Adolf Menzel

Preis geheftet M. 9.—, in Leinwand gebunden M. 10.—,
in Halbfranz gebunden M. 11.—

In diesem neuesten Werke des hochgeschätzten Seniors der deutschen Shakespeare-Kritik ist den größeren Kreisen des gebildeten Publikums das Ergebnis vieljähriger Studien dargeboten. Auf Grund eines weitumfassenden Quellenstudiums erhält man in der klaren kritischen Erläuterung des Dichters zugleich in anziehender Darstellung das fesselnde Bild seiner Persönlichkeit, wie sie nach seinen Stratforder Jugendjahren auf dem Boden des Theaters erwuchs, um durch unerhörtes Genie wie durch die Tiefe und Reinheit seines sittlichen Empfindens zu einer der merkwürdigsten Erscheinungen in der Kulturgeschichte der Menschheit zu werden. Aus der Vorgeschichte des englischen Dramas und Theaters sind die verborgensten zu ihm hinleitenden Fäden klargelegt; ihn selbst sehen wir Schritt für Schritt und unter dem Einfluß der großen Geschichte seiner Zeit zur Höhe des Ruhmes emporsteigen. Ein umfangreicher Anhang gibt zu den geschichtlichen und literarischen Ergänzungen manche interessante Faksimiles und den Titel des Buches schmückt ein lebensvolles Shakespeare-Bildnis von Adolf Menzel in vorzüglicher Heliogravüre.

Von den zahlreichen Besprechungen dieses Werkes mögen hier aus zweien einige Stellen hervorgehoben werden, die für den Wert des Buches am bezeichnendsten sind:

Vossische Zeitung: Das Werk bietet in seinem ersten Buche eine Entwicklungsgeschichte des englischen Dramas, die auf die entferntesten Anfänge zurückdeutet und die immer ausführlicher wird und individuellere Färbung annimmt, je näher wir den Überlieferungen und dichterischen Erscheinungen rücken, die unmittelbar auf den außerordentlichen Mann eingewirkt haben können. Die tiefgreifenden, vielfach aus selbständigen Quellenstudien geschöpften Kenntnisse, der psychologische Feinsinn, die Darstellungskunst und die wohltuende Begeisterungsfähigkeit des Autors vereinen sich, um diesem Lebens- und Schaffensbild eines Großen originalen Wert, Wärme und Farbe zu verleihen. . . . .

Der Kunstwart: . . . . Genées Arbeit, die nahezu 500 Seiten füllt, ist durch glückliche Eigenschaften berufen, das Familienbuch über Shakespeare zu werden. Er steht durchaus auf wissenschaftlichem Boden und spricht doch ungeziert wie ein Laienbruder, aus gesundem Menschenverstande heraus. Und er wird nicht müde, Belege herbeizuschaffen, die das Genie, das in Jahrtausenden nicht seinesgleichen hat, als einen heitern, liebenswürdigen, nachsichtigen Menschen, Freund und Kameraden kennzeichnen.

Im Schatten des Kongostaates

Schilderung der ersten Reisen der Deutschen Inner-Afrikanischen Forschungs-Expedition von 1904—1906, über deren Forschungen und Beobachtungen auf geographischem und kolonialwirtschaftlichem Gebiet.

Mit 8 Kartenblättern, 33 Tafeln und ca. 318 Illustrationen und Geländedarstellungen im Text

von **Leo Frobenius**

Preis geheftet M. 14.—, gebunden M. 15.50

Das Werk behandelt die Reisen und Beobachtungen, die von 1904 bis 1906 im Kongostaate und im besonderen in dessen wenig oder ganz unbekannten Regionen gemacht worden sind. Leo Frobenius, in erster Linie Ethnologe, Völkerkundiger und Kulturgeograph, war der erste Mann seiner Wissenschaft, der das Innere des gerade im Kongolande noch recht „dunklen" Erdteiles aus eigener Anschauung kennen lernte. Seine Beobachtungen auf mancherlei Gebieten, besonders aber auch auf kolonialwirtschaftlichem Boden, sind bekannt. Das minutiös und detailliert durchgearbeitete, streng wissenschaftliche Material ist in dem vorliegenden Werke nicht niedergelegt. Es soll publiziert werden, wenn der Forscher von den weiteren Reisen, zu deren Durchführung er die Deutsche Inner-Afrikanische Forschungs-Expedition im Herbste vorigen Jahres wieder hinausgeführt hat, zurückgekehrt sein wird.

Das Werk „Im Schatten des Kongostaates" ist für alle Gebildeten geschrieben, die mit Spannung darauf warten, aus der Feder eines als scharfsichtig und warmherzig, menschenfreundlich und unparteiisch bekannten Mannes einen sachlichen Bericht über das Leben und Treiben im sagenumwobenen, fast mehr berüchtigten als berühmten Kongostaate zu erhalten.

Dresdner Journal: ... Es ist unmöglich, in einer kurzen Besprechung der Fülle des in 28 Kapiteln auf etwa 450 Seiten gebotenen Stoffes gerecht zu werden, auf den Inhalt will ich deshalb nicht eingehen. Aber soviel will ich verraten, daß das Tagebuch, mit dem uns Frobenius bekannt macht, alles andere enthält, als die trockene Aufzählung eines täglichen Einerleis, daß es vielmehr so lebendig, oft humoristisch, ja fast burschikos geschrieben ist, daß der Leser bis zuletzt gefangen gehalten wird. Ganz besonders fesseln die zahlreichen Reproduktionen von Ölstudien, Federzeichnungen und Skizzen des Expeditionsteilnehmers, Kunstmalers Lemme, die in dem auch sonst hervorragend ausgestatteten Werke Aufnahme gefunden haben.

Freisinnige Zeitung: ... Alles in allem haben wir hier eine wertvolle Bereicherung der Literatur vor uns, die den hervorragendsten und bekanntesten Werken über Afrika-Expeditionen unbedenklich an die Seite gesetzt werden kann.

DOKUMENTE DES FORTSCHRITTS

INTERNATIONALE REVUE

HERAUSGEGEBEN VON **DR. R. BRODA-PARIS**

IN VERBINDUNG MIT **DR. HERMANN BECK-BERLIN**

LES DOCUMENTS DU PROGRES	**THE INTERNATIONAL**
REVUE INTERNATIONALE	**A REVIEW OF THE WORLD'S PROGRESS**
EDITEUR: FELIX ALCAN, PARIS	**PUBLISHER: T. FISHER UNWIN, LONDON**

Das Unternehmen, das hiermit nach mehrjährigen Vorbereitungsarbeiten an die Öffentlichkeit tritt, ist eine internationale Revue ganz großen Stils, wie wir sie, schon organisatorisch betrachtet, bisher noch nicht kannten. Die Zeitschrift wird gleichzeitig in deutscher Sprache in Berlin, in französischer Sprache in Paris und in englischer Sprache in London ausgegeben. Mitarbeiter sind nicht nur hervorragende Vertreter der europäischen und amerikanischen Kultur, sondern es ist uns gelungen, zum ersten Male einen fast lückenlos alle Länder der Erde umfassenden Mitarbeiterkreis zu organisieren; denn auch die östlichen Kulturkreise (Indien, Siam, China, Japan) wurden vom Herausgeber auf mehrjähriger Reise für das Unternehmen gewonnen.

Und auch die Aufgabe der Zeitschrift greift weit hinüber über die Grenzen des uns Geläufigen: Die „Dokumente des Fortschritts" wollen alle Entwicklungslinien menschheitlicher Kultur zusammenfassen.

Zunächst wird ein Stab von etwa 200 ständigen Korrespondenten in kurzen Berichten über die wesentlichen Tatsachen und Tendenzen des Fortschritts der bisher fast ganz isoliert verlaufenden Kulturbewegungen der einzelnen Länder berichten. Die Darlegung der Erfolge australischer Sozialgesetzgebung wird den europäischen Nationen den Weg zu ähnlich gerichteten Reformen weisen, die Schilderung wirtschaftlicher Neubildung Amerikas wird dem alten Europa wertvolles Erfahrungsmaterial zuführen, Chinas positivistische Kultur, Indiens neue Religionstendenzen und Japans impressionistische Kunst werden unserem eigenen Geistesleben wertvolle Anregungen geben. Und wie viel können die europäischen Nationen selbst von einander lernen, wie sehr tut ihnen tiefergehendes Verständnis der seelischen Kräfte des Nachbarvolkes not. Jedes Volk hat bestimmte Kulturkomplexe zu besonderer Vollendung ausgebaut, und all dies Vorzüglichste der Völker einander zu erschließen, soll die Aufgabe dieser Zeitschrift sein.

Diesem Ziele soll aber nicht nur ein Zusammentragen von Tatsachen dienen, vielmehr sollen die Berichte verarbeitet werden; in soziologischer Betrachtung werden ihre großen letzten Zusammenhänge dargelegt werden.

Endlich aber wird versucht werden, aus den Erfahrungen des einen Landes die notwendige Kulturarbeit für die anderen abzuleiten, Anregungen zu geben, nicht durch utopistische Erfindung von Ideen, sondern durch Vertiefung der Kenntnis der verschiedenen nationalen Entwicklungen. Solcherart soll den gesunden fortschrittlichen Tendenzen zum bewußten Durchbruch verholfen werden, will die Zeitschrift auf immer neue Kulturarbeit dringen, mit einem Worte: Kultur bauen helfen.

FSC
www.fsc.org
MIX
Papier | Fördert
gute Waldnutzung
FSC® C083411

Kolibri 360 GmbH
Ferdinand-Jühlke-Straße 7
99095 Erfurt, Deutschland
produktsicherheit@kolibri360.de